U0272950

新疆西天山阿吾拉勒整装勘查区
火山机构与铁矿成矿规律研究

王　磊　涂其军　等　编著

地质出版社

·北京·

内 容 提 要

　　本书为"新疆西天山阿吾拉勒铁矿整装勘查区成果集成及火山建造–构造综合调查研究"的研究成果，较为详细地反映了该区综合调查研究及近年来整装勘查区取得的各项地质成果，涉及岩石学、矿床学、构造学、岩石地球化学、同位素年代学、成矿预测等多学科。重点查明了西天山阿吾拉勒地区 6 处古火山机构特征，并对备战、敦德、松湖、智博、查岗诺尔、式可布台 6 处典型铁矿床进行系统研究，总结了阿吾拉勒铁矿带的火山岩–侵入岩–矿体的时空分布演化规律，建立了阿吾拉勒铁矿带的成矿模式，划分了 5 个成矿远景区，圈定并优选 15 个找矿靶区，为西天山阿吾拉勒地区矿产勘查工作部署提供依据。

　　本书可供从事岩石学、岩石地球化学、火山机构研究及铁矿床成矿模式与成矿预测等方面的科研人员及技术人员参考。

图书在版编目（CIP）数据

新疆西天山阿吾拉勒整装勘查区火山机构与铁矿成矿
规律研究／王磊等编著. —北京：地质出版社，2017.12
　　ISBN 978 – 7 – 116 – 10306 – 1

　　Ⅰ. ①新…　Ⅱ. ①王…　Ⅲ. ①火山机体—地质勘探—
新疆②铁矿床—成矿规律—研究—新疆　Ⅳ. ①P317. 2
②P618. 310. 8

中国版本图书馆 CIP 数据核字（2017）第 052960 号

责任编辑：田　野　王丽丽
责任校对：张　冬
出版发行：地质出版社
社址邮编：北京海淀区学院路 31 号，100083
咨询电话：(010) 66554528（邮购部）；(010) 66554631（编辑室）
网　　址：http：//www. gph. com. cn
传　　真：(010) 66554686
印　　刷：北京地大彩印有限公司
开　　本：787 mm×1092 mm　$\frac{1}{16}$
印　　张：18. 25
字　　数：450 千字
版　　次：2017 年 12 月北京第 1 版
印　　次：2017 年 12 月北京第 1 次印刷
定　　价：98. 00 元
书　　号：ISBN 978 – 7 – 116 – 10306 – 1

（如对本书有建议或意见，敬请致电本社；如本书有印装问题，本社负责调换）

《新疆西天山阿吾拉勒整装勘查区火山机构与铁矿成矿规律研究》

主要编写人

王　磊　　涂其军　　赵同阳　　高永峰　　朱志新

杨在峰　　杜杨松　　徐仕琪　　李　平　　田江涛

舍建忠　　李延清　　李大鹏　　韩　琼　　王　刚

前　言

"新疆西天山阿吾拉勒铁矿带火山建造－构造综合调查研究"项目的野外实施和综合研究工作由新疆地质调查院和中国地质大学（北京）共同承担，产学研密切结合，由王磊作为总项目负责实施，新疆地质调查院负责成矿区带、成矿地质背景、成矿规律、火山建造、火山机构、综合类编图等工作，中国地质大学（北京）负责查岗诺尔、智博、备战、敦德等典型铁矿床和成矿规律等方面研究工作。

成矿地质背景方面主要对阿吾拉勒火山－构造体系进行了初步研究和探讨，重新厘定了研究区内石炭纪火山－沉积岩系；将侵入岩浆活动划分为石炭纪碰撞前环境的辉绿岩－闪长岩－石英闪长岩组合、石炭纪后碰撞环境的花岗岩－二长花岗岩组合和早二叠世造山后环境的花岗岩－石英闪长岩－闪长岩组合三个序列；确定了巴依图马、则克台萨依、铁木尔塔斯、艾肯达坂、敦德、备战6个与铁矿成矿关系密切的古火山机构。对查岗诺尔铁矿、智博铁矿、备战铁矿、敦德铁锌金矿、松湖铁矿和式可布台铁矿进行了详细的研究论述，探讨了主要成矿物质的来源、成矿时代及铁矿床成因。详细研究了成矿地质条件，并对阿吾拉勒山晚古生代构造演化、岩浆作用及火山热液的成矿潜力进行了分析，探讨了阿吾拉勒石炭纪和二叠纪火山活动的控矿作用和成矿规律，建立了阿吾拉勒铁矿带的成矿模式，划分了5个成矿远景区，圈定并优选15个找矿靶区，为今后矿产勘查提供了工作方向。

本书共六章，其中第一章绪言由王磊、涂其军完成；第二章区域成矿地质背景由朱志新、赵同阳、舍建忠、李延清完成；第三章研究区地质特征由高永峰、杨在峰、舍建忠、田江涛完成；第四章研究区火山机构特征由高永峰、李平、徐仕琪完成；第五章典型铁矿床特征由涂其军、杜杨松、李大鹏、韩琼负责完成；第六章铁矿成矿规律分析与靶区优选由王磊、涂其军、徐仕琪、田江涛、李延清负责完成；资料、图件综合整理由涂其军、李平、高永峰、徐仕琪、王刚负责完成；王磊对各章节内容进行了系统的修改并最终统稿。

本项目是在中国地质调查局、西安地质调查中心和新疆地质调查院领导的关怀和指导下完成的。野外工作期间，中国地质调查局西安地质调查中心滕家欣、李智明、马智平等有关专家先后赴野外监理和指导工作，提出了许多宝贵的意见。新疆地质矿产勘查开发局李凤鸣、新疆地质调查院王克卓院长、长安大学姜常义教授、新疆大学弓小平教授等也多次参与该项目研讨。在此一并表示衷心的感谢！

编　者

2016 年 12 月

目　　录

前言

第一章　绪言 ………………………………………………………………… 1

　　第一节　研究现状与存在问题 ………………………………………… 1

　　第二节　技术路线 ……………………………………………………… 8

　　第三节　研究内容 ……………………………………………………… 9

第二章　区域成矿地质背景 ……………………………………………… 11

　　第一节　区域构造位置 ………………………………………………… 11

　　第二节　区域地层 ……………………………………………………… 13

　　第三节　岩浆岩组合 …………………………………………………… 16

　　第四节　大型构造 ……………………………………………………… 19

　　第五节　区域矿产 ……………………………………………………… 21

　　第六节　区域地球化学 ………………………………………………… 23

　　第七节　地球物理特征 ………………………………………………… 28

　　第八节　区域遥感特征 ………………………………………………… 31

第三章　研究区地质特征 ………………………………………………… 33

　　第一节　区域地层 ……………………………………………………… 33

　　第二节　岩浆岩组合及演化过程 ……………………………………… 36

　　第三节　大型构造和地质构造单元 …………………………………… 61

　　第四节　研究区矿产 …………………………………………………… 70

第四章　研究区火山机构特征 …………………………………………… 79

　　第一节　备战古火山机构 ……………………………………………… 79

　　第二节　敦德古火山机构 ……………………………………………… 82

　　第三节　艾肯达坂古火山机构 ………………………………………… 86

　　第四节　铁木尔塔斯古火山机构 ……………………………………… 88

　　第五节　则克台萨依古火山机构 ……………………………………… 89

　　第六节　巴依图马古火山机构 ………………………………………… 90

　　第七节　小结 …………………………………………………………… 92

第五章　典型铁矿床特征 ……………………………………………………………… 94

　　第一节　备战铁矿 ………………………………………………………………… 94

　　第二节　敦德铁矿 ………………………………………………………………… 141

　　第三节　松湖铁矿 ………………………………………………………………… 181

　　第四节　智博铁矿 ………………………………………………………………… 208

　　第五节　查岗诺尔铁矿 …………………………………………………………… 238

　　第六节　式可布台铁矿 …………………………………………………………… 248

　　第七节　小结 ……………………………………………………………………… 257

第六章　铁矿成矿规律分析与靶区优选 …………………………………………… 260

　　第一节　成矿条件分析 …………………………………………………………… 260

　　第二节　成矿规律和区域成矿模式总结 ………………………………………… 270

　　第三节　成矿远景区划分及靶区优选 …………………………………………… 272

参考文献 ………………………………………………………………………………… 278

第一章 绪 言

新疆西天山是我国古生代造山带内重要贵金属、有色金属、黑色金属成矿单元之一，构造岩浆活动以海西期最为强烈，也是主要的铁、铜、金多金属矿成矿期。区内已发现查岗诺尔、智博、备战等大型铁矿，式可布台、松湖、尼新塔格、阿克萨依等中型铁矿，该区具有寻找大型多金属和黑色金属矿床的资源潜力，火山岩型铁矿是研究区铁矿的主攻类型。目前研究区内已发现有铁、锰、铜、镍、铅、锌、铀、金等多种金属矿产100余处矿产地。其中有大型铁矿4处（查岗诺尔、智博、备战、敦德），中型铁矿5处（式可布台、松湖、尼新塔格、阿克萨依、塔尔塔格），小型铁矿40余处；铜矿均为小型矿床和矿点，主要有玉希莫勒盖铜矿、松树沟铜矿、阿拉斯坦铜矿、阿拉斯坦北铜矿、胜利铜矿等30余处。随着国家政策向西部倾斜，找矿资金投入力度加大，新疆西天山工作程度逐年升高。查岗诺尔、智博、松湖等一批大中型铁矿的发现掀起了新一轮铁矿勘查的热潮。

近年来，在研究区内安排了国土资源大调查、中央地质勘查基金、新疆地质勘查中央专项资金、新疆维吾尔自治区财政专项和新疆地质矿产勘查开发局及社会市场的勘查投入等。在基础地质调查方面，主要开展了1:5万区域地质调查工作，新疆政府出资项目开展了1:5万区域地质矿产调查工作（含同比例尺的化探和地面高精度磁法测量），在西天山开展了7个图幅的1:20万化探扫面，在阿吾拉勒地区开展了1:5万航磁测量2万km^2。在矿产勘查方面，主要针对铁矿、铅锌矿、铜矿、金矿开展了以普查为主的勘查工作，另由社会市场出资对主要矿区的主要矿体开展了详查及勘探工作。

第一节 研究现状与存在问题

一、区域地质调查

1949~1982年，本区基本完成了1:100万、1:50万、1:20万区域地质调查，系统的1:20万区域地质矿产调查资料是本地区开展进一步地质调查的重要基础。2002~2005年开展的新源幅1:25万区域地质调查，为进一步研究本区地层、构造、岩浆岩等基础地质问题和金属矿找矿提供了新的资料。

1. 1:25万区域地质调查

2002~2005年，新疆地质调查院完成了新源幅1:25万区域地质调查，面积约13598km^2，提交了《新疆1:25万新源幅（K44C001004）区域地质调查成果报告》。报告系统建立了该区地层层序和构造格架，对岩浆演化及构造环境进行了探讨，重塑了西天山造山带演化模式，发现了阿吾孜金矿化带和巴音塔拉铜矿化带，为进一步研究本区地层、构造、岩浆岩等基础地质问题和金属矿找矿提供了新的资料。

2. 1:5 万区域地质调查

截至 2007 年底，包括研究区在内的西天山地区，共完成 1:5 万区域地质调查面积 2.6 万 km²，约计 71 个图幅（图 1-1-1）。主要分布于伊什基里克、阿吾拉勒、那拉提等成矿有利地区，对区重要地质构造进行了解剖，发现了多处矿床、矿点及一批重要矿化线索。涉及本区的 1:5 万区域地质调查见表 1-1-1。

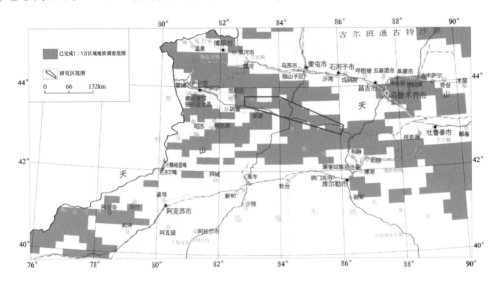

图 1-1-1　新疆西天山中部 1:5 万区域地质调查工作程度图

表 1-1-1　本区涉及的 1:5 万区域地质调查情况一览表

序号	名称	图幅编号	实施单位	成果报告	工作时间
1	阿克塔斯一带	K44E003024	新疆地质矿产勘查开发局第二区域地质调查大队	新疆新源县阿克塔斯一带 1:5 万区域地质矿产调查报告	2003.4～2005.12
2	托库孜马拉克一带	K45E002001 下半幅、K45E003001、K45E004001	新疆地质矿产勘查开发局第九地质大队	新疆新源县托库孜马拉克一带 1:5 万区域地质矿产调查报告	2003.4～2005.12
3	玉希莫勒盖达坂一带	K45E003002、K45E004002、K45E005002	吉林省通化地质矿产勘查开发院	新疆和静县玉希莫勒盖达坂一带 1:5 万区域地质矿产调查报告	2003.4～2005.9
4	巩乃斯林场北一带	K45E004003、K45E004004	河南省地质矿产勘查开发局区域地质调查大队	新疆和静县巩乃斯林场北一带 1:5 万区域地质矿产调查报告	2003.4～2005.12
5	艾肯达坂地区	K45E005003、K45E005004	新疆地质矿产勘查开发局第二区域地质调查大队	和静县艾肯达坂地区 1:5 万区域地质矿产调查报告	1988.11～1994.12
6	夏尔萨拉一带	K45E005005、K45E005006	山西省地质勘查局二一二地质队	新疆和静县夏尔萨拉一带 1:5 万区域地质矿产调查报告	2003.5～2005.9
7	扎克斯台河一带	K45E005007、K45E005008、K45E006007、K45E005008	新疆地质矿产勘查开发局第二区调大队	新疆和静县扎克斯台河一带 1:5 万区域地质矿产调查报告	1996.8～1998.12

1989～1991年，新疆地质矿产勘查开发局第二区域地质调查大队在和静县艾肯达坂—阿尔善萨拉一带开展了1：5万区域地质矿产调查工作，涉及巩乃斯林场幅（K45E005003）、艾肯达坂幅（K45E005004），面积752km²，提交了《新疆和静县艾肯达坂—阿尔善萨拉一带1：5万区域地质矿产调查报告》。该报告系统地调查了区内地质背景及构造环境，重新厘定了调查区地层层序；探讨了侵入岩和火山岩形成的大地构造环境、时空演化序列规律及成矿专属性；对构造的形成机制和时限进行了分析和总结，首次确认了那拉提断裂以南韧性剪切带的存在；对区内10种矿产44处矿产地进行了检查、评价，发现了欠哈布代克金银矿、阿冬库尔萨拉石灰岩矿及1处铜金矿点；综合地质、化探、自然重砂成果，圈定了6处成矿远景区，提出了找矿方向，对指导找矿有重要的指导意义。

1996～1998年，新疆地质矿产勘查开发局第二区域地质调查大队在和静县扎克斯台河一带开展了1：5万区域地质矿产调查工作，涉及敦德郭勒达坂幅（K45E005007）、阿古伯日幅（K45E005008）、厄尔格陶勒盖幅（K45E006007）、阿不达尔乔伦幅（K45E005008），面积1508km²，提交了《新疆和静县扎克斯台河一带1：5万区域地质矿产调查报告》。该报告系统地研究总结了调查区的地质背景及构造环境，重新厘定了调查区地层层序、构造单元、岩浆演化序列，对中深变质岩系进行了详细研究，建立了构造－地层单位和变质侵入岩谱系单位，对区内火山岩进行了系统划分与研究，确定了其大地构造环境；新发现1处具较好的成矿前景的铜铅锌多金属矿点，5处金铜矿化点。通过成矿地质条件分析，总结了调查区成矿规律，圈定出2个二级成矿远景区，为以后找矿工作指明了方向。

2003～2005年，山西省地质勘查局二一二地质队在和静县夏尔萨拉一带进行了1：5万区域地质矿产调查工作，涉及呼提开勒迪达坂幅（K45E005005）、夏格孜达坂幅（K45E005006）、扎嘎斯坦哈尔恩给幅（K45E006005）、乌鲁木齐牧场场部幅（K45E006006），面积1118km²，提交了《新疆和静县夏尔萨拉一带1：5万区域地质矿产调查报告》。报告对调查区地层单元进行了重新划分和厘定，在下石炭统艾肯达坂组和中二叠统晓山萨依组采到具时代意义的化石；解体了侵入体并对其成矿专属性进行了分析、研究；新发现金矿点2处、铜矿点2处，其中乃木代金矿点为那拉提缝合带寻找金矿提供了重要线索，并圈定了Au、Ag等单元素异常11个；圈定了3个成矿远景区。

2003～2005年，新疆地质矿产勘查开发局第九地质大队在西天山阿吾拉勒开展了托库孜·库马拉克1：5万区域地质矿产调查工作，涉及廷铁克幅（K45E002001）、阔尔库达坂幅（K45E003001）、托库孜·库马拉克幅（K45E004001）、东风公社幅（K45E005001），面积1298km²，提交了《新疆新源县托库孜·库马拉克一带1：5万区域地质矿产调查报告》。报告对调查区地层单元进行了合理划分和厘定，发现并肯定了下石炭统大哈拉军山组、中部阿克沙克组和上部伊什基里克组三个组间存在明显的角度不整合；查明了火山岩系列与类型等基本特征，对花岗岩进行了侵入岩序列划分，合理建立花岗岩类谱系单位；首次提出了喀什河断裂是博罗霍洛构造－地层分区与伊宁构造－地层分区间的分界断裂的新认识；新发现一批金铜矿点、矿化点和蚀变带，其中坎苏多金属矿化带、额盖力巴依萨依煤矿、赛肯都鲁金矿化点有进一步工作价值。

2003～2005年，吉林省通化地质矿产勘查开发院在西天山阿吾拉勒玉希莫勒盖达坂一带开展了1：5万区域地质矿产调查工作，涉及乔尔玛幅（K45E003002）、蒙琼车尔幅（K45E004002）、望江德克幅（K45E005002），面积1114km²，提交了《新疆和静县玉希莫勒盖达坂一带 1:5 万区域地质矿产调查报告》。报告对调查区地层单元进行了系统划分和重新厘定，侵入岩按同源岩浆演化规律及序列划分出了那拉提、玉希莫勒盖达坂、博罗科努三个岩浆岩带，对侵入岩进行了总结分析，确定了岩浆类型及侵入体形成时代；基本查明了区内金、银、铜等矿产成矿地质背景和地球化学特征，新发现金、银、铜矿床（点）8 处，重点评价了玉希莫勒盖金铜矿、旺江德克银铜矿，估算了铜金资源量；总结了区内成矿规律，划分出了铜金、银铜等 3 个成矿远景区，5 个找矿靶区，为进一步在区内找矿指出了有利地段。

2003～2005 年，新疆地质矿产勘查开发局第二区域地质调查大队开展了"新疆新源县阿克塔斯一带 1:5 万区域地质矿产调查"项目，涉及则克台幅（K44E003022）、卡把巴特木依那克幅（K44E003023）、明细伯特札依勒幅（K44E003024），总面积 1111 km²。2005 年 12 月提交了《新疆新源县阿克塔斯一带 1:5 万区域地质矿产调查报告》。该报告建立了区域地层格架，深入研究了区域沉积作用及演化，探讨了岩浆演化规律及岩浆作用期后热液蚀变作用与区域金及多金属矿成矿的关系，对不同时代区域地质构造演化史及动力学机制进行了分析；将调查区区域火山作用划分为早石炭世、晚石炭世和早－中二叠世三个火山作用旋回，划分了 7 个火山机构，均为裂隙式线性火山机构。深入地探讨了火山作用起始的大地构造环境、火山岩浆作用及演化、火山作用期后含金及多金属热液蚀变作用，总结了区域火山作用与区域构造演化、区域金属矿成矿作用的关系。

2003～2005 年，河南省地质矿产勘查开发局区域地质调查大队在和静县巩乃斯林场北一带开展了 1:5 万区域地质矿产调查项目，涉及扎纳达恩乌勒幅（K45E004003）、阿尔善萨拉幅（K45E004004），面积 743 km²。于 2005 年 12 月提交了《新疆和静县巩乃斯林场北一带 1:5 万区域地质矿产调查报告》。该报告对调查区地层层序进行了重新厘定，并划分了构造单元，查明了区内石炭纪、二叠纪侵入岩的岩石类型、时空分布及演化规律，系统研究了火山岩，并探讨了火山岩形成的大地构造环境及侵入岩、火山岩和构造与成矿作用的关系。发现并评价了松树沟铜金矿点和阿拉斯坦铜矿点。

二、区域地球物理勘查

20 世纪 60～70 年代在伊宁市—新源县一带开展了 1:10 万航空磁测，面积 11000 km²。2007 年在新源县塔勒德—和静县乌拉斯台一带开展了 1:5 万航空磁测，面积 20000 km²。截至目前，研究区内大于等于 1:5 万比例尺的航空磁测、航空综合站及地面高精度磁测已基本覆盖。

2007～2008 年，在新疆西天山地区新源县塔勒德—和静县乌拉斯台一带开展了 1:5 万航空磁测，项目由新疆地质矿产勘查开发局地球物理化学探矿大队承担、中国国土资源航空物探遥感中心实施并提交了《新疆西天山地区新源县塔勒德—和静县乌拉斯台一带 1:5 万航磁勘查成果报告》。该报告在全区大致划分出四个磁场区，其中塔勒德－阿布都尔乔伦正负磁场变化区的异常丰富，局部异常明显，是西天山地区铁矿的主要分布区；圈定磁异常 474 处，新圈定磁异常 456 处，甲类异常 11 处，乙类异常 430 处，丙类异常 33 处，局部异常信息得到了极大的丰富；划分出不同级别的断裂 69 条，圈定火山机构 3 处、侵入体 202 处，圈定铁铜找矿远景区 16 个；对查岗诺尔、智博、备战、夏格孜、松湖南、坎苏西等 8 处磁异常初步推断铁矿石资源量 10 亿 t 以上，显示了该区尚具有铁矿找矿潜力。

通过上述工作，基本查明了西天山阿吾拉勒地区的区域地球物理场及其变化特征，为本研究区提供了地球物理依据。

三、区域地球化学勘查

西天山中部区域地球化学调查完成于 1996 年。从 2006 年开始，在西天山地区进行基础地质调查数据更新，在原 1:50 万区域化探区域有 10 万 km² 范围内，开展 1:20 万区域地球化学调查。目前矿集区 1:20 万区域地球化学调查已全面安排，2009 年已经全面结束。1:10 万~1:5 万区域化探累计完成面积约 11680km²。其中，1:10 万化探完成约 2760km²，1:5 万化探完成约 8920km²。以往开展的地球化学勘查工作有：

1989~1990 年，国家"305"项目办（青海物化探大队实施）在西天山一带开展了覆盖研究区的 1:50 万甚低密度化探扫面工作，采样介质水系沉积物，采样粒级 -60 目，采样密度一般 1 个点/36km²，圈出了多处以铜、金、铅、锌为主的地球化学异常。

2003~2005 年，新疆地质矿产勘查开发局第九地质大队在西天山阿吾拉勒山特铁达坂—式可布台一带开展了 1:10 万水系沉积物测量（新疆博罗霍洛山东段金铜矿评价项目）。基本查清了 14 种元素的地球化学特征，圈定单元素异常 206 个、综合异常 17 处、成矿预测区 2 处、找矿靶区 3 处。

2006~2007 年，新疆地质矿产勘查开发局第十一地质大队在和静县备战—带开展了 1:5 万水系沉积物测量，初步查明了以 Cu、Au 为主的 14 种元素的地球化学特征，共圈出单元素异常 520 处，地球化学综合异常 44 处，找矿靶区 9 处。

2006~2008 年，新疆地质矿产勘查开发局第一区域地质调查大队在新源县玉希莫勒盖达坂—带开展了铜多金属矿资源评价。通过 1:5 万水系沉积物测量，基本查明 11 种元素在工作区的地球化学特征，在阔什布拉克地区圈定单元素异常 151 个、综合异常 13 处，在巴特巴克地区圈定单元素异常 124 个、综合异常 5 处。

2008~2010 年，新疆地质调查院、新疆地质矿产勘查开发局第一区域地质调查大队开展了 1:20 万新源幅、托库孜库马拉克幅、石场幅、呼图壁幅区域化探测量，采样介质水系沉积物，采样粒级 -10~+80 目，采样密度一般 1 个点/4km²。基本查明 39 种元素在工作区的地球化学特征，圈定综合异常 70 处，划分地球化学找矿远景区 7 个，找矿靶区 48 个，其中阿吾拉勒矿带圈定综合异常 17 处，划分地球化学找矿远景区 1 个，找矿靶区 14 个。认为阿吾拉勒铜铅锌锰铁找矿远景区具有寻找大型铁矿和以铅锌为主多金属矿的前景。

2008~2011 年，新疆地质矿产勘查开发局第一区域地质调查大队在西天山阿吾拉勒东段开展了铜铁矿调查评价。通过 1:5 万水系沉积物测量，圈定单元素异常 1114 个、综合异常 106 处。

四、矿产勘查

研究区内已发现有铁、锰、铜、铅、锌、铀、金等 10 余种金属矿产 100 余处矿产地。

其中铁矿有大型4处（查岗诺尔、智博、备战、敦德），中型有5处（松湖、尼新塔格、阿克萨克、式可不台、塔尔塔格），小型10余处，成矿类型以海相火山岩型及海相火山岩型喷流－沉积型为主；铜矿均为小型矿床和矿点，有玉希莫勒盖、松树沟、阿拉斯坦、阿拉斯坦北、胜利铜矿等37处，成矿类型主要为岩浆热液型；铅锌矿有欠哈布代克，成矿类型主要为火山热液型。这些矿产地中只有式可布台、查岗诺尔、松湖、智博、备战、敦德6处铁矿开展过详查工作，其他矿产地勘查程度均为预查和普查程度。以往开展的主要矿产地质勘查工作有：

2004～2005年，新疆地质矿产勘查开发局第三地质大队对查岗诺尔铁（铜）矿进行评价，新疆地质矿产勘查开发局第十一地质大队对备战铁（铜）矿进行评价，证实两矿有大型矿床远景。

2006～2007年，新疆地质矿产勘查开发局第三地质大队在查岗诺尔—备战一带开展了铜铁矿资源评价，提交了《新疆西天山查岗诺尔—备战一带铜铁矿资源评价报告》。本次工作大致查明了评价区铜、铁矿的地质控矿因素，初步研究了典型矿床，大致总结了区域成矿规律，确定了查岗诺尔—备战地区和拜斯廷萨拉地—古伦沟地区两个成矿远景区，发现并评价了古伦沟等5处矿点，提交（333＋334₁）铁矿石资源量5034.8万t。

2006～2008年，新疆地质矿产勘查开发局第十一地质大队开展了和静县查岗诺尔—备战一带铁矿普－详查工作，提交了《新疆和静县备战铁矿详查报告》。报告大致查明了矿区地层、构造、岩浆活动、变质作用、围岩蚀变和矿化等地质特征，总结了成矿规律和找矿标志，对矿床成因类型进行了探讨；基本查明了区内铁矿体的数量、规模、形态、产状、厚度、品位、空间展布及其变化特征，以钻探为主要控矿手段，对L3号矿体按照180m×180m进行了控制；基本查明了矿石的矿物成分、结构构造、矿石类型及加工选冶工艺性能，并对伴生有益、有害组分进行综合评价；本次勘查共获得（332＋333＋334?）矿石资源量5122.81万t，总平均品位41.25%，主矿体L3求得（332＋333）资源量5100.77万t，平均品位41.23%，占总矿体资源总量的99.57%。

2006～2008年，新疆地质矿产勘查开发局第一区域地质调查大队在新源县玉希莫勒盖达坂一带开展了铜多金属矿资源评价。通过对1:5万水系沉积物测量圈定的异常查证，新发现了唐布拉铁矿点和吐尔拱铜矿点，并对唐布拉铁矿点、松树沟金铜矿、旺江德克铜银矿等6个矿点进行了重点评价。本次圈出6个成矿远景区，其中A类1处，B类3处，C类2处；圈出铜金多金属找矿靶区12处，其中Ⅰ类4处，Ⅱ类5处，Ⅲ类3处。

2008～2011年，新疆地质矿产勘查开发局第一区域地质调查大队在西天山阿吾拉勒东段开展了铜铁矿调查评价。报告对区内成矿地质背景进行了全面的了解，对成矿规律、控矿因素和找矿标志进行了认真的总结，对矿床成因类型进行了探讨。通过对1:5万水系沉积物测量圈定的异常查证，新发现了金、铁、铜、铅锌矿（床）点10处；通过1:5万地面磁法测量，圈定磁异常22个，优选3处磁异常进行了重点查证，对多处磁异常进行了一般检查，发现了多处铁矿化线索；本次圈出8个成矿远景区，找矿靶区15处。

2010～2012年，新疆地质矿产勘查开发局第七地质大队对松湖铁矿及外围进行了勘查，在较系统地收集、总结和研究了以往地质、物探、化探、遥感和科研成果的基础上，通过工作大致查明了区内铁矿的矿床地质特征和物化探异常特征及进一步找矿潜力，松湖铁矿累计求得铁矿石量（332＋333）5634.11万t，发现7处矿化线索，提交1处矿产地、

3 处找矿靶区，获得松湖铁矿安山岩锆石 U－Pb 年龄为（343.2 ±2）Ma，并对控矿地质条件、找矿标志和矿床成因进行了探讨，建立了松湖铁矿成矿模式。

2010～2012 年，新疆地质矿产勘查开发局第二区域地质调查大队在新源县—和静县玉希莫勒盖一带开展了铜金铁多金属矿调查。对阿拉斯坦北铜矿、玉希莫勒盖铜金矿、阿苏萨依铜矿化点、02HS－05 化探异常、科克赛铜矿点、新 C119－121 航磁异常和 09HS－15 化探异常进行了检查评价，取得了一定的找矿成果；新发现科克赛铜矿点、阿苏萨依铜矿化点，在02HS－05（塔尔塔夏铜钼异常）中发现与斑岩型铜矿相关的矿化蚀变带，科克赛铜矿估算（334）铜金属量 11894.98t；通过对调查区的成矿规律及控矿条件的研究总结，圈出 2 个成矿远景区，4 处找矿靶区，其中 A 类 1 处，B 类 2 处，C 类 1 处。

2012～2013 年，新疆地质矿产勘查开发局第一区域地质调查大队在西天山那拉提东段开展了金铁多金属矿调查评价，提交了《新疆西天山那拉提东段金铁多金属矿调查评价报告》。报告对阿吾拉勒铁铜金铅锌银成矿带和那拉提金铜成矿带的主要成矿类型、控矿因素和成矿规律进行了总结，圈定成矿远景区 7 个，找矿靶区 15 个。发现并评价了卡特把阿苏金矿和泥牙孜铁克协金矿，分别求得金资源量（332＋333＋334）61t 和（333＋334）4t，获得重大找矿突破。

2000～2013 年，新疆地质矿产勘查开发局先后发现并开展了阿吾拉勒成矿带坎苏铜矿点、玉希莫洛盖小型铜矿、松树沟铜矿点、阿拉斯坦北铜矿点、松湖中型铁矿、查岗诺尔大型铁矿、备战大型铁矿、智博大型铁矿、敦德大型铁矿、尼新塔格中型铁矿、阿克萨克中型铁矿的深部探矿工作，新发现了并勘查评价了新源县穷库尔铁矿小型铁矿、新源县铁木尔塔什小型铁铜铁矿，福建省地质矿产勘查开发局第八地质大队在新源县发现勘查塔尔塔格中型铁矿。查岗诺尔铁矿、知博铁矿、敦德铁锌矿、备战铁矿、松湖铁矿等主要矿区的以深部为主的勘查证实矿体或含矿层向深部延伸较为稳定，或发现了新的矿体、新的含矿层，矿产资源储量有大幅增长。另外，在西天山阿吾拉勒一带 1∶5 万航磁异常查证工作也证实了数处有进一步工作价值的矿致异常。

五、科研工作

20 世纪 80 年代开始，新疆地质矿产勘查开发局、国家"305"项目办公室及其他科研单位，相继开展并完成了一大批包括本区在内的新疆区域性成矿地质背景、成矿规律及矿床成矿系列和成矿模式等综合性科研工作，同时还进行了地球物理、地球化学及遥感地质和数字信息等项目综合研究工作。通过上述工作，建立了本区地质构造格架，总结了区域成矿规律和区域地球化学元素分布规律，为本区综合研究工作的开展奠定了坚实的基础。

2006～2010 年，新疆资源潜力评价项目开展了包含研究区在内的全疆铁矿的综合研究和铁矿资源量预测等工作，提交了《新疆铁矿资源潜力评价成果报告》。该报告系统收集、较深入地研究了新疆地、物、化、遥、自然重砂等资料，重新划分地质构造单元和成矿单元，总结了典型矿床的成矿规律和各预测工作区的区域成矿规律，建立了典型矿床和区域预测模型，划分了 5 个预测类型和 22 个预测工作区，圈定铁矿最小预测区 444 处，其中 A 类 87 处，B 类 193 处，C 类 164 处；估算全疆铁矿资源总量 500m 以浅为53.89 亿 t，1000m 以浅为 90.90 亿 t，建立了全疆铁矿种系列图件数据库。为新疆"十二五"铁矿勘查开发工作规划提供了可靠的依据。在研究区划定了 1 个海相火山岩性预测工作区，圈定了铁矿成矿远景区 4 个，确定了 2 个预测类型及 18 个靶区，预测铁矿资源量约 21 亿 t。该项工作为本次研究提供了较为扎实的资料基础和研究依据。

同时，许多学者对研究区内的地质矿产进行了较详细的研究，目前已发表的区内及与本区相关的地质研究论文和专著主要有：《新疆西天山阿吾拉勒成矿带火山岩型铁矿》、《西天山阿吾拉勒成矿带大型火山岩型铁铜矿床预测及评价技术与应用研究》、《西天山查岗诺尔—备战一带铁矿成矿条件及找矿分析》、《新疆阿吾拉勒富铁矿地质特征和矿床成因》、《西天山查岗诺尔地区矿床成矿系列和找矿方向》、《西天山阿吾拉勒一带大哈拉军山组构造环境分析》、《西天山伊宁—新源—巴仑台地区铁矿找矿远景综述》、《西天山阿吾拉勒一带伊什基里克组火山岩地球化学特征与构造环境》、《西天山古生代铜金多金属矿床类型、特征及其成矿地球动力学演化》、《西天山中北段铜、金矿床成矿规律初探》、《西天山那拉提构造带及邻区几个地层问题的讨论》、《新疆西天山菁布拉克基性杂岩体闪长岩锆石 SHRIMP 定年及其地质意义》、《西天山查岗诺尔地区矿床成矿系列和找矿方向》等。这些发表的科技论文对提高本区地质研究程度和成矿理论水平有重要的参考价值。

六、存在问题

虽然前人对西天山阿吾拉勒地区铁矿床赋存于石炭纪火山岩中的认识比较统一，但由于火山岩地层出露不完整，目前还无法确定各个铁矿床赋存的精确层位，无法对含矿层位进行准确对比。而且，查岗诺尔和智博铁矿床位于一个多次塌陷的破火山口中，而其他铁矿床的产出部位没有破火山口，因此研究该铁矿带的火山建造和控矿构造尤为重要，同时对该矿带内火山机构与成矿的关系没有开展有针对性的综合调查研究工作。对阿吾拉勒铁矿带的成矿机制和规律、找矿突破的关键尚未开展过专门的综合研究。阿吾拉勒铁矿带尚无一张完整的反映火山机构的火山岩建造－构造图，尚没有从整个矿带对火山岩的岩性、岩石组合和岩相、火山机构的分布、类型及其特征、火山机构与成矿的关系进行系统的综合研究，因此在该铁矿带开展火山建造、火山机构与成矿关系的综合调查研究工作，不仅能够提高该地区综合研究水平，同时对指导该区铁矿找矿工作具有重要意义。

第二节 技 术 路 线

在前人研究成果的基础上，以现代成矿学新理论为指导，以近年来的地质调查和矿产勘查成果为依托，遵循野外地质调查和室内综合研究相结合、典型矿床研究与区域地质构造背景分析相结合的原则，综合运用火山岩岩石矿物学、岩石地球化学、同位素示踪和测年技术、岩石探针技术和流体包裹体等技术对研究区的火山的时空分布、火山岩的岩性、岩石组合和岩相、火山机构的分布、类型及其特征进行系统的综合研究，结合区域内与火山岩相关的已知矿床（点）时空分布特征，进行成矿地质背景条件分析，查明成矿特征、成矿条件和关键控矿因素，认识成矿要素，总结成矿规律和找矿标志，为合理部署区内铁矿勘查和实现铁矿勘查重大突破提供基础资料。

项目研究的技术路线主要依据"分两个层次，区域展开和重点研究相结合"原则，采用"资料收集与综合整理—研究区火山岩建造－构造图（尽量反映岩性岩相图）的编制—火山岩时空分布—重要火山机构的大比例尺填图及实测剖面—重要矿床野外考察、调研、验证—典型矿床解剖—火山建造－构造与成矿关系研究—编写和提交报告及相应的图件"的技术路线进行。

首先在全面收集研究区已有的1:5万、1:20万、1:25万区域地质调查、矿产勘查和科研成果资料的基础上，编制研究区1:25万火山岩建造－构造图（尽量反映岩性岩相图）。在编图的基础上综合分析区域地质背景、构造演化过程和火山机构的分布、类型及其特征，为准确厘定研究区铁矿的形成条件和构造环境提供基础资料。

其次在火山岩建造－构造图的基础上，结合遥感信息处理，对研究区内重要的火山机构有目的的部署区域地质调查路线、重点研究地段和局部地质填图范围。充分收集阿吾拉勒铁矿带已知矿床（点）的勘查成果资料，包括各种比例尺的地质图件、探槽、岩芯等资料，开展详细的野外实地调查，查明典型铁矿的赋矿层位、矿体产出特点及空间分布规律。

第三，通过对重要火山机构进行野外大比例尺填图、实测地质剖面和路线地质剖面测量，了解研究区火山喷发中心的特征、喷发规律、控矿的岩性和岩相、火山机构与成矿的关系。在查明火山岩时空分布规律的基础上，有针对性地采集各类测试样品，开展矿石物质组成和结构构造、成矿时代、成矿流体性质及成矿物质来源等方面的系统研究，分析成矿条件。依据相关的岩石学、矿物学、岩石地球化学，以及岩石系列、岩浆演化趋势、岩浆源区等分析成果，进行研究区火山岩形成地质构造背景（构造环境）和成矿规律的综合分析。

第四，查明研究区内铁矿产出的火山建造－构造环境、控矿因素，总结矿化富集规律和成矿规律，建立成矿和找矿模型，指导矿产勘查工作部署选区。编制研究区内构造建造图、成矿规律和矿产预测图等数字化基础性综合图件。

第三节　研　究　内　容

本书的研究内容主要包括成矿地质背景研究、典型矿床研究、区域成矿规律研究等几方面的内容。

（1）成矿地质背景研究

全面收集前人研究资料，综合分析阿吾拉勒铁多金属成矿的区域地质背景、构造演化、岩浆活动及其对研究区铁矿形成和分布的控制作用，研究区内铁矿成矿作用及其相关问题。

通过室内研究区火山建造－构造图的编制，结合详细的野外地质调查，了解与成矿相关的火山岩的分布、类型、机构、构造及火山岩建造，详细观察记录不同火山岩地层的岩石类型、岩石组合、结构构造，采集岩石标本薄片及岩组样。结合区域地质资料，分析火山岩岩相类型及形成的大地构造环境。

通过对重要火山机构的路线地质调查及实测地质剖面，研究火山岩的分布、规模、形态、产状与成矿的关系。研究主要岩石类型的岩相学、岩石地球化学、同位素地质特征及侵入时代，探讨源岩及成岩的构造背景，进而为研究岩浆活动与成矿系统发育的关系奠定基础。选择不同类型典型地段，在地表及坑道中测制大比例尺地质剖面，采集、测试样品，并结合岩相学观察，建立详细的火山岩－侵入岩剖面，用以研究本区的岩浆－火山活动过程，以及与矿体在时空分布上的联系。

（2）典型矿床研究

通过1:5万野外地质路线调查，1:5000大比例尺地质剖面、1:1万矿区地质修测、观测钻孔岩芯、探槽编录，同时结合室内岩相学、矿相学、矿物学和地球化学、流体包裹体等内容，查明研究区查岗诺尔、备战、敦德等典型铁矿床的矿化样式、分布规律、物质组成及结构构造、围岩蚀变、成矿流体的来源及其性质、成矿的准确年龄等特征；探讨成矿机制和矿床成因，厘定成矿类型。同时编制相应的典型矿床成矿要素图与预测要素图，为研究区域成矿规律和区域成矿预测提供基础资料。

（3）区域成矿规律

在典型矿床研究的基础上，综合分析研究区主要铁矿在成矿特征、成矿时代、成矿地质条件和构造环境等方面的共性和异性。在上述综合对比研究基础上，归纳总结新疆西天山阿吾拉勒铁多金属成矿带内铁矿的形成条件、关键控矿因素和找矿标志、区域成矿规律和找矿方向。明确研究区内铁矿产出的火山建造－构造环境，编写研究性成果报告及相关成果图件。

第二章　区域成矿地质背景

西天山成矿带是我国重要的铁多金属成矿带之一，以阿吾拉勒铁成矿带为主体，近年来铁矿勘查工作取得重大进展，相继勘查或发现了查岗诺尔、备战、智博、敦德、松湖及尼新塔格－阿克萨依等多个铁矿床，使该地区成为新疆重要的大型铁矿开发基地，且已列为"358"项目整装勘查区。

第一节　区域构造位置

研究区位于伊宁－中天山地块之阿吾拉勒晚古生代活动大陆边缘带内（图2-1-1），其北以喀什河断裂与博罗科努早古生代陆缘弧毗邻，其南以那拉提北缘断裂与中天山复合陆缘弧相接。

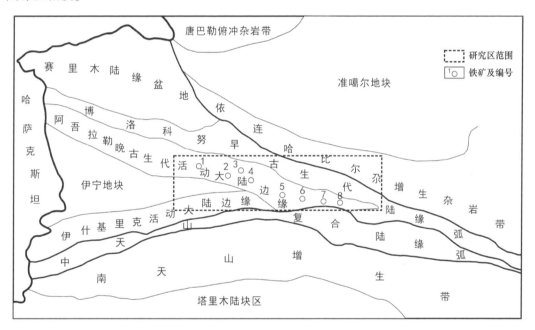

图2-1-1　西天山地区大地构造分区略图

1—铁木里克；2—式可布台；3—松湖；4—尼新塔格；5—查岗诺尔；6—智博；7—墩德；8—备战

阿吾拉勒山以出露晚古生代地层为主，在前震旦系陆壳基底上发育起来的晚古生代火山盆地（图2-1-2）。南部乌孙山一带，称伊什基里克活动大陆边缘，区内发育的最老地层为中元古界长城系特克斯群浅变质碎屑岩，构成其陆缘基底属基底杂岩相的基底杂岩残块亚相，其上为一套富含叠层石碳酸盐岩的蓟县系科克苏群所覆盖，青白口系库什台群

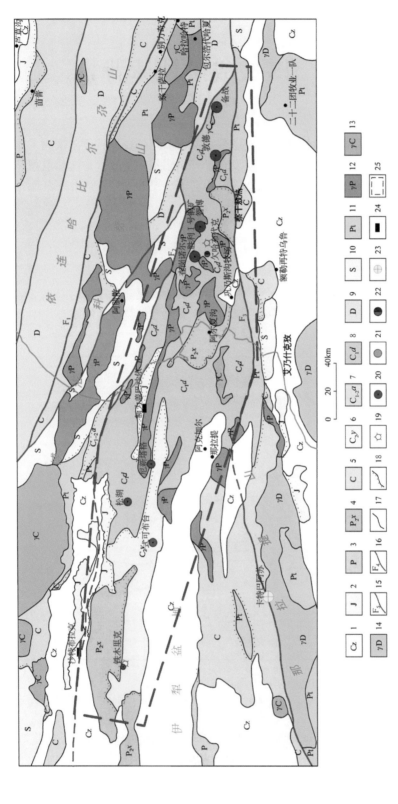

图 2-1-2　西天山阿吾拉勒地区地质略图

1—第四系-第三系；2—侏罗系；3—二叠系；4—二叠系中统晓山萨依组；5—石炭系；6—石炭系上统伊什基里克组；7—石炭系阿克沙克组；8—石炭岩下统大哈拉军山组；
9—泥盆系；10—志留系；11—元古宇；12—二叠纪花岗岩类；13—石炭纪花岗岩类；14—泥盆纪花岗岩类；15—区域断裂及编号；16—一般断裂及范围；
17—地质界线；18—不整合界线；19—火山口；20—铁矿；21—铜矿；22—铅锌矿；23—金矿；24—煤矿；25—研究区范围

不整合于蓟县系之上，为一套白云岩、大理岩、鲕状灰岩、硅质岩夹硅质灰岩粉砂岩，为陆表海盆地相的碳酸盐陆表海亚相。晚古生代火山活动即发育于此基底之上。该构造带与伊犁盆地大致相同，总体上呈西部宽、东部窄的喇叭状。盆地内部为中—新生界所覆，为坳陷盆地相。

石炭纪火山盆地的地层层序自下而上为：①早石炭世早期的大哈拉军山组中—基性火山岩不整合于青白口系或震旦系之上，火山岩系底部为杂色砾石和含芦木茎干的砂砾岩、砂岩。灰岩中含 *Gigatoproductus* 等化石；②阿克沙克组下亚组为冲积平原相之紫红色钙质含砾粗砂岩，砂砾岩与凝灰质砂岩互层，有多条辉绿岩脉顺层侵入，不整合于下伏地层之上；③阿克沙克组上亚组下部为台地相含锰鲕状灰石，中部为台地相层状灰岩与块状灰岩，含有机碳；④上石炭统伊什基里克组为碱性－钙碱性双峰式火山岩，反映其构造应力背景为拉张环境。区内早二叠世仍有玄武岩－流纹岩构成的双峰式火山岩活动，属新陆壳基底上的碰撞后伸展环境，至晚二叠世才为红色陆相磨拉石沉积，标志造山发展的结束，为坳陷盆地相。

第二节　区　域　地　层

研究区位于西天山中部，构造位置为塔里木板块与伊犁微板块对接部位，阿吾拉勒晚古生代活动大陆边缘中东段。区内地层出露主要有元古宇、下古生界、上古生界及中新生界。其沉积类型多样、岩性岩相复杂、厚度变化较大。根据区内地质体基本特征及所处的构造位置，参照《新疆维吾尔自治区区域地质志》与《新疆维吾尔自治区岩石地层》，认为研究区属塔里木－南疆地层大区，天山－北山地层区，中天山－马鬃山地层分区，研究区主体隶属伊宁地层小区。研究区地层格架表见表 2－2－1 所示。

表 2－2－1　研究区地层格架表

界	系	统	巴伦台小区	伊宁小区	博罗科努小区
新生界	第四系				
	新近系				
中生界	白垩系				
	侏罗系				
	三叠系				
上古生界	二叠系	中二叠统		晓山萨依组（P_2x）	
		下二叠统		乌郎组（P_1w）	
	石炭系	上石炭统	伊什基里克组（C_2y）		
				阿克沙克组（$C_{1-2}a$）	
		下石炭统	大哈拉军山组（C_1d）		
	泥盆系	上泥盆统	艾尔肯组（D_3a）		
下古生界	志留系	顶志留统	巴音布鲁克组 $S_{3-4}by$	博罗霍洛山组 $S_{3-4}b$	
		上志留统		库茹尔组 S_3k	
		中志留统		基夫克组 S_2j	
		下志留统		尼勒克河组 S_1n	
元古宇	蓟县系			科克苏群（JxK）	
	长城系			特克斯岩群（$ChT.$）	

1. 元古宇

为伊宁地块前寒武纪变质基底,零星分布在那拉提断裂带和喀什河大断裂两侧。

（1）长城系（Ch）

长城系特克斯岩群（Ch$T.$）其岩性为灰色石英片岩、二云石英片岩、黑云石英片岩夹有绿泥片岩、斜长片岩和石英岩,其在研究区未见顶底关系,与上覆蓟县系科克苏群为断层接触。岩石强烈糜棱岩化,为一套强变形的动力变质的无序地层。下部为石英片岩、铁铝榴石云母石英片岩、二云石英片岩、绢云母千枚岩,中部为条带状灰岩、大理岩化灰岩、碳泥质灰岩夹绢云母石英岩,上部为绢云母石英片岩夹石英岩,总厚4669m。应属沉积盆地边缘沉积。

（2）蓟县系（Jx）

蓟县系科克苏群（JxK）为一套中浅变质的碳酸盐岩沉积,主要岩性为灰色、灰白色微–细晶大理岩、藻纹层理大理岩夹有粒屑灰岩,见有白云岩、石英岩和浅变质碎屑岩。其顶底关系齐全,下与特克斯岩群顶部千枚岩、千枚岩化粉砂岩整合过渡,上与青白口系角砾状灰岩也为整合关系,且产保存较好的叠层石化石。本群含叠层石 *Baicalia* sp.，*Colonnella* cf. *lami nata*，*Anabaria* sp.，*Tungussia* sp.，*Stratifera* sp.，*Minjaria* sp.。

2. 志留系

除巴音布鲁克组分布在那拉提北缘断裂以南地区,其余志留系均分布在喀什河断裂以北的博罗科努地层小区。

（1）尼勒克河组（S_1n）

整体为一套深水复理石沉积,主要由深灰色、灰黑色凝灰质板岩、粉砂质泥质板岩、深灰色、灰黑色中细粒石英砂岩组成,顶部见有少量英安岩、砂砾岩。

区内该套岩石发育大量的石英砂岩、青灰色泥质粉砂岩,砂岩中平行层理、楔状交错层理发育,并见夹有青灰色薄层–纹层状灰岩,这些特征说明其所处的环境应为滨海–浅海相的潮间带或潟湖相。

（2）基夫克组（S_2j）

该组主要由灰色砾屑灰岩、条纹条带灰岩、灰黑色凝灰质板岩、粉砂岩组成。区内该套地层中含有大量的灰岩、泥质粉砂岩等,并见夹有泥质砾岩薄层,这些特征说明该套岩层形成环境应该为滨浅海相。

（3）库茹尔组（S_3k）

为一套滨–浅海相细碎屑岩夹碳酸盐岩,主要岩性是灰绿、黄绿色中厚至厚层粉砂岩、灰质粉砂岩及含泥质灰质粉砂岩夹少量粉砂质黏土岩、钙质黏土岩、玻屑凝灰岩及灰色薄层瘤状生物碎屑微–粉晶灰岩、生物碎屑灰岩、粉砂质泥灰岩,上部产珊瑚类化石。

（4）博罗霍洛山组（$S_{3-4}b$）

该组岩性主要为灰绿色砾质板岩、灰色含砾长石岩屑砂岩,灰色长石岩屑砂岩,片理化粉砂岩及细砂岩夹浅灰色大理岩,见少量中酸性火山碎屑岩。局部发生浅变质。岩石中的碎屑物结构成熟度很差,均呈棱角状、尖棱角状,分选性较差,但可见正粒序层理。

（5）巴音布鲁克组（$S_{3-4}by$）

该组为一套滨–浅海相陆源细碎屑岩、碳酸盐岩、火山碎屑岩、中性火山熔岩组合,地层下部以发育陆源细碎屑岩、火山碎屑岩、中性火山熔岩为主要特征，地层上部为一套岩性十分单一的碳酸盐岩沉积，构成一套滨－浅海相火山－沉积岩系，物质来源主要为陆源碎屑物及火山物质。

3. 泥盆系（D）

艾尔肯组（D_3a）分布在博罗科努地层小区，为一套海陆交互相的碎屑岩夹少量火山岩，主要岩性为灰、灰绿、紫杂色砾岩、砂岩、粉砂岩（含泥质、钙质、硅质等）夹长英钠长斑岩、岩屑凝灰岩、硅质岩、角岩等，含斜方薄皮木和少量腕足类化石。

4. 石炭系（C）

石炭系是西天山中部地区分布最广的地层和最重要的赋矿层位之一，建造复杂多样，空间上变化较大，主要为中酸性火山磨拉石建造。与下伏奥陶系和上覆二叠系均为不整合接触，总厚度576～10623m。

（1）大哈拉军山组（C_1d）

主要分布于阿吾拉勒山中部、伊犁盆地及两侧和博罗科努山一带，为一套浅海相中性、酸性为主的喷发火山岩建造（在吐拉苏一带为陆相火山岩），以灰紫色、紫红色、灰绿色安山岩、安山玢岩、流纹斑岩、霏细岩、霏细斑岩、英安斑岩为主，夹少量玄武岩、同质火山碎屑岩、砂岩、砾岩、凝灰质砂岩、灰岩等，厚度1000～3771m，是西天山地区最重要的陆相火山岩热液型金矿（如阿希金矿）和海相火山喷气－沉积型铁－铜（如松湖铁矿）、铜、铅锌、铜锌等矿产的重要含矿层位（矿源层）。

（2）阿克沙克组（$C_{1-2}a$）

主要分布于伊什基里克－阿吾拉勒、那拉提等地区，为一套浅海相碳酸盐岩、陆源碎屑岩建造，主要岩性为深灰色－灰色生物碎屑灰岩、鲕状灰岩、结晶灰岩、砂质泥质灰岩、砂质页岩、钙质砂岩、粉砂岩、砾岩、凝灰质砂岩－砾岩、沉凝灰岩，在萨阿尔明山北坡、切克台一带灰岩中出现锰矿层，并是区域热液型、砂卡岩型铜、铅、锌等矿产的有利部位。

（3）伊什基里克组（C_2y）

主要分布于阿吾拉勒及博罗科努山一带，前者为一套海相喷发岩系：灰绿－紫红色流纹斑岩、霏细斑岩、钠长斑岩、安山玢岩、玄武玢岩、英安斑岩及同质火山碎屑岩；后者为一套浅海相灰色－灰黑色生物碎屑灰岩、灰岩、泥灰岩、碎屑岩夹酸性火山碎屑岩，厚1000～1500m，发育有火山沉积型铁、铜矿（如式可布台铁矿等）。

5. 二叠系（P）

分布较普遍，出露面积不大，早期多为陆相火山磨拉石类，有较多的上叠裂谷产生，主要为板内局部偏碱性陆相酸性火山磨拉石建造（博罗科努山）、上叠裂谷拉张期双峰式火山岩建造－汇聚期火山磨拉石建造序列，晚期几乎均为陆相红层沉积。

（1）下二叠统乌郎组（P_1w）

主要分布于伊犁盆地、阿吾拉勒山一带，为一套陆相中性、酸性火山岩及碎屑岩建造，下部为中酸性凝灰熔岩、安山岩、安山玢岩夹玄武岩、流纹岩、霏细斑岩及火山角砾岩、凝灰砂岩、砂砾岩，上部为安山岩、玄武安山玢岩、流纹斑岩、石英霏细斑岩等，下与科古琴山组、上与晓山萨依组均不整合接触，厚941～7507m，为火山热液型铜矿赋矿层位。

（2）上二叠统晓山萨依组（P_2x）

主要分布于阿吾拉勒山和那拉提一带，为一套陆相碎屑岩，岩性有砾岩、岩屑砂岩、长石砂岩、长石石英砂岩、粉砂质泥岩夹煤线。

6. 中生界（MZ）

三叠系（T）零星分布于博罗科努山南缘一带，为陆内盆地沉积，其中，早－中期主要岩性为紫红、灰红、灰绿色砾岩、砂砾岩、含砾砂岩、粗砂岩夹细砂岩、泥质粉砂岩；中－晚期主要岩性为河湖相灰色、灰绿、黄色砂岩、复矿砂岩、岩屑砂岩、泥岩、碳质泥岩、薄煤层夹菱铁矿结核。

区内侏罗系厘定为水西沟群（$J_{2-3}S$），系造山后期在拉张环境下形成的上叠盆地建造。主要岩性为岩屑砂岩与砾岩互层为主，夹少量含碳质粉砂岩、泥岩。

白垩系（K）零星分布于阿吾拉勒山西部、伊犁盆地及两侧，早期为湖相细碎屑岩建造，如吐谷鲁群，晚期多为褐红、棕红色砾岩、粗砾岩及粉砂岩，如东沟组。

7. 新生界（CZ）

自中生代晚侏罗纪以来，研究区处于持续上升状态，构造运动形成的山间（或断陷）盆地，成为新生代沉积的主要场所，广泛发育了各种类型的陆相碎屑岩沉积盆地，呈星点状散布于全区。区内的新生界分布范围较大，成因较多。主要有新近系桃树园组，以及第四系多种成因类型的松散堆积物。

桃树园组（N_1t），主要岩性为杏红色黏土、亚黏土和杏黄色砂砾岩层等。下部岩性为鲜红色黏土夹浅灰、灰白色砂砾岩层；中部岩性为杏红色黏土、亚黏土，灰白色钙质结核不稳定，星散分布其中；上部岩性为杏黄色砂砾岩层，钙质胶结略显灰白色。

区内第四系主要分布于山前盆地、山间凹地及沟谷中。由于区内地形复杂，各地貌单元发育史也不相同，因而第四系沉积物的成因类型、岩性、分布特征均有较大的差别。将第四系按成因类型划分为残积物、残坡积物、冰川堆积物、洪积物＋残坡积物、冲洪积物和冲积物等。

第三节　岩浆岩组合

一、侵入岩组合特征

阿吾拉勒构造带区内岩浆侵入活动于石炭纪—二叠纪较发育。侵入岩浆序列包括早石炭世、晚石炭世、早二叠世3个侵入序列，为俯冲－碰撞型、后碰撞型及后造山型侵入岩石组合。

1. 早石炭世俯冲型钙碱性花岗岩序列

序列组成：由辉长岩（3.67%）－闪长岩、石英闪长岩（4.5%）－花岗闪长岩（61.1%）－二长花岗岩（30.8%）组成。可见，以二长花岗岩、花岗闪长岩为主，基性端元出现少量辉长岩。岩体为异地侵入接触。中酸性段岩体内较多暗色包体。壳幔混源特征明显。

岩石化学特征为钙碱系（里特曼指数 1.8 ~ 2.0），中酸性岩碱总量 $w(K_2O + Na_2O)$ 6.7% ~ 7.3%，属正常范围。A/CNK 0.9 ~ 1.08，为铝弱饱和。在 An – Ab – Or 图（图 2 – 3 – 1）上，分布于辉长岩/闪长岩 – 英云闪长岩 – 斜长花岗岩 – 花岗闪长岩 – 二长花岗岩区，为 δ + TTG 组合。Rb – YbNbTa 判别图落在碰撞前岩浆弧区，K – Na – Ca 趋势图上表现为具有 Tdi 和 CA 两条趋势线，为陆缘弧环境。

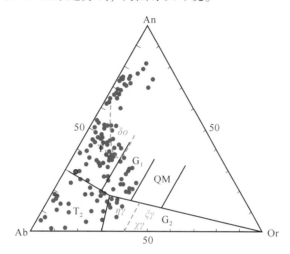

图 2 – 3 – 1　阿吾拉勒构造带侵入岩 An – Ab – Or 图
T_1—英云闪长岩；T_2—斜长花岗岩；G_1—花岗闪长岩；G_2—花岗岩；QM—石英二长岩
δo—石英闪长岩；$\eta\gamma$—二长花岗岩；$x\gamma$—碱性花岗岩；$\xi\gamma$—钾长花岗岩

2. 晚石炭世后碰撞正长花岗岩序列

序列组成：由二长花岗岩（33%）– 正长花岗岩（55%）– 碱长花岗岩（15%）组成。岩体与石炭系浅变质围岩成侵入接触。伊犁晚石炭世后碰撞序列岩石均为正常结晶结构，块状构造，常见同源包体。岩石化学特征为富碱钙碱系（里特曼指数 2.12 ~ 2.34），碱总量 $w(K_2O + Na_2O)$ 8.07% ~ 8.85%，属较高范围。A/CNK 0.97 ~ 1.04，为铝弱饱和。在 $R_1 – R_2$ 图上，在二长花岗岩 – 正长花岗岩 – 碱长花岗岩区，较多在同碰撞区下方分布，为典型造山带后碰撞序列。

3. 早二叠世造山后石英二长岩序列

主要分布于中东段尼勒克—查岗诺尔一带。岩性为辉绿岩、辉长辉绿岩、石英闪长（斑）岩、花岗闪长（斑）岩、斜长花岗（斑）岩、石英二长（斑）岩、正长（斑）岩。产状上，通常辉绿岩（辉绿玢岩）与石英斑岩共生在一起产出，石英二长（斑）岩与正长（斑）岩伴生，而其他花岗闪长斑岩、斜长花岗（斑）岩等通常单独产出。

本序列岩体侵入最新地层为下二叠统，且与下二叠统乌朗组偏碱性（橄榄）玄武岩 – 流纹岩双峰式火山岩建造紧密共生，应为同期产物。

岩石化学特征为偏碱性和富钾：辉绿岩碱总量高达 4.92，$w(K_2O)$ 1.32%，正长（斑）岩碱总量 10.52，$w(K_2O)$ 平均 5.19%。序列里特曼指数除斜长花岗斑岩、石英斑岩 <2.0 外，其他 2.48 ~ 5.42，属于碱性系列。

早二叠世辉绿岩－正长斑岩序列为特殊的 $\beta\mu$ + TTG + QMG$_2$ 组合，其 ACF 图显示为壳源，具 A$_2$ 型岩浆特征。辉绿岩的环境判别大部分落在板内区或大陆边缘区。我们认为，属于造山末期（或之后）上叠裂谷环境。

二、火山岩组合特征

早石炭世大哈拉军山组火山岩广布于伊犁盆地火山岩带的东北部和南部，为大洋板块俯冲而形成的钙碱性火山岩。钙碱性系列火山岩以大量安山岩、花岗闪长岩、石英闪长岩为特征，组成深成－火山系列。岩石组合以安山岩－±英安岩－流纹岩为主，次为玄武岩－安山岩－±流纹岩。有工业意义的金、铜、铁矿产的形成，无不与火山岩关系密切，层控明显，是该区找这类矿产的有利层位。晚石炭世伊什基里克组火山岩分布于阿吾拉勒山地区，为海相和海陆交互相拉张环境，为挤压环境向拉张环境过渡的钙碱性火山岩和碱性火山岩。主要为碱性玄武岩，中酸性岩多为钙碱性系列。以双峰式火山岩组合为主，安山岩极少，伴以玄武岩－安山岩－流纹岩组合。铁、铜矿产赋存于火山岩中，形成有价值的矿产地。早二叠世乌郎组火山岩，分布于铁木里克塔乌、巩乃斯种羊场北及塔勒德等地。为陆相－大陆裂谷环境，碱性系列，有玄武岩－流纹岩的双峰式组合和少量玄武岩－安山岩－流纹岩组合，为铁铜矿成矿有利层位。

1. 大哈拉军山组火山岩

本组为伊犁盆地火山岩带分布最广、最为重要的地层，对地质科学的发展和国民经济－矿业开发（金、铁、铜矿）都具十分重要的意义。该组总体上岩性为一套中酸性火山岩及正常碎屑岩沉积，局部夹灰岩及玄武岩或基性熔岩。

大哈拉军山组是研究区火山活动最强烈的时期。火山岩相有爆发相、喷溢相、喷发－沉积相，爆发相以安山质－流纹质凝灰岩，火山角砾岩、熔结凝灰岩为主，喷溢相以安山岩为主，流纹岩、霏细岩、玄武岩、英安岩较少，喷发－沉积相，主要有凝灰质砂岩、凝灰质粉砂岩、凝灰质角砾岩、沉凝灰岩。岩石组合：以爆发－喷溢相的正韵律为主，反韵律次之，且北部多于南部；再次者为爆发－喷发沉积相或正常沉积岩，且发育于南部地区。其岩石组合，北部：安山岩－±英安岩－流纹岩；南部大致以莫合尔大桥—塔依阿苏一线为界，线北为安山岩－流纹岩，局部玄武岩增多，线南为玄武岩－安山岩－流纹岩为主，前者一般为成熟岛弧的岩石组合，后者属不成熟岛弧的特征。

火山活动较强，为明显的间歇式火山喷发，每次火山活动间歇都有沉积出现，或沉积砾岩，或沉凝灰岩。可划分出 7～9 个喷发次，单个喷发次厚度在 46～430m 之间变化。单个喷发次的岩石组合为凝灰岩－火山角砾岩－火山熔岩－偏正常沉积岩。上部有一喷发次为从酸性英安岩—中性安山岩—中基性玄武安山岩—基性玄武岩，显示岩浆演化反序特点，也反映了巩乃斯火山盆地逐步拉伸的过程。该组由下而上，正常沉积岩所占比例越来越大，碎屑颗粒由粗变细。为海相裂隙－中心式喷发。

早石炭世大哈拉军山组火山活动特征可归纳如下：伊宁地块北缘岩性以中酸性火山岩为主，岩相在尼勒克河上游以爆发相为主，火山活动由早到晚，愈演愈烈。在阿吾拉勒山东段，以喷溢相为主，火山活动由早到晚由强到弱，总的表现沿尼勒克河上游变强。

2. 伊什基里克组火山岩

该组呈东西向展布于阿吾拉勒山东段及其南坡（巩乃斯河北岸）一带，以铁木里克萨依，则克台萨依、吐尔拱萨依等地为主，由于它是火山岩型铁、铜矿的成矿有利地层。本组为一套基－酸性发育的火山地层，中性很少并夹有程度不同的火山碎屑沉积－正常沉积岩层。以灰色成层性（中层状为主）好为特色。由西向东，熔岩由多到少，火山碎屑岩由少到多，玄武岩、流纹岩组成的双峰式火山岩系列，发育程度区别不大。

晚石炭世伊什基里克组的火山活动是比较强烈的。火山岩相有爆发、喷溢－沉积相，喷溢相发育，由流纹（斑）岩、霏细（斑）岩、钠长斑岩、流纹质角砾熔岩和玄武岩、橄榄玄武岩、辉绿（玢）岩等组成，它们构成 $\beta-\lambda$ 的双峰式火山岩，安山岩极不发育。铁木里克—吐尔拱萨依，喷溢相有减少之势；爆发相稍次，主要由流纹质凝灰岩、晶屑岩屑凝灰岩、火山质凝灰岩、火山角砾岩组成，安山质和英安质不发育，西—东爆发相逐渐增多；侵出相有英安岩、石英斑岩；潜火山相为辉绿玢岩；通道相为花岗斑岩；喷发－沉积相有凝灰质砾岩－粉砂岩及沉凝灰岩等。它们的组合多种多样，主要有喷溢－爆发相，爆发－喷溢相，喷溢（或爆发）－爆发（或喷溢）－喷发沉积±正常沉积相，其组合的发育程度没明显的规律。岩石组合以玄武岩－流纹岩组成的双峰式火山岩为特征。

3. 乌郎组火山岩

该组下部为一套陆源碎屑岩，上部为一套陆相火山岩建造。岩性为玄武岩、安山岩、流纹岩及各种火山碎屑岩、火山碎屑沉积－正常沉积岩组成。熔岩多为块状层，层理不清，厚度变化大，常呈大小不等的透镜体产出，其他地层，层理清楚。正常沉积岩以灰－灰白色粗砂岩，细砂岩为主，偶见泥质砂岩和灰岩透镜体，可见少量的植物化石碎片。

该组火山岩相有爆发相、喷溢相、喷发－沉积相。爆发相以中酸性凝灰岩、火山角砾岩为主；喷溢相有玄武岩、流纹岩、安山岩、粗面岩、英安岩等；喷发－沉积相以凝灰质细砂岩、粗砂岩为主。岩相组合：以喷溢－爆发相为主，且铁木里克一带次于乌郎达坂萨依地区爆发（或喷溢）－喷发沉积或正常沉积相次之。岩石组合：铁木里克为玄武岩－±安山岩－流纹岩，巩乃斯种羊场北尤其尼勒克县城以西（区外），发育玄武岩－流纹岩的双峰式火山岩。

第四节　大　型　构　造

阿吾拉勒晚古生代活动大陆边缘带是在前震旦纪陆壳基底上发育起来的晚古生代火山盆地。早石炭世，依连哈比尔尕小洋盆向南消减俯冲，在伊犁盆地形成下石炭统大哈拉军山组（C_1d）的岛弧型火山岩和碎屑岩夹灰岩的沉积，其中火山岩组合主要为安山岩±英安岩－流纹岩，以安山岩发育为特征。C_1d 末发生伊犁运动，形成 C_1d 与 $C_{1-2}a$ 之间的区域性不整合。使大哈拉军山组发生变形，形成褶皱、断裂构造，产生低绿片岩相变质。同时在这一运动作用下，结束了 C_1d 的岛弧环境，进入阿克沙克组（$C_{1-2}a$）的残余海沉积，形成一套碎屑岩、碳酸盐岩建造，它以中－薄层和成层性好与 C_1d 的厚层块状火山岩相分开。晚石炭世地壳重新拉张，形成一套海相－海陆交互相沉积，称伊什基里克组

（C_2y），主要为拉张环境下火山岩夹碎屑岩、灰岩组成。以双峰式火山岩组合为特色，安山岩极不发育，由东到西，双峰式火山岩组合越来越发育，同时有少量偏碱性的花岗岩株侵入。晚石炭世末的地壳运动，使 C_2y 发生第一期变形，发生褶皱，产生北西西向断裂和与之配套的北东向，北西向断裂，常形成动力变质，在断裂线附近出现片理化和局部的千枚岩化。这一运动的发生，海退成陆，两大板块联为一体，欧亚大陆出现。早—中二叠世，地壳处于后碰撞松弛拉张阶段，出现大陆裂谷，形成以陆相火山岩为主的乌郎组（P_1w）。主要岩性：下部为碎屑岩，中、上部为火山岩夹碎屑岩，熔岩为厚层块状，多为透镜体产出，厚度变化大。岩石组合：东段铁木里克为玄武岩-安山岩-流纹岩，西段巩乃斯种羊场北为玄武岩-流纹岩，这种双峰式火山岩组合更发育。同时有偏碱性花岗岩株的侵入。末期的地壳运动，使 P_1w 及其以前的地层褶皱。出现近东西向的逆断裂，产生断陷变质作用，出现绿泥石、绢云母，个别火山岩有帘石、葡萄石蚀变。晚二叠世形成一套河流-湖泊相碎屑岩夹灰岩的沉积，称铁木里克组（P_3t），其中灰岩中产淡水双壳类化石，碎屑岩中产植物碎片，与下伏 P_1w 不整合接触，并被侏罗系不整合覆盖。晚二叠世末期的构造运动，使地层发生宽缓褶皱的同时，形成北西向左行平移断层，为未变质地层。晚二叠世地壳演化进入稳定的陆内盆地发展阶段。

中生代，仅有侏罗系分布，其沉积韵律为砾岩-砂岩-粉砂岩-泥岩-碳质页岩-煤层，局部夹泥灰岩、白云岩。煤层、菱铁矿层发育是本组的主要特征。中侏罗世末的地壳运动，使上侏罗统和白垩系、古近系缺失，使侏罗系形成短轴褶皱和近东西向断层及北东、南西向平推断层。新近系形成河湖相的红层，第四系形成冲洪积物堆积。

研究区地质构造运动复杂多样，主要构造形迹有：

1. 喀什河断裂（F_{37}）

区域上称喀什河断裂，出露于研究区北部，是阿吾拉勒活动大陆边缘与博罗科努山岛弧带的分界断裂，呈北西西-南东东向延伸，由多条不同时期形成的脆性断裂组成，影响宽度约300m。

该断裂形成于石炭纪早期，并可识别出2个阶段的变形活动。早期活动沿断裂主界面——阿克沙克组与尼勒克河组或基夫克组之间的界面分布，界面两侧的岩石组合、变质、变形，形成环境明显不同。早石炭纪时期，沿岛弧带发生大规模的拉伸作用，南侧形成巨大的阿吾拉勒火山盆地，并形成大量火山岩，此期断裂活动受后期造山作用影响，其规模、产状等特征均遭破坏，其性质已难以辨别。晚期活动主要表现为晚二叠世—侏罗纪时期的浅表层次的脆性破碎活动，脆性断裂亦沿主界面进行，形成一系列产状北倾的高角度正断层，断层倾角60°~80°。断层角砾岩发育，断层角砾指示断层为正断层，在断层带中，发育一套脆性碎裂岩系列岩石。其多为碎裂岩化岩石、碎裂岩及碎斑岩等岩石，并见有少量弱糜棱岩化岩石。

在地貌及遥感影像图上，该断裂线性特征十分清楚，呈明显的北西西-南东东向的线状影像特征，断裂出露地区呈负地形特征，发育线状河流。

沿该断裂石炭纪花岗岩基呈带状展布，二叠纪花岗岩主要分布于该断裂南侧，石炭纪花岗岩分布于断裂北侧，该断裂对不同时代的花岗岩具明显控制现象。

沿断层具有明显的断层破碎带，破碎带宽度10~100m，碎裂带主要由石炭系阿克沙克组碎裂状的火山岩系、志留系轻微变质粉砂岩、板岩、大理岩及石炭纪花岗岩系组成，见有安山质构造角砾岩、花岗质碎裂岩、碎裂粉砂岩、片理化流纹岩、片理化英安岩、构造角砾岩等。构造带内岩石见有轻微糜棱岩化现象。

该断裂具有多期活动的特征，带内发育弱糜棱岩化岩石，并为后期碎裂岩化再次叠加。

综上所述，该断裂是一条规模巨大、长期活动的构造边界。据区域资料，随着北天山洋壳向南碰撞俯冲，石炭纪早期沿博罗科努山岛弧南侧发生强烈拉张，在巩乃斯一带形成巨大的火山盆地，此时，该断裂带开始活动，晚期随着造山作用的结束，沿此断裂形成一系列的高角度正断层。

2. 那拉提北缘大断裂（F_{31}）

展布于那拉提山边缘，为长期活动的岩石圈断裂、逆断裂，断裂面产状160°∠50°~60°，具微波状延伸的特点，它是尼古拉耶夫线在新疆的延续，向东被博罗科努山南侧断裂所截。具右行压扭性质。它以发育断层岩为特征，主要有断层角砾岩和碎裂岩化岩石。片理化和糜棱岩化主要发育在南盘，大型断裂阶地十分明显。断裂南侧（上盘），发育大量的泥盆纪侵入岩和少量中元古代变质侵入岩，以及古元古界达角闪岩相变质的那拉提岩群、震旦纪蛇绿岩、上志留统巴音布鲁克组和不整合其上的上石炭统阿克沙克组等。南盘向西南出现明显的高温低压变质带（含矽线石）绿片岩、混合岩及大量华力西期花岗岩。断裂北侧（下盘）大量的下石炭统大哈拉军山组岛弧型沉积和阿克沙克组残余海沉积属低绿片岩相。沿断裂线南侧形成一系列近东西向断续延伸的韧性剪切带。

该断裂地学界从来都认为是一条十分重要的界线，它西接尼古拉耶夫线，东交于天山主干断裂，是那拉提缝合带的北界，以北为哈萨克斯坦－准噶尔板块，究其发展历史，该断裂可能形成于元古宙，古生代是其主要发展阶段，在多期构造运动影响下，经常处于活动状态，尤其晚加里东期—早华力西期，活动十分强烈，它明显地控制着大哈拉军山组（C_1d）的范围（朱志新等，2004）。

第五节　区域矿产

一、成矿带划分

西天山地区是我国古生代造山带内重要贵金属、有色金属、黑色金属成矿单元之一，大地构造和成矿区划隶属于古亚洲构造成矿域天山－兴蒙成矿区带的西段、伊犁成矿省之伊犁（中央地块及活动大陆边缘带）Fe－Mn－Cu－Pb－Zn－Au－W－Mo－U－煤－油气－硫铁－白云岩－石英岩－重晶石成矿带（图2－5－1）。经历了元古宙结晶基底、震旦纪—寒武纪稳定盖层、奥陶纪—志留纪活动盖层和晚古生代俯冲碰撞活动几个构造演化过程。构造岩浆活动以海西期最为强烈，也是主要的铁、铜、金多金属矿成矿期。区内已发现铁、铜、金等多金属矿床（点）150余处，其中达到规模者28处，矿点136处。金矿主要为浅成低温热液型、斑岩型和韧性剪切带型，集中分布于伊犁晚古生代活动陆缘北带吐拉苏－也里莫墩早石炭世火山岩带和胜利冰达坂地区；铜矿主要有海底火山喷气－热水沉积型、陆相火山热液充填型、矽卡岩型、斑岩型，集中分布于赛里木、博罗霍洛、阿吾拉勒山等地区；铁矿主要有海底火山喷气－热水沉积型、矽卡岩型、岩浆期后热液充填型等，集中分布于伊什基里克、阿吾拉勒山等地区。

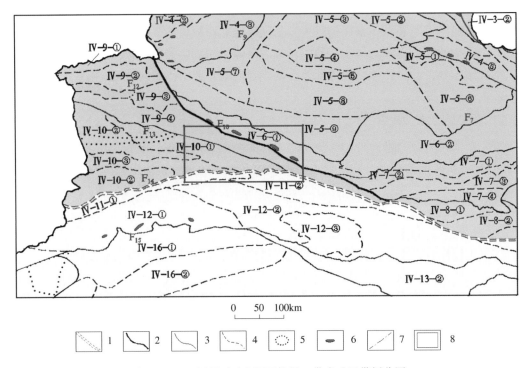

图 2－5－1　新疆西天山阿吾拉勒一带成矿区带划分图

1—板块缝合带；2—成矿省界线；3—成矿带界线；4—矿带界线；5—前寒武纪基底出露区；

6—主要蛇绿岩；7—省界；8—研究区范围

断裂带名称：F_7—卡拉麦里断裂；F_9—克拉玛依乌尔禾断裂；F_{10}—依连哈比尔尕断裂；F_{12}—阿拉套断裂；

F_{13}—尼勒克断裂；F_{14}—那拉提断裂；F_{15}—哈尔克山断裂

二、成矿带特征

研究区跨越了6个Ⅳ级成矿带，但本次研究的阿吾拉勒铁矿带主要位于阿吾拉勒（活动陆缘）Fe、Au、Cu、Pb、Zn矿带Ⅳ级成矿带中（Ⅳ－10－①）。

阿吾拉勒（活动陆缘）Fe－Au－Cu－Fe－Pb－Zn矿带（Ⅳ－10－①）位于阿吾拉勒－伊什基里克成矿带北部，东起尼勒克县群吉一带，西至式可布台铁矿一带，长430km，宽10～20km。构造上属石炭纪—二叠纪活动陆缘带。区内主要出露地层为石炭系中酸性火山岩－火山碎屑岩建造及少量碎屑岩建造，二叠系双峰式火山岩、火山碎屑岩及碎屑岩。岩浆活动以海西中晚期中酸性岩浆侵入活动为主。区内断裂发育，大量的火山机构、环形构造对控矿具有意义。矿化具有分段集中的特点。西段以陆相火山岩型铜矿化为主，东段以铁、铜、金多金属矿为主。带内已发现铁矿产地 31 处，其中大型矿床 2 处、中型矿床 5 处、小型矿床 10 处，此带为新疆最重要的铁矿富集区，远景很大。主要铁矿化类型为海相火山岩型铁矿，如式可布台、松湖、查岗诺尔及智博、尼新塔格、备战及塔尔塔格等大中型铁矿床，成矿远景好。此外，有构造 – 岩浆有关铁矿化，如察汗乌苏铁矿点。

三、矿产特征

阿吾拉勒地区目前已发现有铁、锰、铜、镍、铅、锌、钼、铀、金、钨 10 种金属矿产 130 余处矿产地。其中有大型铁矿 4 处（查岗诺尔、智博、敦德、备战），中型铁矿 6 处（式可布台、松湖、尼新塔格、阿克萨依、阔拉萨依、塔尔塔格），小型铁矿 20 余处；铜矿均为小型矿床和矿点，主要有群吉萨依铜矿、群吉铜矿、甫太巴依乔克铜矿、玉希莫勒盖铜矿、松树沟铜矿、阿拉斯坦铜矿、阿拉斯坦北铜矿、胜利铜矿等 50 余处，以热液型为主，少量与斑岩有关。主要铁矿类型为海相火山喷气 – 热水沉积型铁矿，主要有式可布台、松湖、尼新塔格、查岗诺尔、敦德、智博和备战 7 处规模较大的铁矿，均处于伊犁微板块阿吾拉勒晚古生代弧后盆地东段、阿吾拉勒铜铁多金属成矿带内。

第六节　区域地球化学

一、元素含量特征

1. 算术平均值

阿吾拉勒铁矿带 39 种元素含量算术平均值及其与新疆水系沉积物中 39 种元素含量算术平均值对比结果见表 2 – 6 – 1。

表 2 – 6 – 1　阿吾拉勒铁矿带区域化探 39 种元素含量算术平均值特征

元　素	Fe_2O_3	Mn	Ti	V	Co	Cr	Ni	W	Sn	Bi	Mo	Cu	Pb
铁矿带	4.8	850	3888	93	13.3	49	22	1.9	2.6	0.31	0.9	22	20
新疆	4.3	719	3316	76	10.9	50	24	1.5	2.1	0.29	1	25	17
铁矿带/新疆	1.12	1.18	1.17	1.22	1.22	0.98	0.92	1.27	1.24	1.07	0.90	0.88	1.18
元　素	Zn	Cd	Ag	Au	As	Sb	Hg	Li	Be	Nb	Zr	La	Y
铁矿带	75	143	59	1.2	11.8	0.78	15	21	2	11.3	194	27	25
新疆	65	139	67	1.4	10	0.71	22	25	1.9	11.3	166	29	23
铁矿带/新疆	1.15	1.03	0.88	0.86	1.18	1.10	0.68	0.84	1.05	1.00	1.17	0.93	1.09
元　素	U	Th	Sr	Ba	F	B	P	K_2O	Na_2O	CaO	MgO	Al_2O_3	SiO_2
铁矿带	2.1	9.1	237	522	517	29	716	2.5	2.7	5.7	2.3	12.8	61
新疆	2.3	8.8	282	558	474	34	701	2.3	2.5	7	2.3	11.5	58
铁矿带/新疆	0.91	1.03	0.84	0.94	1.09	0.85	1.02	1.09	1.08	0.81	1.00	1.11	1.05

注：Au、Hg、Ag、Cd 含量单位为 10^{-9}；氧化物含量单位为 10^{-2}；其余元素含量单位为 10^{-6}。

从表中可以看出，研究区 39 种元素含量算术平均值与新疆平均水平相比，明显高于新疆平均水平的元素有 V、Co、W、Sn，高于新疆平均水平的有 Fe_2O_3、Mn、Ti、Pb、Zn、Al_2O_3、Zr、As，也就是说，与铁矿密切相关的 Fe_2O_3、Mn、V、Ti、Co 五元素的整体含量均高于或明显高于新疆相应元素平均含量水平，这些元素在阿吾拉勒铁矿带整体富集。持平的元素有 K_2O、Na_2O、MgO、SiO_2、Cr、Ni、Mo、Cd、Bi、Be、La、Nb、U、Th、Ba、F、P、Y、Sb19 种。其余 8 种元素明显低于新疆平均水平，这些元素是 Cu、Ag、Au、Hg、B、Sr、Li、CaO 等。

2. 浓集克拉克值

浓集克拉克值是一个地区元素含量相对地壳富集程度的有效指标，该值越高，找矿潜力越大。区域化探样品取自地表，主要反映现今近地表元素分布情况。计算结果见表 2 - 6 - 2。

与上陆壳克拉克值相比，阿吾拉勒铁矿带近地表地质体明显富集 Mn、V、Ti、Co、Cr、Cd、As、Sb、Bi、B、CaO 11 种元素，浓集克拉克值在 7.87 ~ 1.30 之间；相对富集 Ni、Ag、Y、F，浓集克拉克值在 1.18 ~ 1.1 之间；含量相当的元素是 Fe_2O_3、Zn、Pb、W、Li、La、Zr、Ba、MgO、SiO_2，浓集克拉克值在 1.07 ~ 0.9 之间；亏损最严重的是 Sn、Nb、Hg 元素，浓集克拉克值 <0.5，在 0.47 ~ 0.19 之间。Fe_2O_3 被界定为与上陆壳克拉克值含量相当，其浓集克拉克值为 1.07，属于偏高的元素。

表 2 - 6 - 2　阿吾拉勒铁矿带 39 种元素浓集克拉克值

元　素	Fe_2O_3	Mn	V	Ti	Co	Cr	Ni	W	Sn	Bi	Mo	Cu	Pb
浓集克拉克值	1.07	1.42	1.55	1.30	1.33	1.40	1.10	0.95	0.47	2.38	0.60	0.88	1.00
元　素	Zn	Cd	Ag	Au	As	Sb	Hg	Li	Be	Nb	Zr	La	Y
浓集克拉克值	1.06	1.46	1.18	0.67	7.87	3.90	0.19	1.05	0.67	0.45	1.02	0.90	1.14
元　素	U	Th	Sr	Ba	F	B	P	K_2O	Na_2O	CaO	MgO	Al_2O_3	SiO_2
浓集克拉克值	0.75	0.85	0.68	0.95	1.10	1.93	0.60	0.74	0.69	1.36	1.05	0.84	0.92

3. 基本认识

1）总体来看，与上陆壳相比，阿吾拉勒铁矿带近地表地质体富集元素 15 种，亏损元素 14 种，富集元素种类与亏损元素种类基本持平。明显富集 Mn、V、Ti、Co、Cr、Cd、As、Sb、Bi、B、CaO，富集 Ni、Ag、Y、F，亏损 Cu、Th、Al_2O_3，明显亏损 Au、U、Mo、Be、P、Sr、K_2O、Na_2O，严重亏损 Sn、Nb、Hg，其他 10 种元素（包括 Fe_2O_3）处于既不亏损也不富集状态。

2）与新疆全区平均水平相比，阿吾拉勒铁矿带处于高 Fe_2O_3、Al_2O_3 而贫 CaO 的地球化学环境中。

3）与新疆全区平均水平相比，阿吾拉勒铁矿带相对富集的成矿元素为 W、Sn、Pb、Zn、Fe_2O_3，Cu、Au 处于相对贫化状态。

4）阿吾拉勒铁矿带 Fe_2O_3 的平均含量略高于上陆壳克拉克值，高于新疆全区平均水平，与之密切的 Mn、V、Ti、Co 属同时高于上陆壳克拉克值和全疆平均水平的元素。

二、元素组合

对阿吾拉勒铁矿带 39 种元素（含氧化物）分析数据进行聚类分析，制作聚类分析谱系图如图 2 - 6 - 1。

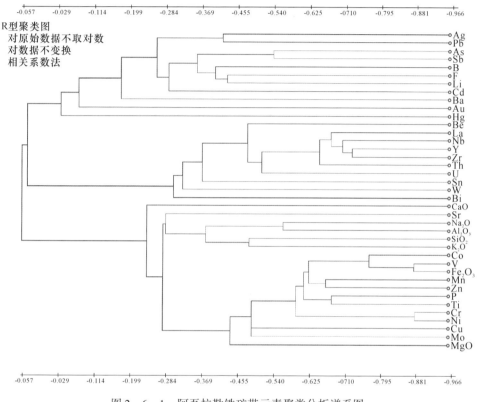

图 2 - 6 - 1　阿吾拉勒铁矿带元素聚类分析谱系图

从图中可以看出，参与分析的 39 种元素，分类特征清晰，元素之间的密切关系反映明确。主成矿元素 Fe_2O_3 与 V、Co 最为密切，其次是 Mn、Zn，再其次是 Ti、P，再就是 Cr、Ni。Cu、Mo、MgO 与这些元素共同归为一类。从元素组合来看，该带除铁矿外，还具有寻找铜、锌、钼矿的前景。

三、异常特征

以累计频率 88% 对应含量值为异常下限、以累计频率 95.5% 和 98% 对应含量值为异常中带和异常内带界限，在西天山范围内进行异常圈定，在阿吾拉勒铁矿带圈定的铁及相关异常，是西天山规模最大、强度最高、元素组合最好、连续性最稳定的异常。除与铁相关的钒、钴、锰、钛等元素外，同时叠加规模较大的铜、铅、锌、银、钼及钠元素的异常。

带内圈定 Fe_2O_3 异常 4 个，编号 Fe-85、Fe-88、Fe-98、Fe-102，以 Fe-88 为主体，分布在长 210km、宽 14~50km 的范围内，走向北西西。

Fe-88 号异常长，面积 5330km²，是阿吾拉勒铁矿带异常面积之和 5864km² 的 94.3%；异常平均值 6.6%，是新疆平均值 4.3% 的 1.53 倍。异常具备三级浓度分带，空间上呈现西高东低、西宽东窄且具有由西向东异常宽度和强度逐渐递减的特点，浓集中心区位于西段。

下限由 5.44% 提高到 5.89%，异常同样分成规模差异显著的三个区（中带），主导区位于中西段，面积 3757km²，长 144km，宽 43~11km，占该异常总面积的 70.5%；平均值 7.3%，是新疆平均值的 1.7 倍。两个较小的区位于东段，面积 92km² 和 116km²，平均值 6.6%。

下限由 5.89% 提高到 6.93%，异常分成规模差异显著的两个区（内带），主导区位于西段，面积 1788km²，长 83km，宽 35~17km，占该异常总面积的 33.5%；平均值 8.5%，是新疆平均值的近两倍。较小的区位于中段，面积 50km²，平均值 9.5%。

Fe-85 位于西端，与其他三个异常相比，有较大的独立性。异常展布方向为北北东向，面积 284km²，有南北两个浓集中心，面积分别为 83km² 和 41km²，Fe_2O_3 平均值分别为 11.4% 和 10.4%。

无论规模还是空间分布特征，Co、V、Ti、Mn 异常都与 Fe_2O_3 异常极为相似，差异相对较大的要数 Mn，其异常分布向东止于乌拉斯台。此外，阿吾拉勒铁矿带 Na_2O 的异常较为发育，中心位于中段，整体性较差，这是与 Fe_2O_3 等明显不一致的。

Cu、Pb、Zn、Ag、Mo、Ba 的异常见阿吾拉勒铁矿带异常剖析图（图 2-6-2）。除 Fe_2O_3 及相关元素异常外，阿吾拉勒铁矿带 Cu、Pb、Zn、Ag、Mo、Ba 等的异常也较为发育，各元素均具三级浓度分带。Cu 异常主要位于中段，Cu 异常区多有 Mo 异常对应；Pb、Zn 也位于中段，规模较大但形态不规整；Ag 异常与 Fe_2O_3 等类似，由西向东，具有强度和规模递减的特征，多数与 Pb、Zn 异常重叠；Ba 的分布接近 Ag，但向东的递减方向偏向南部。该组元素异常的另一显著特征是在式可布台及其北高度一致，且呈现南北向特征，同时位于 Fe_2O_3、Mn、V 的浓集区内，对应式可布台、松湖和萨海等铁矿。

四、异常与铁矿的关系

1. 阿吾拉勒铁矿带

阿吾拉勒铁矿带异常剖析图（图 2-6-2）清楚显示，该铁矿带存在明显的 Fe_2O_3 异常，分布形态与矿带延伸一致，由西向东表现为强度和规模递减的特点。除新源北部的驹尔都拜和东南角的哈夏图两个小型铁矿外，其余铁矿，特别是大、中型铁矿均处于 Fe_2O_3、V、Co、Ti 异常区，乌拉斯台以西的铁矿除驹尔都拜小型铁矿外，均位于 Mn 异常区。矿带内的四个大型铁矿位于东段的乌拉斯台一带，它们虽然处于 Fe_2O_3、V、Co、Ti 异常区，但都对应异常衰减区，也就是说，该带的大型铁矿都不在 Fe_2O_3、V、Co、Ti、Mn 异常最强区域内，而是在相对较弱的区域。同时，在西段强异常区，有式可布台、松湖、萨海、尼新塔格等中型铁矿。这种现象可能与铁矿的产出方式、成因类型及赋存状态密切相关。

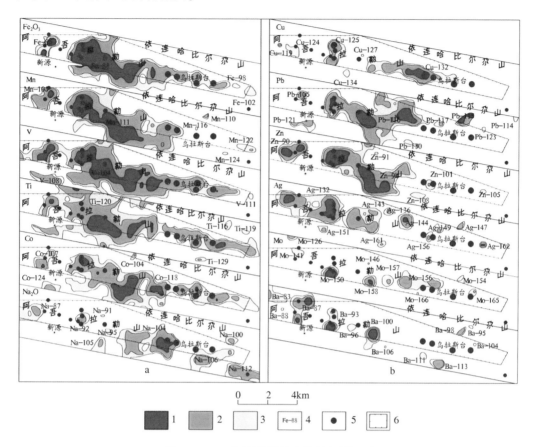

图 2 - 6 - 2　阿吾拉勒铁矿带异常剖析图

1—异常内带；2—异常中带；3—异常外带；4—异常元素及编号；5—铁矿；6—整装勘查区

2. 典型矿床

典型铁矿床及重要铁矿床所在位置显示的异常元素组合为：

备战铁矿：处于 Fe_2O_3 - V - Co - Ti - F - P 组合异常区，位于 Sn、Mo、As 异常边部；

墩德铁矿：处于 Fe_2O_3 - V - Co - Ti - P 组合异常区，位于 Na_2O 异常边部；

智博铁矿：处于 Fe_2O_3 - V - Co - Mn - Na_2O - Cu - Zn 组合异常区，位于 Ti、Ag、Mo、P、Sn 异常边部；

查岗诺尔铁矿：处于 Fe_2O_3 - V - Co - Mn - Na_2O - Cu 组合异常区，位于 Zn、Ag、Ti、Mo、P、B、Sn 异常边部；

尼新塔格铁矿：处于 Fe_2O_3 - Mn - V - Ti - Co - Pb - Zn - Ag - As - P 组合异常区，位于 B、P、Sn、Y 异常边部；

松湖铁矿：处于 Fe_2O_3 - Mn - V - Ti - Co - Na_2O - Cu - Pb - Zn - Ag - Ba - As 组合异常区；

萨海铁矿：处于 Fe_2O_3 - Mn - V - Ti - Co - Cu - Pb - Zn - Ag - Ba - As 组合异常区，

位于 Sn、Y 异常边部；

式可布台铁矿：处于 $Fe_2O_3 - Mn - V - Ti - Co - Cu - Pb - Zn - Ag - Mo - Ba - As$ 组合异常区，位于 Na_2O、P、Sn、Y 异常边部。

从阿吾拉勒铁矿带各异常元素的空间分布、元素组合和与已知铁矿的关系来看，该区在寻找和评价铁矿的过程中，还应加强有色金属矿产，主要是铜、铅、锌、钼矿的寻找。

第七节 地球物理特征

本次研究区位于天山山脉西部，区域地质条件复杂，构造运动强烈，岩浆活动频繁，各时代地层和各类岩浆岩分布广泛。1:5 万高精度航磁测量显示，磁场信息丰富，特征明显，规律性强，展现出多个不同磁场背景及磁异常特征区，它们是不同构造、岩浆活动、地层及岩性分布区的综合反映。对划分断裂构造、火山机构，圈定各类岩浆岩及划分不同岩性提供了基础性资料。

根据化极磁场变化和磁异常的形态、走向及异常组合等特征，将磁场自北向南分成 4 个磁场区，具体划分如图 2 - 7 - 1 所示。

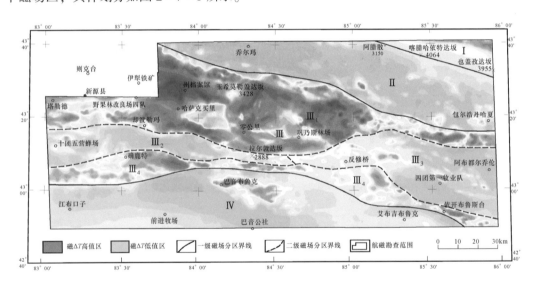

图 2 - 7 - 1 新疆西天山地区新源县塔勒德—和静县乌拉斯台一带区域磁场分区示意图

I—喀腊哈依特达坂 – 也盖孜达坂平缓升高正磁场区；II—乔尔玛 – 包尔浩丹哈夏降低负磁场区；

III—塔勒德 – 阿布都尔乔伦正负变化磁场区；III$_1$—哈萨克买里 – 巩乃斯林场升高正磁场亚区，

III$_2$—十团五营蜂场 – 拉尔敦达坂负异常带，III$_3$—反修桥 – 四团第一牧业队负磁场亚区，

III$_4$—确鹿特 – 依开布鲁斯台正异常带；IV—江布口子 – 艾布吉布鲁克平静磁负场区

1. 喀腊哈依特达坂 – 也盖孜达坂平缓升高正磁场区（I）

位于研究区东北部边缘，南大体以阿腊散—且腾达坂—别克奇克沿线为界，与乔尔玛 – 包尔浩丹哈夏降低负磁场区相邻，向北东延出测区，区内呈面积不大的三角形。

区内以正磁场为背景，由南西向北东逐渐升高，场值一般在 0～100nT 之间。在背景场上磁异常不发育，仅在北部边缘显示出几处近东西走向的升高正磁异常。根据西天山地区 1:100 万航磁资料，测区北部为区域升高正背景场，其中间反映出明显正异常带，区内仅涉及正异常带南部边缘部分。

推断区内正背景是泥盆纪层凝灰岩引起，由于凝灰岩成层分布，背景场由南西向北东逐渐升高可能是层凝灰岩厚度逐渐增加的反映。北部边缘升高正磁异常有的与超基性岩株相对应，推断是超基性岩的反映。

2. 乔尔玛 – 包尔浩丹哈夏降低负磁场区 （Ⅱ）

位于研究区北部，南大体以依僧布浩达坂—阔尔库达坂—3942 高点—3720 高点—塔克勒根—恰布其勒干哈夏一线为界，与塔勒德 – 阿布都尔乔伦正负变化磁场区为邻，呈北西西向带状贯穿全区。

本区以降低负磁场为背景，场值多在 0～ – 200nT 之间变化。随航磁 ΔT 化极上延高度的增大，负背景场更加清晰，以平静的负磁场为主。在负背景场上叠加有 30 余处局部磁异常，其异常形态多呈圆形、椭圆形及不规则形，规模大小不等，幅值变化较大，一般在 100～330nT。

推断区内降低负磁场区是志留系和石炭系较厚的碳酸盐岩、碎屑岩及弱磁性中酸性火山岩、侵入岩的反映。在负磁场中叠加的局部磁异常，多以较宽缓的低值异常为主，推断这些异常主要由海西期中酸性侵入岩引起，部分局部异常与较大的花岗岩岩基或岩墙的局部对应，它们可能是花岗岩磁性不均匀或相变的反映。

3. 塔勒德 – 阿布都尔乔伦正负变化磁场区 （Ⅲ）

该磁场区位于测区中部，东西横贯全区，北邻乔尔玛 – 包尔浩丹哈夏降低负磁场区，南以博图阿苏—擦库尔台—开宰布鲁克一线为界，与江布口子 – 艾布吉布鲁克平静负磁场区相邻，占全区总面积的二分之一以上，总体呈近东西向带状分布。从 ΔT 剖面平面图和 ΔT 化极等值线上观察，磁场总体特征表现为规模较大的带状、条带状或团块状正负磁场交替分布，每个带、块体之上均分布有局部磁异常，特别是正磁场上的磁异常更为发育。根据磁场及磁异常分布特点，又将其分为四个磁场亚区（带），如图 2 – 7 – 1 中所示的 Ⅲ₁、Ⅲ₂、Ⅲ₃ 和 Ⅲ₄ 区范围。下面将各亚区（带）的磁场特征分析如下：

（1）哈萨克买里 – 巩乃斯林场升高正磁场亚区 （Ⅲ₁）

位于塔勒德 – 阿布都尔乔伦正负变化磁场区北部，总体呈西宽东窄的喇叭状贯穿整个测区。区内异常特征明显，形态变化较大，主要以团块状、带状和条带状为主，异常带强度从东到西逐渐增高，宽度加大，在这些异常之间局部还有负值区分布。根据异常形态、规模和强度等特征分析，东西差异较大，以北东向托克斯台 – 达布勒滚达坂断裂为界，分东西两部分叙述如下：

西部地区，以团块状强磁正异常为主要特征，异常走向明显，连续性较好，规律性较强，但走向变化较大，既有北西走向，也有北东向和近东西向。异常的宽度和强度变化均较大，有的呈尖峰状，有的较宽缓，幅值多在 100～800nT 之间，局部强者幅值可高达 1000nT 以上。在化极上延 1km 等值线平面图上仍显示为几处较大的团块状升高正异常，最大强度高达 668nT，上延 3km 处理后，几处较大的团块状升高正异常基本连成一体，说明了该区磁异常所反映的地质体规模较大，磁性强，并且向下有一定的延伸。在1:100万布格重力异常图上，强度大的正磁异常区主要对应于重力高值区，并有3个重力高值点均与磁力高值点相对应，呈现出高磁高重的特点。

区内团块状、带状和条带状强磁异常的分布方向与出露地层的走向及中酸性岩体的延伸方向基本一致，主要由下石炭统中基性火山岩和强磁性—磁性中酸性侵入岩引起，其中叠加的幅值大、梯度陡的尖峰状异常是已知铁矿和推断铁矿的反映。重力和上延资料表明，在中基性火山岩之下可能存在较老的具一定磁性的元古宇变质岩系。在磁异常区之间夹之面积不大的负值区主要是石炭系和泥盆系正常沉积的碎屑岩、碳酸盐岩、浅变质岩系及弱磁性岩浆岩的反映。

东部地区，主要为强磁异常带，总体走向近东西，其间由强度不等、大小不一的正异常组成，与西部异常具有相连的趋势，但强磁正异常带的宽度明显变窄，其异常特征相似。在地质上出露的地层和岩体与西部基本相同，磁异常主要由下石炭统中—基性火山岩和中酸性侵入岩引起。孤立和叠加的尖峰状异常是铁矿的反映。

（2）十团五营蜂场－拉尔敦达坂负异常带（Ⅲ$_2$）

异常带位于塔勒德－阿布都尔乔伦正负变化磁场区西南部，呈西宽东窄的条状。异常带总体强度一般在0～－150nT，在负异常带上叠加有数量不多的宽缓升高异常，异常幅值多为50～150nT，其形态多呈圆形、椭圆形及串珠状分布，异常的长轴方向多与异常带的走向一致；在ΔT化极上延1km等值线平面图上磁异常基本消失，说明了引起磁异常的地质体磁性较弱，规模不大。

推断区内负异常带主要是志留系和石炭系无到弱磁性变质岩、碎屑岩、碳酸盐岩的反映。在负异常带上叠加的圆形、椭圆形异常主要为中酸性侵入岩引起，局部为中酸性火山岩的反映。

（3）反修桥－四团第一牧业队负磁场亚区（Ⅲ$_3$）

位于塔勒德－阿布都尔乔伦正负变化磁场区东部，呈不规则楔状夹持于哈萨克买里－巩乃斯林场升高正磁场亚区和确鹿特－依开布鲁斯台正异常带之间。

在航磁ΔT剖面平面图上，以平静的负背景场为主要特征，场值一般在0～－100nT之间。区内局部异常规模不大，多呈北西、北西西向展布的条带状、带状异常，也有圆形、椭圆形异常，异常曲线有的梯度较陡，有的较宽缓，其方向性明显，与构造线基本一致，说明了磁异常反映的地质体与构造关系密切。

区内航磁反映的区域负磁场范围较大，磁性变化较小，主要为古元古界星星峡群和古生界志留系弱磁性变质岩的反映，在负磁场中分布的一系列局部磁异常明显受断裂构造控制，并且有的吻合较好，推断它们主要是沿断裂分布的中酸性侵入岩引起。另外在东部地区显示出几处规模较小的尖峰状异常，推断它们是超基性岩的反映，并且有的与出露的超基性岩岩株对应。

（4）确鹿特－依开布鲁斯台正异常带（Ⅲ$_4$）

异常带呈近东西向长条状横贯塔勒德－阿布都尔乔伦正负变化磁场区南部，整体观察具有东西宽，中间窄且向北突出的弧形特征。

带内以连续升高的正异常为主要特征，但异常幅值变化较大，剖面图上，异常曲线有的宽缓，有的较平缓，还有的呈尖峰状，幅值多在100～500nT之间。在等值线平面图上，异常形态多呈带状、条带状、圆形或椭圆形，其走向与异常带的方向基本相同。

区内磁异常规模大小不一、强度不等、形态各异，但异常走向与异常带延伸方向基本一致，有的异常与出露的中酸性侵入岩吻合较好，有的与出露的中酸性侵入岩部分对应，还有的为第四系覆盖区，为此，这些绵延不绝的磁异常主要为具有一定磁性或强磁性海西期中酸性侵入岩的反映。

4. 江布口子－艾布吉布鲁克平静负磁场区（Ⅳ）

位于测区最南部，北邻确鹿特－依开布鲁斯台正磁场亚带，向南延出测区。以负磁场为背景，磁场强度一般在 0 ~ -100nT，向南场值逐渐降低。在负背景场中间显示出一较大的团块状正异常区，由于异常区范围较大，由十几个圆形、椭圆形等异常组成，异常规模大小不一，幅值不等，多在 200nT 以上，强者高达 500nT 以上。对比1:100万布格重力资料，本区总体呈现为重力低值区，有 3 个圈闭的重力低值区对应于降低的负磁场，表明所反映的基岩磁性较弱，密度较小。

推断区内平静的区域负磁场是低磁低重的泥盆系、石炭系、侏罗系碎屑岩和碳酸盐岩的反映，叠加在区域负磁场之上正磁异常区与艾尔宾山一带出露的海西期花岗岩岩基吻合较好，推断为海西期中酸性侵入岩引起。

第八节　区域遥感特征

从研究区遥感影像上看，构造在研究区中较发育，主要展布方向呈北西西向和东西向两组，总体呈北西西向延伸，研究区大部分处于那拉提断裂带上，东北角位于尼勒克断裂带上，断裂多为压性或压扭性。发育的大断裂有那拉提断裂和尼勒克断裂（图 2-8-1）。那拉提断裂呈北东东向延伸，长数百千米，具左行压扭性质，断裂面南倾，倾角 >50°。切割上志留统、下石炭统，局部还可见将老地层推覆于新近系之上。地貌上形成断陷谷地，在影像上线性影纹较清晰，山脊被错动，河流呈直线状或呈直角的突拐弯等。该断裂形成于加里东晚期—华力西早期。尼勒克断裂位于预测工作区东北部。呈北北东向延伸，为压扭性断裂，呈带状展布。在该带上发育 9 处呈直线状排开的小型铁矿床。

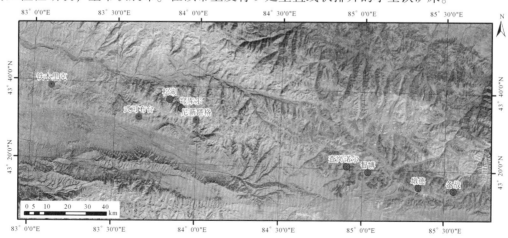

图 2-8-1　新疆西天山阿吾拉勒一带 ETM 遥感影像图

研究区遥感影像上环要素较密集，主要以中小型环为主，大型环有 7 处，最大直径约 20km，均位于山前或第四系中，成因多属性质不明。中小型环部分由花岗岩体引起和褶皱引起。可能有火山机构引起的环，由于植被发育，火山机构较难识别，性质不明引起的环占多数。呈群状聚积环均分布在那拉提断裂带和尼勒克断裂带上，有的呈串状，有相交、相切、相套等。研究区东部小型铁矿床周围环要素较发育。对形成矿产有积极意义。

第三章 研究区地质特征

第一节 区域地层

　　研究区位于新疆西天山地区，其为哈萨克斯坦－准噶尔古板块与塔里木古板块的对接部位，由古生代陆缘岩系和前寒武纪微陆块等拼贴增生而成，其构造演化过程成为新疆北部的古亚洲洋演化的缩影。经历了早石炭世碰撞间歇期伸展－残留洋闭合、陆－陆碰撞阶段、晚石炭世碰撞期后伸展垮塌－板内变形作用阶段、早二叠世陆内裂谷阶段（匡立春等，2013）。

　　研究区属塔里木－南疆地层大区，天山－北山地层区，中天山－马鬃山地层分区，伊宁地层小区。地表主要出露一套石炭系—二叠系火山－沉积岩系，被后期中酸性岩浆侵入，围岩普遍发育角岩化。研究区火山－沉积地层由下至上可分为大哈拉军山组（C_1d）、阿克沙克组（$C_{1-2}a$）、伊什基里克组（C_2y）和乌郎组（P_1w）。在石炭纪火山－沉积岩中发现多处铁矿床（图 3－1－1）。

1. 下石炭统大哈拉军山组（C_1d）

　　广泛分布于萨海—查岗诺尔—备战铁矿一带，在汤巴拉萨依地区被上石炭统伊什基里克组不整合覆盖。根据地质特征和岩性变化将大哈拉军山组分为 5 段。

　　一段（C_1d^1）：主要分布在巩乃斯牧场以西地区，岩性以安山质熔结凝灰岩为主，安山岩次之。受断层影响，地层直立或陡倾。岩石极其破碎，劈理发育。颜色变化较大，主要是岩石发生蚀变，黄铁矿矿化强烈。大部分地段一段被岩浆岩所破坏。可见厚度约240m。

　　二段（C_1d^2）：分布在研究区东部，下部以粗砾岩为标志与一段分开，岩性为浅灰红色厚层—巨厚层含卵粗砾岩，厚度达 162.76m，平行层理发育，砾石堆积反映下粗上细，硅质砾多在下，而灰岩砾多在上；上部岩性为灰绿色安山岩和紫红色安山质凝灰岩，夹灰色含砂质砾屑灰岩、灰黑色玻屑凝灰岩、灰绿色杏仁状安山岩等，可见厚度为 644.18～1459.95m。该岩性段已发现有墩德、智博、备战、查岗诺尔等铁矿床。

　　三段（C_1d^3）：分布于研究区中西部，下部以粗砾岩为标志与二段分开，下部岩性为灰黄色巨厚层细卵砾岩和暗紫色安山质凝灰岩；中部为灰绿色流纹质熔结凝灰岩；上部为灰红色英安质凝灰岩夹安山岩。可见厚度 978.11～1133.19m。该岩性段内已发现有松湖、尼新塔格、穹库尔等铁矿床。

　　四段（C_1d^4）：与三段分界没有明显的标志，厚度 1453.7m。总体以一套灰色中细粒岩屑长石砂岩为主，发育楔状斜层理。在部分地区岩屑长石砂岩含量明显减少，而沉凝灰岩和凝灰质砂岩明显增多。

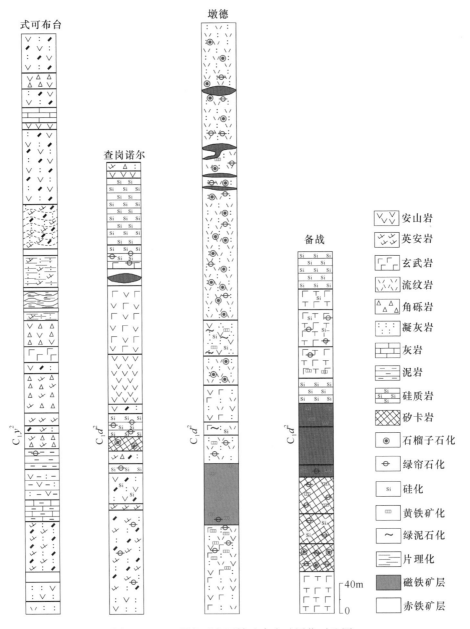

图 3 - 1 - 1　研究区主要铁矿床含矿层位对比图

五段（C_1d^5）：以火山熔岩、火山碎屑岩发育为特征。下部以火山熔岩为主，出露的火山熔岩主要为中性的安山岩、辉石安山（玢）岩、角闪安山（玢）岩中酸性的英安岩、中基性的玄武安山岩及基性的玄武岩、安山质凝灰熔岩、流纹质凝灰熔岩等。火山碎屑岩主要为安山质凝灰岩、流纹质凝灰岩等。火山熔岩中黄铁矿化比较普遍，其中个别也含铜和铅；上部以火山碎屑岩为主，主要为火山角砾岩、安山质凝灰岩、流纹质凝灰岩、霏细岩（蚀变火山灰凝灰岩）等。中夹有透镜状铁质砂质砂屑泥晶灰岩、生物碎屑石灰岩、微晶白云岩等。在查岗诺尔发现若干铜矿化点。

2. 石炭系阿克沙克组（$C_{1-2}a$）

主要分布于研究区东部察干敖热北一带，为一套海相化学沉积岩建造和火山岩建造。该组下部为一套浅海陆棚相沉积的碳酸盐岩和细碎屑岩。岩性主要为灰黑色粉砂质泥岩、灰色生物碎屑灰岩、紫红色白云石化泥晶灰岩，含动物化石，厚度约677m。上部岩性主要以灰色–浅灰绿色层状安山质凝灰岩、层状安山质火山尘凝灰岩、灰岩夹岩屑砂岩、泥质粉砂岩等，含动物化石，厚度580m。本组横向变化较大，由东向西，熔岩成分逐渐减少，火山碎屑岩、正常沉积岩成分逐渐增多。

3. 上石炭统伊什基里克组（C_2y）

一段（C_2y^1）：主要分布在研究区西段阔什布拉克—阿合萨依—则克台萨依一带，呈北西西向带状断块型式展布。北部与伊什基里克组二段为断层接触和火山喷发沉积整合接触，南部为晚石炭世侵入岩截切。主要岩石类型以安山岩、粗安岩、层安山质凝灰岩、层火山角砾岩和板状安山质火山尘凝灰岩为主，少量流纹岩和玄武岩及相应凝灰岩、火山角砾岩；部分地段有透镜状灰岩。海相火山喷发沉积建造–化学沉积建造。该段中部部分地段火山岩经历了叠加韧性变形作用，形成片理化安山岩、片理化凝灰岩、千枚状流纹岩→绢云母石英片岩（片状糜棱岩）和白云石英片岩（片状糜棱岩）。该段为式可布台、和统哈拉尕依赤铁矿矿床的赋矿层位，铁矿体展布受区域强韧性变形带控制。是火山喷发–沉积型赤铁矿矿床的成矿有利地段。

二段（C_2y^2）：主要为一套海相中性—中酸性火山岩、火山碎屑岩和火山碎屑沉积岩建造。部分地段发育碳酸盐岩–化学沉积岩建造，出露厚度>1328.94m。该段与下伏伊什基里克组一段（C_2y^1）为火山喷发沉积整合接触和断层接触，与上覆下–中二叠统乌朗组以火山喷发沉积角度不整合接触。主要岩石类型有浅灰色层安山质火山角砾岩、暗灰色含角闪安山岩、灰色层安山质火山角砾凝灰岩、灰色层安山质晶屑凝灰岩、灰色石英安山岩等。发育热液裂隙充填型磁铁矿矿床。

三段（C_2y^3）：以中性火山岩–火山碎屑岩为主，少量基性、碱性火山岩–火山碎屑岩。岩石类型组合主要为层安山质火山角砾岩、沉安山质火山角砾岩、沉安山质凝灰岩和沉粗安质火山角砾岩、凝灰岩及火山尘凝灰岩。伊什基里克组三段底部发育厚层次圆砾状复成分火山角砾岩，具底砾岩属性。出露厚度约2200m。火山岩相为爆发相、喷发相、喷发沉积相和沉积相。火山碎屑降落于浅水高能水动力环境中，经历了较大距离浅水环境搬运，沉凝灰岩和火山尘凝灰岩中普遍发育条纹状层理、韵律性层理和斜层理构造。

四段（C_2y^4）：该段地层上部为滨岸地带浅水高能水动力条件的沉火山碎屑沉积岩。发育粒序层理、平行层理、波纹层理和次圆砾状火山岩碎屑。碎屑物质以同源火山物质为主，属海陆交互相火山作用产物。主要岩石类型有沉火山角砾岩、沉凝灰岩、沉火山尘凝灰岩、粗面岩、安山岩，底部为厚层沉次圆砾状火山角砾岩。

伊什基里克组火山岩岩浆作用自火山作用早期至晚期为基性、中性、酸性、碱性岩浆演化的正岩浆演化序列。

4. 下二叠统乌郎组（P_1w）

主要分布在研究区西段则克台萨依、巩乃斯河南岸等地，出露面积有限，在苏鲁萨依一带该组以火山喷发沉积角度不整合超覆于上石炭统伊什基里克组之上。为陆相火山喷发–碎屑沉积建造。主要岩石类型组合：沉凝灰火山角砾岩、沉凝灰岩、沉凝灰火山尘凝灰岩和沉复成分火山角砾岩及沉安山质火山角砾岩；据其岩石类型组合的不同划分为两个段。

一段（P_1w^1）：岩石类型组合为沉粗安山质火山角砾岩、沉复成分次圆砾状火山角砾岩、沉凝灰岩和沉火山尘凝灰岩。

二段（P_1w^2）：岩石类型组合为复成分沉火山角砾岩、沉凝灰岩、沉凝灰火山尘凝灰岩和凝灰砂岩。普遍发育条纹状斜层理构造和板状层理构造，反映了浅水高能水动力环境的火山喷发沉积作用，为陆相火山碎屑沉积建造。

该组两个段间为火山喷发沉积整合接触，与上覆喀什河组为沉积角度不整合接触。火山作用构造环境为碰撞后伸展。

第二节 岩浆岩组合及演化过程

一、侵入岩

研究区内侵入岩发育一般，岩石类型较齐全，活动周期较短，仅发育晚古生代侵入岩。本次工作侵入岩资料收集采用的是新疆潜力评价侵入岩资料，该资料由众多区域地质调查报告和科研文献数据组成，能够代表该构造单元的侵入岩基本特征。研究区内侵入岩仅是其中一部分。

研究区晚古生代旋回有石炭纪大陆活动边缘和早二叠世上叠裂谷（地堑）两个旋回，各自都发育岩浆作用。石炭纪旋回有碰撞前钙碱性花岗岩和后碰撞正长花岗岩两个序列，碰撞前钙碱性花岗岩系列在研究区出露的岩性有辉绿岩、闪长岩和石英闪长岩；后碰撞正长花岗岩序列在研究区出露的岩性主要为花岗岩和二长花岗岩。早二叠世为辉绿岩（辉长辉绿岩）–石英二长岩/正长斑岩序列，在研究区出露的岩性主要有花岗岩、英云花岗岩、二长花岗岩、石英闪长岩和闪长岩等。研究区出露侵入岩面积等特征见表3－2－1。

表3－2－1 研究区侵入岩带划分一览表

时代	岩浆序列	岩石类型	代号	侵入最新地层	出露面积/km²		出露位置	资料来源
二叠纪	早二叠世造山后序列	花岗岩	Pγ	乌郎组（P_1w）	1961	4642.5	研究区中西部	汇编
		二长花岗岩	Pηγ		75.5		研究区中部	
		英云闪长岩	Pγδo		46		式可布台铁矿南	
		石英闪长岩	Pδo		1628		尼新塔格铁矿一带	
		闪长岩	Pδ		932		查岗诺尔铁矿西侧	
石炭纪	后碰撞正长花岗岩序列	二长花岗岩	Cηγ	伊什基里克组或大哈拉军山组（C_2y）或（C_1d）	1677	2554	松湖南和查岗诺尔北	汇编
		花岗岩	Cγ		877		研究区东部	
	碰撞前钙碱性花岗岩系列	石英闪长岩	Cδo		184	455	查岗诺尔铁矿东侧	
		闪长岩	Cδ		163		研究区东西两侧	
		辉绿岩	Cβμ		108		铁木里克萨依一带	

1. 石炭纪碰撞前钙碱性花岗岩序列

该环境主要岩性为辉长岩 – 闪长岩 – 石英闪长岩 – 花岗闪长岩 – 二长花岗岩。以二长花岗岩、花岗闪长岩为主，基性端元出现少量辉长岩。岩体为异地侵入接触。中酸性段岩体内较多暗色包体。壳幔混源特征明显（表3 – 2 – 2）。

表3 – 2 – 2　石炭纪碰撞前序列岩石化学平均特征值表

序号	岩性	分析数	$w(SiO_2)$/%	$w(K_2O+Na_2O)$/%	$w(K_2O)/w(K_2O+Na_2O)$	里特曼指数	固结指数(SI)	A/CNK	研究区
1	辉长岩	42	47.69	3.11	0.29	2.06	39.67	0.81	辉绿岩
2	闪长岩	15	54.89	4.94	0.26	2.05	26.89	0.82	闪长岩
3	石英闪长岩	28	61.00	5.69	0.36	1.80	19.28	0.90	石英闪长岩
4	花岗闪长岩	43	67.58	6.78	0.38	1.87	11.92	1.08	
5	英云闪长岩	4	72.09	4.36	0.12	0.65	11.91	0.92	
6	斜长花岗岩	19	75.63	6.43	0.14	1.26	6.22	1.14	
7	二长花岗岩	15	72.79	7.30	0.42	1.79	7.13	1.06	

碰撞前序列岩石均为正常结晶结构，块状构造。常见同源包体。可见其普遍出现角闪石，不出现白云母。

碰撞前序列岩石在QAP图上（图3 – 2 – 1），沿辉长岩/闪长岩 – 花岗闪长岩 – 二长花岗岩区演化，有斜长花岗岩/英云闪长岩出现，表现为典型δ + TTG组合。

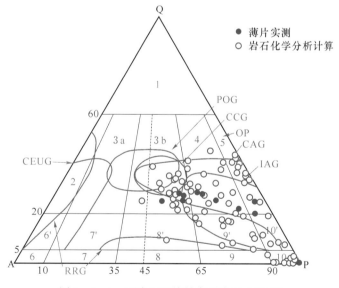

图3 – 2 – 1　石炭纪碰撞前序列岩石QAP图

OP—大洋斜长花岗岩类；CEUG—大陆抬升有关花岗岩类；RRG—裂谷花岗岩；
POG—后造山花岗岩类；CCG—大陆碰撞花岗岩类；CAG—大陆弧花岗岩类；IAG—岛弧花岗岩类
1—富石英花岗岩类；2—碱长花岗岩；3a—花岗岩；3b—二长花岗岩；4—花岗闪长岩；5—英云闪长岩；
6—碱长正长岩；7—正长岩；8—二长岩；9—二长闪长岩；10—闪长岩；6′—石英碱长正长岩；
7′—石英正长岩；8′—石英二长岩；9′—石英二长闪长岩；10′—石英闪长岩

石炭纪碰撞前钙碱性花岗岩序列的岩石化学特征为钙碱系（里特曼指数 1.8~2.0，表 3-2-2），中酸性岩碱总量 $w(K_2O + Na_2O)$ 6.7%~7.3%，属正常范围。A/CNK 0.9~1.08，为铝弱饱和。

在硅碱图上（图 3-2-2 左），石炭纪碰撞前序列从辉长闪长岩起沿亚碱性区（钙碱性）界线下方向花岗闪长岩-二长花岗岩演化。在 $R_1 - R_2$ 图上，沿皮切尔的板块碰撞前区演化（图 3-2-2 右），为典型造山带碰撞前序列。其起始端辉长岩分布范围较大，显示富碱，为前寒武纪基底上石发育起来的活动大陆边缘岩浆作用初始期特征。

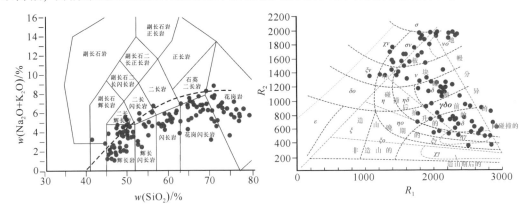

图 3-2-2　石炭纪碰撞前序列 TAS（左）及 $R_1 - R_2$（右）图

σ—橄榄岩；σv—橄榄辉长岩；χv—碱性辉长岩；ξv—正长辉长岩；ηv—二长辉长岩；η—二长岩；δo—石英闪长岩；
ε—霞石正长岩；ξ—正长岩；ξo—石英正长岩；$\eta\gamma$—二长花岗岩；$\chi\gamma$—碱性花岗岩；$\xi\gamma$—正长花岗岩；ηo—石英二长岩；
$\eta\delta$—二长闪长岩；δ—闪长岩；$\gamma\delta o$—英云闪长岩；$\gamma\delta$—花岗闪长岩；v—辉长岩；vo—辉长苏长岩

在 ACF 图（图 3-2-3 左）上，基本落在 I 型区，为壳幔混源。在 An-Ab-Or 图（图 3-2-3 右）上，分布于辉长岩/闪长岩-英云闪长岩-斜长花岗岩-花岗闪长岩-二长花岗岩区，为 δ + TTG 组合。

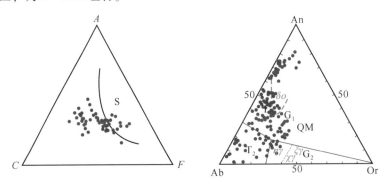

图 3-2-3　石炭纪碰撞前序列 ACF（左）及 An-Ab-Or（右）图

T_1—英云闪长岩；T_2—斜长花岗岩；G_1—花岗闪长岩；G_2—花岗岩；QM—石英二长岩
δo—石英闪长岩；$\eta\gamma$—二长花岗岩；$x\gamma$—碱性花岗岩；$\xi\gamma$—钾长花岗岩

石炭纪碰撞前钙碱性花岗岩序列辉长岩 A 具低稀土总量（平均 23.7×10^{-6}），高铕正异常（δEu 1.49）；

辉长岩 B 具稀土总量略高（平均 45.6×10^{-6}），低铕正异常（δEu 1.07）；

辉长岩 C 接近中酸性岩，具高稀土总量（平均 118×10^{-6}），略铕负异常（δEu 0.94）。由闪长岩到二长花岗岩，稀土总量依次升高，$90 \times 10^{-6} \sim 138 \times 10^{-6}$），$w(La)_N/w(Yb)_N$ 3.8 ～ 8.04，δEu 依次增大 0.85 ～ 0.65（铕负异常逐渐显著）。

在球粒陨石标准化配分型式图上，总体从位于世界平均横线下方提高到平均线上下，比一般造山带碰撞前钙碱性花岗岩序列水平略高（图 3 - 2 - 4）。

其辉长岩的三种形态表明，在整个伊犁带中，各段碰撞前花岗岩序列岩浆产生的起点环境有差异。

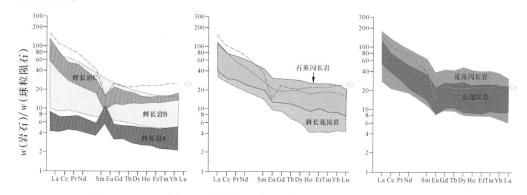

图 3 - 2 - 4   石炭纪碰撞前序列稀土元素球粒陨石标准化配分型式图
（据 Haskin，1976）
Gr—世界花岗岩平均

石炭纪碰撞前序列微量元素为右倾曲线簇（图 3 - 2 - 5），总体与布朗正常大陆弧曲线相似，大离子亲石元素富集，高场强元素略亏损。由辉长岩 - 闪长岩 - 花岗闪长岩 - 二长花岗岩，总体保持相同形态，而水平依次提高，直到逼近布朗正常大陆弧线。

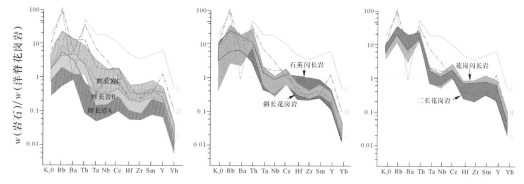

图 3 - 2 - 5   石炭纪碰撞前序列花岗岩微量元素洋脊花岗岩标准化配分型式图
A—正常大陆弧花岗岩；B—成熟大陆弧花岗岩；C—非造山花岗岩

其 Rb 含量 $2 \times 10^{-6} \sim 130 \times 10^{-6}$，$w(Sr)$ $70 \times 10^{-6} \sim 600 \times 10^{-6}$，在 RbSr - 地壳厚度蛛网图上，落在地壳厚度 18 ～ 30km 线区间，总平均点在地壳厚度 25 ～ 27km 位置，显示当时地壳成熟度低。

如前述，碰撞前序列为 δ + TTG 组合，其 *ACF* 图显示为壳幔混源，Rb - YbNbTa 判别图落在碰撞前岩浆弧区，K - Na - Ca 趋势图上表现为具有 Tdi 和 CA 两条趋势线，为陆缘弧环境。

2. 晚石炭世后碰撞正长花岗岩序列

晚石炭世后碰撞正长花岗岩序列主要岩性为二长花岗岩 – 正长花岗岩 – 碱长花岗岩。岩体与石炭系浅变质围岩成侵入接触。

晚石炭世后碰撞序列岩石均为正常结晶结构，块状构造，常见同源包体。矿物成分见表 3 – 2 – 3。可见其普遍出现角闪石，不出现白云母。

表 3 – 2 – 3　后碰撞序列岩石矿物成分表

序号	岩性	薄片数	钾长石 %	斜长石 %	石英 %	黑云母 %	普通角闪石 %
1	二长花岗岩	7	49.0	25.8	23.3	1.9	
2	正长花岗岩	23	53.6	15.6	27.6	2.0	1.2
3	碱长花岗岩	6	59.6	3.1	33.1	3.2	1.0

晚石炭世后碰撞序列岩石在 QAP 图上（图 3 – 2 – 6），分布于 2、3a 及 3b 区左半部，为后碰撞 G 组合。

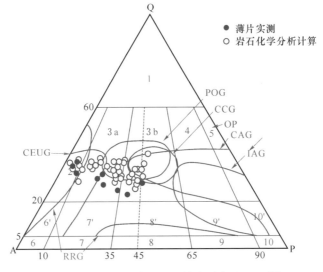

图 3 – 2 – 6　晚石炭世后碰撞序列岩石 QAP 图

OP—大洋斜长花岗岩类；CEUG—大陆抬升有关花岗岩类；RRG—裂谷花岗岩；
POG—后造山花岗岩类；CCG—大陆碰撞花岗岩类；CAG—大陆弧花岗岩类；IAG—岛弧花岗岩类
1—富石英花岗岩类；2—碱长花岗岩；3a—花岗岩；3b—二长花岗岩；4—花岗闪长岩；5—英云闪长岩；
6—碱长正长岩；8—二长岩；9—二长闪长岩；10—闪长岩；6′—石英碱长正长岩；7′—石英正长岩；
8′—石英二长岩；9′—石英二长闪长岩；10′—石英闪长岩

后碰撞花岗岩序列的岩石化学特征为富碱钙碱系（里特曼指数 2.12 ~ 2.34，表 3 – 2 – 4），碱总量 $w(K_2O + Na_2O)$ 8.07% ~ 8.85%，属较高范围。A/CNK 0.97 ~ 1.04，为铝弱饱和。

在硅碱图上（图 3 – 2 – 7 左），伊犁晚石炭世后碰撞序列分布于花岗岩区，跨在亚碱性和碱性区分界线上。在 $R_1 – R_2$ 图上，在二长花岗岩 – 正长花岗岩 – 碱长花岗岩区，较多在同碰撞区下方分布（图 3 – 2 – 7 右），为典型造山带后碰撞序列。

表 3 - 2 - 4　晚石炭世后碰撞序列岩石化学平均特征值表

序号	岩性	分析数	$\dfrac{w(SiO_2)}{\%}$	$\dfrac{w(K_2O+Na_2O)}{\%}$	$\dfrac{w(K_2O)}{w(K_2O+Na_2O)}$	里特曼指数	固结指数 (SI)	A/CNK	Al′
1	二长花岗岩	26	72.82	8.07	0.55	2.18	5.41	1.01	2.05
2	正长花岗岩	37	75.31	8.33	0.57	2.15	3.41	1.04	0.97
3	碱长花岗岩	26	76.51	8.85	0.52	2.34	2.22	0.97	-0.57

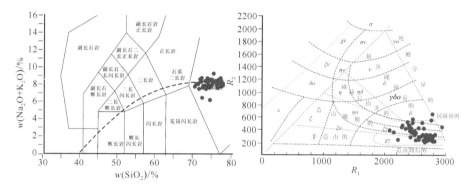

图 3 - 2 - 7　晚石炭世后碰撞序列 TAS（左）及 R_1 - R_2（右）图

σ—橄榄岩；σv—橄榄辉长岩；χv—碱性辉长岩；ξv—正长辉长岩；ηv—二长辉长岩；η—二长岩；δo—石英闪长岩；
ε—霞石正长岩；ξ—正长岩；ξo—石英正长岩；$\eta\gamma$—二长花岗岩；$\chi\gamma$—碱性花岗岩；$\xi\gamma$—正长花岗岩；ηo—石英二长岩；
$\eta\delta$—二长闪长岩；δ—闪长岩；$\gamma\delta o$—英云闪长岩；$\gamma\delta$—花岗闪长岩；ν—辉长岩；νo—辉长苏长岩

　　在 ACF 图上，大部分落在 S 型区，为壳源。在 An - Ab - Or 图上，分布于二长花岗岩 - 正长花岗岩 - 碱性花岗岩区，为 G_2 组合。

　　伊犁晚石炭世后碰撞序列各岩性段稀土元素总量较高（$161\times10^{-6} \sim 181\times10^{-6}$），由二长花岗岩到碱性花岗岩，铕负异常迅速增加。

　　在球粒陨石标准化配分型式图上，整体在世界花岗岩平均线上，从二长花岗岩弱铕负异常，到正长花岗岩 - 碱长花岗岩，铕谷迅速加深，曲线倾斜变缓（图 3 - 2 - 8）。

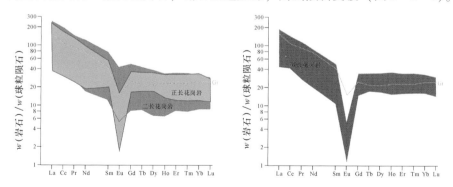

图 3 - 2 - 8　晚石炭世后碰撞序列稀土元素球粒陨石标准化配分型式图

（据 Hakin，1976）

Gr—世界花岗岩平均

　　后碰撞序列微量元素为右倾曲线簇（图 3 - 2 - 9），大离子亲石元素富集，高场强元素持平（碱长花岗岩略富集），接近布朗成熟大陆弧花岗岩特征，表明地壳成熟度提高。

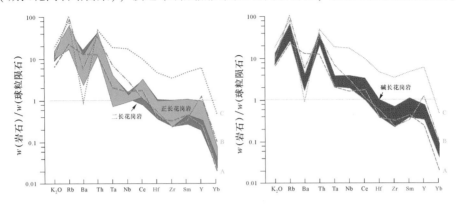

图 3 - 2 - 9　晚石炭世后碰撞序列花岗岩微量元素洋脊花岗岩标准化配分型式图
A—正常大陆弧花岗岩；B—成熟大陆弧花岗岩；C—非造山花岗岩

其 Rb 含量 $60 \times 10^{-6} \sim 220 \times 10^{-6}$，在 Rb - Sr - 地壳厚度蛛网图上，落在地壳厚度 25 ~ 32km 线区间，全部数据的平均点落在地壳厚度 30km 线下（图 3 - 2 - 10），显示当时地壳成熟度比碰撞前有增高。

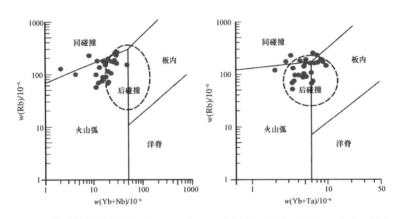

图 3 - 2 - 10　晚石炭世后碰撞序列 Rb - （Yb + Nb）图（左）和 Rb - （Yb + Ta）图（右）

后碰撞序列花岗岩的 $10000 \times w(Ga)/w(Al) < 2$，$w(Zr) + w(Nb) + w(Ce) + w(Y) < 350$，不具 A 型花岗岩特征。

如前述，后碰撞序列为 G 组合之二长花岗岩 - 正长花岗岩 - 碱长花岗岩 - 碱性花岗岩亚型。其 ACF 图显示为壳幔混源，Rb - （Yb + Nb）和 Rb - （Yb + Ta）判别图落在后碰撞岩浆区（图 3 - 2 - 10），其形成紧接碰撞前序列之后，环境应与其相同，为陆缘弧环境。

3. 早二叠世造山后石英二长岩序列

研究区早二叠世辉绿岩 - 正长斑岩序列出露的花岗岩类岩体均为小型异地型岩株，主要分布于中东段尼勒克—查岗诺尔一带。主要岩性为辉绿岩、辉长辉绿岩、石英闪长（斑）岩、花岗闪长（斑）岩、斜长花岗（斑）岩、石英二长（斑）岩、正长（斑）岩。数量上以（石英）正长（斑）岩为主。

产状上，通常辉绿岩（辉绿玢岩）与石英斑岩共生在一起产出，石英二长（斑）岩与正长（斑）岩伴生，而其他花岗闪长斑岩、斜长花岗（斑）岩等通常单独产出。

本序列岩体侵入最新地层为下二叠统，且与下二叠统乌郎组偏碱性（橄榄）玄武岩－流纹岩双峰式火山岩建造紧密共生，应为同期产物。乌郎组中含大量早二叠世植物和孢粉化石，时代为早二叠世。

早二叠世辉绿岩－正长斑岩序列岩石均为正常结晶结构，块状构造，细粒为主，常见斑状，为浅成岩。可见其普遍出现角闪石，不出现白云母。当岩石成斑状时，斑晶与基质比例一般（15～30）∶（85～70）。

早二叠世辉绿岩－正长斑岩序列岩石在 QAP 图上（图 3－2－11），分布于辉长岩－石英辉长岩－石英二长岩－石英正长岩－二长岩－正长岩－正长花岗岩区。属于碱性岩双峰式组合之辉绿岩－正长斑岩－石英二长岩亚型。

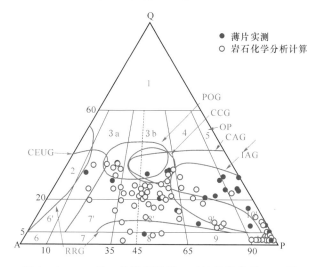

图 3－2－11　早二叠世辉绿岩－正长斑岩序列 QAP 图

OP—大洋斜长花岗岩类；CEUG—大陆抬升有关花岗岩类；RRG—裂谷花岗岩；
POG—后造山花岗岩类；CCG—大陆碰撞花岗岩类；CAG—大陆弧花岗岩类；IAG—岛弧花岗岩类
1—富石英花岗岩类；2—碱长花岗岩；3a—花岗岩；3b—二长花岗岩；4—花岗闪长岩；5—英云闪长岩；
6—碱长正长岩；7—正长岩；8—二长岩；9—二长闪长岩；10—闪长岩；6′—石英碱长正长岩；
7′—石英正长岩；8′—石英二长岩；9′—石英二长闪长岩；10′—石英闪长岩

早二叠世辉绿岩－正长斑岩序列的岩石化学特征为偏碱性和富钾：辉绿岩碱总量高达 4.92%，$w(K_2O)$ 1.32%，正长（斑）岩碱总量 10.52%，$w(K_2O)$ 平均 5.19%。序列里特曼指数除斜长花岗斑岩、石英斑岩 <2.0 外，其他 2.48～5.42，属于碱性系列。A/CNK 除石英斑岩 >1.13 外，其他 0.86～0.98，为铝不饱和（表 3－2－5）。

表 3－2－5　早二叠世辉绿岩－正长斑岩序列岩石化学特征值表

序号	岩性	分析数	$w(SiO_2)$ /%	$w(K_2O+Na_2O)$ /%	$w(K_2O)/$ $w(K_2O+Na_2O)$	里特曼指数	固结指数 (SI)	A/CNK
1	辉绿岩、辉长辉绿岩	32	50.67	5.08	0.27	3.37	30.92	0.75
2	石英闪长斑岩	5	58.87	6.27	0.26	2.48	22.64	0.94
3	斜长花岗斑岩	5	72.19	6.85	0.04	1.61	8.53	0.95
4	石英二长岩、石英二长斑岩	57	67.31	8.90	0.44	3.26	8.20	0.98

序号	岩性	分析数	$w(SiO_2)$ /%	$w(K_2O+Na_2O)$ /%	$w(K_2O)/$ $w(K_2O+Na_2O)$	里特曼 指数	固结指数 (SI)	A/CNK
5	二长岩、二长斑岩	19	58.74	8.17	0.40	4.24	16.11	0.86
6	正长岩、正长斑岩	5	63.41	10.52	0.50	5.42	8.73	0.97
7	石英斑岩	5	74.48	7.84	0.69	1.95	4.34	1.13

在硅碱图上（图3-2-12左），早二叠世辉绿岩-正长斑岩序列分布于正长辉长岩-二长闪长岩-二长岩-石英二长岩-正长岩区。基本在碱性线上方，属于碱性系列。在碱度率图上，辉绿岩-正长斑岩序列大部分也落在碱性区（图3-2-13）。辉绿岩的$Ol'-Ne-Q'$图解也全部落在碱性区（图3-2-14）。所以伊犁带早二叠世辉绿岩-正长斑岩序列属于碱性系列。

在R_1-R_2图上，落在皮切尔的碰撞后抬升和造山晚期范围（图3-2-12右），而未进入非造山范围。以此与非造山序列区别。

早二叠世辉绿岩-正长斑岩序列各岩性段稀土元素总量较高（$98 \times 10^{-6} \sim 180 \times 10^{-6}$）。轻重稀土分异中等（$w(La/Yb)_N = 4.5 \sim 12.4$），$\delta Eu = 0.91 \sim 0.37$，明显铕负异常。

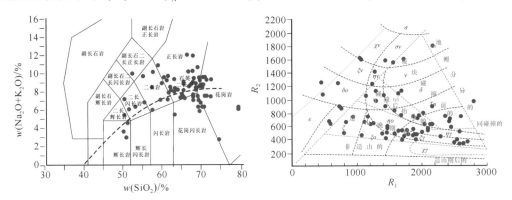

图3-2-12 早二叠世辉绿岩-正长斑岩序列TAS（左）及R_1-R_2（右）图

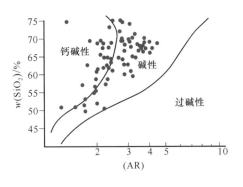

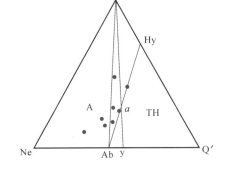

图3-2-13 早二叠世黄羊岭-正长斑岩序列碱度率图　　图3-2-14 早二叠世辉绿岩$Ol'-Ne'-Q'$

在球粒陨石标准化配分型式图上，整体在世界花岗岩平均线下方，均为右倾曲线簇，除部分正长斑岩－石英二长斑岩具铕正异常（见后）外，具不太深的铕负异常。通常伴生在一起的辉绿岩－石英斑岩，二者岩性差别很大，但稀土元素特征基本相同，仅仅石英斑岩水平略高，具铕负异常而已。说明它们为同源岩浆分异。而其他花岗闪长斑岩、斜长花岗斑岩、石英二长斑岩、正长斑岩等与辉绿岩－石英斑岩相似特征，也说明这些岩石与辉绿岩－石英斑岩具相同岩浆来源。

早二叠世辉绿岩－正长斑岩序列微量元素为右倾曲线簇，所有各岩性配分型式基本相同：大离子亲石元素富集，高场强元素持平到略富集。右半段也接近岩石：洋脊花岗岩比值1的水平，超过布朗的成熟大陆弧花岗岩，向布朗非造山花岗岩靠近，表明地壳高成熟度。

早二叠世辉绿岩－正长斑岩序列在RbSr－地壳厚度蛛网图上，大部分落在地壳厚度30km线以上，平均点在30km线上方，与晚石炭世后碰撞序列比较，地壳厚度又增加了。

早二叠世辉绿岩－正长斑岩序列中，大部分岩石 $Zr-Nb-Y-Ce$ 总量 $< 350 \times 10^{-6}$，不属于A型花岗岩。仅石英斑岩 $Zr-Nb-Y-Ce$ 总量 $350 \times 10^{-6} \sim 500 \times 10^{-6}$，属A型花岗岩。其 $Rb/Nb-Y/Nb$、$Sc/Nb-Y/Nb$ 图解则都落在 A_2 区，表明为 A_2 型。

早二叠世辉绿岩－正长斑岩序列中，有部分石英二长（斑）岩、正长（斑）岩具埃达克岩特征，这些岩石分布于尼勒克南的莫斯早特—特克斯东侧的库勒萨依一带，岩性基本为石英二长（斑）岩，少量石英闪长斑岩、花岗闪长斑岩、花岗斑岩、正长斑岩。岩石化学成分见表3－2－6。其 $w(SiO_2)$ 57% ~ 70%，$w(Al_2O_3)$ 15% ~ 19%，$w(Na_2O + K_2O)$ 6.1% ~ 9.4%，$w(Na_2O)/w(K_2O)$ 1.3 ~ 5.5。

在硅碱图上，分布于二长岩－石英二长岩区。其 $w(Sr)$ $441 \times 10^{-6} \sim 943 \times 10^{-6}$，$w(Y)$ $6.6 \times 10^{-6} \sim 13.6 \times 10^{-6}$，$w(Yb)$ $0.77 \times 10^{-6} \sim 1.45 \times 10^{-6}$，$w(Sr)/w(Y)$ 52 ~ 113，为埃达克岩典型高Sr、低Y、低Yb特征。在 $Y-Sr/Y$ 图解上，落在埃达克岩区。

其稀土元素特征具轻重稀土高分异（$w(La/Yb)_N$ 4 ~ 33），铕正异常（δEu 0.9 ~ 1.5）。

微量元素具K、Ba、Sr峰，Th、Nb、Ta谷，也显示埃达克岩特征。

应当指出，过去一些学者（李永军等，2008；潘自力等，2009）将特克斯东的库勒萨依浅成岩划归石炭纪碰撞前序列。但其岩石化学、地球化学特征和阿吾拉勒（尼勒克南西）早二叠世侵入岩中的埃达克岩完全相同，也和阿吾拉勒早二叠世埃达克质火山岩（英安岩－石英钠长斑岩序列）基本相同。目前国内将埃达克岩分为O型和C型两类。前者与俯冲带有关，后者与俯冲事件无关而与底侵事件有关。区别是O型具大洋拉斑玄武岩特征，而后者具大陆边缘钙碱性系列特征。本带早二叠世序列中的埃达克岩具高钾（$w(Na_2O)/w(K_2O)$ <2）、铕正异常、微量元素近大陆边缘型而与大洋拉斑玄武岩型差异较大。所以，本带早二叠世埃达克岩为C型，属于底侵作用产物。

如前述，早二叠世辉绿岩－正长斑岩序列为特殊的 $\beta\mu + TTG + QMG_2$ 组合，其 ACF 图显示为壳源，具 A_2 型岩浆特征。辉绿岩的环境判别大部分落在板内区或大陆边缘区。目前国内外尚无针对这种类型的环境图解。综合起来看，其地球化学特征说明其与俯冲作用无关，又接近板内环境，埃达克岩特征表明为底侵作用。我们认为，属于造山末期（或之后）上叠裂谷环境。

表 3-2-6　早二叠世埃达克岩岩石化学成分表

单位：%

序号	产地	岩石名称	$w(SiO_2)$	$w(TiO_2)$	$w(Al_2O_3)$	$w(Fe_2O_3)$	$w(FeO)$	$w(MnO)$	$w(MgO)$	$w(CaO)$	$w(Na_2O)$	$w(K_2O)$	$w(P_2O_5)$	灼失	总和
1	尼勒克南西	花岗闪长斑岩	63.55	0.48	16.67	2.22	1.56	0.09	1.56	3.55	4.52	2.56	0.24	2.48	99.48
2	则克台	花岗闪长斑岩	66.78	0.27	17.56	2.50	0.99	0.04	1.34	2.08	5.33	2.08	0.12	1.37	100.46
3	莫斯早特	石英二长岩	66.70	0.39	15.93	1.20	0.87	0.03	1.60	2.48	9.93	0.29	0.10	0.99	100.50
4	莫斯早特	石英二长岩	68.20	0.37	15.66	1.28	0.82	0.02	1.01	1.25	5.50	5.12	0.08	0.62	99.93
5	库勒萨依	石英二长岩	62.04	0.92	15.90	2.22	3.45	0.11	1.61	3.19	4.02	4.09	0.25		97.80
6	库勒萨依	石英二长斑岩	63.16	0.84	15.47	2.14	3.36	0.09	1.69	3.19	3.85	3.73	0.24		97.77
7	库勒萨依	花岗斑岩	70.74	0.42	15.01	1.03	2.03	0.08	0.91	1.83	4.56	3.26	0.14		100.01
8	库勒萨依	石英二长斑岩	67.37	0.51	15.40	1.59	2.97	0.08	1.22	1.31	4.32	3.77	0.15		98.69
9	库勒萨依	石英二长斑岩	63.94	0.72	15.52	1.75	3.96	0.10	1.70	3.37	3.58	3.87	0.22		98.73

续表

序号	产地	岩石名称	$w(SiO_2)$	$w(TiO_2)$	$w(Al_2O_3)$	$w(Fe_2O_3)$	$w(FeO)$	$w(MnO)$	$w(MgO)$	$w(CaO)$	$w(Na_2O)$	$w(K_2O)$	$w(P_2O_5)$	灼失	总和
10	库勒萨依	石英闪长斑岩	57.06	0.93	19.31	2.59	5.41	0.12	2.54	5.83	4.24	1.85	0.29		100.17
11	库勒萨依	花岗闪长斑岩	63.71	0.85	15.60	2.16	3.39	0.09	1.70	3.22	3.88	3.76	0.25		98.61
12	库勒萨依	花岗闪长斑岩	63.69	0.58	16.27	1.65	3.52	0.13	2.67	2.55	4.49	2.37	0.12		98.04
13	库勒萨依	花岗闪长斑岩	62.70	0.93	16.07	2.24	3.49	0.11	1.63	3.22	4.06	4.13	0.25		98.83
14	库勒萨依	正长斑岩	62.58	0.92	16.94	2.32	3.53	0.10	2.21	1.70	5.10	4.30	0.30		100
15	库勒萨依	二长斑岩	58.48	0.90	17.02	3.17	3.85	0.12	2.73	2.28	5.30	4.03	0.38		98.26

注：1、2据新疆地质矿产勘查开发区域地质调查队队勒克，则克台1:5万区域地质调查报告；3、4据吴明仁等，2006；5、6据杨俊泉等，2009；7～15据潘自力等，2009。

4. 脉岩

基性脉岩，此类脉岩有辉绿岩脉、辉长辉绿岩脉。脉的规模不大，宽几十厘米至2m，长几十米至百余米，呈北西－南东向延伸，脉壁较平直，倾角陡，岩石蚀变强烈。黑云母辉绿岩：灰绿色，变余辉绿结构，块状构造。岩石遭受了强烈的蚀变，被蚀变矿物所替代，但可大致分辨原生特征，斜长石已完全被方解石、绿泥石及长英质矿物呈背景状替代，含量（50%）；辉石呈他形不规则状、填隙状分布，已完全被绿泥石替代析出细小的白钛石，但（001）极完全解理较清楚，占（10%～15%）。

（1）中性脉岩

该类脉岩有闪长岩脉、闪长玢岩脉、石英闪长岩脉等类型，发育程度仅次于酸性岩脉，多呈东西向、北西向展布，少数呈北东向延伸。

1）闪长岩脉（δ）：脉的规模不大，宽几十厘米至1m，长几十米至百余米，以北西向展布为主，北东向次之。岩石灰黑色，细—微粒结构，块状构造。由斜长石（65%）、暗色矿物（黑云母＋角闪石）（＞30%）、石英（2%～5%）及少量磷灰石、磁铁矿、榍石等组成，暗色矿物多被绿泥石替代。

2）闪长玢岩脉（δμ）：较发育的岩脉之一，分布特征同闪长岩脉，近东西向展布。长几十米至二百余米，宽1～2.5m，最宽达5m，顺层贯入及斜切地层产出。产状较陡，倾角70°～80°左右，延伸方向上有膨大、缩小、尖灭再现现象。岩石为灰－灰绿色，斑状结构，基质微细粒结构。岩石中含斑晶多，斑晶成分为板条状斜长石 $d = 0.2mm \times 0.55mm \sim 2.5mm \times 6mm$ 左右，普通辉石呈短柱状 $0.5mm \times 4.5mm \sim 3mm \times 4.5mm$ 左右，常被绿泥石、方解石替代。基质中矿物粒度细小，$d = 0.05mm \times 0.5mm \sim 0.17mm \times 0.5mm$，由斜长石、少量石英、钾长石、白钛石等组成，斜长石绢云母有被钾长石交代现象。

（2）酸性、中酸性脉岩

该类脉岩有花岗岩脉、二长花岗岩脉、花岗闪长岩脉、花岗细晶岩脉、花岗伟晶岩脉等，为研究区最发育的脉岩类型。主要分布在研究区各序列岩体内及晚古生代地层中，早古生代地层中分布较少。显示该类型岩脉与侵入岩有亲缘性。系由各期次岩浆活动晚期演化阶段所派生的产物。

1）二长花岗岩脉（ηγ）：脉的延伸方向以北西向为主，脉宽0.5～3m，长几十米至二百余米，多沿岩石裂隙及节理贯入，岩石呈灰红色、肉红色，细粒、微细粒半自形粒状结构，块状构造，矿物粒度一般为0.5～1mm，由斜长石（30%）、钾长石（30%～35%）、石英（30%～35%）、黑云母（1%～5%）、白云母（少）及少量锆石、磷灰石等组成。斜长石呈板条状，被少量的绢云母替代，$N_p 1 \wedge (010) = 16°$，$An = 31$，为中更长石，钾长石呈他形不规则状，泥化强，分布于斜长石之间，粗者与石英构成文象交生；石英呈他形粒状，黑云母呈细小片状，已被绿泥石替代；白云母片度小。

2）花岗闪长岩脉（γδ）：脉较粗大，呈东西、北西向产出，长百余米，宽1～5m，产状200°～220°∠60°～70°，斜切地层走向延伸。岩石呈浅灰白－灰红色，细中粒半自形粒状结构，块状构造。矿物粒度 $d = 0.1 \sim 3.5mm$，其中 ＜1mm 的细粒矿物占面积的40%，粗者常呈似斑状，岩石向斑状结构过渡，矿物成分为斜长石（50%～55%）、条纹长石（10%）、石英（20%～25%）、黑云母（15%），纤闪石少，副矿物有磁铁矿、磷灰石、锆石、白钛石、榍石等。斜长石呈板条状，具环带结构，不同程度地被绢云母、黝帘石、绿帘石、绿泥石等所代替，外环 $N_p1 \wedge (010) = 0°$ 连续过渡到内环 $N_p1 \wedge (010) = 24°$，$An = 20$ 过渡到 $An = 41$；黑云母片状，粒度细小，少部分被绿泥石替代；石英呈他形粒状，填隙状，分布于斜长石、黑云母之间；条纹长石呈他形不规则状，常与石英伴生，副矿物与黑云母伴生，少数纤闪石与黑云母长英质矿物分布黑云母之中，似为替代角闪石之结果。

3）花岗细晶岩脉：该类脉岩主要分布在岩体内部，地层中出露的少。脉的规模不大，一般长几十米至百余米，宽几十厘米至1m，呈北西（290°～300°）方向延伸，少数呈近东西向，北东向。岩石呈肉红色，微—细粒结构，由细小钾长石、斜长石（少）、石英组成，几乎不含暗色矿物。

石英脉为研究区分布最广的脉，各个方向都有显示，但以北西方向最发育，脉体规模相差悬殊，长可从几米到百余米，宽几十厘米至几米。

二、火山岩

研究区内新元古代—早古生代未见火山活动踪迹，直至晚古生代中期火山作用开始加强，晚古生代是该区带火山作用剧烈期，特别是石炭纪火山活动最为强烈、火山岩分布最为广泛，在下石炭统大哈拉军山组、上石炭统伊什基里克组、下二叠统乌郎组中多数以火山岩、火山碎屑岩层为主；其沉积环境有海相、陆相和海陆交互相，构造环境有大陆边缘、岛弧、裂谷之分，火山岩相以爆发相、喷溢相、喷发–沉积相为主，偶见侵出相、潜火山相、通道相。大哈拉军山组为伊犁盆地火山岩带分布最广、最为重要的地层，对地质科学的发展和国民经济–矿业开发（金、铁、铜矿）都具十分重要的意义，故此，前人对其从各个角度进行了较为广泛的调查研究，取得了可贵的成果；伊犁河、巩乃斯河以北主要分布在喀什河流域的尼勒克河上游康克拜地区和阿吾拉勒山东段的汤巴拉萨依—依生布古一带，在伊犁河、巩乃斯河以南面积更大，集中分布在莫合尔大桥—塔依阿苏一带，构成的山脉有乌孙山、喀斯玛脚塔特、卡特斯格山等；总岩性为一套海相中酸性火山岩及正常碎屑岩沉积（局部夹灰岩及玄武岩或基性熔岩）构成的安山岩–流纹岩组合，尼勒克河上游所见主要为安山岩–流纹质凝灰岩–英安质熔结凝灰岩–霏细岩–酸性角砾凝灰岩等，新源林场西所见主要为安山岩–玄武岩–中酸性凝灰岩–熔结凝灰岩等，新源林场南所见主要为玄武岩–安山岩–安山质凝灰岩–火山角砾岩–安山质凝灰熔岩–沉凝灰岩–灰岩等，恰西林场南所见主要为安山质火山角砾岩–玄武岩–安山岩等。

1. 大哈拉军山组火山岩

本组为伊犁盆地火山岩带分布最广、最为重要的地层，对地质科学的发展和国民经济–矿业开发（金、铁、铜矿）都具十分重要的意义。该组总体上岩性为一套中酸性火山岩及正常碎屑岩沉积，局部夹灰岩及玄武岩或基性熔岩。

（1）地质特征

根据和静县夏尔萨拉一带1:5万区域地质调查工作，在研究区东部敦德铁矿北部的大哈拉军山组火山岩岩相主要为喷溢相的玄武岩、玄武安山岩、安山岩，爆发相的安山角砾岩。该地方缺失一段岩性，二段岩性为安山质熔结凝灰岩和安山岩。火山碎屑岩与熔岩之比为3:1，厚度 >602.24m。三段下部为英安流纹岩；上部为安山质角砾岩、安山质凝灰岩、安山岩等。为流纹岩–安山岩组合。火山碎屑岩与熔岩之比为1:3，厚度859.95m。

四段下部为暗紫色安山质凝灰岩、浅灰色安山质角砾岩、深灰褐色安山岩；上部灰绿色流纹质熔结凝灰岩、灰红色英安质凝灰岩夹安山岩。火山碎屑岩与熔岩之比为 4:1，厚度 788.19m。五段以安山岩为主，玄武岩次之。为玄武岩 – 安山岩组合，厚度 220.87m

（2）岩石特征

火山岩岩石类型有玄武岩、安山岩、流纹岩、英安岩和凝灰岩等。

英安质凝灰岩：岩石颜色一般为灰色，岩屑晶屑凝灰结构，块状构造。主要由斜长石、钾长石、石英晶屑、流纹岩及安山岩岩屑、玻屑等组成。晶屑包括斜长石 15%，钾长石 5%，石英 3%，角闪石 2%；岩屑 15%，包括流纹岩及安山岩岩屑；玻屑 10%，玻璃质。颗粒磨圆差，为棱角状—次棱角状。胶结物为绿泥石化及绢云母化火山尘，占总量 50%。

流纹质熔结凝灰岩：岩石颜色一般为浅灰绿色，熔结凝灰结构，假流纹构造。主要由钾长石、斜长石、石英、黑云母晶屑、流纹岩岩屑、塑性岩屑及浆屑等组成。晶屑包括钾长石 13%，斜长石 2%，石英和黑云母少量；岩屑 25%，主要为流纹岩，塑性岩屑组成。浆屑 60%，绕过岩屑和晶屑定向排列，形成假流纹构造。颗粒磨圆差，为棱角状—次棱角状。

晶屑岩屑凝灰岩：岩石一般为灰褐色，凝灰结构，块状构造。主要由火山碎屑及火山灰胶结物组成。碎屑由晶屑岩屑组成。晶屑占 35%，主要为斜长石，少量暗色矿物，已由绿泥石替代；岩屑占 40%，为安山岩、玻璃质酸性熔岩。火山灰胶结物 25%，已脱玻，由隐晶状长英质组成，其中分布少量微尘状褐铁矿化磁铁矿。

安山质凝灰岩：岩石颜色一般为深灰色，略带褐色调。岩屑晶屑凝灰结构，块状构造。岩石由斜长石晶屑、安山岩岩屑、玻屑等组成。胶结物为富含氧化铁的火山灰。晶屑占 50%，其中，斜长石约 45%，暗色矿物全部绿泥石化占 5%；岩屑 15%，为安山岩，具棱角状，交织结构，斑状结构；玻屑占 5%，绿泥石化，棱角状，不规则状。胶结物 30%，为火山灰。

安山岩：岩石颜色一般为灰绿色，由斑晶和基质两部分组成。斑状结构，基质为交织结构，块状构造。斑晶矿物为斜长石和暗色矿物。基质由针状斜长石微晶、绿泥石、磁铁矿、隐晶质及碳酸盐矿物组成。斑晶占 20%，其中斜长石占 15%，暗色矿物占 5%；基质占 80%，其中，斜长石占 45%，绿泥石占 10%，磁铁矿 5%，碳酸盐矿物 10%，隐晶质占 5%。

英安流纹岩：岩石颜色一般为灰紫色，斑状结构，霏细结构，流纹构造。斑晶矿物主要为钾长石、斜长石，基质则由霏细状长英质和磁铁矿等组成。斑晶约占 15%，其中钾长石 9%，斜长石占 6%；基质占 85%，其中长英质占 65%，磁铁矿占 10%，方解石占 10%，磷灰石偶见。

英安岩：岩石一般为深紫灰色，斑状结构，基质为交织结构，块状构造。斑晶为斜长石、暗色矿物（绿泥石化），基质则由显微针状、粒状长英质、磁铁矿组成。斑晶占 35%，其中斜长石 25%，为中长石，部分绢云母化、帘石化、方解石化。暗色矿物占 10%，绿泥石化呈假象。基质占 65%，其中斜长石占 25%，石英 10%，绿泥石占 5%，磁铁矿占 25%，黄铁矿少量。

蚀变杏仁状玄武岩：岩石一般为灰绿色，变余斑状结构，杏仁状构造。斑晶占 5%，由斜长石、透辉石组成。透辉石呈半自形—自形短柱状。斜长石的外形轮廓已不很清楚，已由高岭石、沸石为主，少量绿泥石替代。基质由斜长石、透辉石、绿泥石组成。斜长石占 69%，透辉石占 15%，绿泥石占 15%，磁铁矿占 1%。

杏仁气孔状玄武安山岩：岩石一般为灰黑色，熔岩结构，分布有气孔，杏仁体，斑状－间粒结构，杏仁气孔状构造。斑晶由斜长石（中长石）、辉石（透辉石）组成，其中斜长石（中长石）占13%，辉石（透辉石）占12%；基质由斜长石、辉石、绿帘石、磁铁矿组成，其中斜长石占44%，辉石＋绿帘石占28%，磁铁矿占3%。

斜长流纹岩：岩石一般为浅灰绿色，具斑状－包含微晶霏细结构，流纹构造。斑晶由斜长石（更长石）、少量黑云母等组成，其中斜长石（更长石）占5%。基质占94%，具包含微晶霏细结构、流纹视结构、成分稍微差别而显示。一种为微尘状褐铁矿化磁铁矿呈纹线条带状分布，并相间出现；另一种纹理为杏仁体拉长显纹理状。杏仁体由石英组成。流纹条带呈显微包含微晶结构，由石英呈微细斑点，其中包含微晶状斜长石，在包含微晶交生体之间分布有隐晶状长英质、绿泥石、少量细斑点白钛石。安山质角砾岩：岩石一般为浅灰红色，火山角砾状结构，块状构造。主要有碎屑（角砾80%、凝灰碎屑10%）和火山灰胶结物（10%）。碎屑角砾由安山岩岩屑组成，大部分呈斑状结构，交织结构。火山灰由隐晶长英质、绿泥石、微尘磁铁矿组成。

（3）喷发韵律

大哈拉军山组是研究区火山活动最强烈的时期。火山岩相有爆发相、喷溢相、喷发－沉积相，爆发相以安山质－流纹质凝灰岩，火山角砾岩、熔结凝灰岩为主，喷溢相以安山岩为主，流纹岩、霏细岩、玄武岩、英安岩较少，喷发－沉积相，主要有凝灰质砂岩、凝灰质粉砂岩、凝灰质角砾岩、沉凝灰岩。岩石组合：以爆发－喷溢相的正韵律为主，反韵律次之，且北部多于南部；再次者为爆发－喷发沉积相或正常沉积岩，且发育于南部地区。其岩石组合，北部：安山岩－±英安岩－流纹岩；南部大致以莫合尔大桥—塔依阿苏一线为界，线北为安山岩－流纹岩，局部玄武岩增多，线南以玄武岩－安山岩－流纹岩为主，前者一般为成熟岛弧的岩石组合，后者属不成熟岛弧的特征。

火山活动较强，为明显的间歇式火山喷发，每次火山活动间歇都有沉积出现，或沉积砾岩或沉凝灰岩。可划分出7~9个喷发次，单个喷发次厚度在46~430m之间变化。单个喷发次的岩石组合为凝灰岩－火山角砾岩－火山熔岩－偏正常沉积岩。上部有一喷发次为从酸性英安岩—中性安山岩—中基性玄武安山岩—基性玄武岩，显示岩浆演化反序特点。该组由下而上，正常沉积岩所占比例越来越大，碎屑颗粒由粗变细。为海相裂隙－中心式喷发。

早石炭世大哈拉军山组火山活动特征可归纳如下：①北部岩性以中酸性火山岩为主，岩相在尼勒克河上游以爆发相为主，火山活动由早到晚，愈演愈烈；在阿吾拉勒山东段，以喷溢相为主，火山活动从早到晚由强变弱，总的表现没尼勒克河上游强；②南部岩性由北而南为中酸性—中基性火山岩，岩相以喷溢相为主，火山活动由早—中—晚，构成喷溢—爆发—间歇的周期，即表现由弱—强—间歇的特征；为中心式火山机构类型；在构造形态上，该组在北部阿吾拉勒山东段构成背斜的核部，在南部，总体构成复式向斜的两翼，层位上看总体由下—上岩性中基性—酸性，北部一般为成熟岛弧的岩石组合、南部属不成熟岛弧的特征。

（4）岩石化学特征

依据《新疆特克斯县科克苏一带1:5万区域地质调查报告》的成果，在科克苏河一带的大哈拉军山组火山岩下段以滨浅海环境中酸性火山熔岩－火山碎屑岩建造为主，夹碳酸盐岩透镜体的组合；上段为一套基性、中性、酸性火山熔岩－火山碎屑岩夹正常沉积岩；该套火山岩属钙碱性岩系，火山岩稀土总量 ΣREE 平均为 181.66×10^{-6}，$w(\mathrm{LREE})/w(\mathrm{HREE})$ 介于 5.30 ~ 8.30 之间，$w(\mathrm{La})_\mathrm{N}/w(\mathrm{Yb})_\mathrm{N}$ 比值为 5.26 ~ 9.74，且其比值均 >1.0，表现出轻稀土富集的分离型稀土配分型式；火山岩稀土配分曲线（图 3 − 2 − 15）显示火山岩轻重稀土分异明显、轻稀土斜率较大而重稀土较为平直；在 $\lg\sigma - \lg\tau$ 图解上（图 3 − 2 − 16），火山岩投影点集中分布在 B 区（造山带及岛弧火山岩区），表明晚古生代火山岩具有岛弧及活动大陆边缘的构造环境。

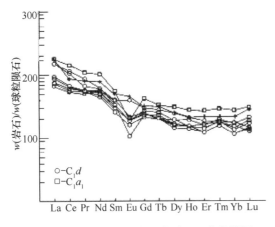

图 3 − 2 − 15　石炭纪火山岩稀土配分曲线图

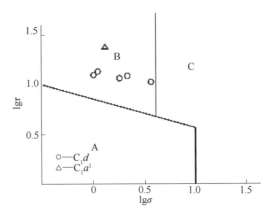

图 3 − 2 − 16　石炭纪火山岩 $\lg\tau - \lg\sigma$ 图解
A—非造山区；B—造山带及岛弧区；
C—A 与 B 派生的偏碱性区

2. 伊什基里克组火山岩

该组呈东西向展布于研究区式可布台铁矿东侧苏鲁萨依至西部铁木里克萨依一带，成带状分布，西部较宽，东部较窄，与下石炭统大哈拉军山组呈断层接触关系，在铁木里克萨依一带出露有二三四段，呈北东向背斜出露，在苏鲁萨依一带，仅出现一二段，式可布台铁矿位于第一岩性段。它是火山岩型铁、铜矿的成矿有利地层。本组为一套钙碱性火山岩地层，夹有程度不同的火山碎屑沉积－正常沉积岩层。岩性主要为安山岩、粗安岩、安山质凝灰岩、安山质火山角砾岩、安山岩、安山质晶屑凝灰岩、安山质火山角砾岩、沉安山质凝灰岩、凝灰岩、角砾岩、沉凝灰岩、安山岩。以灰色成层性（中层状为主）好为特色。由西向东，熔岩由多变少，火山碎屑岩由少变多，发育程度区别不大。

（1）喷发韵律

根据 2004 年朱志新等新源县 1:25 万区域地质调查报告成果，在研究区西侧铁木里克萨依测制了剖面，该剖面由下而上可分 6 个韵律，1 个旋回。1 韵律（1 层未见底）：沉凝灰岩（495m）；2 韵律（2 ~ 5 层）：酸性火山碎屑岩（137m）－英安岩、安山岩（117m）；3 韵律（6 ~ 9 层）：火山角砾岩（20m）－英安岩、霏细岩（1154m）；4 韵律（10 ~ 18 层）：安山质火山角砾岩（37m）－英安质火山碎屑熔岩（298m）－流纹岩（110m）－泥岩夹沉凝灰岩（8m）；5 韵律（19 ~ 22 层）：酸性凝灰岩（266m）－玄武安山岩（82m）；6 韵律（23 ~ 25 层）：凝灰岩（未见顶 456m）。它们组成一个旋回，其中火山碎屑岩 925m，熔岩 1761m，火山碎屑沉积－沉积岩 503m。旋回早期（1 ~ 4 韵律），由爆发－喷溢－喷发沉积及正常沉积相为正韵律，其中以喷溢相为主，反映旋回早期火山活动为中等，旋回晚期（5 ~ 6 韵律），爆发一喷溢相正韵律，以爆发相为主，说明晚期火山活动强于早期，总之火山活动有愈演愈强之势。

晚石炭世伊什基里克组的火山活动是比较强烈的。火山岩相有爆发、喷溢－沉积相，喷溢相发育，由流纹（斑）岩、霏细（斑）岩、钠长斑岩、流纹质角砾熔岩和玄武岩、橄榄玄武岩、辉绿（玢）岩等组成。铁木里克—吐尔拱萨依，喷溢相有减少之势；爆发相稍次，主要由流纹质凝灰岩、晶屑岩屑凝灰岩、火山质凝灰岩、火山角砾岩组成，安山质和英安质不发育，西—东爆发相逐渐增多；侵出相有英安岩、石英斑岩；潜火山相为辉绿玢岩；通道相为花岗斑岩；喷发－沉积相有凝灰质砾岩－粉砂岩及沉凝灰岩等。它们的组合多种多样，主要有喷溢－爆发相，爆发－喷溢相，喷溢（或爆发）－爆发（或喷溢）－喷发沉积±正常沉积相，其组合的发育程度没明显的规律。

（2）岩石学特征

A. 喷溢相：玄武岩、流纹（斑）岩、霏细（斑）岩、英安岩、安山岩、角砾熔岩（参见地层）。

蚀变橄榄玄武岩：灰色、斑状结构，基质具间隐间粒结构，块状构造，岩石由斑晶和基质组成。斑晶（17%），基性斜长石呈自形—半自形板状，$0.25mm \times 0.1mm \sim 1.2mm \times 0.3mm$，聚片双晶环带构造，环带中心蚀变强，轻—中度绢云母、绿泥石、绿帘石、泥化；普通辉石呈柱粒状，$0.25 \sim 1.0mm$，局部聚斑状，稀疏分布绿泥石、绿帘石化；橄榄石，呈自形粒状，$0.2 \sim 2.4mm$，全蛇纹石化，少量绿帘石替代，并且铁质暗化边，局部呈聚斑状，基质（83%）：斜长石（58%）半自形板条状微晶呈半定向排列，其间充填他形粒状辉石（20%），磁铁矿（少）和脱玻绿泥石、隐晶帘石类矿物集合体（5%），斜长石蚀变斑晶，大小$0.1mm \times 0.03mm \sim 0.2mm \times 0.06mm$。岩石中有褐铁矿、碳酸盐形成的裂隙脉。

霏细岩：肉红色，少斑结构，基质具球粒结构，块状构造，岩石由斑晶和基质组成。斑晶（3%），更长石半自形板状，$0.4mm \times 0.8mm \sim 0.9mm \times 2mm$，强绢云母化，双晶已不清，呈不均匀分布，暗色矿物（<1%）全被绿泥石交代，$0.4 \sim 0.9mm$，可能为黑云母，基质（97%）主要是纤维状长石石英组成球粒结构，见少量板状斜长石、柱状石英，一般<0.5mm，且分布少许次生绿泥石、碳酸盐、白钛石、绢云母。副矿物（微）有磁铁矿磷灰石，<0.03mm，零星分布。

石英斑岩：肉红色，斑状结构，基质具球粒环边结构，显微文象结构，微晶结构，块状构造。斑晶（<5%）由更长石和石英组成；基质（95%）由石英钾长石，更钠长石组成，球粒结构明显，中心常有更钠长石微晶，微量的次生绿泥石、绢云母。含个别磷灰石、锆石、榍石、金红石、磁铁矿。

蚀变流纹质角砾熔岩：灰绿色、角砾熔结结构，块状构造，岩石由熔岩和火山碎屑组成。熔岩（55%）为霏细岩，由霏细状－微粒状长英质组成霏细微粒结构，绢云母绿泥石化较强，其中基质（53%）由长石、石英组成，长石$0.2mm \times 0.4mm \sim 0.4mm \times 1.3mm$，泥化、绢云母化分布不均，石英少，呈粒状$0.4 \sim 1.3mm$，波状消光，局部碎粒化。火山碎屑物（45%），全岩屑、不规则棱角状，$0.8 \sim 7mm$居多，角砾为主，<2mm的凝灰物质少，成分为流纹岩、霏细岩组成。

B. 爆发相：熔结凝灰岩、火山角砾岩、凝灰岩、火山质凝灰岩、火山弹岩等。

蚀变火山角砾岩：褐色、火山角砾结构，块状构造，岩石由火山角砾和凝灰物质组成。火山角砾（90%），不规则棱角状、熔蚀状，$2.0 \sim 20cm$，由安山岩、凝灰岩组成，普遍碳酸盐化、绿泥石化，褐铁矿物大小杂乱分布，且稍具定向。凝灰物质（10%）

由 <2.0mm 的棱角状岩屑、尖棱角状、熔蚀状斜长石、磁铁矿晶屑及火山灰组成，火山灰已脱玻蚀变为绿泥石、尘点状褐铁矿集合体，岩石中分布不规则裂隙脉，脉由碳酸岩、褐铁矿、绿泥石、磁铁矿组成。

蚀变玻屑晶屑凝灰岩：灰绿色、玻屑晶屑凝灰结构，块状构造，岩石由晶屑玻屑火山尘组成。晶屑（50%）尖棱角状，熔蚀状，<0.1mm，由斜长石、钾长石、石英、暗色矿物（绿泥石化）等组成，均匀分布，偶见褐铁矿、白钛矿；岩屑（10%）棱角状，多数 <0.1mm，由安山岩、凝灰岩等组成；玻屑和火山尘（40%），已脱玻化由长英质、绿泥石、绿帘石等组成，胶结状态分布于上述碎屑间。岩石中分布裂隙脉，脉由石英、方解石、绿帘石组成。

蚀变流纹质含角砾熔结凝灰岩：灰紫色、塑变结构，假流纹构造，岩石由岩屑、晶屑、塑变玻屑及火山灰组成。岩屑（15%）不规则棱角状，0.1~0.2mm 为主，火山角砾（5%）2.0~11.0mm，由霏细岩、凝灰岩组成，多具绿泥石化、绢云母化，大小杂乱分布，呈大致定向排列。晶屑（15%），尖棱状熔蚀状，0.06~2.0mm，由石英、钾长石、斜长石、黑云母和少量锆石、磷灰石、磁铁矿组成，不均匀分布，长石轻度泥化、绢云母化；塑变玻屑及火山灰（70%）呈压扁拉长状，细纹线状，平行定向展布，并熔融黏结在一起，绕过晶屑、岩屑定向排列呈假流纹，已脱玻蚀变为隐晶状集合体和显微鳞片状绢云母、绿帘石、绿泥石集合体。

火山弹岩：弹（90%）成分单一，以霏细（斑）岩为主，次为石英斑岩，弹的大小均一，以 3~5cm 居多，个别 10~15cm，保存极好，堆积成层，重叠挤压明显，可见自由落体型弹体大头朝下并保留其塑性、半塑性的原生坠落堆积特征，火山弹的形状可归纳为三种类型：自由落体型、扭动旋转型和挤压坠压型，弹的内部结构为单环和多环状，少量气孔状，由中心向外、由粗变细，表面结构多为扭棱、扭斜纹、坠压环纹、瘤状突起、挤压凹坑、气孔状及玻璃质外壳；胶结物（10%）为酸性凝灰物质并夹附近围岩碎屑。

C. 喷发 - 沉积相：沉凝灰岩、凝灰质砾岩、凝灰质砂岩、凝灰质细—粉砂岩等蚀变沉凝灰岩。灰绿色、沉凝灰结构，层状构造，岩石由火山碎屑物和正常沉积物组成。火山碎屑物（70%）主要由火山灰组成，已脱玻蚀变，为隐晶状长英质、绢云母、碳酸盐等。并见少量尖棱状石英、长石呈小晶屑分布；正常沉积物（30%），由粉砂、泥质组成，它与火山碎屑物混合分布。另外岩石中可见微量磁铁矿，零星分布。

（3）岩石化学特征

本次工作查阅了较多的区域地质调查报告和文献，该组主量元素特征如下。

伊什基里克组火山岩的主要岩石化学指数呈现出规律性的变化，固结指数 SI 在玄武岩、安山岩、英安岩、流纹岩中依次降低，而碱度值 AR、分异指数 DI、长英指数 FL、镁铁指数 MF 均呈现出依次升高的特征。表明了岩浆分异程度高且结晶演化正常。依据里特曼指数及（$Na_2O + K_2O$）- SiO_2 图解判别，该组火山岩多位于亚碱性区，再根据（$Na_2O + K_2O$）- <FeO> - MgO 图解将亚碱性系列细分为拉斑系列和钙碱性系列分析，多数为钙碱性系列，中酸性火山岩以钙碱性系列为主，碱性系列次之，玄武岩以碱性为主。伊什基里克组玄武岩以高、中 K 为特征。

根据 2004 年朱志新等新源县 1:25 万区域地质调查报告成果，该区域伊什基里克组火山岩 TAS 图（图 3 - 2 - 17）投影，明显地看到两端有点，中间缺失中性成分，其中 4 个样为玄武岩或玄武质岩石，4 个样为流纹岩，2 个为英安岩。在玄武岩 CIPW 标准矿物的

Ne－Ol－Hy－Q 分类命名图（图 3 - 2 - 18）中，2 个样落入橄榄拉斑玄武岩区，一个样落入橄榄玄武岩与碱性橄榄玄武岩的分界线上，一个样落入橄榄拉斑玄武岩与石英拉斑玄武岩的邻界线上。这些投影图说明伊什基里克组火山岩种属有橄榄拉斑玄武岩，偏碱性橄榄玄武岩、英安岩、流纹岩。根据火山岩产出特征，以玄武岩（β）-流纹岩（λ）双峰式火山岩石组合发育为主要特征。

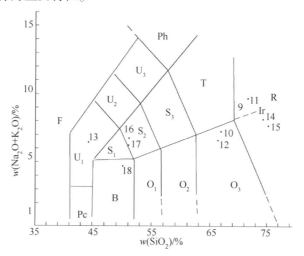

图 3 - 2 - 17　伊什基里克组火山岩 TAS 图

Pc—苦橄玄武岩；B—玄武岩；O_1—玄武安山岩；O_2—安山岩；O_3—英安岩；R—流纹岩；S_1—粗面玄武岩；
S_2—玄武质粗面安山岩；S_3—粗面安山岩；T—粗面岩、粗面英安岩；F—副长石岩；U_1—碱玄岩、碧玄岩；
U_2—响岩质碱玄岩；U_3—碱玄质响岩；Ph—响岩；Ir—Irvine 分界线，上方为碱性，下方为亚碱性

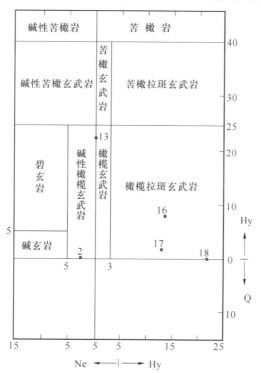

图 3 - 2 - 18　伊什基里克组火山岩 Ne - Ol - Hy - Q 命名图

从稀土元素配分型式图（图 3 - 2 - 19）可知 $\sum$REE 变化范围大，70 ～ 205，LREE/ HREE ≈ 4.5 ～ 8.4，其值全 >1，分配型式右倾，均说明轻稀土富集，重稀土亏损的特征；分馏程度是轻稀土明显，重稀土不明显；δEu 均 <1，为铕负异常，铕亏损型，其中玄武岩类接近 1，说明玄武质熔浆的分离结晶程度中等；从比值蛛网图上（图 3 - 2 - 20）可知，微量元素配分曲线基本上（除个别者外）是相互平行的，其中基性岩类的负异常主要有 Th、Nb、Ti，酸性岩类的负异常主要有：Ba、Nb、Sr（11 号样例外）、P、Ti；它们为右倾曲线，基本上是同源的。

另利用玄武岩类 MgO、Al$_2$O$_3$（图 3 - 2 - 21），落在 Ⅲ 类区（活动陆缘），结晶顺序 Pl - Ol - CPX，Pl（斜长石）结晶温度范围 1150 ～ 1175℃，Ol（橄榄石）的结晶温度范围 1100 ～ 1150℃，液相线温度 1100 ～ 1175℃，属中高温岩浆。在 MgO/Al$_2$O$_3$ - Gpa 与矿物组合关系图（图 3 - 2 - 22）上投影。求出玄武岩矿物结晶时的平均压力为 0.15Gpa，按 1Gpa ≈ 33km，得出玄武岩浆来源深度约为 33 × 0.15 ≈ 5km。

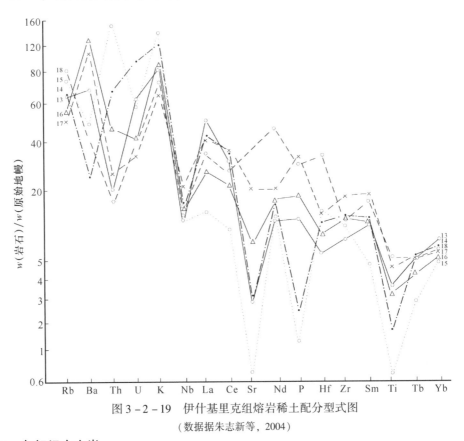

图 3 - 2 - 19　伊什基里克组熔岩稀土配分型式图

（数据据朱志新等，2004）

3. 乌郎组火山岩

该组下部为一套陆源碎屑岩，上部为一套陆相火山岩建造。岩性为玄武岩、安山岩、流纹岩及各种火山碎屑岩、火山碎屑沉积 - 正常沉积岩。熔岩多为块状层，层理不清，厚度变化大，常呈大小不等的透镜体产出，其他地层层理清楚。正常沉积岩以灰 - 灰白色粗砂岩、细砂岩为主，偶见泥质砂岩和灰岩透镜体，可见少量的植物化石碎片。

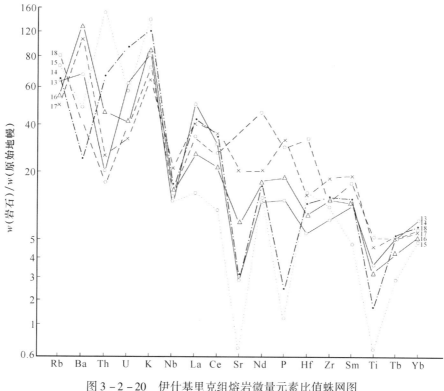

图 3 - 2 - 20　伊什基里克组熔岩微量元素比值蛛网图

（数据据朱志新等，2004）

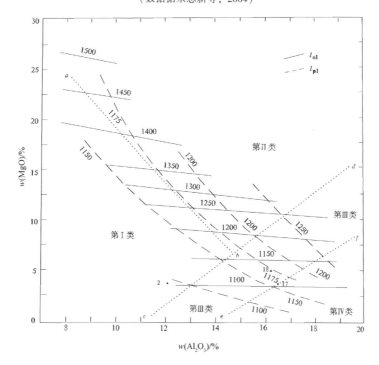

图 3 - 2 - 21　伊什基里克组玄武岩 $MgO-Al_2O_3$ 与 t_{ol}、t_{pl} 关系图

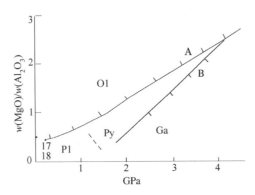

图 3 - 2 - 22　伊什基里克组玄武岩 MgO/Al₂O₃ - Gpa 与矿物组合关系图

（1）喷发韵律

根据 2004 年朱志新等新源县 1:25 万区域地质调查报告成果，在研究区西侧尼勒克县城南东乌郎达坂萨依测制了剖面，该剖面由下而上可分 6 韵律，1 个旋回。1 韵律（5 ~ 9层）中基性火山角砾岩（206m）、集块岩（101m）- 沉凝灰岩（138m），1 ~ 4 层正常碎屑岩沉积，此时火山尚未开始活动；2 韵律（10 ~ 16 层）玄武岩（309m）- 中酸性凝灰岩（60m）、火山角砾岩（64m）；3 韵律（17 ~ 18 层）英安质凝灰熔岩（95m）- 火山角砾岩（156m）；4 韵律（19 ~ 20 层）橄榄粒玄岩（193m）- 中基性火山角砾岩（84m）；5 韵律（21 ~ 22 层）安山岩（22m）- 火山碎屑沉积岩（47m）；6 韵律（23 层）凝灰岩（83m），呈断层与侏罗系相接。

该组火山岩相有爆发相、喷溢相、喷发 - 沉积相。爆发相以中酸性凝灰岩、火山角砾岩为主；喷溢相有玄武岩、流纹岩、安山岩、粗面岩、英安岩等；喷发 - 沉积相以凝灰质细砂岩、粗砂岩为主。岩相组合：以喷溢 - 爆发相为主，且铁木里克一带次于乌郎达坂萨依地区爆发（或喷溢）- 喷发沉积或正常沉积相次之。岩石组合：铁木里克为玄武岩 - ±安山岩 - 流纹岩，巩乃斯种羊场北尤其尼勒克县城以西（区外），发育玄武岩 - 流纹岩的双峰式火山岩。

（2）岩石学特征

A. 喷溢相

杏仁状玄武岩：灰绿色、斑状结构，基质具间隐晶粒结构，杏仁状构造。岩石由斑晶和基质组成。斑晶（25%）：拉长石半自形板状，大小 0.2mm × 0.8mm ~ 2mm × 3.8mm，具较强泥化、葡萄石化、绿帘石化，聚片双晶发育。暗色矿物多已被绿泥石、葡萄石、石英等交代，仅保留外形，0.8 ~ 3.4mm，稀疏分布。基质（75%）：斜长石呈板状、板条状杂乱分布，大小 0.02mm × 0.08mm ~ 0.05mm × 0.2mm，其间充填粒状辉石及玻璃组成间隐晶粒结构。副矿物（微）有磁铁矿、磷灰石。另外杏仁多为不规则状，圆状，1.4 ~ 20mm，为石英、葡萄石组成，含量约占岩石的 15%。

辉石安山岩：灰褐色，少斑结构，基质具交织结构，块状构造。岩石由斑晶、基质组成。斑晶（1%）：辉石半自形柱状，粒径 0.4mm；斜长石半自形板状，0.3mm × 0.7mm ~ 0.3mm × 0.8mm，具绢云母、绿泥石、泥化且均零散分布。基质（98%）斜长石呈细板条状定向排列，其间充填他形粒状辉石、磁铁矿、石英及脱玻绿泥石，组成交织结构，斜长石大小 $0.02mm \times 0.05mm \sim 0.05mm \times 0.2mm$，蚀变同斑晶，基质成分：斜长石（97%）、辉石（15%）、石英（3%），磁铁矿（<1%）；副矿物（1%）磁铁矿粒状，$0.1 \sim 0.3mm$，磷灰石自形粒状，多见于基质中，微裂隙由石英、碳酸岩充填。

霏细斑岩：浅灰色、斑状结构，霏细结构，块状构造。岩石由斑晶和基质组成。斑晶（20%）更长石半自形板状，$0.18mm \times 0.22mm \sim 0.6mm \times 2.2mm$，具泥化、绢云母化、方解石化、角闪石已被绿泥石化，大小 $0.34mm \times 0.05mm \sim 0.5mm \times 0.02mm$。石英呈粒状，大小 $0.35mm$。基质（80%）为霏细状长英质集合体及少量粒状磁铁矿和尘状绿泥石组成。

B. 爆发相

玄武安山质火山角砾岩：褐色，火山角砾状结构，块状构造，岩石由火山角砾和凝灰物质组成。火山角砾（75%）成分为安山岩、玄武岩、凝灰岩等组成，呈棱角状，$2 \sim 7mm$，分布较均匀。凝灰物质（25%）成分为棱角状安山岩、玄武岩、蚀变玻屑凝灰岩等岩屑和尖棱角状斜长石晶屑、玻屑、火山尘组成，其中玻屑、火山尘多已脱玻蚀变，由绿帘石、铁质组成，仅见部分弧面棱角状玻屑假象。

中酸性含角砾晶屑岩屑凝灰岩：褐色，含角砾晶屑岩屑凝灰结构，块状构造，岩石由火山角砾岩和凝灰物质组成。岩屑呈不规则棱角状，$2 \sim 5mm$ 的火山角砾（15%），$<0.1mm$ 的凝灰级占 35%，成分由霏细岩、安山岩、英安岩、蚀变玻屑凝灰岩、珍珠岩等组成。蚀变主要有脱玻化、绿泥石化、绢云母化，碳酸盐化。晶屑呈棱角状，熔蚀状，$0.1 \sim 1.6mm$，由斜长石、石英、磁铁矿等组成，斜长石普遍泥化、绢云母化。玻屑和火山岩（<20%）均已脱玻蚀变，由石英、绢云母等组成，仅保留弧面棱角状玻屑假象和撕裂状玻屑外形，因玻屑中含尘状氧化铁而呈褐色。

C. 喷发－沉积相

沉凝灰岩：灰色，沉凝灰结构，层状构造，岩石由正常沉积物和火山碎屑物组成。正常沉积物（45%）由 $<0.004mm$ 的泥晶白云母和少量泥质物组成，且常成层分布，白云不变色。火山碎屑物（55%），由尖棱角状的斜长石，石英（少）等晶屑、弧面棱角状玻屑、棱角状岩屑及火山尘组成，已脱玻蚀变霏细状长英质，粒度一般多 $<0.1mm$，只有少数晶屑为 $1.4 \sim 3.4mm$，且常沿长轴定向排列。

（3）岩石化学特征

据 2004 年朱志新等新源县 1:25 万区域地质调查报告成果，乌郎组火山岩在 TAS 图和硅碱图投影（图 3-2-23，图 3-2-24），为碱性系列，里特曼指数（σ），1 号玄武岩为 7.22，2 号玄武安山岩 4.29，σ 在 3.3~9 属碱性系列。由稀土元素配分型式图（图 3-2-25）可知：稀土总量变化范围太大，轻重稀土比 >1，分配型式为右倾，说明轻稀土富集，重稀土亏损的特征，玄武岩熔浆分离结晶程度低于玄武安山岩熔浆。根据微量元素比值蛛网图（图 3-2-26），配分曲线总体较一致的右倾，$w(Rb)_N / w(Yb)_N \approx 42 \sim 19$，均 >1，属强不相容元素富集型，$2w(Nb)_N / w(K)_N + w(La)_N = 0.15 \sim 0.25$，均 <1，属铌亏损型；

$2w(\mathrm{Sr})_N/w(\mathrm{Ce})_N+w(\mathrm{Nd})_N$ 1 号 > 1，为锶富集，2 号 < 1，为锶亏损型，总的分析，由此提供的可能的成因信息为地壳物质交代地幔源，分离程度较强的残余熔浆，与消减作用无关。

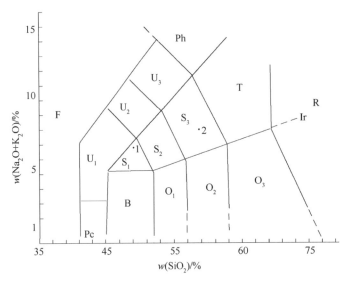

图 3 - 2 - 23　乌郎组火山岩 TAS 图

Pc—苦橄玄武岩；B—玄武岩；O_1—玄武安山岩；O_2—安山岩；O_3—英安岩；R—流纹岩；S_1—粗面玄武岩；
S_2—玄武质粗面安山岩；S_3—粗面安山岩；T—粗面岩、粗面英安岩；F—副长石岩；U_1—碱玄岩、碧玄岩；
U_2—响岩质碱玄岩；U_3—碱玄质响岩；Ph—响岩；Ir—Irvine 分界线，上方为碱性，下方为亚碱性；
1—玄武岩；2—玄武安山岩

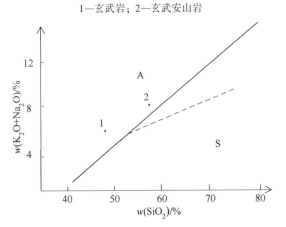

图 3 - 2 - 24　乌郎组火山岩硅碱图

A—碱性系列；B—亚碱性系列；1—玄武岩；2—玄武安山岩

　　该组火山岩岩石组合为玄武岩 - 安山岩 - 流纹岩和玄武岩 - 流纹岩的双峰式火山岩组合，但测区前者发育，西邻区后者发育；岩石化学特征表明玄武岩为碱性橄榄玄武岩，玄武安山岩为粗安岩，均为碱性系列，属广义的大西洋型，地球化学特征表明火山岩为交代地幔源，与消减作用无关。同样在该组出露区和博罗科努山南坡及巩乃斯河南北两岸等地，发育着与火山岩伴生的侵入岩 - A 型（偏）碱性花岗岩类。综上所述，乌郎组火山岩产出的大地构造环境为大陆裂谷。

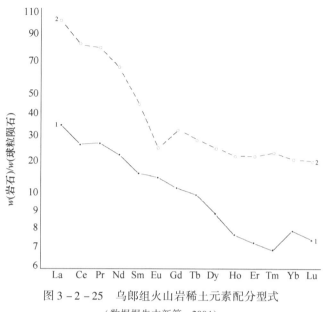

图 3 - 2 - 25　乌郎组火山岩稀土元素配分型式

（数据据朱志新等，2004）

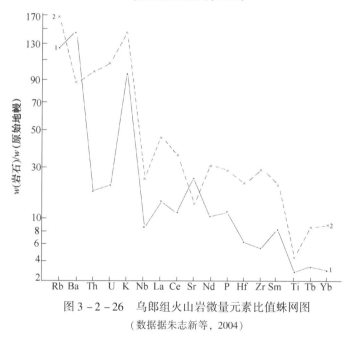

图 3 - 2 - 26　乌郎组火山岩微量元素比值蛛网图

（数据据朱志新等，2004）

第三节　大型构造和地质构造单元

一、大地构造单元划分及特征

1. 大地构造单元划分

据潜力评价资料，结合本次工作成果，将研究区构造单元确定为伊宁 - 中天山地块之阿吾拉勒晚古生代活动大陆边缘（图 2－1－1），其北以喀什河断裂与博罗科努早古生代陆缘弧毗邻，其南巩乃斯河北缘大断裂与伊犁地块毗邻。阿吾拉勒山以出露晚古生代地层为主，称之为阿吾拉勒石炭纪活动大陆边缘和二叠纪陆内裂谷，南部乌孙山一带，称伊什基里克晚古生代活动大陆边缘，区内发育的最老地层为中元古界长城系特克斯群浅变质碎屑岩，构成其陆缘基底属基底杂岩相的基底杂岩残块亚相，其上为一套富含叠层石碳酸盐岩的蓟县系科克苏群所覆盖，青白口系库什台群不整合于蓟县系之上，为一套白云岩、大理岩、鲕状灰岩、硅质岩夹硅质灰岩粉砂岩，为陆表海盆地相的碳酸盐陆表海亚相。

2. 构造单元特征

阿吾拉勒晚古生代活动大陆边缘与南部伊什基里克晚古生代活动大陆边缘都发育于此基底之上。阿吾拉勒晚古生代活动大陆边缘与伊犁盆地大致相同，总体上呈西部宽、东部窄的喇叭状，研究区位于该带的东部。盆地内部为中－新生界所覆，为坳陷盆地相。位于调查区中部的广大地区，中间被伊宁中央地块分开。是在前震旦纪陆壳基底上发育起来的晚古生代活动大陆边缘。中－晚泥盆世地壳拉张形成一套裂谷火山岩建造（$D_{2-3}k$），末期发生地壳运动，造成 C_1^1 缺失，同时发生韧性剪切变形发育韧变构造，构成阿吾拉勒韧性剪切带。早石炭世，依连哈比尔尕小洋盆向南消减俯冲，在伊犁盆地形成下石炭统大哈拉军山组（C_1d）的岛弧型火山岩和碎屑岩夹灰岩的沉积，其中火山岩组合主要为安山岩±英安岩－流纹岩，以安山岩发育为特征。大哈拉军山组（C_1d）末发生伊犁运动，形成大哈拉军山组（C_1d）与阿克沙克组（$C_{1-2}a$）之间的区域性不整合。使大哈拉军山组发生变形，形成褶皱、断裂构造，产生低绿片岩相变质。同时在这一运动作用下，结束了大哈拉军山组（C_1d）的岛弧环境，进入阿克沙克组（$C_{1-2}a$）的残余海沉积，形成一套碎屑岩、碳酸盐岩建造，它以中—薄层和成层性好与大哈拉军山组（C_1d）的厚层块状火山岩相分开。晚石炭世形成一套海相－海陆交互相沉积，称伊什基里克组（C_2y），主要由钙碱性火山岩夹碎屑岩、灰岩组成。晚石炭世末的地壳运动，使 C_2y 发生第一期变形，发生褶皱，产生北西西向断裂和与之配套的北东向、北西向断裂，常形成动力变质，在断裂线附近出现片理化和局部的千枚岩化。这一运动的发生，海退成陆，两大板块联为一体，欧亚大陆出现。早－中二叠世，地壳处于后碰撞松弛拉张阶段，出现大陆裂谷，形成以陆相火山岩为主的乌郎组（P_1w）。主要岩性：下部为碎屑岩，中、上部为火山岩夹碎屑岩，熔岩为厚层块状，多为透镜体产出，厚度变化大，岩石组合：东段铁木里克为玄武岩－安山岩－流纹岩，西段巩乃斯种羊场北为玄武岩－流纹岩，向西到区外，这种双峰式火山岩组合更发育。同时有偏碱性花岗岩株的侵入。末期的地壳运动，使乌郎组（P_1w）及其以前的地层褶皱。出现近东西向的逆断层，产生断陷变质作用，出现绿泥石、绢云母，个别火山岩有帘石、葡萄石蚀变。晚二叠世形成一套河流－湖泊相碎屑岩夹灰岩的沉积，称铁木里克组（P_3t），其中灰岩中产淡水双壳类化石，碎屑岩中产植物碎片，与下伏乌郎组（P_1w）不整合接触，并被侏罗系不整合覆盖。晚二叠世末期的构造运动，使地层发生宽缓褶皱的同时，形成北西向左行平移断层，为未变质地层。晚二叠世地壳演化进入稳定的陆内盆地发展阶段。

中生代仅有侏罗系分布。其中下侏罗统为一套陆相粗碎屑岩，称八道湾组（J_1b），下－中侏罗统为一套煤系地层称三工河组（J_1s），其沉积韵律为砾岩－砂岩－粉砂岩－泥岩－碳质页岩－煤层，局部夹泥灰岩、白云岩。煤层、菱铁矿层发育是本组的主要特征。中侏罗统的西山窑组（J_2x）为煤系地层，与J_1s不同之处在细碎屑岩占优势，以火烧层发育为特征。气候由炎热潮湿向半干旱发展。这一点由煤层自下而上，逐渐减薄减少，以上部分出现红色泥岩，可得到证明。中侏罗世末的地壳运动，使上侏罗统和白垩系、古近系缺失，使侏罗系形成短轴褶皱和近东西向断层及北东、南西向平推断层。新近系形成河湖相的沙湾组（E_3N_1s）红层，第四系形成冲洪积物堆积。

研究区内侵入岩发育一般，岩石类型较齐全，活动周期较短，仅发育晚古生代侵入岩。晚古生代旋回有石炭纪大陆活动边缘和早二叠世上叠裂谷（地堑）两个旋回，各自都发育岩浆作用。石炭纪旋回有碰撞前钙碱性花岗岩和后碰撞正长花岗岩两个序列，早二叠世为后造山辉绿岩（辉长辉绿岩）－石英二长岩/正长斑岩序列。

3. 构造演化

厘清区域构造演化与岩浆作用过程，是认识阿吾拉勒铁成矿带成矿作用的关键问题。中亚造山带是全球显生宙陆壳增生与改造最显著的大陆造山带，在长期的陆壳演化过程中，其经历了陆缘增生、后碰撞和陆内造山等一系列地质过程，并发生了强烈的壳幔相互作用，系统保存了亚欧大陆形成和演化的完整信息，使得中亚造山带成为探索大陆增生和陆内改造等大陆动力学问题的最佳天然实验室。作为中亚造山带的重要组成部分西天山造山带得到了国内外地质工作者的广泛研究（Windley et al.，1990；Alien et al.，1993；Gao et al.，1998；Bullen et al.，2001；Fu et al.，2003；Xia et al.，2004；Gao et al.，2003；Xiao et al.，2004；李华芹等，2004；朱永峰等，2005；2006；王博等，2006；陈正乐等，2006；冯金星等，2010；白建科等，2011）。天山造山带属于古亚洲造山带的一部分，目前已经发现的最古老的陆壳年龄为3263～2500Ma，从新元古代早期开始，天山造山带经历了一系列的构造活动，伴随有相应的岩浆火山作用。主要有以下5个阶段（图3－3－1）。

（1）新元古代早期

Grenville造山事件，形成Rodinia超级联合大陆，已被国内外诸多地质科学家所证实，大约形成于960～945Ma。标志性证据：①阿克苏群蓝闪石片岩的发现；②新元古代中晚期的冰碛岩（冰碛岩全称为冰碛砾泥岩，是世界稀有的石种之一，其色为灰褐、暗褐，质量重，坚而脆，内夹杂有砂石或其他小生物化石。据考证，冰碛岩形成距今约6亿～7亿年间）；③寒武系底部的含磷沉积（中东亚、西伯利亚均广泛发育）（夏林圻等，2007）。

（2）新元古代中期

从新元古代南华纪至早寒武世，Rodinia超级联合大陆上爆发了全球规模的与地幔柱相关的裂谷火山事件，导致了Rodinia的裂解，裂解的时间大约为630～510Ma，由于裂谷作用形成了一批前寒武纪的碱性玄武岩，玄武岩，玄武质安山岩，夏林圻等（2007）得到其Rb－Sr等时线年龄为680Ma。Rodinia的裂解对Terskey古亚洲洋体系的形成具有重要的约束作用（夏林圻等，2007），而天山古生代洋盆属于Terskey古亚洲洋的一部分。

（3）早寒武世至晚奥陶世

Rodinia超级联合大陆的裂解控制了古亚洲洋域体系的形成（夏林圻等，2007），Terskey古洋正是此时形成的，中天山－伊犁板块北缘的大量寒武纪—奥陶纪的蛇绿岩证明了它的存在研究发现，Terskey 古洋闭合于晚奥陶世。

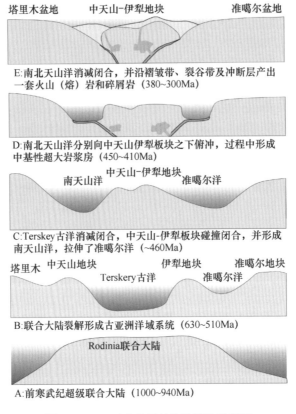

塔里木盆地　　中天山-伊犁地块　　准噶尔盆地

E:南北天山洋消减闭合，并沿褶皱带、裂谷带及冲断层产出
一套火山（熔）岩和碎屑岩（380~300Ma）

D:南北天山洋分别向中天山伊犁板块之下俯冲，过程中形成
中基性超大岩浆房（450~410Ma）

中天山-伊犁地块
南天山洋　　　　准噶尔洋

C:Terskey古洋消减闭合，中天山-伊犁板块碰撞闭合，并形成
南天山洋，拉伸了准噶尔洋（~460Ma）

塔里木　中天山地块　　伊犁地块　　准噶尔地块
Terskery古洋　　　准噶尔洋

B:联合大陆裂解形成古亚洲洋域系统（630~510Ma）

Rodinia联合大陆

A:前寒武纪超级联合大陆（1000~940Ma）

图 3 - 3 - 1　天山地区的构造演化示意图

（4）晚奥陶世至晚石炭世

在晚奥陶世之前，伊犁板块和中天山板块是两个被古亚洲洋所分开的独立板块（龙灵利等，2008），直至晚奥陶世 Terskey 古洋消减闭合二者才碰撞拼合。同时它的闭合引起中天山板块南缘的不断拉伸而形成南天山洋（钱青等，2006；Gao et al.，2009），南天山洋在晚志留世—早泥盆世开始向中天山板块之下俯冲（杨天南等，2006），闭合于早石炭世末期（Gao et al.，1998，2009）。准噶尔洋（北天山洋）在晚奥陶世开始向南部的中天山－伊犁板块下俯冲，闭合于晚石炭世晚期（Coleman，1989；Windley et al.，1990；车自成等，1996；Gao et al.，1998，2003；夏林圻等，2002）。

总体来看，晚奥陶世至晚石炭世是南北天山洋形成、俯冲、闭合的一个过程（Coleman，1989；Windley et al.，1990；车自成等，1996；Gao et al.，1998，2003，2009；龙灵利等，2008）。正是此过程为区域岩浆活动、构造运动及成矿作用提供了良好的物质、动力、空间条件。

（5）石炭纪至二叠纪

大量的年代学数据证明了在洋壳闭合后期的石炭纪至二叠纪，中天山－伊犁板块南北缘普遍经历了大规模火山事件和成矿事件（朱永峰等，2005；安芳等，2008；冯金星等，2010；张作衡等，2012）。但是对于这个阶段火山岩形成的构造背景却有着不同的观点，归纳为三种：①大陆裂谷－地幔柱说（车自成等，1996；顾连兴等，2001a，2001b；夏林圻等，2002；Xia et al.，2004）。他们认为石炭纪时，天山地区的古洋盆均已闭合，此时整个天山造山带处于造山后大陆裂谷拉伸阶段，石炭纪火山岩则属于碰撞后大陆裂谷火山岩系（车自成等，1996；顾连兴等，2001a，2001b），这些裂谷火山岩系的形成与碰撞后裂谷拉张环境的古地幔柱活动有关，其母岩浆源于软流圈地幔和岩石圈地幔的混合岩浆（夏林圻等，2002；Xia et al.，2004）。②活动大陆边缘和岛弧说（Windley et al.，1990；姜常义等，1995，1996；Gao et al.，1998，2003；朱永峰等，2005；钱青等，2006）。朱永峰等（2005）认为西天山石炭纪火山岩具有大陆弧岩浆的地球化学特征，并提出大哈拉军山组火山岩形成于古南天山洋洋壳向中天山－伊犁板块俯冲所形成的火山岛弧，该岛弧持续演化到晚石炭世早期。姜常义等（1995）通过研究发现阿吾拉勒地区的早、中石炭世火山岩来源于大陆边缘岛弧环境，晚石炭世开始向裂谷环境转变。钱青等（2006）认为昭苏北部的大哈拉军山组火山岩形成于具有元古宙基底的活动大陆边缘拉张环境，岩浆源区可能为俯冲流体交代富集的岩石圈地幔。③大陆减薄拉张说（陈丹玲等，2001）。陈丹玲等（2001）提出中天山－伊犁板块内部石炭纪火山岩可能形成于大陆减薄拉张环境。

近年来，朱永峰等（2005）在伊犁大哈拉军山组中获得晚泥盆世的同位素数据及对微量地球化学元素的研究，认为大哈拉军山组属岛弧环境沉积。朱志新、董连慧、李锦轶等的研究认为，伊犁盆地的火山活动与南、北天山洋盆演化有关，洋盆在早古生代就开始收缩俯冲形成伊犁地块南、北缘的岩浆弧，至晚泥盆世—早石炭世，俯冲作用加剧，形成了那拉提北缘和博罗科努南缘呈带状分布的晚泥盆世—早石炭世大哈拉军山组的钙碱性火山岩，晚石炭世伊什基里克组主体继承了早石炭世火山弧火山岩特征，同时也具有裂谷火山岩的特征。该火山岩在空间上有由外向内时代变新、时间上有一定穿时现象。其上为维宪期阿克萨克组或更新地层不整合覆盖。晚石炭世形成大量富铝花岗岩（同碰撞—后碰撞）及伊什基里克组钙碱性火山岩（反映构造体制的转变）至二叠纪时盆地处于后碰撞的伸展期，形成陆相带裂谷成因的碱性火山活动。

对西天山那拉提地区古生代花岗岩的年代学和锆石 Hf 同位素进行了研究。并将该区花岗岩分为早古生代—晚泥盆世花岗岩和石炭纪花岗岩两类，前者变形较强，主体为闪长岩－石英闪长岩－花岗闪长岩－二长花岗岩，LA－ICPMS 锆石 U－Pb 年龄为 366～485Ma，$\varepsilon Hf(t)$ 和 t_{2DM} 的研究，揭示花岗岩主要有三种来源：一是 t_{2DM} 介于 1.2～1.6Ga 的中元古代地壳源区；二是 t_{2DM} 介于 0.7～1.6Ga 的中－新元古代地壳混合源区；三是 t_{2DM} 与岩石形成年龄接近或略大的以亏损地幔新生地壳为主的地壳源区。后者变形很弱，LA－ICPMS 锆石 U－Pb 年龄为 320～352Ma。晚泥盆世—石炭纪花岗岩主要源区也有三种；一是 t_{2DM} 介于 1.0～1.7Ga 的中新元古代混合源区；二是 t_{2DM} 约为 0.4Ga 的早古生代新生地壳源区；三是早石炭世早期与岩浆岩形成年龄一致的亏损地幔和古老地壳混合源区。那拉提早石炭世花岗闪长岩当 $\varepsilon Hf(t)$ 为最高的正值时（14.21），其 t_{2DM} 与岩石形成年龄一致，表明在 349Ma 时存在一次地幔物质的加入。

根据上述文献，结合本地区地质矿产构造特征，我们认为该区域晚泥盆世—晚石炭世早期，俯冲作用加剧，为陆缘弧构造环境；认为西天山石炭纪火山岩具有大陆弧岩浆的地球化学特征，西天山火山岩形成与古南天山洋洋壳向中天山－伊犁板块俯冲有关，该岛弧持续演化到晚石炭世早期，晚石炭世晚期至早二叠世进入地壳重新拉张，出现裂谷，形成双峰式建造组合，到二叠纪还伴有偏碱性花岗岩株的侵入；中二叠世至新生代该区域进入山间盆地演化阶段。

二、研究区主要断裂构造特征

研究区地质构造运动复杂多样，主要构造形迹有：

1. 阿吾拉勒韧性剪切带（AWLL）

该韧性剪切带，以东西向展布于阿吾拉勒山东南坡，即巩乃斯河北岸的吐尔拱以东一带。南北均以断层与 C_2y 和 $P\xi o$ 相接。韧性剪切带内出露地层单一，为中 - 上泥盆统坎苏组，主要岩性为长英质糜棱岩、超糜棱岩、千糜岩和糜棱岩化岩石。与未韧性变形的地层（C_2y）呈断层关系，且未韧性变形的二叠纪岩体侵入其中。新疆地质矿产勘查开发局第二区域地质调查大队（2003）在铁木尔塔什进行 1:5 万区域地质调查时，获得 Rb - Sr 等时线年龄 360Ma 和 376Ma，其时限为中 - 晚泥盆世。

在阿吾拉勒韧性剪切带的岩层，发生"I"型面理置换，糜棱面理产状 340°～10°∠25°～70°，以 350°∠45°为主。发育各种塑性变形，长石石英普遍压扁拉长定向。拉伸线理是发育在糜棱面理面上的一种线理构造，在此常表现由长英质或暗色矿物的集合体压扁、拉长定向所形成，以近东西向的水平拉伸线理为主。石香肠构造也是一种线理，是由强变形岩石围绕弱变形岩石（石英脉等）分布，在强烈韧性剪切作用下，压扁拉长而形成缩颈减薄的透镜化岩石，糜棱岩中的眼球状构造相当普遍，从上述韧性剪切变形中，可判断出剪切运动指向为右旋。

S - C 组构，它是由糜棱面理（C）与剪切带内面理（S）呈小角度相交而构成的一种特征构造。在宏观上微观上都有相同特征显示。尤其在长英质糜棱岩中最易识别。C 面理是由一系列层状矿物定向排列所显示的平行于剪切带边界的剪切应变带表现出来的，是非连续性剪切应变面理。相当于主剪切面。S 面理由新生的浅、暗色矿物条带组成，是剪切带内的新生面理，与 C 面理有夹角，其夹角随着应变量由边缘的向中心的不断增强而变小，致使在中心部位与 C 面理平行，所以 S 面理一般呈 S 型，且常表现的不如 C 面理清楚，该韧性剪切带中的 S - C 组构常见于糜棱岩和千糜岩中，其夹角为 18°，显示右旋剪切指向。变形发生在泥盆纪末，产生剪切糜棱面理，同样产生低绿片岩相变质。

新疆地质矿产勘查开发局第二区域地质调查大队（2005）在铁木尔塔什进行 1:5 万区域地质调查时，获得绢云石英片岩的全岩 Rb - Sr 等时线年龄（320±8）Ma，其时限为晚石炭世早期。变形发生在晚石炭世早期，产生剪切糜棱面理，同样产生低绿片岩相变质（朱志新等，2004）。

2. 巩乃斯河北缘大断裂（F_{17}）

展布于巩乃斯河北岸，呈近东西向横贯研究区中部，仅在东段从吐尔拱以东地段折向南东向，是一条推测断裂，其主要特征是在航片、卫片上浅色线状延伸十分明显，现被第四系覆盖，推测在新近纪仍有活动，它控制了巩乃斯谷地的北界（朱志新等，2004）。

3. 巩乃斯河南缘大断裂（F_{18}）

展布于巩乃斯河南岸，呈近东西向横贯调查区中部，为山前推测断裂，向两端延入邻区，在航卫片上表现的浅色线状延伸十分醒目，由于第四系覆盖，性质不明，它控制巩乃斯谷地的南界，推测在新近纪仍有活动（朱志新等，2004）。

4. 阿拉斯坦沟南－查岗诺尔断裂（F_{38}）

位于研究区东部，出露于阿拉斯坦沟南、阿尔善萨拉、查岗诺尔一线，断裂呈北西西－南东东向线状展布，其总体走向为110°～115°，是侏罗系八道湾组、石炭系伊什基里克组、大哈拉军山组与石炭系阿克沙克组之间的分界断裂。影响宽度数十米，由不同时期形成的断裂组成。

该断裂在遥感影像上呈明显的近北西西－南东东向的线状影像特征，沿断裂通过处见明显的山脊错断、断层三角面等现象。断裂通过之处具有明显的负地形特征，沿断裂带多发育有线状的河流、冲沟和凹地等。沿断层具有明显的断层破碎带，破碎带宽度7～20m不等，主要为石炭系破碎的火山岩系及花岗岩系组成，见有安山质构造角砾岩、花岗质碎裂岩、构造角砾岩等。断层两侧节理发育，岩石具有明显的破碎现象，靠近断裂的火山岩绿帘石化、绿泥石化明显，并见有褐铁矿化及磁铁矿细脉沿节理穿插。该断层东侧查岗诺尔一带，断裂带内矽卡岩化现象明显，见有大量的石榴子石等矿物，并见有磁铁矿细脉充填。沿该断裂两侧，见有数个破火山口，并见有零星的黄铁矿化、黄铜矿化等现象。该断裂切割的地层有八道湾组、伊什基里克组、阿克沙克组、大哈拉军山组及部分二叠纪花岗岩岩体。

综上所述，该断裂具基底断裂特征，具有多期活动的特点。其早期活动在早石炭世晚期，沿断裂带南北两侧，发育串珠状的破火山口。晚期活动在燕山期，断裂具北倾特征，倾角多在70°～80°之间，断层面擦痕及牵引褶皱显示具高角度正断层特征，为早侏罗世断陷盆地的南界断裂（刘伟等，2005）。

5. 阿拉斯坦沟北－哈尔嘎萨拉断裂（F_{37}）

出露于阿拉斯坦沟北、哈尔嘎拉一带，是侏罗系八道湾组与石炭纪阿克沙克组之间的断裂，呈北西西－南东东向延伸，影响宽度约7～80m，由不同时期形成的断裂组成。

该断裂在遥感影像上呈明显的近北西西－南东东向的线状影像特征，在阿拉斯坦一带，断裂北侧在ETM741影像上主要呈褐红色色调，断裂南侧则呈褐色调，并且沿断裂通过处见明显的山脊错断、断层三角面等现象。断裂通过之处，具明显的负地形特征，沿断裂带多发育有线状的河流、冲沟和凹地等。例如阿拉斯坦河谷、哈尔嘎萨拉河、阿尔善艾肯萨拉河皆平行该断裂展布。沿断层具有明显的断层破碎带，破碎带宽度7～30m不等，主要为石炭系阿克沙克组碎裂状的火山岩系及花岗岩系组成，见有安山质构造角砾岩、花岗质碎裂岩、构造角砾岩等。岩石具有明显的破碎现象，靠近断裂的火山岩绿帘石化、绿泥石化、黄铁矿化、黄铜矿化明显，该断裂东部见有褐铁矿化及磁铁矿细脉沿节理穿插。

断层两侧节理发育，产状近直立，断裂具南倾特征，倾角多在70°～80°之间，断裂面上可见已受破坏的擦痕，擦痕产状为210°∠50°～75°左右，显示正断层特征，并见到南侧侏罗系八道湾组中发育岩层牵引现象。沿该断裂两侧，见有数个破火山口，并在阿拉斯坦沟见有集块岩、集块熔岩等。

该断裂控矿导矿作用明显，沿断裂带连续出现黄铁矿化、黄铜矿化、辉铜矿化及碳酸盐化等现象，并有断续产出的方解石细脉，本次新发现的阿拉斯坦铜矿就产在该断裂带中。

该断裂早期活动在早石炭世晚期，沿断裂两侧发育串珠状的古火山机构，具有基底断裂特征，此期断裂受造山作用及多种因素影响，性质、规模等已难以确定。中期活动在侏罗纪早期，显示正断层特征，该断裂为早侏罗世断陷盆地的北界断裂。主要形成各种成分的构造角砾岩、碎裂岩等岩石，沿此断裂有阿拉斯坦铜矿床分布。晚期在燕山期活动，具右旋走滑特征，断裂面上见具缓倾的擦痕，擦痕产状为 110°∠15° 左右，此期断裂作用影响较小，规模亦不大。该断裂与阿拉斯坦沟南 – 查岗诺尔断裂构成了一个地堑式断裂带组合，形成了侏罗系的拉展盆地（刘伟等，2005）。

6. 开来买 – 纳仁肯登楞断裂（F_{12}）

该断裂带位于测区西南部，为铁木里克组与巩乃斯的边界断裂，总体走向 120°，两侧均延出测区，区内出露长度约 15km，两侧均延出测区。具体特征如下：

断裂呈线状展布，地貌上断裂北侧山势陡峻，植被稀疏；断裂南侧呈平缓的台地，植被发育，多属于当地牧民的夏秋牧场；沿断裂带发育有脆性碎裂岩系，形成各种成分的碎裂岩化岩石，如断层角砾岩、碎裂岩等。断裂带内发育有断层陡坎，并发育一系列的近平行次级断裂，靠近断裂带的铁木里克组岩层发育牵引现象，岩层产状近于陡倾。断裂面见有明显的擦痕、阶步等指向构造，指示为逆断层。在遥感影像上，该断裂呈现明显的线状影像，断裂经过部位多为明显的负地形。该断裂影响宽度为 30～150m，两端延出测区，其由一系列高角度正断层组成，断层产状为 21°～50°∠60°～70°；断裂带切割的地层为铁木里克组、大哈拉军山组及部分岩浆岩，从切割的地层来看，该断裂形成于中生代南北向拉张时期（刘伟等，2005）。

7. 喀拉图拜南断裂（F_8）

位于研究区西北部，长 50km，逆断层，产状向南倾，倾角 60°，波状延伸。切穿二叠系，局部构成 $P_{1-2}w$ 与 P_3t 的界线，东端交于 F_{17} 号断裂，断层崖、坎发育，东段沿断层线有泉水分布及河谷折转和碎裂岩化，与 F_{13} 号断层大致平行，形成于二叠纪末期。

8. 铁梅粒克上游断裂（F_9）

位于研究区西北部，长 12km，平移断层，走向 45°，错断 P_{1-2} 和 P_3t、C_2y，构成它们之间的界线，左行平移，错距达 4km，北端交于 18 号断裂，南端交于 23 号断裂，形成于二叠纪末。

9. 巴依图马断裂（F_{10}）

位于研究区西北部，长 40km，逆断裂，产状 10°∠45°，错断石炭系、二叠系，构成 C_2y 与 $P_{1-2}w$ 界线，东端被 F_{18} 断层错断，并交于 F_{19} 断层，沿断层线出现河谷折向拐弯，岩石碎裂岩化，形成于二叠纪末。

10. 恰可布河断裂（F_{24}）

该断层位于研究区中南部，位于恰可布河，呈近东西向波状延伸长达 80km，西端被新生界覆盖，错断 S_3b、C_1d、C_1a、J_1s、E_3N_1s 和二叠纪岩体，断裂线几乎全线沿恰可布河延伸，断层角砾岩局部发育，属性质不明断层，形成于石炭纪末期，至新近纪仍有活动。

11. F_{13} 断裂

西北端起于巴尔汉布拉克，沿东南方向延至吐尔拱萨依，以120°方向延伸42km，切穿地层二叠系、石炭系，东段构成 P_3t 与 C_2y 的界线，属左行平移断层，明显地错断 F_{23} 断层，线状延伸明显，局部有断层岩和碎裂岩化岩石，形成于二叠纪末期。

12. F_{14} 断裂

该断层位于研究区西侧，西起恰特布拉克，向东延入邻区，沿100°方向延伸40km以上，西端为 J_1b 与 $J_{1-2}s$ 和 C_2y 的界线，主要是穿切石炭系，有断层坎，东沿断层线为大沟通过，断层面产状向南陡倾，倾角60°为主，形成于中侏罗世末期。

13. F_{15} 断裂

该断层位于研究区中部，西起塔勒得萨依，向东延入邻区，沿108°方向延伸达70km以上，发育在石炭系，东段构成 C_1d 与 C_2y 的界线，线状延伸明显，大沟中可见断层崖，东段局部河流与断层线一致，使河流成折线走势，断层面产状20°∠50°，逆断层，形成于石炭纪末期。

14. F_{16} 断裂

该断层位于研究区中部，出露在巩乃斯河北岸，大部分被第四系覆盖，在东段的铁木尔塔什向东至邻区和西端种羊场附近有显示，以近东西向分布，有明显的断层坎和断层崖，断层面向北陡倾，倾角40°～50°，逆断层，有长期活动的特征，尤其在石炭纪末，再次活动。

15. F_{17} 断裂

该断层位于研究区中部，展布于巩乃斯河北岸，呈近东西向横贯调查区中部，其大部分地段与 F_{16} 号断裂平行，仅在东段从吐尔拱以东地段折向南东向，是一条推测断裂，其主要特征是在航片、卫片上浅色线状延伸十分明显，现被第四系覆盖，推测在新近纪仍有活动，它控制了巩乃斯谷地的北界。

16. F_{18} 断裂

该断层位于研究区中部，展布于巩乃斯河南岸，呈近东西向横贯调查区中部，为山前推测断裂，向两端延入邻区，在航卫片上表现的浅色线状延伸十分醒目，由于第四系覆盖，性质不明，它控制巩乃斯谷地的南界，推测在新近纪仍有活动。

17. F_{22} 断裂

该断层位于研究区中南部，西起阿克布拉克，向东延至新源林场，大致以95°延伸70km，向西延入邻区。性质不明断裂，错断 C_1d、C_1a、E_3N_1s 和 Qp_3^3x，形成断层阶地和断层坎，形成于石炭纪末，到第四纪仍有活动。

18. 哈贴克勒接向斜（Z_1）

该向斜位于敦德铁矿西侧，褶皱地层为二叠系铁木里克组，岩性为砾岩夹长石岩屑砂岩。长18km，宽6km。褶皱在哈贴克勒接以西向斜走向东西向，以东变为北东向，两翼地层产状分别为：北西翼产状180°∠75°、120°∠72°、120°∠72°，南东翼产状182°∠72°（倒）、120°∠72°。枢纽产状280°∠18°、220°∠12°，轴面产状180°∠80°、120°∠82°，直立倾伏褶皱。北东端为扬起端,扬起端的两翼产状较缓。可见该褶皱早期为开阔褶皱,后期才使它变得紧闭甚至倒转;北西翼地层被断层切割,东端被北西向断裂截切。褶皱形成与南北向挤压有关,后又受左行断裂运动改造。影像特征为向斜山,尤其北东端的扬起端看得完整、清楚。

19. 夏格孜达坂向斜（Z_2）

该向斜位于敦德铁矿北侧,褶皱发育于石炭系大哈拉军山组火山–碎屑岩中,核部地层为大哈拉军山组四段。呈北西向展布,延出图外。向北西倾伏。两翼与相邻地层均为断层接触,两翼产状为:230°∠60°,40°∠50°,为紧闭褶皱,轴面直立,产状40°∠80°。规模较大。

第四节　研究区矿产

阿吾拉勒矿带是新疆黑色金属、贵金属、有色金属重要矿带之一。经过数余年的勘查,已发现铁、金、银、铜、铅、锌等矿种矿产地 105 处,为新疆最重要的铁矿富集区,远景很大;其中大型矿床 4 处（查岗诺尔铁矿、智博铁矿、备战铁矿、敦德铁锌金矿）,中型矿床 5 处（松湖铁矿、式可布台铁矿、尼新塔格铁矿、阿克萨依铁矿、塔尔塔格铁矿）,小型矿床 18 处（穷库尔、萨海铁矿、铁木里克铁矿、和统哈拉盖铁矿、巩乃斯铜矿、胜利 I 号铜矿、克孜赛铜矿等）,矿（化）点 78 处。

一、主要矿产类型

研究区矿产种类多,类型多样,但以铁矿为主,成型矿床多,研究程度高,铜、铅锌、金矿产地较多,但成型矿床少,工作程度低,其他如金、铅、锌等矿种多与已知铁、铜矿床相伴生,鲜见独立矿床。区内研究工作多针对铁矿开展工作,由于立足点不一样,致使对区内铁矿床类型的认识也不统一。根据对现有资料的初步分析,区内主要铁矿类型为海相火山岩型、玢岩型、岩浆热液型、接触交代型,以海相火山岩型铁矿最为重要;铜矿主要类型为岩浆热液岩型、斑岩型、接触交代型。研究区优势金属矿产主要有以下几种类型,各典型铁矿床成矿特征见表 3 – 4 – 1。

1. 海相火山岩型

该类型主要指在空间上、时间上与火山作用密切相关的一类矿床。根据研究区内火山活动的不同阶段其喷发方式和火山岩岩石组合不同,又划分出海相火山喷流–沉积岩型、海相火山喷溢沉积–热液叠加型和海相火山喷溢–热液交代–矿浆充填型三种矿化亚类型及矿床型式。

1）海相火山喷流–沉积岩型:主要分布于研究区西部,西起铁木里克,东至式可布台一带,主要典型矿床包括式可布台铁矿、铁木里克铁矿。主要赋矿建造为上石炭统伊什基里克组浅变质基性岩—中性岩—酸性岩海相火山喷发–沉积建造,赋矿岩石为绿泥绢云千枚岩、绢云千枚岩,矿体多呈层状、似层状、透镜状,矿层严格受层位控制,向深部可见块状、浸染状含铜黄铁矿,具有上铁下铜的分布规律,矿石矿物以赤铁矿为主,其次为镜铁矿、磁铁矿、菱铁矿、黄铁矿,微晶质、细晶质和页片状结构,厚层状、块状构造,围岩蚀变主要为硅化、绢云母化、绿泥石化等蚀变。

表 3-4-1 阿吾拉勒铁矿带典型铁矿成矿特征对比表

矿床	式可布台铁矿	松湖铁矿	尼新塔格铁矿	查岗诺尔铁矿	智博铁矿	敦德铁矿	备战铁矿
产出层位	C_2y^1	C_1d^4	C_1d^4	C_1d^{2-3}	C_1d^2	C_1d^2	C_1d^4
成矿时代	晚石炭世	早石炭世	早石炭世	早石炭世	早石炭世	早石炭世	早石炭世
所属成矿远景区	铁木里克-武可布台 Fe、Cu 成矿远景区	松湖-尼新塔格 Fe、Cu、Au 成矿远景区	松湖-尼新塔格 Fe、Cu、Au 成矿远景区	查岗诺尔-智博 Fe、Cu、Pb、Zn、Au 成矿远景区	查岗诺尔-智博 Fe、Cu、Pb、Zn、Au 成矿远景区	敦德-备战 Fe、Cu、Pb、Zn、Au 成矿远景区	敦德-备战 Fe、Cu、Pb、Zn、Au 成矿远景区
构造位置	火山通道旁侧海盆	火山机构旁侧火山斜坡	火山机构旁侧火山盆地或喷口斜坡	火山活动同歇期火山喷口附近的沉积洼地	破火山口环形断裂的中心部位	火山通道与断裂构造复合部位	火山通道
赋矿岩性	绿泥石板岩、绢云母片岩	安山质凝灰岩	安山岩、火山灰凝灰岩	安山质晶屑岩屑凝灰岩、矽卡岩	玄武质安山岩	玄武质凝灰岩、砂卡岩	砂卡岩、安山质凝灰岩
矿石结构构造	微晶质、细晶质叶片状结构；块状构造为主，浸染状、少数条带状构造	交代假象结构、自形-半自形晶粒状结构、他形晶粒状结构；块状构造、浸染状构造为主	他形-半自形粒状、交代假象结构；浸染状块状构造为主	他形-半自形粒状、半自形-自形粒状结构；角砾状、斑点状、豹纹状块状构造	半自形-自形粒状、他形-半自形粒状结构；块状、浸染、斑状、隐爆角砾状、条带状网脉状构造	半自形-他形晶粒状结构、包含结构、交代结构；致密浸染状构造、稀疏浸染状构造、条带状构造	自形-半自形的粒状结构；致密块状结构、块状构造、浸染状构造、细脉浸染状构造和角砾状构造
矿石矿物	赤铁矿、镜铁矿、菱铁矿、磁铁矿、黄铁矿	磁铁矿、次有磁铁矿、赤铁矿、黄铁矿、黄铜矿、铜蓝	磁铁矿、赤铁矿、褐铁矿、黄铜矿	磁铁矿、伴生黄铁矿、黄铜矿、赤铁矿、镜铁矿	磁铁矿，次为黄铁矿，偶见黄铜矿、磁黄铁矿和赤铁矿	磁铁矿、闪锌矿、黄铁矿、磁黄铁矿、黄铜矿	磁铁矿和赤铁矿，其次为黄铁矿、黄铜矿和黄铁矿
蚀变	硅化、绢云母化、碳酸盐化、高岭土化	硅化、碳酸盐化、绿泥石化	硅化、碳酸盐化、绿泥石化、葡萄石化、云母化、阳起石化、重晶石化	石榴子石化、阳起石化、绿帘石化、绿泥石化、透闪石化、大理岩化	绿帘石化、钾长石化，以绿帘石化阳起石化为主，以及少量绿泥石化和碳酸盐化	石榴子石化、透辉石化、绿帘石-绿帘石化、钾长石化及碳酸盐化	以硅化和绿帘石化、石榴子石化为主
成矿作用	火山喷流沉积	火山喷流、热液叠加	火山喷流、热液叠加	火山喷溢沉积、热液交代、矿浆充填	火山喷溢沉积、热液交代、矿浆充填	火山喷溢沉积、热液交代、矿浆充填	火山喷溢沉积、热液交代、矿浆充填
其他	深部见铜矿体		矿床外围有重晶石脉	伴生铜锌金		伴生锌金	

2）海相火山喷溢沉积－热液叠加型：主要分布于研究区中部，主要典型矿床包括萨海铁矿、松湖铁矿、尼新塔格铁矿。主要赋矿建造为下石炭统大哈拉军山组中酸性火山岩－火山碎屑岩建造，赋矿岩石为安山岩、安山质凝灰岩，矿体多呈似层状、透镜状，矿石矿物以磁铁矿为主，其次有磁赤铁矿、赤铁矿、褐铁矿、黄铁矿、黄铜矿等，主体表现为交代假象结构，以自形—半自形晶结构、他形晶粒状结构为主，构造为块状构造、浸染状构造，围岩蚀变主要为硅化、碳酸盐化、绿泥石化等蚀变。

3）海相火山喷溢－热液交代－矿浆充填型：主要分布于研究区东部，主要典型矿床包括查岗诺尔铁矿、智博铁矿、敦德铁矿、备战铁矿。主要赋矿建造为下石炭统大哈拉军山组中基性火山岩－火山碎屑岩建造，赋矿岩石为玄武岩、安山质凝灰岩，矿体多呈似层状、透镜状，矿石矿物以磁铁矿为主，其次有黄铁矿、磁赤铁矿、黄铜矿等，主体表现为以他形—半自形微粒结构及自形—半自形粒状结构，构造为块状构造、浸染状、角砾状构造，围岩蚀变主要为石榴子石化、阳起石化、绿帘石化、透闪石化等蚀变。

2. 玢岩型

在研究区内有分布，以玢岩型铁矿为主，主要为塔尔塔格铁矿。主要赋存于二叠纪二长闪长玢岩体中，侵染状厚层分布，块状集合体，岩石为灰－灰黑色斑点结构，块状构造。矿石矿物有磁铁矿、黄铁矿、黄铜矿、磁黄铁矿等，矿石结构以细粒结构为主，其次为微粒结构、粒状结构等；矿石构造以浸染状构造为主，其次为斑块状构造、条带状构造等。磁铁矿粒径一般为 $0.01 \sim 0.5mm$，呈星点状、团斑状与二长闪长玢岩交互分布，强磁性。

3. 热液型

在研究区内广泛分布，以热液型铜矿为主，主要有玉希莫勒盖铜矿、胜利达坂铜矿。主要赋矿建造为下石炭统大哈拉军山组火山碎屑岩系，赋矿岩石为含角砾安山质凝灰岩、晶屑凝灰岩、安山岩、火山角砾岩、集块岩，矿体呈不规则脉状，矿石矿物有黄铁矿、黄铜矿、磁铁矿、磁黄铁矿、毒砂、斑铜矿、赤铁矿、闪锌矿等，矿石结构以细粒结构为主，其次为微粒结构、粒状结构等；矿石构造以浸染状构造为主，其次为微脉－短脉状构造、斑块状构造、块状构造、条带状构造等。围岩蚀变主要为硅化、绿帘石化、绿泥石化等蚀变。

4. 接触交代型

在研究区内少量分布，以铜矿为主，主要有古勒扎西铜矿点、巩乃斯林场南西铜矿点和巩乃斯路铜矿点三处。主要赋矿建造为下石炭统大哈拉军山组火山碎屑岩－碳酸盐岩，赋矿岩石为绿帘石石榴子石矽卡岩，多分布在二叠纪中酸性侵入体的外接触带上。矿石矿物有黄铁矿、黄铜矿、磁铁矿、斑铜矿、赤铁矿等，矿石结构以中粗粒状结构为主，矿石构造以浸染状构造为主，其次为条带状、斑块状构造、块状构造等。围岩蚀变主要为硅化、绿帘石化、绿泥石化等蚀变。

二、矿产分布

研究区矿产的分布具有分段集中的特点，铁矿受区域古破火山构造的控制，铜等有色金属受断裂构造、中酸性侵入岩控制。根据区域矿产地的集中分布特点及古火山机构的分布，划分了五个矿产集中分布区。

铁木里克－式可布台矿集区：位于研究区西部，区内火山机构、断裂构造发育，与海相火山岩型铁矿、热液型铜矿关系密切。区内铁矿产地分布受近东西向构造控制，主要铁矿床有式可布台铁矿、铁木里克铁矿，产出于晚石炭世火山岩地层中，铜等有色金属多产于断裂构造旁侧，小岩体的内外接触带上。

萨海－阿克萨依矿集区：位于研究区的中西部，区内发育火山机构及北西向断裂构造，主要铁矿床有松湖铁矿、尼新塔格铁矿、萨海铁矿，均产出于早石炭世火山岩地层中，其分布呈北西走向，且近似等间距分布。

坎苏－科库塔斯矿集区：位于研究区的中部南侧，区内发育二叠纪中酸性侵入岩及北西向断裂构造，矿产成因类型以热液型、接触交代型为主。主要有塔尔塔格中型铁矿、巩乃斯小型铜矿等，产出均与二叠纪中酸性侵入岩有关，分布于岩体及外接触带上。

查岗诺尔－智博矿集区：位于研究区中东部，主要铁矿床有查岗诺尔铁矿、智博铁矿，区内主要矿产地大致呈环状分布于艾肯达坂破火山口的周边，区内早石炭世火山岩发育，二叠纪正长花岗岩、二长花岗岩分布广泛，铜等有色金属多产于北西向断裂构造旁侧，早二叠世大岩基的外接触带上，铜矿化多伴生有金、银、钼等矿产。

敦德－备战矿集区：位于研究区东部，区内早石炭世中基性火山岩发育，主要铁矿床有敦德铁矿、备战铁矿，主要为海相火山岩型铁矿，并伴生有锌、金矿。

三、成矿基本特征

根据研究区内火山活动的不同阶段其喷发方式和火山组合不同，铁矿类型又划分出海相火山喷流－沉积岩型、海相火山喷溢沉积－热液叠加型和海相火山喷溢－热液交代－矿浆充填型三种矿化亚类型。

（一）海相火山喷流－沉积岩型铁矿的成矿基本特征

1. 成矿地质环境

该矿床赋矿地层为上石炭统伊什基里克组一、二段，岩石类型组合为：玄武岩、安山岩、流纹岩和相应的火山角砾岩、凝灰岩及板状火山尘凝灰岩，局部有透镜状方解石灰岩，为基性岩—中性岩—酸性岩海相火山喷发－沉积建造，局部为碳酸盐岩－化学沉积建造。普遍地叠加了韧性－脆性变形作用，属强应力和低温条件变形环境、具发育片理的低级变质岩系。针对伊什基里克组火山岩，采用全岩 Rb－Sr 法测年，结果为（320 ± 11）Ma，该套地层时代为晚石炭世。

2. 矿体组合分布及产状

矿体呈多层凸镜状、层状、似层状、凸镜状等。各矿层的产出严格受层位的制约，产状与围岩一致。矿层与围岩同步褶曲。矿层与其顶、底板及夹层岩相变化较大，沿走向有尖灭再现现象。在铁矿层之下，见到块状含铜黄铁矿，具有上铁下铜的分布规律。

3. 矿石类型及矿物组合

矿石矿物成分主要为赤铁矿，次有少量镜铁矿、磁铁矿、菱铁矿、黄铁矿（黄铁矿向深部有增加的趋势）等；脉石矿物有石英、碧玉、长石、绢云母、滑石、绿泥石等。

4. 矿石结构构造

矿石结构简单，赤铁矿具微晶质、细晶质和页片状结构，矿石构造以厚层状－块状构造为主，少数为条带状、浸染状构造。

5. 成矿物理化学条件

矿（岩）石铅同位素组成复杂，变化较大，显示有地幔铅与造山带铅混合的特征；锶同位素数据表明成矿物质和火山岩浆来源于深部地壳或上地幔，与海底火山喷流作用有关。黄铁矿 S、O、H 同位素显示，成矿流体来源于岩浆水，有海水混入。矿物包裹体均一温度一般在 $130 \sim 250℃$，平均 $186℃$，包裹体盐度（NaCl）为 $3.2\% \sim 12.5\%$，密度为 $0.9 \sim 0.95 g/cm^3$，成矿流体具有低盐度、低密度和低成矿温度，并在中温条件下成矿的特点。矿石金属硫化物的硫源主要为火山喷发作用从深部带来的幔源硫和海水硫的混合。

6. 矿床成因机理及成矿模式

铁矿层和其下部的含铜块状硫化物是海底火山喷流作用在同一成矿环境下不同阶段的产物。其成矿机理是：在火山活动喷发晚期或喷发间歇期，大规模的岩浆喷发已经停止，但火山喷流作用仍在继续进行，这些富含成矿物质的酸性热气液体，沿断裂或火山通道喷流而出，源源不断地迁移到海盆中与海水发生作用，由于物理化学条件的改变而沉淀。其中 Cu（Pb、Zn）等亲硫性强的元素，在相对还原的环境下，与海水中溶有火山喷出的 H_2S 作用，促使络合物分解和亲硫元素沉淀，形成块状含铜黄铁矿层。随着火山口的矿浆涌出，流向海盆中心，成矿作用继续进行，矿浆中 Fe、Si、Ba、Mn 等元素富集，在弱酸性－氧化条件下，形成大量赤铁矿石，夹透镜状红碧玉和层纹状重晶石赤铁矿，构成重晶石－红碧玉－赤铁矿建造，Ba－Si－Fe 三位一体是海底火山溢流作用产生的含矿热流体，与海水作用在海盆沉积的产物。这说明该区铁（铜）矿的成因是在同一成矿环境下，不同阶段分别形成火山喷发，溢流沉积型铁（铜）矿床。

代表性矿床主要有：式可布台铁矿床、铁木里克铁矿床等。

（二）海相火山喷溢沉积－热液叠加型铁矿成矿基本特征

1. 成矿地质背景

松湖铁矿床赋存于巩乃斯复式向斜阿吾拉勒复式背斜中，其南、北两侧分别由北西西走向的断裂所限制。北东向及北东东向发育的断裂或分布于其间的羽状分枝断裂，为热液型、喷流（喷气）沉积型铜、铁、金、铅锌等矿产成矿提供热源、通道和成矿物质的来源。铁矿体主要赋存于下石炭统大哈拉军山组中，该组为一套火山岩－火山碎屑岩建造，其上岩性段上部为紫红－灰紫色杏仁状安山玢岩、安山岩、中性凝灰岩、灰白色生物碎屑灰岩、砂质灰岩、灰黑色钙质粉砂岩夹沉凝灰岩及凝灰砾岩，为本矿床主要赋矿层位。

2. 矿床组合、分布及产状

矿层（体）赋存于灰绿色凝灰岩（局部为晶屑玻屑凝灰岩）中，呈近东西至北西西向展布，局部发生小的扭动，主矿层（体）呈不甚规则的似层状，主矿层（体）直接顶板为灰紫色凝灰质粉砂岩碎裂安山质火山角砾岩及中—细粒蚀变安山质凝灰岩。底板岩性主要为灰绿色凝灰质砂岩，局部可见含砂微晶粉晶生物碎屑灰岩。

3. 矿石类型及矿物组合

按组成矿石的主要铁矿物可归为复合矿石，按结构构造可归为浸染状矿石。矿石主要矿物有磁铁矿，其次有磁赤铁矿、赤铁矿、褐铁矿、黄铁矿、黄铜矿、铜蓝等。脉石矿物主要有透闪石、阳起石、绿帘石、绿泥石、石榴子石、石英、方解石等。

4. 矿石结构、构造

交代假象结构，以自形—半自形晶结构、他形晶粒状结构为主，其次有交代残余结构、反应边结构、不等粒压碎结构、内部环带结构等。构造以块状构造、浸染状构造为主，其次有脉状构造、网脉状构造、角砾状构造、胶状构造、皮壳状构造等。

5. 矿化蚀变带划分及分布

磁铁矿化、磁赤铁矿化、赤铁矿化、黄铁矿化、褐铁矿化、黄铜矿化、孔雀石化、镜铁矿化、硅化、碳酸盐化、绿泥石化等。原生矿床以磁铁矿化、磁赤铁矿化、黄铁矿化为主，其余则主要为后期构造、热液条件下发生的矿化、蚀变。矿石中局部可见少量的铁碧玉，并有弱的钾化显示。后期蚀变、矿化的强弱受压性逆（冲）断裂及所伴生的热液活动控制。黄铜矿化主要分布于铁矿床的中上部及顶板附近，在矿床底板以下凝灰角砾岩中亦发现弱的黄铜矿化，黄铜矿呈细小的星点状分布于角砾中。褐铁矿化、孔雀石化则主要分布于地表及浅部。硅化、碳酸盐化、绿泥石化等均与热液活动密切相关，沿裂隙发育于矿床及其围岩内。

6. 成矿物理化学条件

成矿主要发生于温度相对较高，且供氧较为充沛的弱氧化－氧化的半深海水环境中，盐浓度相对较高，属正常海水范畴，细菌活动较为活跃，海水环境总体较为平静。矿床赋存于半深海斜坡之上，推测水温为 $50 \sim 60 ℃$。

7. 矿床成因机理

成矿物质来源于深部下地壳或上地幔，受控于海底火山活动。在某一次或某一周期安山质火山喷发时，将铁质与其他火山物质一同带出地面，并在短时间内连续于海底斜坡发生碎屑物的较稳定沉积（堆积），受火山爆发时引起的水环境物理化学条件的变化，形成铁氧化物富集沉积，并在后期固结压实等综合地质作用下于安山质凝灰岩中形成铁氧化物原生矿床。后期的多期次的断裂及区域性岩浆活动为本矿床带来了含矿物质（铜、钴等），并将其空间赋存状态进行了改造。岩浆型磁铁矿的沿通道上升，并沿构造裂隙分布，亦为本矿床在局部的加富提供了物质来源和保障。

代表性矿床：松湖铁矿、尼新塔格铁矿等。

（三）海相火山喷溢－热液交代－矿浆充填型铁矿成矿基本特征

1. 成矿地质背景

铁矿床主要分布于火山机构中，赋矿地层为下石炭统大哈拉军山组第三亚组，主要岩性为灰褐色、灰绿色的玄武岩、玄武质凝灰岩、玄武粗面安山岩、粗面安山岩、安山岩和粗面岩。华力西中期的中深成侵入体二长花岗岩、斜长花岗岩、花岗斑岩等，对成矿有叠加和富集改造作用。

2. 矿体组合分布及产状

矿体呈似层状、透镜状产出。FeI矿体依石榴子石－绿帘石－阳起石蚀变带呈向北西凸出的环状分布，矿体产在大理岩与钠长斑岩质火山凝灰岩的界面或石榴子石矽卡岩带中，矿体顶板为石榴子石矽卡岩，底板为绿帘石化凝灰质安山岩和阳起石岩及大理岩。矿体顶、底板围岩多为矽卡岩化凝灰岩、石榴子石矽卡岩，绿帘石化凝灰质安山岩、英安岩。

3. 矿石类型及矿石组合

矿石自然类型按构造分为浸染状矿石、角砾状－网脉状矿石、块状矿石；按矿物成分主要为石榴子石磁铁矿石、黄铁矿－阳起石磁铁矿石，次为阳起石磁铁矿石。主要矿石矿物组分为磁铁矿，其次为磁赤铁矿、穆磁铁矿、赤铁矿、假象赤铁矿及镜铁矿。伴生的金属硫化物主要为黄铁矿，次为黄铜矿、铜蓝、闪锌矿、硫酸盐。氧化矿物主要为褐铁矿、孔雀石、蓝铜矿。脉石矿物以石榴子石、阳起石、绿帘石、透闪石为主，次为绿钠闪石、透辉石、绿泥石、钠长石、斜长石、石英、碳酸盐矿物等。当矿化蚀变的原岩为大理岩时，出现方柱石；当矿化蚀变的原岩为细凝灰岩或火山灰凝灰岩时，则出现大量绢云母。此外，还有少量的白钛石、榍石、锆石、磷灰石，个别情况下偶见电气石。

4. 矿石结构构造

矿区矿石结构类型较简单，以他形—半自形微粒结构及自形—半自形粒状结构为主，次为交代假象结构，粒状－纤维状变晶结构、碎裂结构、类海绵陨铁结构；矿石构造主要有浸染状、块状、角砾状、对称条带状、脉状、网脉状及晶洞状构造。

5. 蚀变类型及分带

矿区围岩蚀变广泛发育，且具沿断裂带呈带状分布的特点。主要蚀变类型为石榴子石化、阳起石化、绿帘石化、绿泥石化、透闪石化及蚀变大理岩。

6. 成矿物理化学条件

据黄铁矿爆裂法测温结果，黄铁矿成矿温度范围可划分出三个温度区间：$160 \sim 200℃$、$260 \sim 280℃$、$410 \sim 450℃$。主成矿温度范围为$260 \sim 450℃$，说明矿床为高温下形成的。矿区磁铁矿矿石的$\delta^{18}O$（‰）介于$1.6 \sim 3.3$，金属硫化物的$\delta^{34}S$（‰）介于$3.9 \sim 15.9$。其中氧同位素变化范围较小，表明成矿物质为同一来源。其氧同位素组成和典型的岩浆矿床一致，证明铁元素来自于岩浆。

7. 矿床成矿模式

矿床成因与火山活动直接有关，受基底断裂及火山机构的控制，其成矿机制是：上地幔部分熔融形成富铁的玄武质岩浆；沿超壳深大断裂上侵的岩浆，形成裂隙中心式喷发形成火山岩，火山口中心富铁的火山气液、矿浆沿同一通道上侵，在火山口中心部位产生隐爆及交代成矿作用；由于海底火山喷发作用导致内能大量消耗，岩浆房处于高温、负压状态，雨水、地下水沿负压带汇聚并与火山热液混合。升温后的混合热液萃取围岩中的矿物质并沿断裂带上升，在破火山口中心部位产生隐爆作用，形成热液叠加矿化，并在周围形成强烈的蚀变；在岩浆侵入阶段，交代形成的含矿热液沿断裂构造上升并在局部加富。整个成矿过程是在矿浆房不断上升，成矿环境由封闭转为开放，成矿元素不断的交代置换作用下完成的, 矿浆的形成有别于岩浆分异作用。

(四) 热液充填交代型铁铜矿成矿基本特征

1. 成矿地质背景

产于伊犁微板块的阿吾拉勒石炭纪裂谷内。赋矿地层为下石炭统大哈拉军山组火山碎屑岩系。断裂构造比较发育, 主要有近东西向、北西向和北北东向, 近东西向、北西向断裂为主要控矿断裂。侵入岩发育, 主要岩性有石英闪长岩、英云闪长岩、细晶石英正长斑岩、粗斑石英正长斑岩等。

2. 矿床组合、分布及产状

矿体呈北西向展布, 形态呈不规则脉状。铜矿石品位: 以低品位矿石为主, 一般品位在 0.43% ~ 0.62% 之间变化, 个别矿石较富, 品位达到 8.95%。

3. 矿石类型及矿物组合

矿石自然类型以硫化物矿石为主。矿石中金属矿物有黄铁矿、黄铜矿、磁铁矿、磁黄铁矿、毒砂、斑铜矿、赤铁矿、闪锌矿等。脉石矿物有石英、绿泥石、绿帘石、阳起石等。

4. 矿石结构构造

矿石结构以细粒结构为主, 其次为微粒结构、粒状结构等; 矿石构造以浸染状构造为主, 其次为微脉 – 短脉状构造、斑块状构造、块状构造、条带状构造等。

5. 蚀变组合

矿化蚀变有硅化、黄铁矿化、褐铁矿化、绿帘石化、绿泥石化等, 其中以硅化、黄铁矿化、褐铁矿化、绿帘石化、绿泥石化最为普遍, 黄铜矿化、孔雀石化与铜矿分布关系最为密切, 在铜矿层顶底板形成明显的交代蚀变边。

6. 矿床成因机制

石炭纪裂谷拉张期间, 火山活动剧烈, 铁铜矿物质来源于火山活动富含铜金矿物质的中酸性火山岩, 在其活动过程中提供了铁铜金的矿物质; 后期构造活动强烈, 形成大量北西向和近东西向断裂。二叠纪岩浆大量侵位, 沿断裂带发生构造热液活动, 含水热液溶解矿源层的大量的铜金矿物质, 使得矿源层中进一步聚集增富, 形成沿断裂带断续分布的矿体, 局部交代围岩。综上所述, 该区铜 (金) 矿床明显地表现出 "地层 – 构造 – 岩浆岩三位一体的成矿模式", 物质来源主要来自岩浆后期热液, 部分来自地层, 矿床属于受一定层位控制、与断裂构造密切相关的岩浆期后型 – 中温热液裂隙充填 – 交代型铁铜 (金) 矿床。

四、成矿控制条件分析

火山活动频繁、火山岩广布, 是火山岩型铁矿成矿的基础和前提。西天山阿吾拉勒构造带的火山岩十分发育, 具多时代、多阶段的特点。现按地壳演化的不同阶段, 作简要分析如下。

1. 火山岩的产出特征与铁矿成矿条件的分析

在早石炭世南天山洋向伊犁－中天山地块俯冲，导致阿吾拉勒地区广泛发育钙碱性系列的中酸性火山岩建造，且反映出由北向南逐渐增生的过程；晚石炭世大陆主碰撞之后关闭该区古生代地壳发展进入后碰撞时期，构造活动减弱。主要表现为持续的挤压导致地壳整体抬升、构造叠置、地壳增厚、下地壳拆沉、地幔上涌，伴随着强烈的深部壳幔作用和岩浆活动。在俯冲碰撞过程中火山活动规模较大，它们以钙碱性、碱性系列为主，晚期发育双峰式火山岩建造，以陆相为主为特征。

已发现有查岗诺尔（C_1）、智博（C_1）、敦德（C_1）、备战（C_1）等大型铁矿床。

2. 古火山机体构造是火山岩型铁矿的控矿构造聚敛场

从成因上将火山构造分为3类，即：①火山穹窿构造（完全由裂隙式或中心式火山喷发的堆积作用产生的古火山构造，火山堆和火山穹窿及环形断裂构造）；②破火山口构造（它是在上构造层内，由于边缘岩浆源的喷发及爆发中心断块的陷落所形成的构造，常伴有环状、放射状断裂系及爆破角砾岩构造）；③喷发中心周边形成的火山－构造洼地（属远火山中心的沉积盆地，含断陷的沉积盆地），是与火山作用有关矿床的重要控矿构造。阿吾拉勒地区在石炭纪火山活动频繁，各类火山岩广布，形成大量与火山作用有关的矿床，涉及铁、铜、锌、金、银等主要矿种。带内各种火山岩型铁矿床，尽管其具有多样的控矿地质条件，但主要受基底断裂系所控制，与裂隙－中心式火山喷发中心密切相关。从西到东最少有如下4个火山活动中心：

1）铁木里克火山活动中心（控制着铁木里克等铁矿）；

2）式可布台火山活动中心（控制着式可布台等铁矿）；

3）艾肯达坂火山活动中心（控制着查岗诺尔及智博铁矿等）；

4）卡克扎－葛仓沟火山活动中心（控制着备战等铁矿）。

每个火山活动中心的内带多受破火山口构造、中心型火山通道构造及爆破角砾构造火山机构控制，形成次火山－火山－热液交代型及矿浆充填型铁矿床，其外带主要受火山－构造洼地控制，形成火山－沉积型铁矿床。前者如智博及查岗诺尔铁矿床，产于破火山口中心，受控制明显，形成以矿浆充填及次火山热液交代为主的火山岩型铁矿床；后者如式可布台及松湖铁矿，形成以火山喷溢－沉积作用为主的火山－沉积型铁矿床。

第四章 研究区火山机构特征

西天山阿吾拉勒的火山构造，特别是古火山口构造对铁矿的成矿作用有着明显的控制作用，受到广泛重视。石炭纪与铁矿成矿作用关系密切的典型火山机构自东向西主要有备战、敦德、艾肯达坂、铁木尔特、则可台萨依及巴依图马等。现将上述古火山机构特征描述如下。

第一节 备战古火山机构

备战古火山机构位于西天山依连哈比尔尕山东段天山主峰—博罗霍洛山北坡天山主脊附近，属中高山区，山体走向为近东西向，总体地势为南高北低，海拔3160～4575m，比高700～1000m，一般地形坡度25°～35°，沟深坡陡，属高山深切地貌，中心地理坐标东经85°33′33″、北纬43°15′16″。推测火山口面积约0.75km²。

一、构造特征

构造位置处于塔里木板块伊犁微板块之阿吾拉勒晚古生代陆缘弧东段，夏格孜达坂向斜北翼的次级褶皱内。主体为大哈拉军山组火山岩，火山岩石组合为一套以流纹岩、粗面岩、粗面安山岩、中酸性凝灰岩和少量玄武岩为主体的石炭纪火山岩和火山－沉积岩建造。

遥感影像资料显示，备战火山机构呈半圆形（弧形断裂），南侧被断层破坏及第四系残坡积物掩盖，期间发育多条南北向、北北西向、北北东向放射状断裂（图4-1-1）。

环状断裂：呈半圆形分布于备战古火山机构的周边，呈较深切割的深沟半环状展布。断裂面内倾，倾角为45°～60°。内侧作为坳（断）陷边界主要分布在火山机构的内带，呈近半圆形环形分布，断裂内侧为环形山峰，内环断裂以发育辉绿玢岩、闪长玢岩脉、钾长花岗斑岩为特征。从卫星影像图中可明显看出有两个半圆环，代表了本区火山口至少经历了两次以上的塌陷。成矿作用明显受该破火山口断裂系统控制。

辐射状断裂系：该断裂系与环状断裂系大体垂直，并沿蚀变矿化带及其附近呈辐射状分布。该组断裂密集成群，排列略呈辐射状。但规模小，延伸较短。一般宽2～5m，长数百余米，个别可达数百米。

二、火山机构的构成要素

平面上大致呈北东东－南西西的鸭蛋形，主要由下石炭统大哈拉军山组二岩性段的火山岩组成，主要岩性为深灰色凝灰岩、矽卡岩化凝灰岩、英安岩。火山岩相由火山口相、近火山口相、火山颈相和潜火山岩相构成（图4-1-2）。

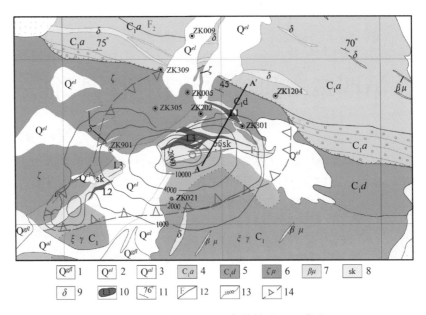

图 4-1-1 新疆西天山备战铁矿区地质图

(据新疆地质矿产勘查开发局第十一地质大队，2012，有修改)

1—第四系冰积物；2—第四系残坡积层；3—第四系冲洪积层；4—下石炭统阿克沙克组；5—下石炭统大哈拉军山组；6—英安岩；7—辉绿玢岩；8—矽卡岩；9—闪长岩；10—铁矿体及编号；11—产状；12—断层；13—磁异常；14—推测火山口

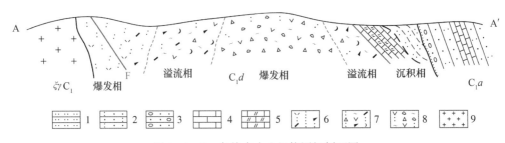

图 4-1-2 备战古火山机构图切剖面图

1—粉砂岩；2—凝灰质砂岩；3—含砾砂岩；4—灰岩；5—白云质灰岩；6—流纹质晶屑岩屑凝灰岩；7—安山质含角砾复屑凝灰岩；8—安山质集块角砾熔结凝灰岩；9—正长花岗岩

火山口相：地形具环形锥状特征（航片及航磁异常特征明显）。岩石主要为火山碎屑岩与中基性熔岩及少量大理岩或透闪石化大理岩，亦具环状分布特征。据火山碎屑岩和熔岩及大理岩的产状观察，火山喷发物主要向火山口外部倾斜，从空间上看，两翼基本对称，产状较陡。外倾，倾角45°~60°。

近火山口相：喷发物基本上呈环状展布，主要由火山碎屑岩、角砾岩、中基性熔岩及少量集块岩组成。下部韵律由机构早期的喷溢-爆发相组成，由下而上为含角砾凝灰岩-凝灰质角砾岩-玄武岩、玄武质凝灰岩、大理岩或透闪石化大理岩；中部韵律由中期的爆发-喷溢相组成，由下而上为安山质凝灰岩-安山岩；上部韵律由晚期的爆发-喷溢相组成，由下而上为流纹质凝灰岩-凝灰岩-凝灰质砂岩。

火山颈相：火山颈相主要为玄武岩、玄武质凝灰岩、矽卡岩、大理岩、透闪石大理岩。

潜火山岩相：主要分布于火山机构的中心部位，受环状、放射状断裂制约，呈弧形或半圆形展布，与围岩均呈侵入接触关系。岩性为辉绿玢岩、闪长玢岩、英安斑岩等。

三、火山构造演化阶段

大致划分为三个阶段：火山爆发与塌陷阶段、沉积阶段和火山岩浆复活阶段（图4-1-3）。

火山爆发与塌陷阶段：该阶段喷发了大量的火山碎屑，主体为玄武质凝灰岩、角砾凝灰岩、晶屑凝灰岩，局部见有火山角砾岩。喷发之后，沿环状断裂发生塌陷。

地层系统	岩性花纹	厚度m	岩性描述	火山岩相	喷发韵律
下石炭统大哈拉军山组（C₁d）		152	薄层状灰岩	沉积相	Ⅲ
		194	流纹质凝灰岩	爆发相	
		227	岩屑熔结凝灰岩	溢流相	Ⅱ
		189	玻屑晶屑凝灰岩	爆发相	
		191	安山质熔结角砾岩	溢流相	Ⅰ
		172	安山质角砾岩	爆发相	
		216	安山质集块岩	爆发相	

图4-1-3 下石炭统大哈拉军山组火山岩喷发韵律柱状图

沉积阶段：塌陷之后，火山活动处于停息状态，在火山洼地中形成了湖相堆积。主要沉积了一套沉凝灰砂岩、粉砂岩、灰岩，分布于火山口周边。

火山岩浆复活阶段：停息之后，破火山口内在静压回跳火山作用下，再次活动，主要为近火山口的玄武岩、玄武质凝灰岩、硅化凝灰岩、大理岩等，造成小规模的熔岩上侵形成火山锥，并在火山锥的周边形成环形断裂。沿着环状断裂、放射状断裂及管道内有闪长玢岩、辉绿玢岩、英安斑岩等超浅成相岩体的侵入。

四、火山构造演化与矿产的关系

火山活动过程中热、水体系循环阶段的矿产由火山作用产生的火山热液、热能及海水加入后形成的地热体系经过反复的循环，使成矿元素不断地活化迁移、富集沉淀，在中基性熔岩带（火山颈）、火山机构内的层间滑动破碎带、挤压破碎带内就位成矿。

备战铁矿区矿体赋存于近火山口相之矽卡岩中，顶底板围岩均为各类矽卡岩，主要有绿帘石矽卡岩和透辉石矽卡岩、黝帘石矽卡岩、硅灰石矽卡岩等，有一定分带性但不明显。矽卡岩带位于石英二长斑岩岩体与地层接触带部位,其形态受岩体与地层接触界线控制,矿体形态多为似层状或透镜状,与接触带内构造有关。

主要矿体(Ⅲ号矿体)及相关岩石在水平方向上的矿化/蚀变分带主要为:硅质岩→(粗面)玄武岩→绿帘石化黄铁矿化(粗面)玄武岩→硅质岩→致密块状磁铁矿矿石→黄铁矿化绿帘石化的磁铁矿矿石→黄铁矿化绿帘石石榴子石矽卡岩→绿帘石化石榴子石矽卡岩→(粗面)玄武岩。矿体下盘靠近矿体产出一套硅质岩($w(SiO_2)$ >90%),与之相邻的矿体为致密块状矿石,二者接触截然。矿体上盘为一套绿帘石化的石榴子石矽卡岩,靠近矽卡岩的矿石黄铁矿化较强,并可见脉状的黄铁矿和石英。在垂向上,若干层矿体不规则的分布于大哈拉军山组的(粗面)玄武岩和粗安岩中,靠近矿体的火山岩部分绿帘石化、硅化较强,并有角砾状火山岩,裂隙被磁铁矿充填,在玄武岩和矽卡岩中发育有脉状的磁铁矿。

1:5 万航磁测量结果显示,备战铁矿处于高背景下的高磁异常区内。ΔT 极大值 >1000nT。异常带明显,呈近东西向展布的长椭圆形,异常值高,与推测的火山口位置较吻合,而且与地表铁矿床所处位置也较吻合。说明备战铁矿床矽卡岩的形成与火山喷发有密切的关系。

通过分析阿吾拉勒陆缘活动带与火山机构关系密切的不同矿种的大、中型矿床和矿化集中区,总体遵循这一格局。在空间上,区域断裂带控制着成矿带的展布,破火山构造控制着矿集区的分布,而单个矿床就位空间则受火山机构内次一级构造的控制;在时间上,按矿种分为铁、铜、金、铅锌,按类型分由早到晚为火山沉积型铁、铜矿床,火山热液型金矿床,与各类斑岩体有关的金铜矿床。

第二节　敦德古火山机构

敦德火山机构位于西天山中部的拜斯廷萨拉沟头,属中高山区,总体北高南低,海拔3480~4500m。构造位置处于伊犁微板块东北部阿吾拉勒晚古生代岛弧带的东部,中心地理坐标:东经85°20′15″;北纬43°15′29″。推测火山口面积约1.05km^2(图4-2-1)。

一、构造特征

阿吾拉勒陆缘活动带北为博罗科努古生代岛弧带,呈西宽东窄的楔形带状。构造线总体为北西西-南东东向,在宏观上控制了区域矿产的分布,为火山喷发和岩浆上侵提供了通道,并在其轴部或其他薄弱部位通过断裂-岩浆系统形成矿化集中区。本区构造主要由下石炭统大哈拉军山组所组成的古火山口和断裂构成,构造基本形态除受区域性南北挤压应力的影响外,又受火山机构的制约。因而,各种构造形迹更为复杂。敦德火山机构位于阿吾拉勒 Fe-Au-Cu-Pb-Zn 矿带东部,依据火山岩性分布、磁异常特征、矿体产出形态等综合分析,推测其形态呈近东西向展布的椭圆状。

作为西天山主要矿床重要的含矿层位,大哈拉军山组火山岩与成矿关系密切,是构成火山机构的主体。本组火山岩为一套以英安岩、粗面安山岩、中酸性凝灰岩和少量玄武岩为主体的石炭纪火山岩和火山-沉积岩建造。

本区断裂构造十分发育,北东东向断裂带分布于研究区北部。断裂线总体走向255°~75°,倾向北,倾角63°~82°,断裂面呈直线及波状,断层破碎带宽数米至数十米。北西-南东向断

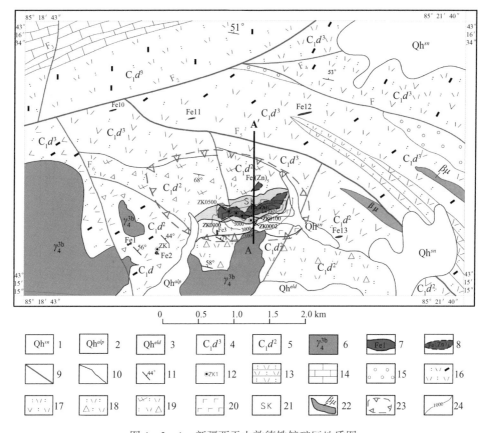

图 4 - 2 - 1 新疆西天山敦德铁锌矿区地质图

(据新疆地质矿产勘查开发局第三地质大队,2012,有修改)

1—第四系雪被区;2—第四系冲洪积层;3—第四系残坡积层;4—下石炭统大哈拉军山组第三岩性段;
5—下石炭统大哈拉军山组第二岩性段;6—钾长花岗岩;7—铁矿体;8—隐伏铁锌矿体;9—断层;10—岩性界线;
11—产状;12—钻探位置及编号;13—沉凝灰岩;14—灰岩;15—流纹质火山角砾岩;16—晶屑凝灰岩;
17—安山质凝灰岩;18—角砾凝灰岩;19—英安质角砾凝灰岩;20—玄武岩;21—矽卡岩;
22—辉绿玢岩;23—推测火山口;24—磁异常等值线及数值

裂规模不大,长一般4~5km,分布于研究区中部。断裂倾向多为南东向,倾角70°~85°,构造
角砾发育,气液活动明显、蚀变强烈。断裂构造活动是内生矿产成矿物质活化迁移的主要驱动
力,是矿浆产生迁移的主要因素之一,同时断裂构造本身又是矿浆活动的通道和沉淀场所。

研究区北西处断裂构造十分发育,在查岗诺尔 - 备战矿区遥感影像资料显示出明显的
环状断裂和放射状断裂,查岗诺尔铁矿位于破火山口环形构造的外环靠西北部,诺尔湖铁
矿位于火山口中心附近,而敦德铁锌矿位于诺尔湖铁矿所处的火山口环形构造的外环东南
角断陷带内。

环状断裂:敦德铁锌矿区与火山构造有关的断裂裂隙十分发育,主要表现为环状及辐
射状断裂(图4-2-2)。从卫星影像图中可明显看出有四个圆环,代表了本区火山口至
少经历了四次以上的塌陷。各矿区成矿作用明显受该破火山口断裂系统控制。

辐射状断裂系:该断裂系与上述环状断裂系大体垂直,并沿蚀变矿化带及其附近呈辐
射状分布。该组断裂密集成群,排列略成辐射状。但规模小,延伸较短。一般宽0.5~
2m,长数十米至百余米,个别可达数百米。但因其规模小、位移不大,破坏性并不显著。

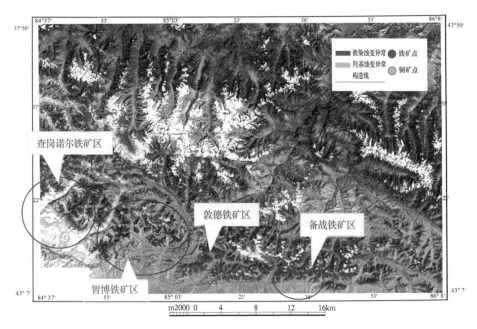

图 4 - 2 - 2　查岗诺尔—敦德锌铁矿—备战铁矿一带塌陷破火山口所形成的环状断裂影像卫片

通过实地测量及遥感解译，在火山机构周边不仅发育环状断裂，而且发育放射状断裂。环状断裂：外侧发育在敦德铁锌矿区的西及北东侧，呈切割的深沟半环状展布。断裂面内倾，倾角在 55°～75°。内侧作为坳（断）陷边界主要分布在火山机构的内带，呈近东西向环形分布（推测），其中外环断裂（F_6、F_5）内倾，倾角 56°～80°，断裂外侧为环形山峰，内侧为相对坳（断）陷的小盆地，内环断裂以发育辉绿玢岩、花岗斑岩为特征，在地貌特征上变化不大。

二、火山机构的构成要素

机构内主要为下石炭统大哈拉军山组二岩性段的火山岩构成，火山岩相由火山口相、近火山口相、火山颈相和潜火山岩相组成（图 4 - 2 - 3，图 4 - 2 - 4）。

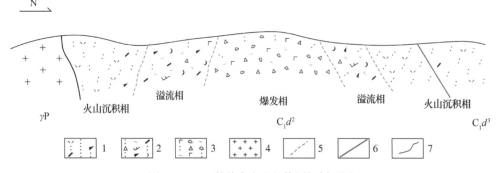

图 4 - 2 - 3　敦德古火山机构图切剖面图

1—流纹质晶屑岩屑凝灰岩；2—英安质含角砾复屑凝灰岩；3—玄武质集块角砾熔结凝灰岩；4—花岗岩；5—推测断裂；6—实测断裂；7—侵入界线

火山口相：在平面上大致呈北西西－南东东的椭圆形态，火山口地形具环形锥状特征（航片及航磁异常特征明显）。火山口的岩石主要为火山碎屑岩与中基性熔岩，亦具环状分布特征。据火山碎屑岩和熔岩的产状观察，火山喷发物主要向火山口内部倾斜，火山口从空间上看，两翼基本对称，产状较陡。内倾，倾角69°～71°。

地层系统	岩性花纹	厚度/m	岩 性 描 述	火山岩相	喷发韵律
下石炭统大哈拉军山组(C₁d)		166	熔结流纹质凝灰岩	溢流相	Ⅲ
		172	流纹质凝灰岩	爆发相	
		205	英安质岩屑熔结凝灰岩	溢流相	Ⅱ
		193	玻屑晶屑凝灰岩	爆发相	
		188	熔结角砾岩	溢流相	Ⅰ
		159	玄武质角砾岩	爆发相	
		176	玄武质集块岩	爆发相	

图4-2-4 下石炭统大哈拉军山组火山岩喷发韵律柱状图

近火山口相：喷发物基本上呈环状展布，主要由火山碎屑岩、角砾岩、中基性熔岩及少量集块岩组成，大致相当于大哈拉军山组的第二亚组。下部韵律由机构早期的喷溢－爆发相组成，由下而上为含角砾凝灰岩－凝灰质角砾岩－玄武岩、粗面岩、粗安岩；中部韵律由中期的爆发－喷溢相组成，由下而上为安山质凝灰岩－安山岩；上部韵律由晚期的爆发－喷溢相组成，由下而上为英安质凝灰岩－英安质角砾岩－安山质角砾岩。

火山颈相：上部可见角砾岩、集块岩等，下部主要为玄武岩、玄武质凝灰岩、粗面岩、粗安岩、流纹质凝灰岩。

潜火山岩相：主要分布于火山机构的中心部位，受环状断裂制约，呈弧形或半圆形展布，与围岩均呈侵入接触关系。

三、火山构造演化阶段

大致划分为三个阶段：火山爆发与塌陷阶段、火山岩浆复活阶段和火山后期侵入阶段。

火山爆发与塌陷阶段：该阶段喷发了大量的火山碎屑，主体为安山质凝灰岩。喷发之后，沿环状断裂发生塌陷。

火山岩浆复活阶段：停息之后，破火山口内在静压回跳火山作用下，再次活动，主要为近火山口的安山质角砾凝灰岩、英安质角砾凝灰岩、玄武岩、玄武质凝灰岩、粗面岩、粗安岩、集块岩等，造成小规模的熔岩上侵形成火山锥，并再次产生环形断裂。

火山后期侵入阶段：在火山口范围内主要沿着环状断裂及管道内有闪长玢岩、花岗斑岩等超浅成相岩体的侵入，以及石英斑岩、霏细斑岩等次火山岩的侵出。

下部旋回地层遭受蚀变及破坏较强。总的看来地壳又向活动性方向发展，仍以中基性熔岩及中酸性火山碎屑岩为主，但粒度较粗，熔岩增多，趋向于酸性喷发，后期出现陆源碎屑沉积。

上部旋回地层与下部旋回地层比较，后者以近火山口为主。初期有少量玄武岩溢流，后期有石英钠长斑岩及流纹岩溢流；爆发相沉积中，火山角砾岩、凝灰岩较多，有少量集块岩。

四、火山构造演化与矿产的关系

火山活动过程中热、水体系循环阶段的矿产由火山作用产生的火山热液、热能及海水加入后形成的地热体系经过反复的循环，使成矿元素不断地活化迁移、富集沉淀，在中基性熔岩带（火山颈）、火山机构内的层间滑动破碎带、挤压破碎带内就位成矿，按照蚀变分带形成了先铁后锌的矿产分布格局（锌矿化体分布于铁矿体的边部）。

据1∶5万航空磁测结果，敦德铁锌矿、智博铁矿、查岗诺尔铁矿均处于高背景下的高磁异常区内。其中敦德铁锌矿位于1∶5万航磁 C－2007－374 磁异常处，ΔT 极大值为1000nT。异常带明显，呈长椭圆形，异常值高，与地表铁矿床所处位置吻合。中国地质科学院矿产资源研究所段士刚副研究员等人最近在矿区周围调研时发现了指示火山喷发的标志——火山弹，暗示敦德铁锌矿床矽卡岩的形成与火山喷发有密切的关系，预示着本区存在火山机构，且与铁锌矿的形成有着极为密切的关系。

第三节　艾肯达坂古火山机构

该火山机构位于查汗乌苏河东至智博铁矿西侧，控制着西北缘查岗诺尔铁矿的形成，火山机构中心地理坐标：东经 84°54′39″、北纬 43°20′27″。在平面上大致呈北西－南东的椭圆状，面积约 100km² （图 4－3－1）。该古火山机构内主要为大哈拉军山组火山地层，早期以中性含细角砾凝灰岩、晶屑凝灰岩夹基—中性熔岩为主；晚期以碳酸盐岩沉积为主夹少量火山灰凝灰岩。在查汗乌苏谷地两侧查岗诺尔矿区主要由灰绿色－暗绿色安山质晶屑凝灰岩、安山质晶屑岩屑凝灰岩、安山质含细角砾晶屑凝灰岩和基—中性熔岩等组成；在查岗诺尔矿区中部、北部，由浅灰色层状安山质晶屑凝灰岩、安山质火山灰凝灰岩组成。在火山机构塌陷的外侧，岩性主要由绿色、灰绿色安山质（角砾）凝灰岩、角砾凝灰岩、安山岩等组成。

该古火山机构主要由火山口相、近火山口相、火山颈相、潜火山岩相组成（图 4－2－1）。火山口相岩石主要为火山碎屑岩与熔岩，亦具环状分布特征。据火山碎屑岩和熔岩的产状观察，火山喷发物主要向火山口内部倾斜。两翼基本对称，产状较缓，向内倾，倾角为 15°~25°；近火山口相喷发物基本上呈环状展布，主要由火山碎屑岩、角砾岩、熔岩组成，大致相当于大哈拉军山组的第三亚组。

下部韵律由机构早期的喷溢－爆发相组成，由下而上，为含角砾凝灰岩→凝灰质角砾岩→玄武安山岩；中部韵律由中期的爆发－喷溢相组成，由下而上，为安山质凝灰岩→安山岩；上部韵律由晚期的爆发－喷溢相组成，由下而上，为英安质凝灰岩→英安质角砾凝灰岩→英安岩；火山颈相经历剥蚀后，上部可见集块角砾岩、集块岩等，在空间上由于次

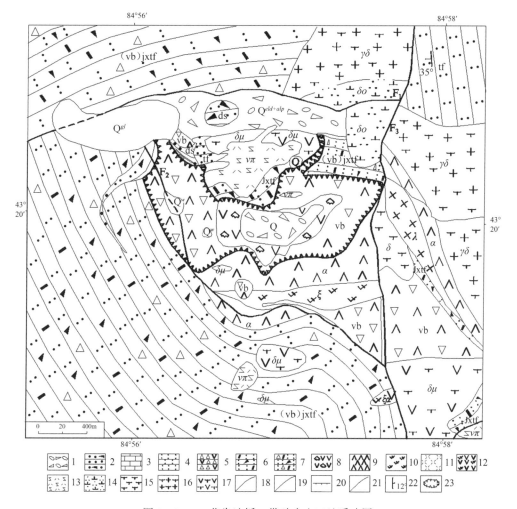

图 4 - 3 - 1　艾肯达坂一带破火山口地质略图

1—岩块碎屑（Q—第四系）；2—岩屑砂岩（ds）；3—灰岩；4—凝灰岩；5—安山质火山角砾岩（vb）；
6—晶屑岩屑凝灰岩（Jxtf）；7—角砾晶屑岩屑凝灰岩（（vb）Jxtf）；8—安山质集块岩（la）；9—安山岩（α）；
10—英安岩（ζ）；11—流纹岩（λ）；12—英安质安山岩（ζα）；13—霏细斑岩（νπ）；14—石英闪长岩（δo）；
15—闪长岩（δ）；16—花岗闪长岩（γδ）；17—闪长玢岩（δπ）；18—地层界线；19—涌动界线；20—正断层；
21—性质不明断层；22—地层产状；23—推测火山喷发中心

$Q^{eld+alp}$—第四纪冰川；Q^{ω}—第四纪湖；Q^{gl}—第四纪冰川堆积物

火山岩的侵出及凝灰质砂岩、粉砂岩的分布，火山颈相特征观测不明显；潜火山岩相主要分布于火山机构的中心部位，受环状断裂制约，呈弧形或半圆形展布，与围岩均呈侵入接触关系。其中可见闪长玢岩、花岗斑岩等超浅成相的岩体呈岩脉、岩株沿环形断裂带分布，与两侧的火山角砾岩、集块角砾岩、集块岩等呈侵入接触关系。石英斑岩、霏细斑岩等次火山岩沿火山颈相分布，呈岩株状产出。

　　该古火山机构的北侧为尼勒克断裂，西侧为夏尔萨拉火山构造，东部与智博东南火山机构相接壤，总体上呈环形分布。破火山口内发育环状断裂，其次是放射状断裂。在外侧，环状断裂发育在查汗乌苏河的西及北侧，呈切割的深沟半环状展布。断裂向内倾，倾角为 50°～80°；在内侧，作为坳（断）陷边界，均呈环形分布，其中外环断裂向内倾，倾角为 80°，断裂外侧为环形山峰，内侧为坳（断）陷盆地，内环断裂以发育闪长玢岩、花岗斑岩为特征，在地貌特征上变化不大。

该火山机构大致划分为火山爆发与塌陷、沉积、火山岩浆复活、后期侵入四个阶段，火山喷发以中心式活动为主。第一阶段：喷发了大量的火山碎屑，主体为安山质凝灰岩，喷发之后，沿环状断裂发生塌陷；第二阶段：火山活动处于间歇状态，在火山洼地中形成了湖相堆积，主要沉积了一套凝灰质砂岩、粉砂岩及少量页岩；第三阶段——可能就是铁矿浆就位成矿时期：火山活动间歇阶段，破火山口内在静压回跳火山作用下，再次活动，主要为近火山口的凝灰质角砾岩、集块岩等，并造成小规模的塌陷，并再次产生环形断裂；第四阶段：在火山口范围内主要沿着环状断裂及管道内有闪长玢岩、花岗斑岩等超浅成相岩体的侵入，以及石英斑岩、霏细斑岩等次火山岩的侵出。

第四节　铁木尔塔斯古火山机构

该火山机构位于区域中南部铁木尔塔斯地区。火山机构中心地理坐标，东经 83°38′28″、北纬 43°31′35″。主火山机构范围：东西长度为 8km，南北宽度为 3km（图 4-4-1）。自火山机构中部向外火山岩岩石类型依次为潜安山玢岩→潜英安斑岩→层安山质火山角砾岩→安山岩→层安山质晶屑凝灰岩→层英安质火山角砾岩→层英安质晶屑凝灰岩→潜辉绿玢岩，火山岩相为火山颈相（潜火山岩相）→爆发相→溢流相→喷发相→喷发沉积相→潜火山岩相。火山作用为晚石炭世火山作用旋回第一亚旋回，区域第二期火山作用组成部分，岩石地层为上石炭统伊什基里克组一段。

该火山机构火山岩由火山熔岩类、火山碎屑岩类和潜火山岩类组成。火山熔岩类由安山岩和流纹岩组成；火山碎屑岩类主要由层安山质集块岩、层安山质火山角砾岩、层安山质岩屑晶屑凝灰岩和流纹质凝灰岩组成；潜火山岩类由潜辉绿玢岩、潜安山玢岩、潜英安斑岩和潜石英斑岩组成。火山岩相由侵出相（潜火山岩相）、水下火山熔岩（喷发相）－喷溢相－溢流相、水下火山碎屑流涌流堆积相－喷发相、水下火山碎屑流灰云涌流堆积相－喷发沉积相组成。

该区火山岩由基性岩、中性岩和酸性岩组成，岩石微量元素的平均含量与同类火山岩的维氏值对比，Sr、Rb、Ba 含量略高；Cu、Ni、Co、V 含量略低；其余组分含量接近一致。岩石微量元素含量特征参数平均值：$w(K)/w(Sr)$ 为 1631，$w(Rb)/w(Sr)$ 为 9.59，$w(Ba)/w(Sr)$ 为 46.1。地球化学参数为：Rb——标准离差（S）为 63×10^{-6}，变异系数（CV）为 44；Sr——标准离差（S）为 16×10^{-6}，变异系数（CV）为 80，成分演化规律性不明显；反映了火山岩浆物质的多种来源和岩浆熔融作用的多样性。

火山作用大地构造环境为区域收缩变形体制，裂陷海槽环境，受近东西向基底断裂控制，属裂隙式→上叠型层状火山机构。火山作用早期，形成火山喷发－热水沉积赤铁矿矿床（块状氧化物型）→含铜黄铁矿矿床（块状硫化物型）－式可布台型赤铁矿矿床。火山作用晚期，火山作用强度减弱，转化为火山口塌陷，伴随发育的内倾张性断裂裂隙，火山作用期后含金富硫化物硅质热液沿裂隙上升充填，形成含金硅化角砾岩带呈近东西向展布——阿尔玛勒含金硅化蚀变角砾岩带。火山作用时代为晚石炭世早期。

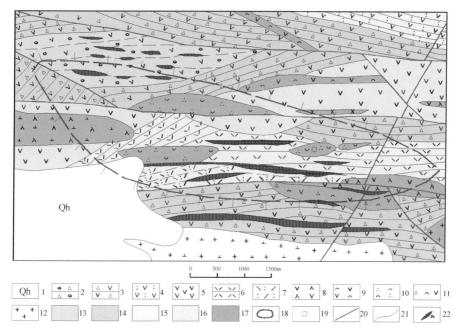

图 4 - 4 - 1 铁木尔塔斯古火山机构地质略图

(据新疆地质矿产勘查开发局第二区域地质调查大队，2005)

1—第四系全新统；2—层安山质集块岩；3—层安山质火山角砾岩；4—安山质凝灰岩；5—安山岩；
6—流纹岩；7—流纹质凝灰岩；8—潜安山玢岩；9—潜英安斑岩；10—潜石英斑岩；11—潜角砾英安斑岩；
12—花岗岩；13—爆发相；14—喷发相；15—喷发沉积相；16—喷溢相；17—潜火山岩相；
18—裂隙式线状火山机构；19—火山通道；20—断裂；21—岩相岩性界线；22—矿体

第五节 则克台萨依古火山机构

　　位于式可布台 – 松湖铁矿群西部地区则克台萨依与恰哈萨依交汇部位，火山机构中心地理坐标，东经 83°18′08″、北纬 43°36′08″。主火山机构范围为东西长 6km，南北宽 4km。自内向外岩石类型依次为潜安山玢岩→潜英安斑岩→层安山质火山角砾岩→安山岩→层安山质晶屑凝灰岩→板状安山质晶屑火山尘凝灰岩，火山岩相为火山颈相（潜火山岩相）→喷发相→溢流相→喷发沉积相。火山作用为晚石炭世火山作用旋回第二亚旋回；岩石地层为上石炭统伊什基里克组二段。其上部为下 – 中二叠统乌朗组火山岩，以角度不整合接触覆盖（图 4 – 5 – 1）。

　　该火山机构火山岩由火山熔岩类、火山碎屑岩类和潜火山岩类组成。其火山熔岩类由辉石安山岩、黑云安山岩和石英安山岩组成；火山碎屑岩类主要由层安山质集块岩、层安山质火山角砾岩和层安山质岩屑晶屑凝灰岩组成；潜火山岩类由潜安山玢岩和潜英安斑岩组成。

　　该火山机构火山岩相由侵出相（潜火山岩相）、水下火山熔岩（喷发相） – 喷溢相 – 溢流相、水下火山碎屑流涌流堆积相 – 喷发相、水下火山碎屑流灰云涌流堆积相 – 喷发沉积相组成。

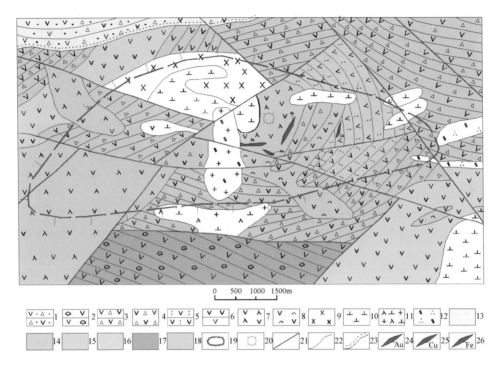

图 4-5-1　则克台萨依古火山机构地质略图

(据新疆地质矿产勘查开发局第二区域地质调查大队，2005)

1—沉安山质火山角砾岩；2—层安山质集块岩；3—层安山质火山角砾岩；4—安山质火山角砾岩；
5—层安山质凝灰岩；6—安山岩；7—潜安山玢岩；8—潜英安斑岩；9—辉长岩；10—闪长岩；
11—花岗闪长玢岩；12—石英二长斑岩；13—爆发沉积相；14—喷发相；15—喷发沉积相；
16—喷溢相；17—爆发相；18—潜火山岩相；19—裂隙式线状火山机构；20—火山通道；21—断裂；
22—岩相岩性界线；23—不整合界线；24—金矿体；25—铜矿体；26—铁矿体

火山作用大地构造环境为区域收缩变形构造体制，裂陷海槽构造环境，受近东西向基底断裂与次级近南北向断裂交汇部位控制。为裂隙式→中心式上叠型层状火山机构，属铁木里克–阿克塔斯带状裂隙式火山机构的组成部分。火山作用晚期，火山作用强度减弱，转化为火山口塌陷，伴随发育的内倾张性断裂裂隙，火山作用期后含铜金富硫化物硅质热液沿裂隙上升充填，形成含铜金硅化角砾岩带呈近南北向展布。火山作用时代为晚石炭世早期。

第六节　巴依图马古火山机构

该古火山机构位于晚古生代时期形成的火山盆地内，火山机构中心地理坐标，东经83°06′41″、北纬43°38′14″。出露地层较为简单，为单一的上石炭统伊什基里克组，主要由一套中酸性火山熔岩及其碎屑岩组成，其间夹少量浅海相细碎屑岩和碳酸盐岩透镜体。岩性主要为安山玢岩、英安斑岩、粗面岩、流纹岩、霏细斑岩、凝灰质钙质粉砂岩、火山灰凝灰岩、流纹质凝灰岩夹火山角砾岩、绢云母石英片岩及灰岩透镜体。地层总体呈东西走向，局部产状复杂。其中的铁木里克铁矿、巴依图马富钴黄铁矿床、巴依图马铁矿成矿作用与该古火山机构密切相关。晚石炭世在巴依图马附近发育巨型火山机体，其中的火山穹窿构造、火山通道构造、坍陷破火山口构造等各类火山构造均有发育。在地表环形断裂构造、辐射状断裂构造较为明显（图4-6-1）。

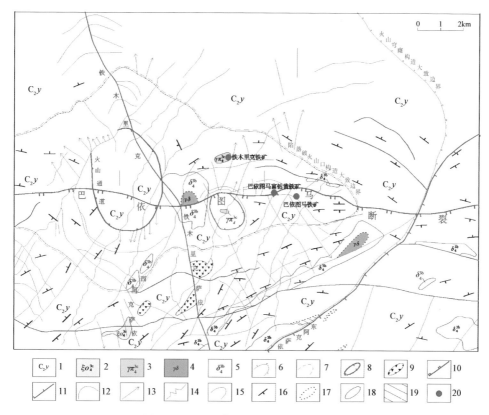

图4-6-1 巴依图马火山机构地质略图

（据新疆地质矿产勘查开发局第六地质大队，2003）

1—上石炭统伊什基里克组；2—石英正长岩；3—花岗岩；4—花岗斑岩；5—闪长岩；6—火山穹窿构造边界；
7—陷落破火山口构造边界；8—中心相火山通道构造；9—隐爆角砾岩构造；10—深断裂；11—大断裂；
12—弧形断裂和环形断裂；13—辐射状断裂；14—北东向张扭性断裂；15—残留火山穹窿构造轴部；
16—岩层倾向；17—岩相界线；18—岩体界线；19—灰岩；20—铁矿点

　　在巴依图马地区以东西向断裂为主，其他各方向断裂均较发育，众多各方向断裂交织成较复杂的网格状构造格局。

　　巴依图马晚石炭世火山穹窿构造的长轴位置处在巴依图马深断裂通过的地带，走向近东西向。该火山穹窿是区域巨型火山穹窿构造的一小部分，处于巨型火山穹窿构造东段的核部。大量的岩浆岩侵位于其轴部及其两侧；核部遭断裂的破坏较两翼强烈，见少量保存不完整小型褶皱构造；北翼产状较南翼平缓。

　　该火山机构火山岩相由喷溢相-爆发相、侵出相和火山管道相组成。喷溢相-爆发相构成了该区火山岩的主体，以喷溢相为主，爆发相次之，岩性以酸性火山岩为主；侵出相由肉红色石英斑岩、霏细斑岩构成，其自碎角砾岩发育；火山通道构造分布于巴依察勒巴依萨依断裂与巴依图马深断裂交汇处的南侧，面形态呈似椭圆形，周边有环形断裂环绕，长轴走向为北西向，长约 1650m，短轴走向为北西向，长约 1400m，出露面积为 2.3km²，其中岩性主要为花岗斑岩，残留有少量不规则状火山碎屑岩顶盖，是该火山通道构造原有的充填物。该火山通道构造对巴依图马黄铁矿矿床的成矿控制作用明显，构造外围成矿的深度相对较浅，内部则相对较深。

火山作用大地构造环境为区域收缩变形构造体制，大陆活动边缘构造环境，受近东西向基底断裂与次级近南北向断裂交汇部位控制。为裂隙式→中心式上叠型层状火山机构，属铁木里克－阿克塔斯带状裂隙式火山机构的组成部分。火山作用早期以酸性熔浆喷溢为主，间有小规模的爆发，晚期以岩浆侵入、侵出为主，反映火山活动强度中等。早期火山作用对铁矿形成的控制作用明显，晚期与火山及岩浆热液有关的含金属硫化物的硅质热液活动相对增强。火山作用时代为晚石炭世早期。

第七节　小　结

火山机构是火山作用形成的重要空间表现形式，是控制成矿作用的重要因素，包括提供成矿热液运移通道与容矿空间等，决定了火山岩型矿产的空间形态与垂向分带性（叶天竺等，2010）。

阿吾拉勒研究区火山喷发带位于伊犁－中天山地块北缘阿吾拉勒山地区（图 4-7-1），位于前南华纪结晶基底之上，以成铁为特征。其主要受喀什河断裂、那拉提北缘断裂及其次级断裂控制，呈北西－南东向展布，长约 250km，宽 10~30km，主要由备战、敦德、艾肯达坂、查岗诺尔、铁木尔塔斯、则克台萨依、巴依图马等古火山机构组成，且其中火山机构沿北西－南东向线形串珠状排列。区内广泛发育逆冲走滑断层，说明火山构造遭到后期构造的破坏严重，原始火山面貌较难恢复。

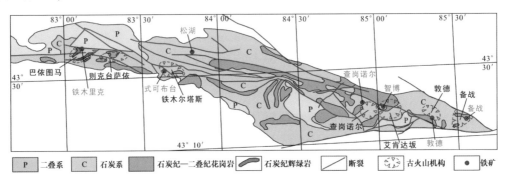

图 4-7-1　阿吾拉勒火山喷发带火山机构分布图

阿吾拉勒火山喷发带自东向西火山喷发强度由强变弱，岩石组合由中基性火山熔岩逐渐过渡为火山碎屑沉积岩夹火山熔岩建造，东段铁矿成矿以块状磁铁矿为主，西段以层状、似层状赤铁矿为主。研究区东段备战—查岗诺尔一带火山活动以强烈的中心式火山喷发为主，其火山岩相以爆发相、溢流相、火山通道相为主；西段松湖—铁木里克一带以裂隙式喷发为主，火山岩相以喷发－沉积相、潜火山岩相为主，且受断裂控制，总体上呈长条状展布，沿裂隙溢流形成北西－南东向大面积火山碎屑沉积岩台地。

李大鹏等（2013）获得带内备战铁矿区流纹岩年龄为（316.1±2.2）Ma，汪帮耀等（2011a）获得带内查岗诺尔矿区火山岩的年龄为（321.2±2.3）Ma，蒋宗胜等（2012a）获得带内智博矿区英安岩年龄为（300.3±1.1）Ma，朱永峰等（2005）获得带内拉尔敦达坂北坡粗面安山岩年龄为312.7Ma。说明带内火山活动发生在320~300Ma。研究区火山岩石地球化学特征表明，火山岩属钙碱性系列，富集轻稀土元素，相对亏损重稀土元素，富集大离子亲石元素Cs、Rb、Th、U，亏损高场强元素，具有明显的Nb、Ta、Ti负异常，显示出岛弧火山岩特征。综合伊犁－中天山北缘的构造演化特征，认为区内大哈拉军山组火山岩形成于活动大陆边缘环境，产在板块俯冲－碰撞后阶段。

第五章　典型铁矿床特征

阿吾拉勒铁矿带是新疆西天山成矿带内一个主要的成矿区段。近年来在该铁矿带内相继发现了近十处大中型铁矿，相关的铁矿成矿理论和找矿模型研究受到国内外地质科学工作者的广泛关注。

备战铁矿、敦德铁矿、智博铁矿、查岗诺尔铁矿和松湖铁矿及式可布台铁矿是阿吾拉勒铁矿带中有代表性的典型铁矿床（图5-0-1）。近三年来项目组人员系统收集并研究了这六个铁矿床的相关资料，初步总结了新疆西天山阿吾拉勒铁矿带典型矿床的主要特征。

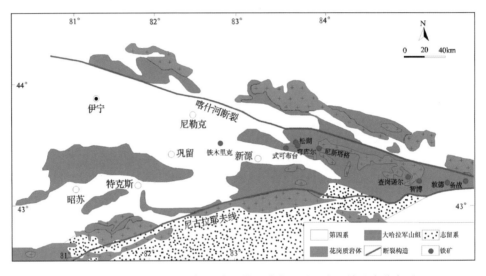

图5-0-1　西天山阿吾拉勒铁矿带区域位置图和大型铁矿床分布图

第一节　备　战　铁　矿

备战铁矿位于新疆巴音郭楞蒙古自治州和静县西北，距离县城约130km，矿区中心地理坐标为东经85°33′25″、北纬43°15′00″。目前探明铁矿资源储量已达大型规模❶。

一、矿区地质特征

1. 地层

备战矿区出露地层主要为下石炭统大哈拉军山组的火山-沉积岩建造和第四系冰川坡积物（图5-1-1）。

---

❶　资料来源：新疆维吾尔自治区地质矿产勘查开发局第十一地质大队内部资料.

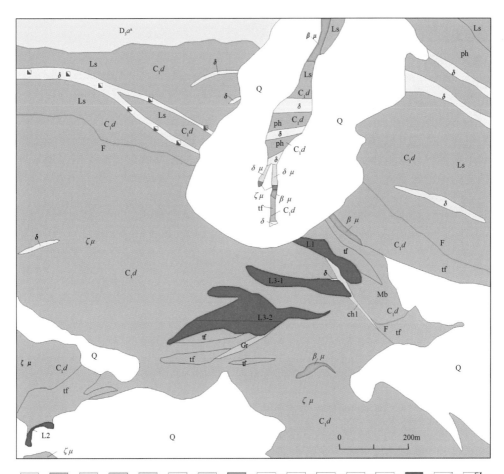

图 5 - 1 - 1　阿吾拉勒铁矿带备战铁矿床地质图

（据新疆维吾尔自治区地质调查院，2005；新疆维吾尔自治区地质矿产勘查开发局第十一地质大队，2008，有修改）
1—第四纪坡积物；2—下石炭统大哈拉军山组火山岩；3—上泥盆统艾尔肯组灰岩夹火山岩；4—透辉石（石榴子石）矽卡岩；
5—绿泥石岩；6—闪长岩；7—闪长玢岩；8—辉绿玢岩；9—英安斑岩；10—凝灰岩；11—灰岩；12—大理岩；
13—页岩/千枚岩；14—矿体位置及编号；15—断裂；16—地质界线

（1）下石炭统大哈拉军山组（C_1d）

矿区出露地层主要为大哈拉军山组二段，岩性为一套以滨海相中基性火山熔岩为主，次为酸性火山熔岩夹少量火山碎屑岩、正常沉积岩的岩石组合，地表可控制的厚度约700m。根据《敦德郭勒幅》1:5万区域地质调查报告，该套火山岩的形成时代为早石炭世。根据岩性的不同，本套火山岩地层自下而上大致分为3个亚段：

一亚段（C_1d^{2a}）：主要分布在矿区的南北两侧，大体呈东西走向。此段是大哈拉军山组的下部地层，与上覆地层为整合接触。本亚段在向斜两翼的岩性特征有些差别，北部主要为灰绿色的玄武质（晶屑）凝灰岩夹安山岩，南侧以凝灰岩夹火山角砾岩为主。具体表现为：

向斜北翼的本亚段主要由玄武质凝灰岩、安山岩及少量大理岩和灰岩组成，厚度约

180m，近东西走向，倾向南，倾角50°～80°。本组多有辉绿岩脉和闪长岩脉侵入。岩性由新到老为：

二亚段（$C_1 d^{2b}$）

大理岩	35.65m
灰绿色玄武质凝灰岩夹安山岩	148.15m

未见底

向斜南翼因为被第四系冰川坡积物严重覆盖，本亚段出露较少，主要由安山岩、凝灰岩及蚀变的火山岩组成，厚约800m，走向240°，倾向北，倾角80°。岩性由新到老为：

二亚段（$C_1 d^{2b}$）

紫红色火山角砾岩	17.32m
绿帘石化凝灰岩	224.22m
矽卡岩化凝灰岩	89.87m
紫红色火山角砾岩	51.82m
灰绿色安山岩	170.99m
浅灰白色硅化安山岩	239.35m
浅灰绿色安山岩	19.32m

未见底

二亚段（$C_1 d^{2b}$）：在向斜南北两翼均有出露。南翼出露于矿区中部，厚度约530m，近东西向展布，向东逐渐减薄，呈西宽东窄、西厚东薄的特征，倾向北，倾角变化较大，50°～80°不等。向斜北翼出露于矿区中部偏北，厚度较大，西窄东宽，走向70°左右，倾向南。褶曲断裂较为发育，岩性主要为灰岩、凝灰岩、白云岩和大理岩。与上覆三亚段总体呈整合接触，局部为断层接触，与下伏一亚段呈整合接触。岩性由新到老为：

三亚段（$C_1 d^{2c}$）

灰岩	43.66m
白云质灰岩	87.05m
白云岩	50.62m
硅质灰岩	35.54m
页岩夹粉砂岩	105.13m
薄层状灰岩	22.54m
条带状灰岩夹硅化白云岩	81.54m
白云质灰岩	5.07m
大理岩化灰岩	102.80m

一亚段（$C_1 d^{2a}$）

三亚段（$C_1 d^{2c}$）：出露于矿区中部，位于向斜核部，出露厚度约250m，走向近东西；下部为深灰色薄层板状千枚岩，上部主要由钙质页岩、碳质页岩、泥岩、白云岩和灰岩组成，出露较为连续。本段褶皱构造极为发育。PC－D剖面中所见岩性由新到老为：

未见顶

碳质页岩	29.17m
砂岩	48.65m
千枚岩	176.07m

二段（C_1d^{2b}）

（2）第四系

由于平均海拔在3500m以上，备战矿区的第四系冰川坡积物覆盖极为严重，范围较大（图5-1-1）。主要包括一些冲积洪积物，坡积残积物，雪山及现代冰川和冰川坡积物。

2. 构造

矿区内的主要构造有褶皱构造和断裂构造。北西部泥盆系为推覆构造形成的飞来峰构造。

（1）褶皱

矿区褶皱主要为一处复杂的复式向斜，它是夏格孜达坂向斜北翼的次级褶皱，轴面近于直立，总体轴向280°左右，褶皱的主要地层为大哈拉军山组火山岩地层。向斜北翼地层与泥盆系艾尔肯组呈不整合接触，走向约280°，产状变化较大，倾角多集中于70°～80°，以北倾居多。相比之下，南翼的地层产状较稳定，北倾，倾角约为80°。

（2）断裂

断裂构造是岩浆、成矿流（熔）体上侵、运移的通道，而由断裂活动形成的破碎带是成矿物质堆集的重要场所，在很大程度上决定着矿体的形态、产状和空间位置。备战矿区断裂构造较发育，据新疆地质矿产勘查开发局第十一地质大队调研，本区的断裂多为压扭性断层，受第四纪冰川坡积物影响，多被覆盖。

3. 侵入岩

矿区内出露的侵入岩主要有花岗岩，多沿区域构造线方向分布于大哈拉军山组中，形成时代为早石炭世晚期。另有一些辉绿岩和闪长岩呈岩脉分布在大哈拉军山组中或穿过花岗岩岩体，形成时代为晚二叠世。矿区次火山岩－英安斑岩发育。

（1）花岗岩（γ）

主要出露于矿区南部冰川附近，呈脉状或岩枝状产出。侵入于大哈拉军山组火山岩之中，局部相变为花岗闪长岩和二长花岗岩。花岗岩中见有角闪石岩包体，表明其母岩浆可能为中基性岩浆演化而来（王玉往等，2000；常兆山等，2000；马旭等，2009）。

本区的花岗岩一般为浅肉红色－灰白色，呈花岗结构，块状构造。岩石主要由钾长石、斜长石、石英等组成。钾长石与斜长石含量大致相当，板条状，粒径1.3～3.2mm，含量约20%～30%；石英呈半自形粒状，粒径1.5～3mm，含量约30%～40%。

（2）辉绿岩脉（$\beta\mu$）

为后期主要岩脉，多侵入、穿插于大哈拉军山组火山岩中，也有少量产于南部花岗岩岩体内，多呈脉状。岩脉规模一般宽3～10m，长30～50m，大者宽50～100m，长500～

700m。矿体附近的岩脉对矿体有一定破坏作用，表明其形成于成矿后期。

岩石主要呈灰绿色，辉绿结构，块状构造。主要由板条状斜长石及粒状辉石组成。辉石大多蚀变为阳起石、绿帘石、绿泥石等。局部斜长石已钠长石化。

（3）闪长岩脉（δ）

闪长岩脉一般侵入于下石炭统中，规模较小，数量少，其时代晚于辉绿岩脉。岩石呈浅灰色，细—中粒结构，主要由普通角闪石及斜长石组成，粒径一般 0.5 ~ 1mm，局部斜长石斑晶较多，长轴 1.5 ~ 3mm，含量约 20% ~ 30%。

（4）英安斑岩（$\zeta\mu$）

矿区次火山岩发育，主要为英安斑岩，分布于矿区中部，东西长约 1000m，南北宽 300 ~ 400m，常与大理岩、凝灰岩发生接触交代作用，形成矽卡岩。推测形成与火山管道有关。

岩石主要呈浅灰白色，斑状结构，块状构造，主要由斜长石、石英等组成。斑晶含量约占 20%，成分为微斜长石，板条状，粒径 1.3 ~ 3.2mm，少量石英斑晶。基质为细粒半自形粒状结构，主要由斜长石组成，暗色矿物数量较少且被绿泥石、绿帘石替代。

4. 矿区磁异常特征

矿区存在一个规模较大的磁异常呈哑铃状近东西向展布，位于火山机构中部，长 >1000m，宽 200m，2000nT 等值线未圈闭，0 线矿体处异常峰值达 39576nT。

由于矿区内残坡积及冲积物覆盖较厚，基岩露头差，地表矿体难以圈连。根据磁异常强度大，梯度陡，异常连续性好，走向近东西向与地表产状基本一致等特征分析，以 12000nT 为矿体下限，可圈出长 410m，宽 120 ~ 200m 的一个磁异常体，矿体产于该异常内。

二、矿床地质特征

1. 矿体

备战矿区的主要矿体为 L3 号矿体。该矿体走向近东西，倾角 40° ~ 80° 不等，倾向北，大体表现出上陡下缓的产出模式（图 5 - 1 - 2）。矿体呈侵入状与大哈拉军山组火山岩地层接触，接触面较为截然，其顶底板的火山岩多发生绿帘石化、石榴子石化和硅化等蚀变。

L3 号矿体总长度约 700m，平均厚度 62m，最大厚度 140m。根据新疆地质矿产勘查开发局第十一地质大队的磁异常资料，矿体所在区域磁异常较强，异常梯度变化较快，连续性好，异常走向与地表产状基本一致，表现为近东西向。根据地球化学分析结果，本矿体 TFe 品位最低 20%，最高为 70%，平均品位 41.23%，全矿体品位变化系数为 23.37%❶，矿化较为连续，品位较稳定，随深度的增加逐步变富。

2. 矿石

（1）矿石结构

铁矿石主要为自形—半自形的粒状变晶结构。磁铁矿一般呈微细浸染状分布于磁铁矿矿石中，占 20% ~ 70%。磁铁矿粒径一般为 0.01 ~ 1mm，个别大的磁铁矿斑晶粒径可达

---

❶ 资料来源：新疆维吾尔自治区地质矿产勘查开发局. 2011. 第十一地质大队内部资料.

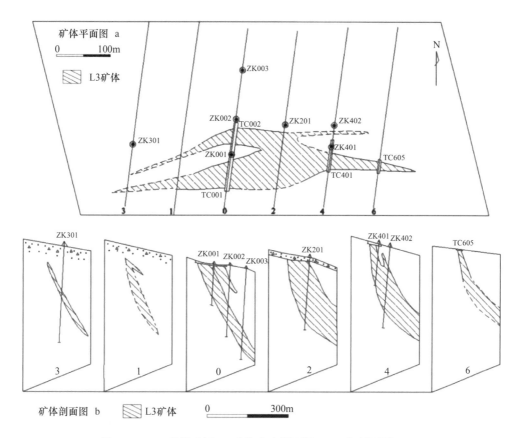

图 5 - 1 - 2 备战矿区 L3 矿体产出平面图 (a) 和剖面图 (b)

(据新疆维吾尔自治区地质矿产勘查开发局第十一地质大队, 2011)

数毫米甚至数十毫米。矿石中的硫化物主要为黄铁矿、磁黄铁矿和黄铜矿, 它们一般产于主矿体与火山岩接触带内的铁矿体或者蚀变火山岩中, 呈浸染状、团块状或脉状产出。这些硫化物普遍粒度较小, 多为 0.01 ~ 0.05mm 之间, 呈他形或者半自形结构产出。

(2) 矿石构造

根据品位和矿物组合的不同, 可大致分为: 致密块状构造、浸染状构造、细脉状构造和角砾状构造四类, 分别采自备战矿区 1 - 4 号采样点 (图 5 - 1 - 3)。

1) 致密块状构造矿石 (图 5 - 1 - 4a, 采样点: 图 5 - 1 - 3)。这类矿石普遍品位较高, 局部见气孔状构造被后期方解石填充, 为岩 (矿) 浆阶段形成的铁矿体, 是备战矿区主要的矿石类型, TFe 品位多 > 50%, 个别可达 70% ~ 80%, 矿石主要以磁铁矿为主 (50% ~ 60%), 还有少量的透辉石 (0% ~ 20%) 及其他硅酸盐矿物均匀分布于磁铁矿之间;

2) 浸染状构造 (图 5 - 1 - 4b, 采样点: 图 5 - 1 - 3)。这类矿石是热液成矿阶段的产物, 其主要发育于靠近火山围岩的边部矿体中, 磁铁矿、赤铁矿和黄铁矿呈浸染状分布;

3) 细脉状构造 (图 5 - 1 - 4c, 采样点: 图 5 - 1 - 3)。主要为磁铁矿化、赤铁矿化的绿帘石化石榴子石矽卡岩, 磁铁矿主要呈细脉浸染状、团块状分布于矽卡岩中;

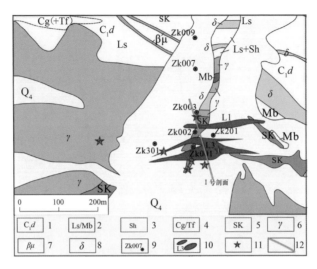

图 5 - 1 - 3　备战矿区主要样品采样点位置图

（据新疆地质矿产勘查开发局第十一地质大队，2011）

1—下石炭统大哈拉军山组火山岩；2—灰岩/大理岩；3—页岩/千枚岩；4—砾岩/凝灰岩；

5—透辉石（石榴子石）矽卡岩；6—花岗岩；7—辉绿岩；8—闪长岩；9—钻孔位置及编号；

10—矿体位置及编号；11—采样位置及编号；12—I 号剖面位置

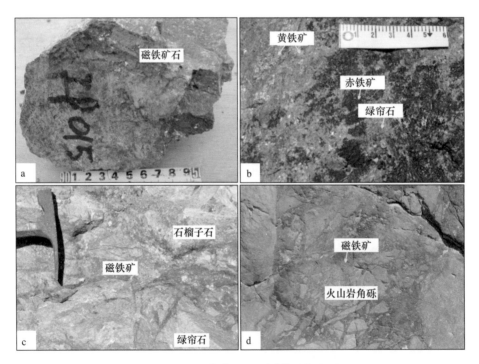

图 5 - 1 - 4　备战矿区不同类型的矿石

a—致密块状的铁矿石，主要由磁铁矿构成，透辉石等硅酸盐矿物与磁铁矿共生；

b—浸染状的铁矿石，主要由磁铁矿、赤铁矿、绿帘石和黄铁矿组成，磁铁矿和赤铁矿多呈浸染状分布其中；

c—细脉状构造的矿石，矿石矿物主要有磁铁矿、赤铁矿和黄铁矿，呈脉状、团块状穿插于绿帘石化的石榴子石矽卡岩中；

d—角砾状构造的矿石，角砾主要为火山岩，角砾边部多蚀变，磁铁矿以胶结物的形式充填于火山岩角砾间

4）角砾状构造（图 5 – 1 – 4d，采样点：图 5 – 1 – 3）。矿石矿物主要为磁铁矿，呈胶结物填充于火山角砾岩之间，矿石品位较低（0%～15%），这种矿石的形成可能与富矿岩浆上侵时的隐爆作用有关。

（3）矿石矿物组合

主要的矿石矿物为磁铁矿和赤铁矿。其他伴生的金属矿物主要有黄铁矿、磁黄铁矿和黄铜矿。脉石矿物主要有石榴子石、透辉石、绿帘石及少量的阳起石、透闪石和方解石等。不同构造的矿石，其矿石矿物组合有差异。

1）致密块状构造的矿石：矿石矿物以较为自形的磁铁矿为主（＞50%），脉石矿物主要为透辉石（0%～20%）和透闪石等矿物；

2）浸染状构造的矿石：矿石矿物主要有赤铁矿、磁铁矿和黄铁矿，以赤铁矿为主，其含量可达 30%以上，磁铁矿和黄铁矿为伴生矿物，一般含量 5%～15%，局部可达 25%以上。脉石矿物主要为绿帘石和透辉石，绿帘石为大小不等的粒状或柱状组成，呈集合体状出现，透辉石呈短柱状或柱状，多聚集成团块状或与钙铁榴石构成细脉状、条带状分布；

3）细脉状构造的矿石：矿石矿物主要为呈细脉浸染状分布的磁铁矿、赤铁矿、黄铁矿和黄铜矿，脉石矿物主要为绿帘石、石榴子石、透辉石及方解石；

4）角砾状构造的矿石：矿石矿物主要为沿火山岩角砾间隙、呈脉状发育的磁铁矿，磁铁矿多呈半自形—他形结构。脉石矿物主要为火山岩或蚀变火山岩中的硅酸盐矿物。

3. 围岩蚀变

（1）蚀变类型

蚀变以硅化和绿帘石化、石榴子石化为主。硅化（图 5 – 1 – 3）主要发育于 L3 矿体的下盘，表现为灰白色，致密块状结构，主要由石英（70%）和长石（20%）组成，SiO_2 含量 58%～78%。绿帘石化（图 5 – 1 – 3）主要分布于 L3 矿体的上盘与火山岩地层的接触带附近，主要由绿帘石、石榴子石、透辉石及方解石（矽卡岩）组成。

（2）蚀变矿化分带

A. 水平矿化/蚀变分带特征

图 5 – 1 – 5 为由南向北穿过 L3 主矿体的水平剖面（剖面位置见图 5 – 1 – 3），水平方向的矿化/蚀变分带为：强硅化的火山岩→硅化的粗面玄武岩→硅化、绿帘石化的玄武质火山岩→绿帘石化黄铁矿化的玄武质火山岩→强硅化蚀变岩→黄铁矿化、赤铁矿化的磁铁矿矿体→致密块状磁铁矿矿体→黄铁矿化、绿帘石化的磁铁矿矿体→黄铁矿化、绿帘石化的玄武质火山岩→绿帘石化、硅化的玄武质火山岩→绿帘石化的石榴子石矽卡岩→粗面玄武岩。

B. 垂向矿化/蚀变分带特征

垂向上表现出与水平剖面相似的特征，矿体主要发育于玄武质的火山岩中，靠近矿体的火山岩多发生绿帘石化和石榴子石化等蚀变，蚀变带内有呈浸染状、脉状的磁铁矿化、赤铁矿化、黄铁矿化和黄铜矿化现象。

4. 成矿期次

在野外地质调研的基础上，结合详细的岩相学观察（图 5 – 1 – 6），根据各种地质体

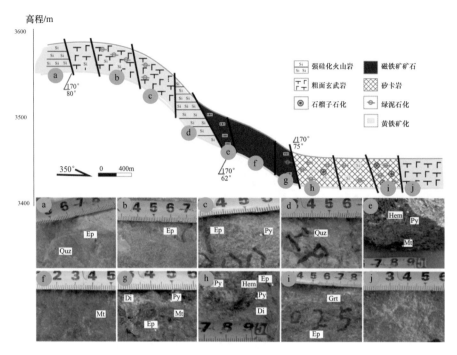

图 5 - 1 - 5　备战矿区实测 I 号剖面图及手标本照片

a—强硅化的火山岩，灰白色，致密块状构造，粒状结构，局部有绿帘石脉发育；b—硅化、绿帘石化的粗面玄武岩；c—绿帘石化、黄铁矿化的粗面玄武岩；d—强硅化的火山岩；e—硫化物和赤铁矿较为发育的矿体，赤铁矿多呈浸染状分布；f—致密块状磁铁矿矿石；g—透辉石化、黄铁矿化、绿帘石化的磁铁矿矿体；h—发育有脉状黄铁矿和赤铁矿的绿帘石化火山岩；i—绿帘石化的石榴子石矽卡岩；j—粗面玄武岩

Quz—石英；Hem—赤铁矿；Mt—磁铁矿；Py—黄铁矿；Grt—石榴子石；Di—透辉石；Ep—绿帘石

相互穿插关系和矿物组合特征可将备战铁矿划分为岩（矿）浆成矿期和热液成矿期，其中热液成矿期进一步划分为氧化物阶段、硫化物阶段和碳酸盐阶段（表 5 - 1 - 1）。

（1）岩（矿）浆成矿期

此阶段是备战铁矿重要的成矿期，是由经过熔离作用形成的富铁岩浆，随区域构造活动，侵入到大哈拉军山组的火山岩中，参与成矿作用。本阶段还形成一部分透辉石（矽卡岩）与磁铁矿密切共生。该阶段的主要地质表现为：

①致密块状的铁矿体与火山岩围岩接触截然，接触面多呈港湾状；②局部可见角砾状火山岩，各角砾之间呈可拼合状，胶结物主要为磁铁矿（图 5 - 1 - 6d），这种现象可能是由于铁矿浆上升侵位的隐爆作用形成的。

（2）热液成矿期

由于火山活动和其他硅酸岩浆的侵入，使得与围岩接触部分的火山岩发生以石榴子石化、绿帘石化、硅化、绿泥石化为主的蚀变作用和磁铁矿化、赤铁矿化、黄铁矿化及黄铜矿化的矿化作用。该阶段可具体分为氧化物阶段、硫化物阶段和碳酸盐阶段。

A. 氧化物阶段：此阶段温度相对较高，形成大量的石榴子石和透辉石（图 5 - 1 - 6f）。之后，石榴子石多受热液蚀变影响（图 5 - 1 - 6f），部分已被绿帘石所交代（图 5 - 1 - 6g），同时产生阳起石化和绿泥石化蚀变，并形成脉状、浸染状的磁铁矿、赤铁矿发育于绿帘石化的火山岩（图 5 - 1 - 6a，图 5 - 1 - 7b）中，磁铁矿多与绿帘石共生（图 5 - 1 - 6a）。

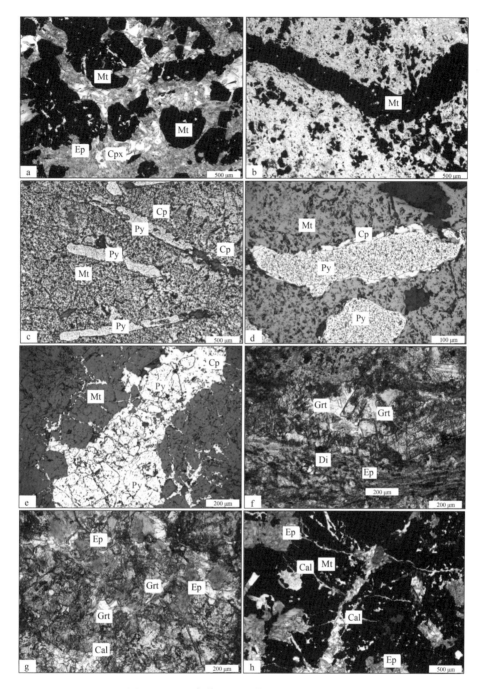

图 5 - 1 - 6　备战矿区矿化、蚀变的显微特征

a—浸染状的磁铁矿矿石，磁铁矿呈半自形到他形与绿帘石微晶共生（单偏光）；b—热液成矿阶段在蚀变火山岩中穿插的磁铁矿脉（单偏光）；c—致密块状磁铁矿中有硫化物脉穿插（反射光）；d—磁铁矿中的硫化物，黄铁矿包裹于黄铜矿中（反射光）；e—磁铁矿中的黄铁矿脉，并且黄铁矿脉被后期的黄铜矿脉穿插（反射光）；f—石榴子石受热液影响边部发生蚀变（单偏光）；g—后期的绿帘石交代石榴子石（单偏光）；h—方解石脉穿插于磁铁矿与绿帘石中（单偏光）

Mt—磁铁矿；Py—黄铁矿；Cpx—辉石；Cal—方解石；Grt—石榴子石；Di—透辉石；Ep—绿帘石

该阶段的主要地质表现为：①与致密块状的铁矿体相邻的火山岩围岩多发生以石榴子石化和透辉石化为主的蚀变；②蚀变的火山岩中有呈浸染状、脉状发育的磁铁矿和赤铁矿。

表 5 - 1 - 1　备战铁矿成矿期次及矿物生成顺序

矿　物	岩（矿）浆成矿期	热液成矿期		
	矿浆成矿阶段	氧化物阶段	硫化物阶段	碳酸盐阶段
石榴子石		▬▬		
透辉石	▬▬	▬▬		
绿帘石		▬▬		
阳起石		▬▬		
绿泥石		▬▬		
磁铁矿	▬▬	▬▬▬▬		
赤铁矿		▬▬		
石　英			▬▬▬	
黄铁矿			▬▬	
黄铜矿			▬	
方解石				▬▬▬

B. 硫化物阶段：此阶段主要发生黄铁矿化、黄铜矿化等矿化现象，并伴有较强烈的硅化。硫化物多以脉状形式穿插于氧化物阶段形成的磁铁矿中（图 5 - 1 - 6c）。从黄铁矿和黄铜矿的包裹关系来看，黄铜矿要晚于黄铁矿形成（图 5 - 1 - 6d，图 5 - 1 - 6e）。

C. 碳酸盐阶段：一般在成矿期之后，主要形成脉状和团块状的方解石（图 5 - 1 - 6h）。

三、矿床矿物特征

在备战矿区中，磁铁矿与蚀变矿物辉石紧密共生（图 5 - 1 - 7a，图 5 - 1 - 7b）。为了研究辉石与成矿作用的关系，列出了备战矿区内与磁铁矿密切共生的溶蚀状、港湾状辉石（透辉石；图 5 - 1 - 7a，图 5 - 1 - 7b）的矿物学数据，测试结果列于表 5 - 1 - 2。由表 5 - 1 - 2可见，矿石中辉石富 SiO_2（54.67% ~ 56.67%）、CaO（24.33% ~ 24.93%）和 MgO（17.33% ~ 18.15%），贫 $Fe_2O_3^T$（0.42% ~ 1.65%）、Al_2O_3（0.00% ~ 0.66%）和 TiO_2（0.00% ~ 0.11%）。这反映了在成矿过程中，熔体中的铁可能更多地参与了磁铁矿晶体的析出，而造成与矿石共生的辉石 Si、Ca、Mg 的富集和 Fe、Al、Ti 的缺失。

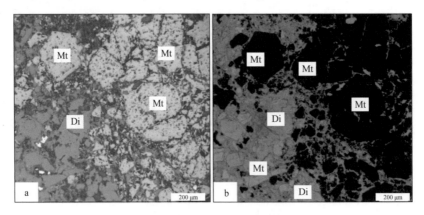

图 5 - 1 - 7　溶蚀状的透辉石与磁铁矿密切共生

a—反射光；b—透射光、单偏光

Mt—磁铁矿；Di—透辉石

表 5 - 1 - 2　备战铁矿床中与磁铁矿共生的辉石的化学组成　　　单位:%

氧化物 （元素）	备战矿区与磁铁矿共生的辉石					
	IP013 - 2 - 6	IP013 - 2 - 7	IP013 - 2 - 8	IP013 - 2 - 9	IP013 - 1 - 5	IP013 - 1 - 6
SiO_2	55.21	55.6	54.67	54.83	55.31	56.67
TiO_2	0.02	0	0.11	0.1	0.01	0
Al_2O_3	0.66	0.24	0	0.42	0.4	0.05
$Fe_2O_3^T$	1.16	1.65	0.59	1.2	0.8	0.42
MnO	0	0.31	0.1	0.23	0.09	0.04
MgO	17.63	17.33	17.46	17.59	17.82	18.15
K_2O	0	0	0.27	0.27	0.03	0.02
Na_2O	0.14	0.34	2.32	1.09	0.7	0.03
CaO	24.93	24.33	24.35	24.44	24.62	24.91
Total	99.76	99.8	99.89	100.2	99.13	100.3
Wo	49.33	48.20	45.66	47.08	49.06	49.28
En	48.55	47.78	45.56	47.16	49.42	49.96
Fs	1.62	2.80	0.91	1.96	1.27	0.65
Ac	0.50	1.22	7.87	3.80	0.25	0.11

注：$Fe_2O_3^T$为全铁含量；测试时间：2012 年 2 月；测试单位：中国地质大学（北京）。

四、矿床地球化学特征

项目组对备战铁矿床开展了详细的矿床地球化学研究，包括同位素年代学、主量元素地球化学、微量元素地球化学、稀土元素地球化学和同位素地球化学研究。

1. 年代学

矿区分布的下石炭统大哈拉军山组是主要赋矿地层，为了准确厘定区内大哈拉军山组火山岩的成岩时代，课题组选取备战矿区火山岩（流纹岩）中的锆石单矿物进行了 LA - ICP - MS 锆石 U - Pb 测年。

光学显微镜及 CL 图像（图 5 - 1 - 8）表明，所挑选锆石晶形较完好，主要呈四方双锥状、长柱状、板柱状，个别为短柱状。透射光下为无色或浅黄色，晶体轮廓清晰，晶面多数光滑，部分锆石颗粒发育裂隙。

对 IP028 锆石样品共进行了 20 个点的分析（表 5 - 1 - 3），锆石 Th 和 U 含量分别为 $75.61 \times 10^{-6} \sim 1033 \times 10^{-6}$ 和 $117 \times 10^{-6} \sim 927 \times 10^{-6}$，二者为正相关关系；除个别点外，Th/U 值普遍集中在 0.5 ~ 0.9 之间，加之锆石多具典型的岩浆振荡环带结构，指示了其为典型的岩浆锆石。20 个分析点的 $^{206}Pb/^{238}U$ 表面年龄在 310 ~ 318Ma，误差较小，并且在 U - Pb 谐和线上构成较为一致的年龄组，其加权值为（316.1 ± 2.2）Ma，MSWD = 0.19（图 5 - 1 - 9）。

稀土元素和微量元素特征包含有大量的岩浆源区的重要信息，对研究和认识岩石的母岩浆深部作用过程具有良好的指示意义。本次对锆石进行了原位激光剥蚀微量元素分析（表 5 - 1 - 4）。

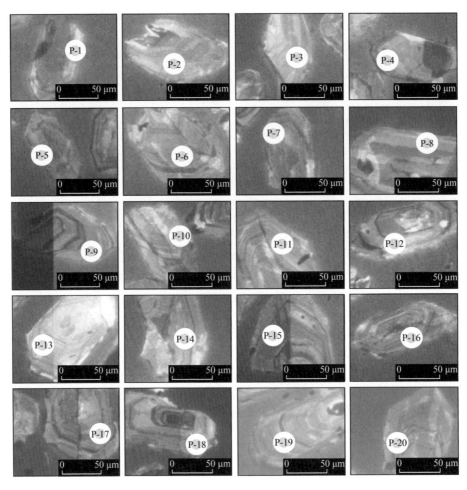

图 5 - 1 - 8　火山岩锆石的阴极发光（CL）图像

表 5 - 1 - 3　锆石 LA - ICP - MS U - Pb 年代学测试结果

序号	^{232}Th	^{238}U	Th/U	同位素比值						同位素年龄					
				^{207}Pb/^{206}Pb		^{207}Pb/^{235}U		^{206}Pb/^{238}U		^{207}Pb/^{206}Pb		^{207}Pb/^{235}U		^{206}Pb/^{238}U	
				比值	1σ	比值	1σ	比值	1σ	$\dfrac{年龄}{Ma}$	1σ	$\dfrac{年龄}{Ma}$	1σ	$\dfrac{年龄}{Ma}$	1σ
1	146.2	238	0.62	0.0529	0.0017	0.3690	0.0116	0.0506	0.0008	325	44	319	9	318	5
2	182.1	212	0.86	0.0527	0.0018	0.3667	0.0126	0.0505	0.0008	316	50	317	9	317	5
3	157.2	355	0.44	0.0527	0.0016	0.3654	0.0115	0.0503	0.0008	315	44	316	9	316	5
4	217.9	283	0.77	0.0535	0.0022	0.3633	0.0150	0.0492	0.0008	350	64	315	11	310	5
5	193.3	259	0.75	0.0526	0.0018	0.3657	0.0123	0.0504	0.0008	311	48	316	9	317	5
6	75.61	117	0.65	0.0527	0.0025	0.3666	0.0172	0.0504	0.0009	315	76	317	13	317	5
7	124.9	208	0.6	0.0528	0.0020	0.3672	0.0139	0.0504	0.0008	320	56	318	10	317	5

序号	^{232}Th	^{238}U	Th/U	同位素比值						同位素年龄					
				^{207}Pb/^{206}Pb		^{207}Pb/^{235}U		^{206}Pb/^{238}U		^{207}Pb/^{206}Pb		^{207}Pb/^{235}U		^{206}Pb/^{238}U	
				比值	1σ	比值	1σ	比值	1σ	年龄 Ma	1σ	年龄 Ma	1σ	年龄 Ma	1σ
8	107.2	217	0.49	0.0543	0.0027	0.3706	0.0182	0.0495	0.0008	384	81	320	13	311	5
9	336.3	472	0.71	0.0527	0.0014	0.3654	0.0102	0.0503	0.0008	317	37	316	8	316	5
10	102.5	157	0.65	0.0555	0.0033	0.3873	0.0230	0.0506	0.0009	433	102	332	17	318	5
11	1033	927	1.11	0.0541	0.0014	0.3767	0.0102	0.0505	0.0007	376	35	325	8	317	5
12	101.4	154	0.66	0.0527	0.0023	0.3663	0.0157	0.0504	0.0008	315	68	317	12	317	5
13	241.1	344	0.7	0.0559	0.0019	0.3881	0.0133	0.0503	0.0008	450	49	333	10	316	5
14	244.4	353	0.69	0.0526	0.0018	0.3648	0.0126	0.0503	0.0008	312	50	316	9	316	5
15	118.7	211	0.56	0.0525	0.0020	0.3653	0.0136	0.0504	0.0008	308	55	316	10	317	5
16	192.3	325	0.59	0.0530	0.0018	0.3692	0.0127	0.0505	0.0008	328	49	319	9	318	5
17	184.9	252	0.73	0.0529	0.0021	0.3670	0.0146	0.0503	0.0008	323	61	317	11	317	5
18	103.2	187	0.55	0.0567	0.0028	0.3944	0.0194	0.0504	0.0008	481	80	338	14	317	5
19	217.6	309	0.7	0.0553	0.0018	0.3846	0.0128	0.0505	0.0008	422	47	330	9	317	5
20	162	259	0.62	0.0528	0.0020	0.3619	0.0140	0.0497	0.0008	321	58	314	10	313	5

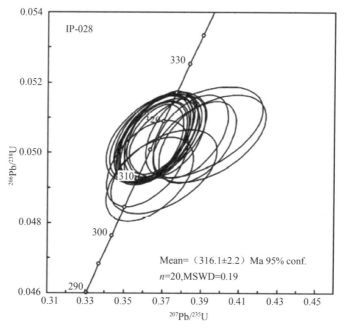

图 5 - 1 - 9　火山岩锆石 U - Pb 谐和线

表 5 - 1 - 4　阿吾拉勒铁矿矿带备战矿区流纹岩锆石微量元素 LA - ICP - MS 分析结果

单位: 10^{-6}

元素	La	Ce	Pr	Nd	Sm	Eu	Gd	Tb	Dy	Ho	Er	Tm	Yb	Lu	Hf	U	Th	Y	Nb	Ta
IP028 - 01	1.6	14.74	0.454	2.85	2.6	0.465	11.68	5.1	66.83	28.98	144.45	38.12	451.79	96.4395	10010.2	237.52	146.23	867.92	1.68	0.905
IP028 - 02	4.67	23.77	1.42	7.8	4.73	0.801	17.85	6.97	91.3	36.26	167.27	42.19	476.94	95.729	9735.76	211.65	182.08	1043.65	1.82	0.933
IP028 - 03	0.066	10.25	0.064	0.87	2.5	0.51	14.44	6.18	83.59	35.73	171.7	44.95	533.67	112.3315	9988.15	354.55	157.22	1017.11	1.62	0.923
IP028 - 04	0.411	18.34	0.126	1.78	3.02	0.63	18.79	7.82	103.26	43.94	206.86	52.32	613.83	130.5725	10237.69	282.88	217.9	1298.09	2.24	1.069
IP028 - 05	37.8	86.93	9.92	47.35	13.42	1.53	27.34	9.03	108.49	43.05	203.53	50.5	584.73	123.2935	9709.65	258.69	193.31	1287.99	1.59	0.924
IP028 - 06	8.61	28.02	2.96	16.24	6.06	0.917	17.79	6.5	79.55	32.34	142.63	35.74	408.03	82.621	9025.57	116.72	75.61	893.11	1.36	0.786
IP028 - 07	1.3	13.27	0.452	2.6	2.22	0.494	9.98	4.48	59.13	25.42	123.18	32.67	387.58	81.374	10067.26	208.01	124.93	731.36	1.55	0.844
IP028 - 08	0.096	8.01	0.067	0.63	1.41	0.272	6.83	2.82	40.58	18.19	91.47	25.21	328.24	71.717	10211.56	217.2	107.2	552.85	1.15	0.646
IP028 - 09	2.11	21.06	0.644	4.3	3.2	0.759	16.69	6.84	88.79	37.89	179.89	47	574.13	120.408	9518.88	471.65	336.29	1134.24	2.89	1.25
IP028 - 10	27.24	65.4	8.46	42.98	12.92	1.36	23.15	7.11	80.7	32.46	145.84	36.4	417.38	85.9125	9694.5	157.02	102.51	949.08	1.52	0.682
IP028 - 11	0.224	38.41	0.381	6.94	15.19	3.79	67.92	25.45	305.59	119.8	543.38	134.96	1526.77	319.725	7541.29	927.33	1032.7	3423.33	4.89	1.69
IP028 - 12	0.605	21.18	0.33	5.62	10.15	2.82	42.97	15.03	173.52	65.81	288.92	69.52	738.35	157.8325	10277.8	199.06	296.43	1861.54	1.8	0.772
IP028 - 13	0.074	8.43	0.08	1.28	2.93	0.733	15.81	6.29	79.3	31.06	140.61	34.64	389.03	76.328	9031.98	154.3	101.42	899.32	1.15	0.664
IP028 - 14	0.0547	14.25	0.074	0.86	2.9	0.635	17.71	7.4	101.46	42.62	208.55	56.04	667.8	139.6205	9824.28	343.96	241.09	1249.7	2.26	1.08
IP028 - 15	0.073	16.62	0.071	1.08	3.1	0.741	16.13	6.36	85.99	35.89	172.85	44.3	526.19	110.4755	9009.11	353.29	244.36	1050.8	2.4	1.017
IP028 - 16	0.169	10.84	0.086	1.07	2.25	0.532	13.32	5.6	77.18	35.89	185.04	47	512.37	142.5205	13192.52	264.98	192.56	1069.9	1.69	0.852
IP028 - 17	0.05	8.11	0.037	0.72	1.7	0.5	10.94	4.65	61.83	26.72	128.65	35.04	437.7	93.1335	9745.29	210.97	118.65	792.06	1.041	0.587
IP028 - 18	6.7	23.48	1.96	9.63	3.46	0.556	11.61	4.39	57.73	24.84	126.33	34.9	446.55	97.0775	9310.19	325.43	192.25	791.27	1.79	0.793
IP028 - 19	0.048	11.02	0.034	0.82	1.93	0.455	10.18	4.54	57.94	25.1	126.99	34.14	427.84	91.3065	9387.5	308.38	187.33	768.5	3.04	0.854
IP028 - 20	4.48	50.34	1.39	7.59	5.85	1.2	30.16	11.4	140.61	57.92	275.24	70.21	842.16	188.1375	8524.62	1060.03	1039.35	1717.48	6.09	2.1
IP028 - 22	0.152	12	0.118	1.7	4.21	0.89	21.13	8.58	109.37	44.61	209.54	53.25	631.34	127.513	9391.51	251.79	184.89	1313.35	1.43	0.75
IP028 - 23	19.85	47.37	5.21	24.71	6.61	0.97	13.85	4.9	58.81	24.73	118.35	31.04	380.31	80.3445	9840.27	187.34	103.23	715.7	1.36	0.73
IP028 - 24	0.603	15.64	0.213	1.69	2.71	0.597	14.54	6.1	80.37	34.36	164.52	43.46	537.41	106.198	9588.14	308.76	217.55	988.88	2.11	1.032
IP028 - 25	0.815	14.41	0.168	1.75	3.23	0.514	13.82	6.03	77.78	34.23	163.43	42.53	510.39	106.691	9597.11	259.28	161.96	973.08	2.16	1.05
平均	4.91	24.25	1.45	8.04	4.93	0.94	19.36	7.48	94.57	39.08	184.55	47.34	556.27	118.22	9685.87	319.62	248.21	1141.26	2.11	0.96

样品号	ΣREE	w(LREE)	w(HREE)	w(LREE)/w(HREE)	w(La)$_N$/w(Yb)$_N$	δEu	δCe
IP028-01	866.10	22.71	843.39	0.03	0.00	0.22	4.18
IP028-02	977.70	43.19	934.51	0.05	0.01	0.23	2.24
IP028-03	1016.85	14.26	1002.59	0.01	0.00	0.20	35.18
IP028-04	1201.70	24.31	1177.39	0.02	0.00	0.20	19.58
IP028-05	1346.91	196.95	1149.96	0.17	0.05	0.24	1.08
IP028-06	868.01	62.81	805.20	0.08	0.02	0.25	1.36
IP028-07	744.15	20.34	723.81	0.03	0.00	0.27	4.23
IP028-08	595.54	10.49	585.06	0.02	0.00	0.22	23.58
IP028-09	1103.71	32.07	1071.64	0.03	0.00	0.26	4.39
IP028-10	987.31	158.36	828.95	0.19	0.05	0.24	1.05
IP028-11	3108.53	64.94	3043.60	0.02	0.00	0.30	25.33
IP028-12	1592.66	40.71	1551.95	0.03	0.00	0.35	11.49
IP028-13	786.60	13.53	773.07	0.02	0.00	0.26	23.87
IP028-14	1259.97	18.77	1241.20	0.02	0.00	0.21	46.12
IP028-15	1019.87	21.69	998.19	0.02	0.00	0.26	51.46
IP028-16	1033.87	14.95	1018.92	0.01	0.00	0.23	21.89
IP028-17	809.78	11.12	798.66	0.01	0.00	0.27	44.14
IP028-18	849.21	45.79	803.43	0.06	0.01	0.24	1.57
IP028-19	792.34	14.31	778.04	0.02	0.00	0.25	64.26
IP028-20	1686.69	70.85	1615.84	0.04	0.00	0.22	4.91
IP028-22	1224.40	19.07	1205.33	0.02	0.00	0.24	20.82
IP028-23	817.05	104.72	712.33	0.15	0.04	0.30	1.12
IP028-24	1008.41	21.45	986.96	0.02	0.00	0.23	10.68
IP028-25	975.79	20.89	954.90	0.02	0.00	0.20	9.04
平均	1111.38	44.51	1066.87			0.25	18.06

锆石稀土元素总量较高，平均为 1110×10^{-6}，微量元素中（平均含量）Y 为 1140×10^{-6}，Th 为 250×10^{-6}，U 为 320×10^{-6}，Hf 为 9700×10^{-6}，在稀土元素球粒陨石标准化配分型式图（图 5 – 1 – 10）中，锆石表现为轻稀土亏损，重稀土富集的左倾分配模式，并表现出正 Ce（δCe 平均为 18.6）和负 Eu（δEu 平均为 0.25）异常的特征，以上稀土元素地球化学特征暗示了此锆石应结晶于下地壳（Hoskin et al.，2000）。

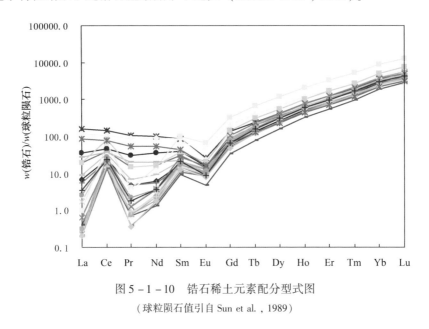

图 5 – 1 – 10　锆石稀土元素配分型式图

（球粒陨石值引自 Sun et al.，1989）

2. 主量元素

分别对备战矿区的火山岩、侵入岩、蚀变围岩和矿石的主量元素进行了测试分析。

备战矿区的火山岩主量元素测试结果列于表 5 – 1 – 5，火山岩的 TAS 分类图（图 5 – 1 – 11）表明，备战矿区的岩浆岩主要为玄武岩、粗面玄武岩、玄武质粗安岩、粗安岩和流纹岩。

玄武岩（和粗面玄武岩）的 SiO_2 和 TiO_2 的含量分别在 49.25% ~ 53.38% 和 0.85% ~ 1.83% 之间，全碱 Alk 值为 3.68 ~ 5.63，$w(MgO)$（4.99% ~ 9.13%）和 $Mg^{\#}$（46.68 ~ 57.08，$Mg^{\#} = 100 \times Mg^{2+}/(Mg^{2+} + Fe^{2+})$）的变化范围较大，这反映了岩浆可能经历了一定程度的结晶分异作用。玄武质粗安岩（和粗安岩）的 SiO_2 含量为 54.17% ~ 58.21%，其中粗安岩中 SiO_2 含量相对较高，为 58.21%；二者的 TiO_2 和 P_2O_5 的含量分别为 1.11% ~ 1.26% 和 0.31% ~ 0.46% 之间，全碱 Alk 值为 5.95 ~ 6.38，粗安岩略高，$w(MgO)$ 和 $Mg^{\#}$ 分别为 2.59% ~ 4.53% 和 38.09 ~ 51.83。流纹岩具有较高的 SiO_2 含量，为 73.11%，TiO_2 和 P_2O_5 的含量分别为 0.28% 和 0.06%，Alk 值为 6.96，$w(MgO)$ 和 $Mg^{\#}$ 分别为 0.49% 和 45.51。

表 5 – 1 – 6 为备战矿区花岗岩的主微量元素组成。

表 5-1-5 备战矿区火山岩的主量元素分析结果

单位:%

岩性	D	B	A	G	A	A	B	C
SiO_2	58.21	53.38	51.62	73.11	50.5	49.25	51.01	54.17
TiO_2	1.26	1.28	0.85	0.28	1.6	1.63	1.83	1.11
Al_2O_3	17	16.3	13.68	13.41	15.42	15.49	14.63	15.62
FeO	3.25	4.4	5.3	0.45	5.1	4.45	4.7	3.25
Fe_2O_3	2.95	1.84	2.22	0.96	1.97	1.68	1.99	1.84
MnO	0.07	0.12	0.11	0.02	0.1	0.08	0.09	0.14
MgO	2.59	4.99	9.13	0.49	7.47	6.76	5.71	4.53
CaO	5.62	9.23	10.28	2.77	8.43	11	10.25	11.34
Na_2O	4.89	3.34	2.86	2.81	3.85	3.65	3.52	3.24
K_2O	1.49	2.29	0.82	4.15	1.12	1	2.02	2.71
P_2O_5	0.46	0.49	0.17	0.06	0.42	0.43	0.53	0.31
LOI	1.82	1.79	2.32	1.43	3.41	4.02	3.13	1.36
Total	99.61	99.45	99.36	99.94	99.39	99.44	99.41	99.62
Alk	6.38	5.63	3.68	6.96	4.97	4.65	5.54	5.95
$Mg^\#$	38.09	46.68	57.08	45.51	53.06	53.97	48.39	51.83

注:岩石类型为 A 为玄武岩;B 为粗面玄武岩;C 为玄武质粗安岩;D 为粗安岩;G 为流纹岩。

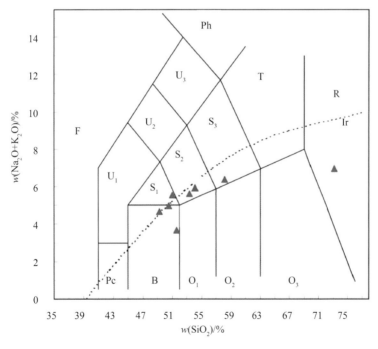

图 5-1-11 备战矿区火山岩 TAS 图解

F—副长岩;Pc—苦橄玄武岩;U_1—玄武岩/碧玄岩;U_2—响岩质玄武岩;U_3—碱玄质响岩;

Ph—响岩;B—玄武岩;S_1—粗面玄武岩;S_2—玄武质粗面安山岩;S_3—粗面安山岩;

T—粗面岩/粗面英安岩;O_1—玄武安山岩;O_2—安山岩;O_3—英安岩;R—流纹岩;Ir—碱性、亚碱性界限

表 5-1-6 备战矿区花岗岩主量元素、微量元素测试结果

样号	SiO$_2$	TiO$_2$	Al$_2$O$_3$	Fe$_2$O$_3$	FeO	MnO	MgO	CaO	Na$_2$O	K$_2$O	P$_2$O$_5$	LOI	Total	Mg$^\#$	La	Ce	Pr	Nd	Sm	Eu	Gd	Tb
BZ-004	77.06	0.14	12.14	0.89	0.45	0.03	0.15	0.51	3.61	4.78	0.02	0.1	99.88	20.46	53	102	12.5	43	7.79	0.32	6.55	1.33
BZ-008	75.5	0.24	12.66	1.15	0.5	0.03	0.24	0.72	3.83	4.66	0.04	0.28	99.85	27.03	41.7	83.2	10	35.5	6.83	0.67	5.45	1.1
ZK9-24	75.89	0.2	12.4	0.64	0.3	0.02	0.22	0.95	3.22	5.22	0.03	0.86	99.95	36.15	53.9	109	13.3	43.1	7.31	0.6	5.47	0.86
ZK9-25	73.89	0.23	13.27	0.9	0.6	0.03	0.29	1.17	4.08	4.45	0.05	0.97	99.93	27.17	40.2	82.8	10	34.7	6.8	0.84	5.14	1.08

样号	Dy	Ho	Er	Tm	Yb	Lu	Y	ΣREE	w(LREE)	w(HREE)	w(LREE)/w(HREE)	$w(\text{La})_N/w(\text{Yb})_N$	δEu	δCe	Li	Be	Sc	V	Cr	Co	Ni	Cu
BZ-004	7.61	1.73	4.9	0.97	5.93	1.04	49.6	248.67	218.61	30.06	7.27	6.41	0.13	0.94	3.07	4.77	2.36	4.73	1.52	0.58	0.81	4.96
BZ-008	5.77	1.35	4.18	0.71	4.63	0.76	36.6	201.85	177.9	23.95	7.43	6.46	0.32	0.97	2.73	4.86	3.34	11.7	1.31	1.25	1.38	6.23
ZK9-24	4.4	0.9	2.8	0.41	2.78	0.55	23.2	245.38	227.21	18.17	12.5	13.91	0.28	0.97	2.23	2.02	2.05	8.04	1.37	1.94	1.06	7.69
ZK9-25	6.09	1.38	4.23	0.62	4.73	0.73	35.9	199.34	175.34	24	7.31	6.1	0.42	0.98	2.04	2.86	3.09	10.4	2.21	1.37	1.91	9.25

样号	Zn	Ga	Rb	Sr	Y	Zr	Nb	Mo	Cd	In	Sb	Cs	Ba	Hf	Ta	W	Re	Tl	Pb	Bi	Th	U
BZ-004	26.2	16.3	187	20.3	49.6	175	17.7	0.53	0.02	0.06	0.82	3.17	72	6.65	1.54	0.47	0	0.51	13.5	0.04	2.86	3.7
BZ-008	24.1	14.9	126	74.4	36.6	126	17.9	0.52	0.01	0.05	0.31	1.84	290	5.51	1.87	0.63	—	0.31	12.2	0.04	5.8	8.12
ZK-24	30.2	14.5	134	115	23.2	60.3	11.8	2.6	0.18	0.03	0.27	1.57	327	2.05	0.66	1.2	0	0.48	13.8	0.06	3.9	4.58
ZK-25	38.3	14.9	137	113	35.9	106	16	3.88	0.15	0.08	0.66	1.8	412	4.18	1.21	0.94	0	0.56	18.2	0.13	5.8	4.48

注：主量元素含量单位为%；微量元素含量单位为 10^{-6}。

岩浆岩 TAS 分类图（图 5 – 1 – 12）表明，带内的花岗岩为亚碱性花岗岩。备战矿区出露的花岗岩普遍富硅，SiO_2 含量为 73.89% ~ 75.89%，TiO_2 的含量为 0.14% ~ 0.24%，Al_2O_3 的含量为 12.14% ~ 13.27%，全碱 Alk 值相对较低，为 2.68 ~ 5.54，$w(MgO)$（0.15% ~ 0.29%）和 $Mg^\#$（20.46 ~ 36.15，$Mg^\# = 100 \times Mg^{2+}/(Mg^{2+} + Fe^{2+})$）的变化范围相对较大，这反映了岩浆可能经历了一定程度的结晶分异作用。

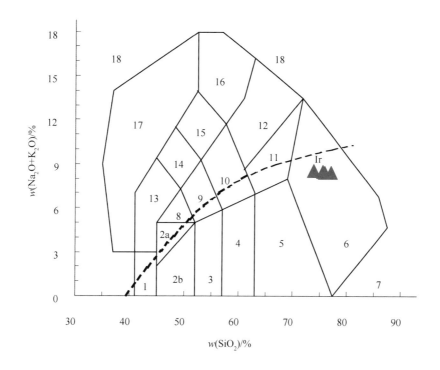

图 5 – 1 – 12　岩浆岩全碱 – 硅（TAS）分类

Ir—Irvine 分界线，上方为碱性，下方为亚碱性；1—橄榄辉长岩；2a—碱性辉长岩；2b—亚碱性辉长岩；
3—辉长闪长岩；4—闪长岩；5—花岗闪长岩；6—花岗岩；7—硅英岩；8—二长辉长岩；9—二长闪长岩；
10—二长岩；11—石英二长岩；12—正长岩；13—副长石辉长岩；14—副长石二长闪长岩；
15—副长石二长正长岩；16—副长石正长岩；17—副长石深成岩；18—霓方钠岩/磷霞岩/粗白榴岩

备战矿区蚀变火山岩的主量元素测试结果列于表 5 – 1 – 7。

备战矿区硅化火山岩表现为 SiO_2 的含量较高，为 58.06% ~ 78.96%，其他的元素组成分别为 $w(TiO_2)$ 0.10% ~ 0.25%、$w(Al_2O_3)$ 11.22% ~ 18.00%、$w(Fe_2O_3)$ 0.31% ~ 5.7%、$w(FeO)$ 0.15% ~ 0.30%、$w(CaO)$ 0.88% ~ 11.91%、$w(Na_2O)$ 0.90% ~ 3.85%、$w(K_2O)$ 1.06% ~ 6.43%，MnO 和 MgO 含量较低，分别为 0.01% ~ 0.05% 和 0.04% ~ 0.25%。

矽卡岩化火山岩表现为高 Al_2O_3（11.08% ~ 17.04%）的特点，其他主要元素组成分别为：$w(SiO_2)$ 39.82% ~ 58.08%、$w(Fe_2O_3)$ 1.52% ~ 10.30%、$w(FeO)$ 1.75% ~ 5.95%、$w(MgO)$ 2.25% ~ 6.83%、$w(CaO)$ 7.86% ~ 22.62%。

表 5－1－7　备战矿区蚀变围岩主量元素分析结果　　　　单位:%

名称	硅化火山岩				矽卡岩化火山岩					
样品号	IP－001	IP－012	ZK009－21	ZK009－23	BZ－001	IP－004	IP－005	IP－019	IP－025	ZK009－02
SiO_2	76.09	71.52	78.96	58.06	42.21	58.08	44.86	42.38	39.82	42.36
TiO_2	0.14	0.25	0.1	0.25	0.23	1.38	0.79	0.7	0.49	1.1
Al_2O_3	12.5	13.44	11.22	18	17.04	15.02	12.25	11.08	17.01	14.99
Fe_2O_3	0.33	2.17	0.31	5.97	10.19	1.52	5.17	7.36	10.3	6.24
FeO	0.15	0.25	0.15	0.3	1.75	2.45	5.95	3.55	3.15	3.75
MnO	0.01	0.03	0.01	0.05	0.09	0.09	0.21	0.19	0.13	0.14
MgO	0.25	0.13	0.14	0.04	2.25	4.22	6.83	6.54	3.16	5.6
CaO	3.58	4.44	0.88	11.91	22.38	7.86	19.48	22.62	21.89	21.54
Na_2O	3.85	0.9	2.77	2.9	0.07	6.66	0.07	0.06	0.05	0.09
K_2O	1.3	6.43	4.88	1.06	0.02	0.04	0.04	0.23	0.02	0.05
P_2O_5	0.04	0.05	0.01	0.1	0.06	0.57	0.01	0.14	0.05	0.2
LOI	1.64	0.26	0.48	1.18	2.68	0.83	1.31	3.2	2.2	1.94
$Total$	99.88	99.87	99.92	99.81	98.97	98.74	96.97	98.05	98.27	98

备战矿区的铁矿石主要有两类,致密块状磁铁矿矿石和浸染状铁矿石,它们分别代表岩(矿)浆成矿期与热液成矿期的矿石。为了了解其元素组成特征,并进一步讨论其成矿物质来源及成矿作用过程,对两类铁矿石进行了详细的主微量元素分析,结果列于表5-1-8。

岩(矿)浆期铁矿石(致密块状铁矿石):Fe_2O_3含量为36.72%～52.22%,FeO含量为18.35%～24.05%,TiO_2含量变化较大,为0.07%～0.35%,MgO和P_2O_5的含量分别为5.08%～8.77%和0.04%～0.45%(平均0.18%)。

表 5－1－8　备战铁矿床中典型矿石主量元素测试结果　　　　单位:%

名称	岩(矿)浆期铁矿石				热液期铁矿石	
样品号	IP－013	IP－014	IP－018	IP－017	IP－021	ZK009－16
SiO_2	24.73	7.56	8.72	18.46	4.07	20.53
TiO_2	0.07	0.12	0.14	0.18	0.05	0.19
Al_2O_3	1.41	1.37	2.92	1.8	1.4	4.09
Fe_2O_3	36.72	55.22	51.03	37.02	31.14	34.79
FeO	18.35	23.5	24.05	23.4	28	20.7
MnO	0.46	0.24	0.13	0.1	0.03	0.11
MgO	8.77	5.08	5.51	6.72	1.39	6.97
CaO	6.34	3.93	2.08	6.94	0.91	6.6
Na_2O	0.17	0.09	0.05	0.13	0.33	0.28
K_2O	0.05	0.15	0.55	0.86	0.03	1.39
P_2O_5	0.06	0.04	0.18	0.45	0.06	0.04
LOI	0.82	<0.10	0.93	0.52	27.52	1.98
$Total$	97.95	97.3	96.29	96.58	94.93	97.67

热液期铁矿石（浸染状铁矿石）：Fe_2O_3 含量为 31.14% ~ 34.79%，低于岩（矿）浆期的矿石，FeO 含量为 20.70% ~ 28.00%，TiO_2 含量为 0.05% ~ 0.19%，MgO 和 P_2O_5 的含量也相对较低，分别为 1.39% ~ 6.97% 和 0.04% ~ 0.06%。

3. 稀土、微量元素

对备战矿区火山岩、侵入岩、蚀变岩和矿石的稀土、微量元素进行了测试分析。典型火山岩的稀土、微量元素测试结果列于表 5 - 1 - 9。

如表 5 - 1 - 9，各种火山岩稀土元素总量 ΣREE 差异较大，玄武岩、粗面玄武岩的 ΣREE 为 120.30 × 10^{-6} ~ 205.31 × 10^{-6}，玄武质粗安岩和粗安岩的 ΣREE 相对较低，为 109.16 × 10^{-6} ~ 183.24 × 10^{-6}，流纹岩（ΣREE = 102.23 × 10^{-6}）的稀土总量也较低。球粒陨石标准化的稀土元素配分型式图显示（图 5 - 1 - 13），区内火山岩大多特征相似，均表现出轻稀土富集、重稀土亏损的右倾配分模式。玄武岩、粗面玄武岩的 $w(LREE)/w(HREE)$ 值为 5.32 ~ 7.02，平均值为 5.89，显示轻稀土富集的特点。稀土元素 $w(La)/w(Yb)$ 值（4.76 ~ 7.33）变化较大，异常系数 δCe 为 0.94 ~ 1.02，δEu 为 0.77 ~ 1.08，显示岩石中 Eu 为弱负异常或近无异常。玄武质粗安岩和粗安岩的 $w(LREE)/w(HREE)$ 值变化较大，为 4.68 ~ 8.07，也表现出轻稀土富集的特征，$w(La)/w(Yb)$ 值、δCe 和 δEu 分别处于 4.24 ~ 8.82、0.95 和 0.81 ~ 0.85 之间。流纹岩的 $w(LREE)/w(HREE)$ 比值较高，为 5.95，表现出轻稀土富集的特征。$w(La)/w(Yb)$ 值较高，为 5.52，δCe 和 δEu 都在 1 附近，分别为 0.96 和 1.19。

表 5 - 1 - 9　备战矿区典型火山岩的稀土、微量元素测试结果　　单位：10^{-6}

岩性	D	B	A	G	A	A	B	C
La	34.3	24.8	23.9	21.1	20.6	32.2	26.1	17.6
Ce	71.8	52.9	50.9	40.2	43.2	78	61.7	38.4
Pr	9.67	7.61	7.03	4.61	5.89	10.9	9.11	5.45
Nd	38.1	31.4	29.6	17.1	25.3	45.6	38.8	21.6
Sm	7.35	6.16	6.82	3.18	5.24	9.84	8.9	5.4
Eu	1.83	2.05	1.58	1.32	1.58	3.17	2.29	1.48
Gd	6.15	5.75	5.41	3.57	4.68	7.59	7.49	5.05
Tb	0.96	1.08	1.01	0.64	0.99	1.44	1.37	0.91
Dy	5.09	5.52	6.05	3.55	5.47	7.25	7.53	4.7
Ho	1.11	1.08	1.2	0.87	1.11	1.37	1.61	1.15
Er	3.22	3.37	3.5	2.46	2.93	3.72	4.35	3.47
Tm	0.43	0.52	0.51	0.41	0.45	0.58	0.73	0.46
Yb	2.79	2.87	3.3	2.74	2.48	3.15	3.93	2.98
Lu	0.44	0.42	0.56	0.48	0.38	0.5	0.6	0.51
Li	8.85	4.49	10.6	3.02	23.4	22	14	8.51
Be	1.81	2.14	1.23	1.37	2.84	2.15	1.78	0.75
Sc	13.8	31.1	38.4	5.08	25.4	25.6	23.2	21.2
V	151	221	251	23.8	216	225	201	180
Cr	1.37	73.8	363	2.4	285	277	171	73.2
Co	8.39	15.4	33.8	1.81	22.5	17	19.7	14.6
Ni	5.49	19.1	56.8	2.4	150	112	72.5	44.1

岩性	D	B	A	G	A	A	B	C
Cu	13.1	97.6	15.1	9.89	15	17.3	85.2	22.2
Zn	52.4	49	52.8	24.4	65.9	59.3	54.5	48.6
Ga	18.6	16	13.2	10.3	15.5	15.2	13.8	14.2
Rb	36	56.9	31.4	113	71.8	66.9	114	74.3
Sr	506	554	627	426	397	421	398	466
Y	26.8	29.8	30	22.2	29	34.9	39.8	27.4
Nb	15.1	10.2	5.69	7.19	10.2	10.4	5.81	5.85
Sb	1.43	1.9	3.07	1.44	3.93	3.8	3.37	2.39
Ba	291	850	166	1433	111	67.3	286	373
Ta	0.97	0.62	0.43	0.79	0.72	0.71	0.12	0.43
Pb	3.12	1.38	1.7	7.5	1.54	1.99	3	4.48
Th	5.09	2.21	6.63	18.1	2.17	2.1	2.79	5.85
U	1.55	0.55	1.07	4.68	0.58	2.4	0.8	1.66
Zr	247	179	125	176	117	221	223	128
Hf	6.26	4.48	3.89	5.81	2.69	5.8	5.3	3.5
ΣREE	183.24	145.53	141.38	102.23	120.3	205.31	174.5	109.16
w(LREE)	163.05	124.92	119.83	87.51	101.81	179.71	146.9	89.93
w(HREE)	20.19	20.61	21.55	14.72	18.49	25.6	27.6	19.23
w(LREE)/w(HREE)	8.07	6.06	5.56	5.95	5.51	7.02	5.32	4.68
w(La)$_N$/w(Yb)$_N$	8.82	6.2	5.19	5.52	5.96	7.33	4.76	4.24
δEu	0.81	1.04	0.77	1.19	0.96	1.08	0.83	0.85
δCe	0.95	0.94	0.95	0.96	0.95	1.02	0.98	0.95

注：岩石类型为 A 为玄武岩；B 为粗面玄武岩；C 为玄武质粗安岩；D 为粗安岩；G 为流纹岩。

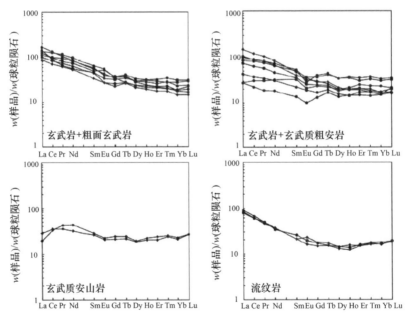

图 5 - 1 - 13　火山岩球粒陨石标准化稀土元素配分型式图

(球粒陨石值引自 Sun et al.，1989)

微量元素方面，本区的火山岩普遍表现出大离子亲石元素的富集和 Ta、Nb、P、Ti 的亏损（图 5-1-14），这些特征类似形成于俯冲带火山岩的地球化学特征。

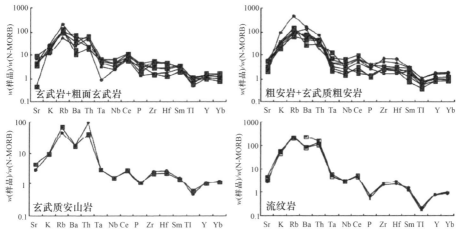

图 5-1-14　火山岩微量元素 N-MORB 标准化曲线

（N-MORB 值引自 Sun et al.，1989）

Cu、Pb、Zn 等成矿元素在本组火山岩中均不高，没有显示出异常。相容元素特征与 MORB 及原生岩浆具有差异。虽然本区火山岩中玄武岩、粗面玄武岩 Cr 的平均含量相对较高，但玄武质粗安岩较低，粗安岩和流纹岩 Cr 平均含量也低。而且各类火山岩 Ni 和 Co 平均含量都较低，Ni 含量普遍不到 20×10^{-6}，Co 平均含量玄武岩最高，但也不足 80×10^{-6}，流纹岩的 Co 含量仅为 1.81×10^{-6}。这些相容元素含量明显低于 MORB 的玄武岩，指示了本区玄武-安山质火山岩的形成过程中可能经历了一定程度的地壳混染作用。

备战矿区花岗岩的稀土、微量元素测试结果列于表 5-1-10。

表 5-1-10　备战矿区蚀变火山岩稀土元素与微量元素分析测试结果　单位：10^{-6}

元素	硅化火山岩				矽卡岩化火山岩					
	IP-001	IP-012	ZK009-21	ZK009-23	BZ-001	IP-004	IP-005	IP-019	IP-025	ZK009-02
La	5.46	22	43.6	31.6	26	26	9.92	17.4	29	30.1
Ce	12.2	65.4	85.5	53	36.5	55.1	14.3	27	44.7	53.2
Pr	1.84	10.2	10.7	6.42	3.66	7.49	2.13	3.47	5.47	7.38
Nd	7.99	38.7	36.1	22.9	12.1	32.2	10.6	14.1	19.4	30.8
Sm	2.34	8.26	7.32	4.26	2.43	6.81	3.39	3.61	4.41	7.53
Eu	0.28	1.15	0.23	1.35	3.11	1.57	1.33	1.35	4.73	2.74
Gd	2.32	7.49	6.08	3.79	2.59	5.74	2.67	3.42	4.72	7.38
Tb	0.5	1.51	1.28	0.66	0.47	0.98	0.51	0.72	0.86	1.63
Dy	2.78	8.84	7.12	3.85	2.47	4.83	3.09	3.96	4.3	8.8
Ho	0.65	2.05	1.68	0.85	0.56	0.97	0.76	0.94	0.93	2.03
Er	2.1	6.84	5.44	2.63	1.86	2.73	2.46	3.15	2.82	6.27
Tm	0.36	1.13	0.88	0.45	0.26	0.38	0.42	0.52	0.44	0.88

元素	硅化火山岩				矽卡岩化火山岩					
	IP－001	IP－012	ZK009－21	ZK009－23	BZ－001	IP－004	IP－005	IP－019	IP－025	ZK009－02
Yb	2.32	7.46	5.87	2.38	1.75	2.22	2.66	2.83	2.14	5.26
Lu	0.41	1.48	1.03	0.43	0.32	0.4	0.45	0.51	0.42	0.92
Y	19.8	59.3	47.8	26.6	16.6	26.5	21.5	25.7	27.8	56.1
ΣREE	42	183	213	135	94	147	55	83	124	165
$w($LREE$)$	30	146	183	120	84	129	42	67	108	132
$w($HREE$)$	11	37	29	15	10	18	13	16	17	33
$\dfrac{w(\text{LREE})}{w(\text{HREE})}$	2.63	3.96	6.24	7.96	8.15	7.08	3.2	4.17	6.48	3.97
$\dfrac{w(\text{La})_N}{w(\text{Yb})_N}$	1.69	2.12	5.33	9.52	10.66	8.4	2.68	4.41	9.72	4.1
δEu	0.36	0.44	0.1	1.01	3.76	0.75	1.3	1.16	3.15	1.11
δCe	0.94	1.07	0.94	0.86	0.8	0.96	0.73	0.8	0.81	0.85
V	7.97	21	5.31	108	66	191	67.3	202	85.2	126
Cr	1.62	1.75	1.11	7.97	3.25	65	234	216	10.9	14.8
Co	2.14	1.92	1.11	2.61	15.6	25.6	9.76	35.3	31.9	12.8
Ni	2.78	3.41	0.831	7.53	12	26.7	23.8	34.8	14.4	15.2
Cu	5.5	8.09	26	5.06	4.47	11.5	82.6	144	5.9	8.19
Zn	8.5	12.4	12.6	8.68	19.4	34.5	138	41.6	30.2	42.6
Ga	10.2	20.5	13.5	36.8	30.1	10.6	12.1	14.5	25.7	45.4
Rb	32.1	145	136	30.1	0.539	0.623	0.378	28.4	0.762	1.99
Sr	342	285	115	904	646	302	418	495	541	502
Y	19.8	59.3	47.8	26.6	16.6	26.5	21.5	25.7	27.8	56.1
Zr	148	117	168	24.4	85.2	94.1	106	78.2	136	191
Nb	7.47	16.4	20.4	4.31	3.04	9.81	9.59	4.15	4.26	6.97
Mo	0.591	0.322	4.13	3.63	0.666	0.767	7.14	0.226	4.57	2.54
Cd	0.034	0.241	0.07	0.053	1.21	0.029	0.926	0.115	1.24	0.501
In	0.019	0.647	0.041	0.148	3.23	0.082	1.91	1.01	3.99	1.57
Sb	0.429	4.16	0.279	0.835	95.2	2.07	54.6	102	123	105
Cs	0.493	0.995	1.34	0.403	0.152	0.054	0.078	0.412	0.121	0.109
Ba	216	740	191	110	2.72	14.5	1.77	3.74	4.56	5.76
Hf	5.18	4	6.48	1.03	2.95	2.73	3.82	2.4	3.99	5.37
Ta	0.82	1.32	1.83	0.271	0.422	0.581	0.538	0.198	0.446	0.6
W	0.345	0.381	0.762	0.956	0.931	1.94	0.652	1.89	1.99	1.48
Re	0.005	0.006	0.005	0.007	0.003	0.004	0.009	0.003	0.005	0.004
Tl	0.148	0.499	0.404	0.1	0.017	0.017	0.014	0.076	0.005	0.012
Pb	1.99	3.6	7.61	3.12	1.69	1.04	1.89	2.29	1.76	1.43
Bi	0.08	0.829	0.059	0.123	2.38	0.15	2.43	6.81	3.55	2.27
Th	16.9	10.1	24.3	2.37	10.7	1.26	1.35	3.13	7.93	9.2
U	2.71	5.44	6.88	3.47	13.1	4.09	7.28	3.79	16.7	3.76

该区花岗岩的稀土元素总量 ΣREE 较高，为 $199.34 \times 10^{-6} \sim 248.67 \times 10^{-6}$。在球粒陨石标准化的稀土元素配分型式图（图 5-1-15）上，其表现为轻稀土富集、重稀土亏损的右倾配分模式，轻稀土相对分异，重稀土组内分异不明显。$w(\text{LREE})/w(\text{HREE})$ 值（$7.31 \sim 12.50$）和 $w(\text{La})/w(\text{Yb})$ 值（$6.10 \sim 13.91$）变化不大，暗示 4 个样品都是岩浆演化到同一阶段的产物。异常系数 δCe 为 $0.13 \sim 0.42$，δEu 较为稳定为 $0.94 \sim 0.98$，显示 Eu 为弱的负异常。

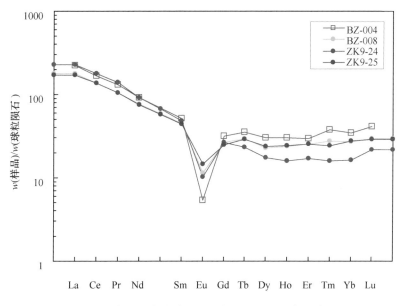

图 5-1-15　备战花岗岩球粒陨石标准化稀土元素配分型式图

（球粒陨石值引自 Sun et al.，1989）

本区的花岗岩普遍表现为 Eu 的负异常（王碧香等，1989；陈岳龙等，1993；王方成等，2010），前人的研究表明，造成这种 Eu 亏损的原因可能是由于在深部岩浆房过早的分离结晶出斜长石，部分 Eu^{2+} 进入斜长石置换 Ca^{2+}，从而使得残余熔体表现出负 Eu 的特征（王碧香等，1989）。

微量元素方面，本区的花岗岩普遍表现出 Sr、Ti、Ba、P、Nb、Ta 等明显的亏损和 Th、U、La、Zr、Hf 等的富集（图 5-1-16），与弧岩浆作用形成的亚碱性系列岩石特征相符。Ti 含量的明显负异常可能是由于在岩浆过程中磁铁矿矿物与熔体相的分离造成的。Cu、Pb、Zn 等成矿元素在本组花岗岩中均不高，没有显示出异常。相容元素含量均极低（$w(\text{V})$ $4.73 \times 10^{-6} \sim 11.7 \times 10^{-6}$，$w(\text{Cr})$ $1.31 \times 10^{-6} \sim 2.21 \times 10^{-6}$，$w(\text{Ni})$ $0.81 \times 10^{-6} \sim 1.91 \times 10^{-6}$），可能是经历了强烈的地壳混染作用的结果。

由花岗岩的 Ta-Yb 和 Hf-Rb-Ta 判别图解（图 5-1-17）可知，本区的花岗岩主要形成于火山岛弧环境和碰撞环境，结合本区的大地构造背景，推测花岗岩母岩浆可能形成于与洋壳俯冲有关的火山弧环境。

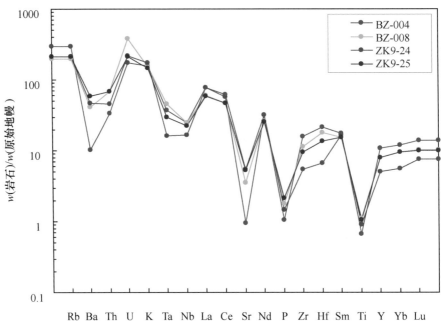

图 5 - 1 - 16　备战花岗岩微量元素原始地幔标准化曲线

（原始地幔值引自 Sun et al. , 1989）

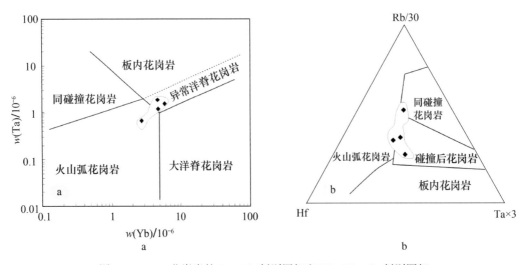

图 5 - 1 - 17　花岗岩的 Ta - Yb 判别图解和 Hf - Rb - Ta 判别图解

如图 5 - 1 - 18 花岗岩的哈克图解所示，其 TiO_2、Al_2O_3、FeO、MgO、CaO、P_2O_5、Sr、Ba 含量随 SiO_2 含量增加而逐渐降低，表明在花岗岩母岩浆演化的过程中发生了较为明显的钛铁氧化物和辉石、长石及磷灰石等的结晶分异作用。花岗岩明显的 Sr、Ti 和 P 的亏损也证明了这个过程的存在（钟宏等，2009）。

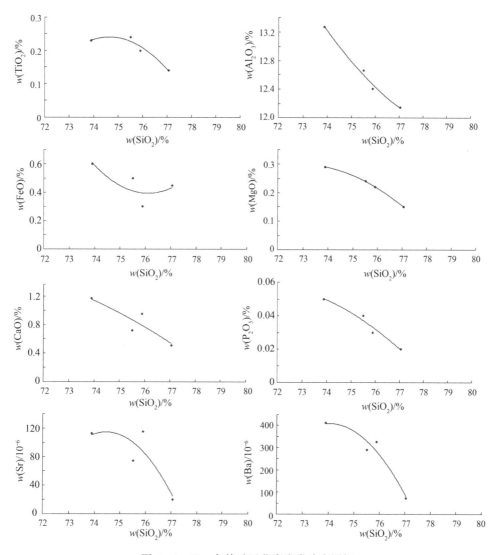

图 5 - 1 - 18　备战矿区花岗岩类哈克图解

以上地球化学特征表明，备战矿区花岗岩的母岩浆可能形成于与洋壳俯冲有关的火山弧环境，在岩浆过程中经历了强烈的地壳混染作用和结晶分异作用。另外，花岗岩中角闪石岩包体的存在，表明其母岩浆可能是由中基性岩浆演化而来的（王玉往等，2000；常兆山等，2000；马旭等，2009）。

备战矿区蚀变岩的稀土、微量元素测试结果列于表 5 - 1 - 10。

备战矿区硅化火山岩样品的 ΣREE 为 $42 \times 10^{-6} \sim 213 \times 10^{-6}$，$w(LREE)/w(HREE)$ 为 $2.63 \sim 7.96$（表 5 - 1 - 10），在稀土元素球粒陨石配分型式图上表现为轻稀土相对富集，重稀土亏损的右倾配分模式（图 5 - 1 - 19a）。稀土元素 $w(La)/w(Yb)$ 值（$1.69 \sim 9.52$）变化较大，异常系数 δCe 为 $0.86 \sim 1.07$，δEu 为 $0.10 \sim 1.01$，共 4 件样品，其中 3 件显示岩石中 Eu 为负异常，1 件显示 Eu 近无异常。

备战矿区矽卡岩化火山岩在稀土总量（ΣREE 为 $55 \times 10^{-6} \sim 165 \times 10^{-6}$）及稀土元素配分模式上（图 5 - 1 - 19b）均表现与硅化火山岩近似，不同点在于矽卡岩化的火山岩多表现出 Eu 为正异常，δEu 为 0.75 ~ 3.76，共 6 件样品，其中 5 件显示岩石中 Eu 为正异常，1 件显示 Eu 弱负异常。

两类蚀变岩较低的稀土总量可能是由于热液 - 流体 - 岩石系统在热液蚀变过程中，受淋滤作用影响造成的（秦克章等，1993；丁振举等，2000）。矽卡岩化火山岩的正 Eu 异常与很多高温热液蚀变矽卡岩和岩浆型的矽卡岩（杨富全等，2007）相一致，反映了蚀变火山岩的热液可能来源于高温岩浆系统。

微量元素方面，硅化与矽卡岩化火山岩的原始地幔标准化的微量元素蛛网图（图 5 - 1 - 19c，图 5 - 1 - 19d）有所差异。二者均表现为 P 和 Ti 的相对亏损，与硅化火山岩（图 5 - 1 - 19c）相比，矽卡岩化的火山岩（图 5 - 1 - 19d）相对贫 Ba 和 K，富 Th 和 U，可能是地壳物质混染造成的。

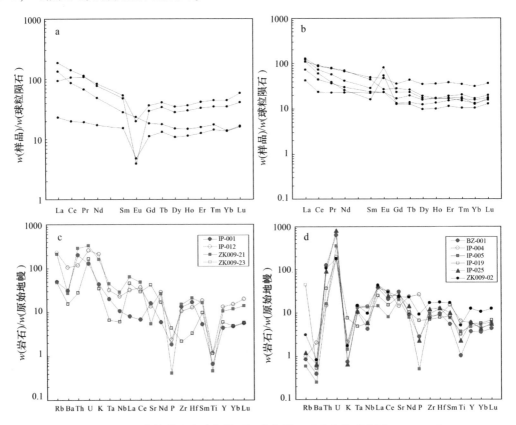

图 5 - 1 - 19 备战蚀变岩球粒陨石标准化稀土元素配分型式图（a，b）和
微量元素原始地幔标准化曲线（c，d）
（球粒陨石和原始地幔值引自 Sun et al.，1989）

备战矿区典型矿石的稀土、微量元素测试结果列于表 5 - 1 - 11。

表 5 - 1 - 11 备战矿区铁矿石稀土元素与微量元素分析结果 单位: 10^{-6}

元素	矿浆期的铁矿石				热液期的铁矿石	
	IP - 013	IP - 014	IP - 018	IP - 017	IP - 021	ZK009 - 16
La	1.58	1.23	3.51	5.62	0.06	8.33
Ce	3.19	3.76	9.28	14.4	0.12	15.4
Pr	0.49	0.56	1.3	1.98	0.02	1.89
Nd	1.94	2.01	4.28	7.22	0.07	6.09
Sm	0.42	0.56	0.69	1.2	0.05	0.78
Eu	0.05	0.02	0.07	0.13	0.01	0.26
Gd	0.47	0.6	0.67	1.38	0.05	0.88
Tb	0.1	0.11	0.13	0.25	—	0.12
Dy	0.46	0.64	0.72	1.16	0.02	0.71
Ho	0.13	0.15	0.15	0.28	0.01	0.14
Er	0.41	0.49	0.42	0.69	0.01	0.44
Tm	0.06	0.07	0.05	0.12	—	0.05
Yb	0.43	0.58	0.29	0.6	0.01	0.41
Lu	0.1	0.08	0.04	0.09	—	0.06
ΣREE	9.83	10.86	21.59	35.11	0.43	35.55
w(LREE)	7.66	8.14	19.13	30.55	0.33	32.75
w(HREE)	2.17	2.72	2.47	4.56	0.1	2.8
w(LREE)/w(HREE)	3.54	2.99	7.76	6.7	3.17	11.69
w(La)$_N$/w(Yb)$_N$	2.66	1.53	8.83	6.69	4.3	14.64
δEu	0.33	0.11	0.31	0.31	0.59	0.96
δCe	0.89	1.11	1.06	1.06	0.92	0.91
Li	4.17	2.88	2.55	2.96	2.54	15
Be	0.6	0.23	0.31	0.95	0.05	0.83
Sc	1.1	1.32	2.54	5.71	0.47	2.73
V	78.9	156	68.9	66.3	40.4	77.8
Cr	3.69	9.32	16.2	21.2	2.51	17.7
Co	36.4	31.7	51	30.3	206	19.1
Ni	9.68	12.4	10.2	11.5	240	19
Cu	230	225	283	485	240	21
Zn	176	537	245	51	17	96
Ga	7.46	16.1	8.15	6.44	2.54	11.5
Rb	5.42	17.9	61.1	101	2.53	151
Sr	4.16	6.43	8.14	8.52	61.2	37.3

元素	矿浆期的铁矿石				热液期的铁矿石	
	IP-013	IP-014	IP-018	IP-017	IP-021	ZK009-16
Y	4.2	5.02	3.91	7.8	0.18	3.74
Zr	14.7	15.7	39.6	74	0.4	39
Nb	1.45	1.59	3.27	1.9	0.05	2
Mo	0.1	0.16	0.33	0.1	0.18	0.22
Cd	0.19	0.33	0.22	0.04	0.02	0.12
In	0.36	1.11	0.38	0.31	0.03	0.27
Sb	0.76	0.94	0.61	0.6	0.16	2.39
Cs	0.55	0.9	2.93	4.93	0.17	7.86
Ba	5.3	14.8	67.9	66.5	2.01	108
Hf	0.48	0.49	1.08	1.84	0	1.02
Ta	0.09	0.11	0.3	0.15	0	0.28
W	0.32	4.93	0.32	0.51	0.05	0.37
Re	—	0	—	—	0	0
Tl	0.05	0.05	0.12	0.2	0.04	0.25
Pb	2.79	0.69	1.69	1.49	4.19	0.55
Bi	0.46	0.18	0.57	1.15	3.06	0.18
Th	1.25	1.93	5.54	3.23	0.08	1.36
U	0.99	0.58	1.56	1.23	0.02	1.58

矿浆期的铁矿石有 4 件, 其稀土元素总量较低, $\sum REE$ 为 $9.83 \times 10^{-6} \sim 35.11 \times 10^{-6}$, $w(LREE)/w(HREE)$ 比值为 $2.99 \sim 7.76$。$w(La)_N/w(Yb)_N$ 变化较大, 为 $1.53 \sim 8.83$。$\delta Ce = 0.89 \sim 1.11$。矿浆期铁矿石的球粒陨石标准化稀土元素配分模式 (图 5-1-20) 总体表现为水平状, 缓右倾状, 轻重稀土分异不明显。Eu 负异常明显, $\delta Eu = 0.11 \sim 0.33$。致密块状矿石的稀土配分模式与矽卡岩化火山岩 (图 5-1-19b) 存在巨大差异, 这说明本区的岩 (矿) 浆型矿体异于岩浆矽卡岩成因的矿体, 同时也反映了其形成与本区的热液蚀变作用关系不密切, 而可能是由深部玄武岩浆由于不混溶作用直接熔离形成的。

热液期的铁矿石有 2 件, 其稀土元素总量分别为 0.43×10^{-6} 和 35.55×10^{-6}, $w(LREE)/w(HREE)$ 比值分别为 3.17 和 11.69, Eu 的负异常程度较矿浆期矿石弱 ($\delta Eu = 0.59 \sim 0.96$), Ce 负异常不明显, $\delta Ce = 0.89 \sim 1.11$。与岩 (矿) 浆期的矿石相比, 热液阶段的铁矿石呈现出稀土元素总含量较低。两者的稀土元素配分模式的明显差异, 说明其形成机制的不同。

铁矿石原始地幔标准化的微量元素蛛网图 (图 5-1-21) 显示, 岩 (矿) 浆期铁矿石的蛛网图模式较为稳定, 表现为 Rb、Th、U 的富集和 Ba、Ta、Nb、Sr、Ti 的亏损。相比之下, 浸染状矿石的原始地幔蛛网图不稳定。

另外, 热液期的铁矿石中 Cu 和 Zn 等成矿元素的平均含量 ($w(Cu)$: 130.5×10^{-6}; $w(Zn)$: 56.5×10^{-6}) 也比岩 (矿) 浆期的铁矿石低得多 ($w(Cu)$: 305.75×10^{-6}; $w(Zn)$: 252.25×10^{-6})。

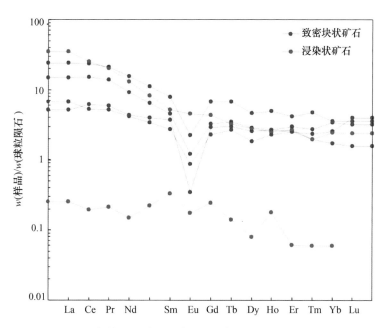

图 5 - 1 - 20　备战矿区铁矿石球粒陨石标准化稀土元素配分型式图

（球粒陨石值引自 Sun et al. , 1989）

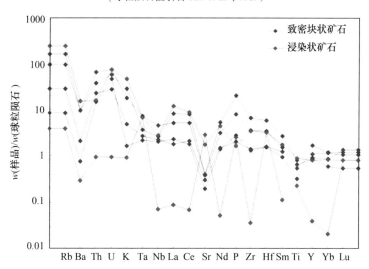

图 5 - 1 - 21　备战矿区铁矿石微量元素原始地幔蛛网图

（原始地幔值引自 Sun et al. , 1989）

4. 同位素

（1）锶 - 钕同位素

课题组对备战矿区的火山岩及花岗岩进行了 Sr - Nd 同位素分析测试，以期为讨论火山岩和侵入岩的构造背景和岩浆源区特征提供约束。

A. 火山岩

火山岩样品的 Sr - Nd 同位素组成结果如表 5 - 1 - 12 所示，$(^{87}Sr/^{86}Sr)_i$ 和 $\varepsilon_{Nd}(t)$ 是

按照 320Ma 来计算的。

表 5 - 1 - 12　阿吾拉勒火山岩 Sr - Nd 同位素组成

编号	Rb	Sr	$^{87}Rb/^{86}Sr$	$^{87}Sr/^{86}Sr$	2δ	$\varepsilon_{Sr}(0)$	$\varepsilon_{Sr}(t)$	$(^{87}Sr/^{86}Sr)_i$
IP - 002	33.6	494	0.1968	0.7065514	0.000011	29.1	21.8	0.70566
IP - 007	53.3	519	0.2973	0.7064581	0.000012	27.8	13.9	0.70510
IP - 008	27.3	580	0.136	0.7062151	0.00001	24.3	20.9	0.70560
IP - 028	96.5	382	0.7303	0.7096313	0.000011	72.8	31.0	0.70631
ZK009 - 10	66.8	357	0.5413	0.7071242	0.000008	37.2	7.6	0.70466
ZK009 - 11	55.5	371	0.433	0.7068686	0.000011	33.6	11.0	0.70490
ZK009 - 15	112	368	0.8777	0.7088452	0.000013	61.7	10.3	0.70485
ZK009 - 19	64.3	411	0.4524	0.7072477	0.000009	39.0	15.1	0.70519
DD - 004	77.2	270	0.8282	0.7099325	0.000009	77.1	28.9	0.70616
DD - 023	47.4	298	0.4611	0.7078487	0.00001	47.5	23.1	0.70575
DD - 035	244	178	3.9587	0.722482	0.000011	255.2	4.7	0.70445
DD - 058	113	218	1.5018	0.7120011	0.000012	106.5	14.7	0.70516
DD - 066	108	265	1.1792	0.7106301	0.000009	87.0	16.1	0.70526
DD - 030	0.491	11.4	0.1248	0.7081513	0.000014	51.8	49.1	0.70758

编号	Sm	Nd	$^{147}Sm/^{144}Nd$	$^{143}Nd/^{144}Nd$	2δ	$\varepsilon_{Nd}(0)$	$\varepsilon_{Nd}(t)$	$(^{143}Nd/^{144}Nd)$
IP - 002	6.13	28	0.1324	0.512685	0.000008	0.9	3.5	0.512408
IP - 007	5.42	27	0.1215	0.512678	0.000008	0.8	3.9	0.512423
IP - 008	5.66	25.9	0.132	0.512656	0.000008	0.4	3.0	0.512379
IP - 028	2.88	15.1	0.1156	0.512631	0.000009	- 0.1	3.2	0.512389
ZK009 - 10	4.61	21.1	0.1322	0.51278	0.00001	2.8	5.4	0.512503
ZK009 - 11	7.29	36.5	0.1208	0.512746	0.000008	2.1	5.2	0.512493
ZK009 - 15	7.04	33.2	0.1282	0.5128	0.000009	3.2	6.0	0.512531
ZK009 - 19	4.43	19.9	0.1342	0.512777	0.00001	2.7	5.3	0.512496
DD - 004	6.54	27.6	0.1434	0.512815	0.00001	3.5	5.6	0.512515
DD - 023	6.64	35	0.1145	0.512529	0.000007	- 2.1	1.2	0.512289
DD - 035	6.36	27.4	0.1405	0.512623	0.000008	- 0.3	2.0	0.512329
DD - 058	2.8	14.4	0.1173	0.512646	0.000009	0.2	3.4	0.512400
DD - 066	2.94	14.5	0.1221	0.512613	0.000008	- 0.5	2.6	0.512357
DD - 007	5.22	22.2	0.1423	0.51259	0.000008	- 0.9	1.3	0.512292
DD - 030	4.09	17.3	0.1433	0.512464	0.00001	- 3.4	- 1.2	0.512164

注：Rb、Sr、Sm、Nd 的含量单位为 10^{-6}。

本区火山岩的 $\varepsilon_{Sr}(t)$ 值变化较大，从 5～50 不等，均为正值，表明其母岩浆可能来源于 Sr 同位素相对亏损的地幔源区。$^{87}Sr/^{86}Sr$ 初始值变化较小，处于 0.7045～0.7062 之间，平均值为 0.705474，表明这些岩石的母岩浆为同一源区的 Sr 同位素较为稳定的岩浆房。

$\varepsilon_{Nd}(t)$ 值变化较大，14 件样品中除了 1 件为负值（ – 1.2）外，其他均为正值，集中于 1.2 ~ 6.0 之间，14 件样品的平均值为 3.36。以上特征，总体呈现出本组火山岩的源区可能为一种亏损的地幔。$\varepsilon_{Nd}(t)$ 值 < 0 的那件样品可能与地壳组分的混染有关。

B. 花岗岩

备战矿区花岗岩 Sr – Nd 同位素分析测试结果列于表 5 – 1 – 13，本区花岗岩的 $\varepsilon_{Sr}(t)$ 值均为负值，从 – 2.7 ~ – 13.2 不等。$^{87}Sr/^{86}Sr$ 初始值变化较小，处于 0.7031 ~ 0.7039 之间，平均值为 0.7035，表明这些岩石的母岩浆为同一源区的 Sr 同位素较为稳定的岩浆房。$\varepsilon_{Nd}(t)$ 值均为正值，集中于 2.3 ~ 4.8 之间，平均值为 3.9。以上特征，总体呈现出本组火山岩的源区可能为一种亏损的地幔。

表 5 – 1 – 13　备战矿区花岗岩主量元素、微量元素及 Sr – Nd – Pb 同位素特征

样号	Rb	Sr	$^{87}Rb/^{86}Sr$	$^{87}Sr/^{86}Sr$	2δ	$\varepsilon_{Sr}(0)$	$\varepsilon_{Sr}(t)$	$\left(^{87}Sr/^{86}Sr\right)_i$	Sm	Nd	$^{147}Sm/^{144}Nd$
BZ – 004	—	—	—	—	—	—	—	—	—	—	—
BZ – 008	109	64.4	4.9115	0.7263048	0.000015	309.5	– 2.7	0.70394	5.6	31.4	0.1078
ZK – 24	110	96.6	3.2942	0.718468	0.00001	198.3	– 9.3	0.70347	6.08	39.2	0.0937
ZK – 25	120	99.7	3.4836	0.7190596	0.000015	206.7	– 13.2	0.70319	5.51	36.9	0.0902

样号	$^{143}Nd/^{144}Nd$	2δ	$\varepsilon_{Nd}(0)$	$\varepsilon_{Nd}(t)$	$\left(^{143}Nd/^{144}Nd\right)_i$	$^{206}Pb/^{204}Pb$	$^{207}Pb/^{204}Pb$	$^{208}Pb/^{204}Pb$	$\left(^{206}Pb/^{204}Pb\right)_t$	$\left(^{207}Pb/^{204}Pb\right)_t$	$\left(^{208}Pb/^{204}Pb\right)_t$
BZ – 004	—	—	—	—	—	19.426	15.598	39.347	18.320	15.540	37.334
BZ – 008	0.512691	0.000008	1.0	4.7	0.512465	19.323	15.589	39.169	18.222	15.531	37.382
ZK – 24	0.51267	0.000007	0.6	4.8	0.512474	18.655	15.555	38.843	17.964	15.519	37.387
ZK – 25	0.512535	0.000008	– 2.0	2.3	0.512346	18.819	15.575	38.637	17.894	15.526	37.650

注：Rb、Sr、Sm、Nd 的含量单位为 10^{-6}。

（2）铅同位素

A. 火山岩

火山岩样品的 Pb 同位素组成结果列于表 5 – 1 – 14。其中 $\left(^{206}Pb/^{204}Pb\right)_t$、$\left(^{207}Pb/^{204}Pb\right)_t$、$\left(^{208}Pb/^{204}Pb\right)_t$ 是结合火山岩的 Th、U 和 Pb 的含量，按照 $t = 320Ma$ 来计算的。

区内火山岩的 $^{206}Pb/^{204}Pb$、$^{207}Pb/^{204}Pb$ 和 $^{208}Pb/^{204}Pb$ 比值的变化范围分别是 16.204 ~ 18.191、15.440 ~ 15.555 及 36.892 ~ 37.930。

表 5 – 1 – 14　阿吾拉勒火山岩 Pb 同位素组成

编号	$\left(^{206}Pb/^{204}Pb\right)$	$\left(^{207}Pb/^{204}Pb\right)$	$\left(^{208}Pb/^{204}Pb\right)$	$\left(^{206}Pb/^{204}Pb\right)_t$	$\left(^{207}Pb/^{204}Pb\right)_t$	$\left(^{208}Pb/^{204}Pb\right)_t$
IP – 002	19.381	15.614	39.221	17.493	15.514	37.263
IP – 007	19.001	15.578	38.793	17.506	15.499	36.892
IP – 028	20.016	15.625	39.875	17.604	15.498	36.928
ZK009 – 10	19.19	15.575	38.841	17.7606	15.4995	37.1634

编号	$(^{206}Pb/^{204}Pb)$	$(^{207}Pb/^{204}Pb)$	$(^{208}Pb/^{204}Pb)$	$(^{206}Pb/^{204}Pb)_t$	$(^{207}Pb/^{204}Pb)_t$	$(^{208}Pb/^{204}Pb)_t$
ZK009 – 15	19.016	15.564	38.676	18.0181	15.5113	37.574
ZK009 – 19	19.025	15.566	38.775	17.6328	15.4925	37.2254
DD – 004	18.73	15.557	38.501	17.8108	15.5084	37.5652
DD – 023	18.59	15.569	38.388	17.9297	15.5341	37.7679
DD – 035	18.23	15.56	38.047	18.1283	15.5546	37.9304
DD – 058	18.997	15.566	38.787	17.9271	15.5095	37.6906
DD – 066	19.455	15.592	39.229	18.1914	15.5253	37.5465
DD – 007	18.294	15.553	37.988	18.0676	15.541	37.8829
DD – 030	21.247	15.706	38.978	16.2042	15.4396	37.0571

B. 花岗岩

备战矿区花岗岩 Pb 同位素方面（表 5 – 1 – 13），本书主要对四组样品进行了测试，其 $(^{206}Pb/^{204}Pb)_t$、$(^{207}Pb/^{204}Pb)_t$ 和 $(^{208}Pb/^{204}Pb)_t$ 比值的变化范围分别是 17.89 ~ 18.32、15.51 ~ 15.54 及 37.334 ~ 37.650。

C. 矿石

在地球壳幔物质交换过程中，Pb 同位素具有重要的指示意义（马振东，1986）。矿石铅同位素不仅为研究成矿作用与成矿机制提供重要的信息，而且反映了壳幔岩浆过程与成矿过程的综合信息（陈毓蔚等，1984）。为了充分了解成矿物质来源等问题，对备战矿区的两类矿石进行了 Pb 同位素测试，结果列于表 5 – 1 – 15。其中 $(^{206}Pb/^{204}Pb)_t$、$(^{207}Pb/^{204}Pb)_t$、$(^{208}Pb/^{204}Pb)_t$ 是结合对应样品的 Th、U 和 Pb 的含量，按照 $t = 320Ma$ 来计算的。

表 5 – 1 – 15　备战矿区铁矿石铅同位素组成

样品名称	样品编号	$^{206}Pb/^{204}Pb$	$^{207}Pb/^{204}Pb$	$^{208}Pb/^{204}Pb$	t	$(^{206}Pb/^{204}Pb)_t$	$(^{207}Pb/^{204}Pb)_t$	$(^{208}Pb/^{204}Pb)_t$
矿浆期的铁矿石	IP – 013	19.133	15.573	38.303	320	17.8008	15.5026	37.7739
	IP – 014	20.01	15.624	39.725	320	16.7914	15.454	36.3363
	IP – 018	20.724	15.669	40.839	320	17.0755	15.4763	36.7465
热液期的铁矿石	IP – 021	18.118	15.527	37.876	320	18.1023	15.5262	37.8547
	ZK009 – 16	25.424	15.917	40.064	320	13.4638	15.2852	36.8123

注：t 的单位为 Ma。

结果表明，备战矿区矿浆期铁矿石的 $^{206}Pb/^{204}Pb$、$^{207}Pb/^{204}Pb$ 和 $^{208}Pb/^{204}Pb$ 比值的变化范围分别是 16.791 ~ 17.801、15.454 ~ 15.503 和 36.336 ~ 37.774，与区内的火山岩 Pb 同位素组成较为一致；热液期铁矿石的 $^{206}Pb/^{204}Pb$ 值变化较大，为 13.464 ~ 18.102，可能是同化混染造成的，$^{207}Pb/^{204}Pb$ 值略小于矿浆期的铁矿石，为 15.285 ~ 15.541，$^{208}Pb/^{204}Pb$ 比值则略大于矿浆阶段的铁矿石，为 36.812 ~ 37.856。

（3）硫同位素

通过对矿石及各种岩体中硫化物硫同位素组成的研究，可以获得成矿系统硫的来源、运移及形成机制等信息（Ohmoto et al.，1997）。从前人的研究来看，应用硫同位素对成矿物质来源及成矿过程进行研究可以取得较好的效果（李楠等，2012）。

本书采集了备战矿区内各类代表性岩石，分别挑选颗粒状的黄铁矿和脉状的黄铁矿单矿物进行硫同位素分析，结果列于表5-1-16，图5-1-22为硫同位素δ^{34}S组成频率直方图。

表5-1-16　备战矿区不同岩（矿）石中黄铁矿硫同位素组成

样品原号	岩石	单矿物	$\delta^{34}S_{CDT}$/‰
BZ017	大理岩化灰岩	黄铁矿（颗粒）	-4.8
IP007	玄武质火山岩	黄铁矿（颗粒）	3.3
IP011	矽卡岩化火山岩	黄铁矿（颗粒）	2.7
IP025	矽卡岩化火山岩	黄铁矿（颗粒）	2.7
IP005	矿化的矽卡岩	黄铁矿（脉）	5.6
BZ013	矿化的矽卡岩	黄铁矿（脉）	6.4
ZK009-16	浸染状磁铁矿矿石	黄铁矿（脉）	5.2
IP013	致密块状铁矿石	黄铁矿（颗粒）	1.2
IP017	致密块状铁矿石	黄铁矿（颗粒）	2
IP018	致密块状铁矿石	黄铁矿（颗粒）	2.2

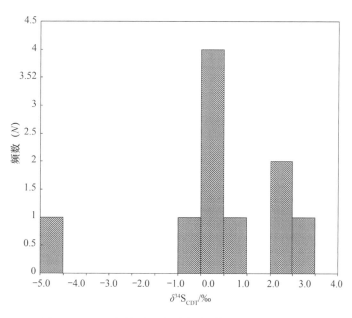

图5-1-22　备战矿区硫同位素δ^{34}S组成频率直方图

如表所示，玄武质火山岩中黄铁矿的δ^{34}S值为3.3‰，矽卡岩化的火山岩有两个样品，$\delta^{34}S$ 值均为 2.7‰，相比之下矿化的矽卡岩中脉状黄铁矿的 $\delta^{34}S$ 较高，为 5.6‰ ~ 6.4‰。热液期的铁矿石中黄铁矿的 $\delta^{34}S$ 值为 5.2‰，矿浆期的铁矿石中黄铁矿的 $\delta^{34}S$ 较低，为 1.2‰ ~ 2.2‰。大理岩化的灰岩中黄铁矿的 $\delta^{34}S$ 值为 -4.8‰。

在硫同位素组成频率直方图中（图 5 - 1 - 22），$\delta^{34}S$ 多集中于 2‰ ~ 3‰ 和 5‰ ~ 6‰ 之间，它们分别代表了矿浆期和热液期的黄铁矿的硫同位素组成特征。矿浆期的硫化物 $\delta^{34}S$ 峰值分布在 2‰ ~ 3‰ 之间，呈明显的塔式分布，该值反映了矿石中的硫总体具有深源硫的特征，说明其来源于深源岩浆（王立强等，2010）。热液阶段的硫集中于 5‰ ~ 6‰，可能是由于热液蚀变作用所致，因为在热液体系中 $\delta^{34}S$ 的值与温度、氧逸度、酸碱性等具有密切的关系。

（4）氧同位素

课题组对备战矿区内矽卡岩化火山岩和两类铁矿石的代表性矿物进行了氧同位素组成测试，结果列于表 5 - 1 - 17。

矽卡岩化火山岩：测试了其中的绿帘石，绿帘石的 $\delta^{18}O$ 值在 6.7‰ ~ 7.6‰ 范围内变化。

浸染状的铁矿石（热液期）：分别测试了其中的绿帘石与磁铁矿。绿帘石的 $\delta^{18}O$ 值为 7.2‰，与矽卡岩中的绿帘石一致，浸染状矿石磁铁矿 $\delta^{18}O$ 值相对要低，为 1.3‰。

致密块状铁矿石（矿浆期）：分别测试了其中的方解石与磁铁矿。方解石的 $\delta^{18}O$ 值为 4‰ ~ 6.2‰，磁铁矿 $\delta^{18}O$ 值为 6.3‰ ~ 6.9‰，这个范围与基性—超基性岩的 $\delta^{18}O$ 组成（5.4‰ ~ 6.6‰；郑永飞等，2000）和岛弧火山岩的 $\delta^{18}O$ 组成（5.5‰ ~ 6.8‰）类似，暗示着这类铁矿石可能来源于深部基性—超基性岩浆系统。

表 5 - 1 - 17　备战矿区单矿物氧同位素组成

样品号	岩石	矿物	检测结果	
			$\delta^{18}O_{PDB}$/‰	$\delta^{18}O_{SMOW}$/‰
IP020	矽卡岩化火山岩	绿帘石	-23.5	6.7
IP025	矽卡岩化火山岩	绿帘石	-22.6	7.6
BZ015	浸染状的铁矿石	绿帘石	-23	7.2
IP014	致密块状铁矿石	方解石	-24	6.2
BZ003	致密块状铁矿石	方解石	-26.1	4
IP - 015	浸染状的铁矿石	磁铁矿	-28.7	1.3
ZK007 - 07	致密块状铁矿石	磁铁矿	-23.3	6.9
ZK007 - 16	致密块状铁矿石	磁铁矿	-23.9	6.3
IP - 021	致密块状铁矿石	磁铁矿	-23.7	6.5

五、矿床成因

1. 成岩成矿时代

阿吾拉勒陆缘活动带内备战矿区流纹岩年龄为（316.1 ± 2.2）Ma，这与汪帮耀等

（2011a）获得查岗诺尔矿区火山岩的 LA – ICP – MS 锆石 U – Pb 年龄（321.2 ±2.3）Ma 相近，说明带内的火山岩形成于晚古生代早石炭世末期。区内花岗岩的年龄要稍晚，集中于 307 ~ 301Ma（LA – ICP – MS 锆石年龄）❶，即花岗岩的侵入发生于火山岩形成之后约 10Ma。

从空间产出情况来看，备战矿区的主矿体呈贯入状赋存于火山岩地层中，局部可见花岗岩脉穿插于火山岩地层和主矿体中。岩体内部均无矿化，与火山岩地层接触的部分多发生绿帘石化蚀变，矿化较弱。

从以上特征来看，矿床的形成与区内发育的酸性岩体关系并不密切。从矿区火山岩 – 岩浆岩 – 矿体三者的穿插关系可以判断，成矿年龄应为火山岩年龄与侵入岩体年龄所约束，大致为 316 ~ 307Ma 之间。

2. 成矿地质条件

（1）构造条件

大量的年代学数据证明了在洋壳闭合后期的石炭纪至二叠纪，中天山 – 伊犁板块南北缘普遍经历了大规模火山事件和成矿事件（朱永峰等，2005；吴昌志等，2006；安芳等，2008；冯金星等，2010；牛贺才等，2010；张作衡等，2012）。姜常义等（1995）通过研究发现阿吾拉勒地区的早、中石炭世火山岩来源于大陆边缘岛弧环境，晚石炭世开始向裂谷环境转变。

（2）地层条件

A. 成岩时代

阿吾拉勒火山带内备战矿区流纹岩年龄为（316.1 ±2.2）Ma，这与汪帮耀等（2011a）获得带内查岗诺尔矿区火山岩的 LA – ICP – MS 锆石 U – Pb 年龄（321.2 ±2.3）Ma 相近，说明带内的火山岩形成于晚古生代早石炭世末期。

B. 构造背景

为了认识阿吾拉勒裂谷带内的玄武岩形成的构造环境，本次工作采用了 Wood（1980）提出的 Th – Hf – Ta 判别图解（图 5 – 1 – 23a）。结果显示本区的火山岩主要为火山岛弧钙碱性玄武岩。根据 Th/Yb – Ta/Yb 图解（图 5 – 1 – 23b），火山岩集中落入岛弧玄武岩区。

火山岩的高 Al_2O_3、低稀土总量和大离子亲石元素、轻稀土元素富集的特征，显示出岛弧岩浆的特点。在微量元素 MORB 标准化图解上，各类火山岩普遍表现出 Ta、Nb 和 P、Ti 的负异常，Sm 的低正异常，显示出典型岛弧岩浆的特点（Pearce et al.，1995）。

带内火山岩表现出一致的 Rb、Th 和 Ce 的富集，它们的富集可能来源于洋壳流体的交代作用。另外，区内火山岩的 $w(Zr)/w(Nb)$ 比值为 11.5 ~ 54.7，与 MORB 的 $w(Zr)/w(Nb)$ 比值极为接近（10 ~ 60），同样其 $w(Sm)/w(Nd)$ 均值（0.23）也接近于 MORB 的 $w(Sm)/w(Nd)$ 均值（0.32），这些特征均与岛弧火山岩完全吻合。并且在同位素方面，本区火山岩的 Sr – Nd 同位素及 Pb 同位素特征均有力地证明了本区火山岩的洋岛/岛弧性质。

---

❶ 资料来源：新疆维吾尔自治区地质矿产勘查开发局，第十一地质大队未发表资料.

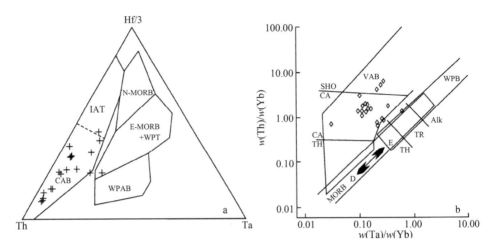

图 5 - 1 - 23　火山岩构造环境判别图

a—Hf - Th - Ta 判别图解（Wood, 1980）；b—Ta/Yb - Th/Yb 判别图解（Pearce, 1982）；

N - MORB—N 型 MORB；E - MORB + WPT—E 型 MORB 和板内拉斑玄武岩；WPAB—碱性板内玄武岩；

IAT—岛内拉斑玄武岩；CAB—钙碱性玄武岩；TH—拉斑玄武岩；CA—钙碱性玄武岩；SHO—钾玄岩；

TR—过渡玄武岩；Alk—碱性玄武岩；VAB—火山岛弧玄武岩；MORB—大洋中脊玄武岩；

WPB—板内玄武岩。实线箭头方向：D—亏损地幔，E—富集地幔

　　如 Sr - Nd 判别图解上（图 5 - 1 - 24），样品集中于区域亏损的洋岛型地幔玄武岩中，指示本区火山岩的母岩浆源区可能为亏损的岩石圈地幔。

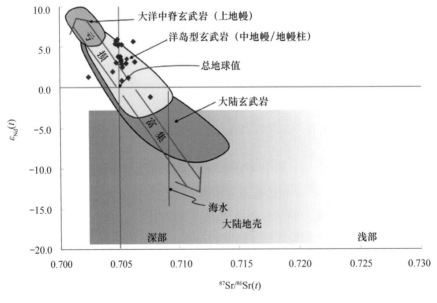

图 5 - 1 - 24　火山岩 Sr - Nd 图解

　　如图 5 - 1 - 25，在 ^{206}Pb/^{204}Pb - ^{207}Pb/^{204}Pb 图解中，多数样品靠近于洋岛火山岩的样品集中区，少数落入下地壳样品集中区，可能是因为在岩浆过程中壳源混染作用造成的。

总体上与 Sr－Nd 资料相吻合，说明了本区火山岩为洋岛/岛弧玄武岩。

由以上论述可知，本区的火山岩应为形成于早石炭世晚期俯冲带的岛弧火山岩。

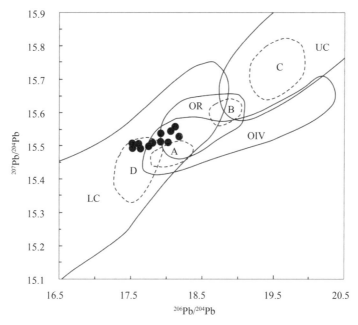

图 5－1－25　火山岩$^{206}Pb/^{204}Pb－^{207}Pb/^{204}Pb$ 图解

LC—下地壳；UC—上地壳；OIV—洋岛火山岩；OR—造山带；

A，B，C，D 分别为各区域中样品的相对集中区

（3）源区特征

本区火山岩的平均 $w(Th)/w(Ta)$ 值较高，为 12.48，玄武质安山岩和流纹岩的平均 $w(Th)/w(Ta)$ 值更是高达 21.15，明显高于原始地幔的比值。由此认为源区岩浆可以是由受俯冲流（熔）体交代的地幔部分熔融形成的。Nb/Y－Zr 部分熔融模拟计算图解（图 5－1－26）表明，火山岩样品主要落在尖晶石二辉橄榄岩的部分熔融曲线上，部分熔融程度集中在 1%～5%。部分样品的 Zr 含量较高，可能是由于岩浆经历了结晶分异过程所致。从稀土配分模式的相似性来看，本区的火山岩可能具有同源性。

哈克图解（图 5－1－27）显示，火山岩的主要元素与 $w(SiO_2)$ 的相关性较好，指示了火山岩可能经历了一定程度的结晶分异作用过程；微量元素中相容元素的不稳定和低含量，并且 Sr－Nd 同位素组成变化范围较大，又说明火山岩源区岩浆经历了一定程度的陆壳混染作用。

由以上论述，可认为阿吾拉勒带内的火山岩可能为受俯冲带流（熔）体交代的地幔楔尖晶石二辉橄榄岩发生 1%～5% 的部分熔融，并在上升过程中经历了一定程度的结晶分异和同化混染作用而形成的。

（4）火山－岩浆－成矿关系

通过火山岩/岩浆岩与磁铁矿矿石稀土元素配分模式的研究，可以为认识成矿物质的来源提供线索。为了深入研究富矿岩浆的来源问题及三种地质体之间的地球化学关系，本次详细对比研究了备战矿区的玄武质火山岩、花岗岩及致密块状铁矿石的稀土元素地球化学特征。

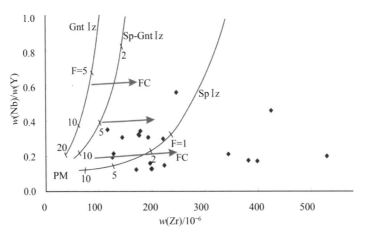

图 5－1－26　火山岩类 Zr－Nb/Y 图解

Gnt Iz—石榴子石二辉橄榄岩；Sp－Gnt Iz—尖晶石石榴子石二辉橄榄岩；Sp Iz—尖晶石二辉橄榄岩；

PM—原始地幔；FC—结晶分异趋势；F—部分熔融程度（％）

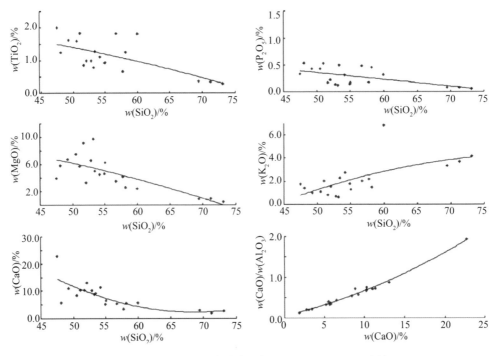

图 5－1－27　火山岩类哈克图解和 CaO－CaO/Al$_2$O$_3$ 图解

A. 玄武质火山岩与致密块状矿石

从球粒陨石标准化的稀土元素配分曲线上（图 5－1－28）可看出，矿区磁铁矿的稀土元素配分模式与矿区内的玄武质火山岩近乎一致，都表现出右倾的轻稀土相对富集，这说明二者的形成密切相关。但磁铁矿矿石表现出强烈的 Eu 负异常，研究认为在深部低氧逸度的情况下会造成岩浆熔体中铁的富集和 Eu 的负异常（Frietsch et al.，1995；袁家铮等，1997）。

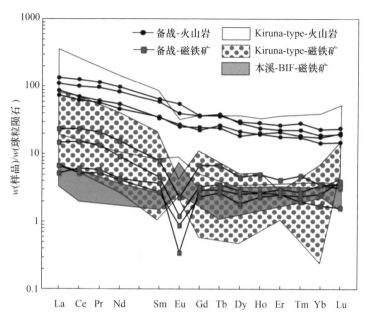

图 5 - 1 - 28　火山岩和磁铁矿球粒陨石标准化稀土元素配分型式图

（球粒陨石值引自 Sun et al. , 1989）

Kiruna - type 铁矿火山岩与矿石稀土元素数据引自 Frietsch et al. , 1995；

本溪 BIF 磁铁矿矿石稀土元素数据引自翟明国等，1989

　　原始地幔标准化的微量元素蛛网图（图 5 - 1 - 29）显示，火山岩与磁铁矿曲线形态大体一致，都表现出大离子亲石元素的富集和 Nb、Ta 和 Ti 的亏损。磁铁矿表现出强烈的Ba 和 Sr 的亏损。

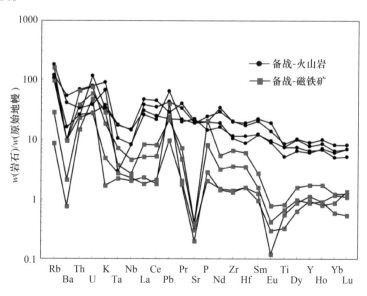

图 5 - 1 - 29　备战矿区磁铁矿 - 火山岩微量元素原始地幔蛛网图

（原始地幔值引自 Sun et al. , 1989）

从以上稀土、微量元素地球化学特征来看，致密块状铁矿石的成矿母岩浆与玄武质火山岩的母岩浆可能为同源岩浆。

B. 花岗岩（英安斑岩）与致密块状矿石

矿区花岗岩（英安斑岩）和磁铁矿球粒陨石标准化稀土元素配分型式图（图5-1-30）显示，二者的稀土配分模式高度一致，只在稀土总量方面有所差异，均表现为轻稀土相对富集、分异明显，重稀土相对亏损、元素组内部分异不明显的右倾分配模式和Eu的负异常。

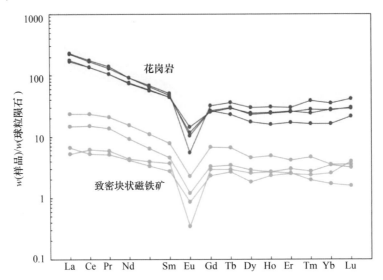

图5-1-30　备战矿区花岗岩（英安斑岩）和磁铁矿球粒陨石标准化稀土元素配分型式图
（球粒陨石值引自 Sun et al., 1989）

稀土元素方面，二者原始地幔蛛网图（图5-1-31）也近为一致，不同之处在于致密块状铁矿石要相对富磷，花岗岩则表现为磷的相对亏损。

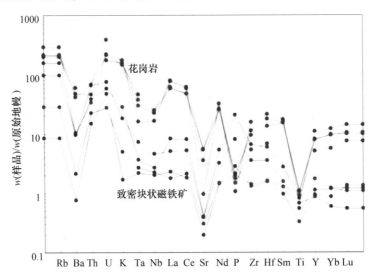

图5-1-31　备战矿区花岗岩（英安斑岩）和磁铁矿微量元素原始地幔蛛网图
（原始地幔值引自 Sun et al., 1989）

本区花岗岩（英安斑岩）与致密块状铁矿石稀土元素配分模式的高度一致性，反映了二者可能具有相同的源区性质或为同源岩浆演化的产物。

C. 玄武质岩浆 + 熔离作用 = 富铁矿浆 + 花岗岩母岩浆？

鉴于上述三者的关系，我们推测，矿区玄武质火山岩的母岩浆发生了富铁岩浆的熔离作用，形成了富铁岩浆和区内花岗岩的母岩浆。如果此熔离过程存在的话，三者的稀土元素和稳定的微量元素在地球化学方面必然会留下证据。

我们假设花岗岩母岩浆、富铁岩浆和玄武质岩浆的质量分数比为 N:1:（N+1）。选用比较稳定的全铁（$Fe_2O_3^T$）的含量来求 N。即：

$$(N+1) \times Fe_2O_3^T（原浆）= 1 \times Fe_2O_3^T（矿浆）+ N \times Fe_2O_3^T（残浆）$$

其中 $Fe_2O_3^T$（原浆）、$Fe_2O_3^T$（矿浆）和 $Fe_2O_3^T$（残浆）分别为玄武质火山岩、致密块状铁矿石及花岗岩中全铁（$Fe_2O_3^T$）的平均含量。

由此可得出 N 的值约为 13，也就是说 14 份玄武质岩浆可熔离出 1 份富铁岩浆和 13 份残余的硅酸盐岩浆，而这类残余硅酸盐岩浆便很可能是矿区花岗岩的母岩浆。

表 5-1-18 所列为将花岗岩与致密块状铁矿石按照 13:1 进行复合后获得复合岩的主微量元素含量与区内玄武质火山岩的平均各元素含量的结果。不难发现，虽然二者在主量元素方面存在差异，但在稀土元素（如：Pr、Nd、Sm、Gd、Tb、Dy、Ho、Er、Tm、Yb、Lu）和部分较为稳定的微量元素（如：Y、Cd、In、Tl、Zr、Hf）方面的数值比较接近。

表 5-1-18　备战矿区火山岩与模拟复合岩的主量元素与微量元素分析结果

名称	SiO_2	TiO_2	Al_2O_3	$Fe_2O_3^T$	FeO	MnO	MgO	CaO	Na_2O	K_2O	P_2O_5	LOI	Li	Be
复合岩	71.25	0.20	11.85	6.30	2.02	0.04	0.67	1.12	3.43	4.46	0.05	0.71	2.56	3.41
火山岩	55.16	1.23	15.19	6.22	3.86	0.09	5.21	8.62	3.52	1.95	0.36	2.41	11.86	1.76

名称	Sc	V	Cr	Co	Ni	Cu	Zn	Ga	Rb	Sr	Y	Nb	Mo	Cd
复合岩	2.71	14.70	2.39	3.86	1.98	28.37	45.60	14.75	138.9	75.40	34.10	14.86	1.76	0.09
火山岩	22.97	183.6	155.85	16.65	57.80	34.42	50.86	14.60	70.54	474.38	29.99	8.81	0.66	0.07

名称	In	Sb	Cs	Ba	La	Ce	Pr	Nd	Sm	Eu	Gd	Tb	Dy	Ho
复合岩	0.09	0.53	2.11	258.37	44.04	88.06	10.71	36.56	6.72	0.57	5.30	1.03	5.59	1.26
火山岩	0.12	2.67	0.86	447.16	25.08	54.64	7.53	30.94	6.61	1.91	5.71	1.05	5.65	1.19

名称	Er	Tm	Yb	Lu	Ta	W	Re	Tl	Pb	Bi	Th	U	Zr	Hf
复合岩	3.78	0.63	4.23	0.72	1.24	0.86	0.00	0.44	13.51	0.11	17.16	3.45	111.05	4.34
火山岩	3.38	0.51	3.03	0.49	0.60	1.47	0.00	0.24	3.09	0.22	5.62	1.66	177.00	4.72

注：主量元素含量单位为%；微量元素含量单位为 10^{-6}。

图 5-1-32 为火山岩与复合岩的球粒陨石标准化稀土元素配分型式图和微量元素原始地幔蛛网图，二者均表现为极为一致。不同之处在于复合岩的稀土元素 Eu 负异常、Ba、Sr、P 等微量元素的相对贫化及 Th、U 和 K 的相对富集，这可能与矿浆熔离作用及后来的壳源混染作用有关系。

二者地球化学数据和稀土元素配分模式的高度一致，说明本次推断较为可靠，即玄武岩浆（玄武质火山岩的母岩浆）经熔离作用形成富铁岩浆和花岗岩母岩浆的这个过程是很可能存在的，三者份数之比约为 14:1:13。

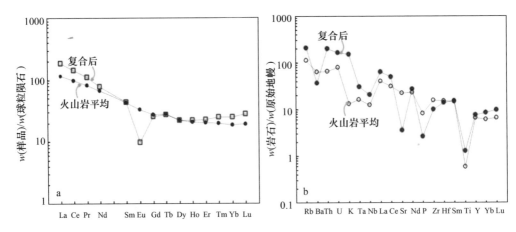

图 5 - 1 - 32　备战矿区火山岩与模拟复合体球粒陨石标准化
稀土元素配分型式图（a）和微量元素原始地幔蛛网图（b）
（球粒陨石和原始地幔值引自 Sun et al.，1989）

上述研究表明，岩（矿）浆型的矿体形成于火山作用之后，可能是由火山岩母岩浆的熔离作用而形成的，而区内的花岗岩可能是由玄武质岩浆熔离出富铁岩浆之后的残余岩浆经过一系列结晶分异和同化混染作用过程而形成的。

3. 成矿物质来源

前文已述，矿区的致密块状铁矿石普遍表现出 ΣREE 含量较低和 Eu 的负异常。前人研究认为造成磁铁矿 ΣREE 较低的原因可能是磷灰石含量较高，磷灰石"萃取"了大量的 REE，使得磁铁矿相对贫 REE（袁家铮等，1997）。但本区的火山岩和铁矿石磷含量普遍较低，洪为等（2012）认为 ΣREE 较低可能是由于在玄武岩浆演化过程中，大量稀土元素进入其他硅酸盐矿物的晶格造成的，很可能进入了透辉石矿物晶格内。致密块状铁矿石 Eu 的负异常可能是由于富铁岩浆的熔离造成的。

从以上铁矿石的 REE 特征来看，其形成过程与岩浆熔离及演化过程极为密切，其成矿元素应来源于岩浆。

氧同位素方面：本书获得备战铁矿致密块状铁矿石的 δO^{18}（‰）平均值为 5.6，浸染状矿石的 δO^{18}（‰）为 1.3。致密块状铁矿石 δO^{18} 值与地幔 δO^{18} 值（5.7±0.3‰）较为接近，也说明了它的深部岩浆成因。

铅同位素方面：在矿石铅同位素的 $\Delta\gamma - \Delta\beta$ 成因分类图解（图 5 - 1 - 33）上（有三个样品投在图解之外），铅多集中于地幔源铅和构造带铅范围内，这说明区内铁矿石中的铅来源于深部岩浆或地幔岩浆（朱炳泉等，1998）。

硫同位素方面：本次所获得的备战矿区致密块状矿石中的 $\delta^{34}S$ 值为 1.2~2.2 范围内，而幔源硫 $\delta^{34}S$ 值为 0±3‰，多集中于 1~4（耿新霞等，2010），这说明致密块状矿石中的硫元素可能来源于地幔（王立强等，2010）。除此之外，冯金星等（2010）、卢宗柳等（2006）均通过同位素地球化学的研究，认为本区的成矿物质来源于深部地壳或上地幔。热液成矿阶段的脉状黄铁矿的 $\delta^{34}S$ 集中于 5.2~6.4 之间，可能是由于热液蚀变作用所致，也可能有部分黄铁矿来源于地壳。

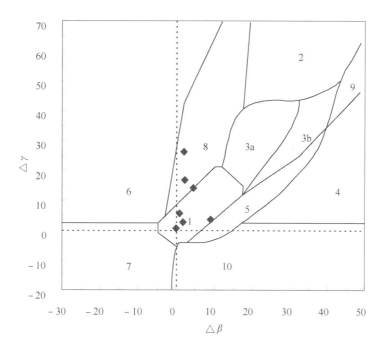

图 5 - 1 - 33　矿石铅同位素的 $\Delta\gamma - \Delta\beta$ 成因分类图解

(底图据朱炳泉，1998)

1—地幔源铅；2—上地壳铅；3—上地壳与地幔混合的俯冲带铅（3a—岩浆作用；3b—沉积作用）；

4—化学沉积型铅；5—海底热水作用铅；6—中深变质作用铅；7—深变质下地壳铅；8—造山带铅；

9—古老页岩上地壳铅；10—退变质铅

由以上论述可知，区内的磁铁矿具有岩浆成因的特点，应来源于深部岩浆系统或幔源岩浆系统，热液成矿阶段的部分闪锌矿和黄铁矿可能来源于地壳。

4．矿床成因

虽然前人对成矿作用有了一定的研究，但是对两期成矿过程的成矿机制并不明确。在已获取的地质学、地球化学资料的基础上，结合前人的研究成果，对本区的两个成矿阶段予以初步讨论。

（1）岩（矿）浆成矿作用

通过对备战铁矿床的矿床地质特征和地球化学特征的详细论述，确定了矿浆成矿作用过程的存在。本区玄武岩中 Cr、Ni、Co 元素亏损一定程度上反映了可能经历了富铁岩浆与硅酸盐岩浆的分离过程。在阿吾拉勒地区的火山岩型铁矿中磷灰石普遍产出较少（冯金星等，2010；洪为等，2012；张作衡等，2012），虽然区内寒武系底部有含磷沉积（夏林圻等，2007），但本区的火山岩和铁矿石磷含量普遍都较低，由此看来，本区富铁岩浆的熔离机制可能与磷的关系不大。

本区铁矿床的成矿母岩浆就来源于上地幔受俯冲带流体交代的地幔楔（尖晶石）二辉橄榄岩部分熔融（1% ~5%）形成富铁的基性玄武质岩浆。构造环境发生变化时，基性玄武岩浆底侵，上侵过程中发生同化混染和分离结晶作用，最后侵位于下地壳岩浆房形成一套玄武质岩浆，这套玄武岩浆就是本区的成矿母岩浆。玄武岩中辉石斑晶的矿物学资料表明其结晶于 19～33km（单斜辉石温压计），说明这个岩浆房可能在 33km 左右。年代学数据表明，玄武质岩浆在 316Ma 左右随火山作用喷出形成区域大哈拉军山组火山岩。火山作用之后，火山岩的母岩浆房发生了富铁岩浆的熔离，形成富铁岩浆和残余的富硅硅酸盐岩浆（备战花岗岩（英安斑岩）的母岩浆），备战花岗岩（英安斑岩）和火山岩的年龄约束了富铁岩浆熔离的时间可能为 316～307Ma。

玄武岩浆发生富铁岩浆的熔离作用必定是由于周围物化条件的改变引起的。本次认为造成这种物化条件改变的原因有两个：①深部基性岩浆的持续补充中断；②壳源混染作用的不断加强。在洋壳俯冲末期，挤压的构造应力会变弱，甚至转为拉伸，此时受挤压作用控制的深部基性岩浆的不断补充便会中止，缺少了深部基性岩浆的补充，就会造成岩浆房中的岩浆从偏基性向偏中性演化。另一方面，地壳混染作用，尤其是富硅、长英质及膏盐层等壳源混染作用会影响玄武质岩浆物化性质。区内致密块状矿石的 Th、U 含量变化范围较大，且二者具有一定的正相关性（图 5-1-34），可能就暗示着与壳源混染作用有关。

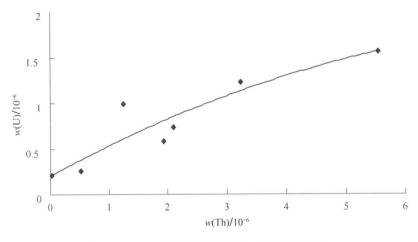

图 5-1-34　致密块状矿石 Th-U 含量关系图

黄清涛（1984）认为深部岩浆上侵过程地壳的混染作用会加剧岩浆的分异和铁的熔离。另外，壳源的混染作用也可使玄武质岩浆的氧逸度发生变化，而氧逸度对熔体的不混溶过程有重要影响，若壳源混染作用造成岩浆系统中氧逸度的升高，便会扩大岩浆体系中磁铁矿的稳定范围，从而造成磁铁矿的提前析出，并导致残余岩浆中硅的富集和铁的亏损（徐义刚等，2003）。所以本书认为，区内富铁岩浆的熔离可能是由上述两个原因造成的，也可以合理地解释熔离作用之后的残余岩浆相对富硅的现象。

经熔离之后的富铁岩浆，受构造活动影响而上侵到早期的火山岩地层中参与成矿，形成了备战矿区的致密块状磁铁矿体。

（2）**热液成矿作用**

备战矿区的火山岩围岩存在热液蚀变和矿化作用阶段。野外地质现象和地球化学资料表明，本区的热液蚀变作用和热液成矿作用可能是由矿浆热液或高温岩浆热液引起的。近年来的研究发现，阿吾拉勒铁矿带内的多个矿床普遍存在着发生于岩（矿）浆成矿阶段之后的围岩热液蚀变和矿化作用（汪帮耀等，2011a；冯金星等，2010；洪为，2012；洪为等，2012；张作衡等，2012）。

在地球化学方面，区内的矽卡岩和矽卡岩化的火山岩与典型的热液交代矽卡岩相比，其稀土元素总量较低，并表现为 Eu 的正异常。已有研究表明，一般与高温热液有关的热液 – 流体 – 岩石系统都表现为轻稀土元素的富集和正的 Eu 异常（杨富全等，2007），因此，高温条件可能才是造成矽卡岩化的火山岩 Eu 正异常的主要原因，故可推断本区的矽卡岩化的形成并非来源于典型的岩浆热液作用，而可能形成于温度更高的矿浆热液或者高温岩浆热液系统。本次认为，蚀变岩的正 Eu 异常可以作为区别矿浆热液或高温岩浆热液蚀变作用和传统热液蚀变作用的标志之一。

上述资料表明，本区的蚀变矿化作用的热液来源于高温热液系统。从成矿元素方面来看，矿区的火山岩平均铁（$Fe_2O_3^T$）含量为 6.51%，蚀变火山岩的平均铁（$Fe_2O_3^T$）含量为 6.78%，二者铁含量大致相当，暗示着在热液蚀变体系中围岩的铁没有被热液"萃取"出去，说明高温热液可能为富铁的岩浆热液。认为本区蚀变矿化作用的热液来源于矿浆热液和高温（富铁）岩浆热液，成矿元素来源于深部岩浆系统。矿浆热液多造成围岩的石榴子石化、透辉石化和绿帘石化，（富铁）岩浆热液多造成围岩的石榴子石化和绿帘石化。在热液作用过程中的矿化主要有磁铁矿化、赤铁矿化、闪锌矿化和黄铁矿化。本阶段形成的铁矿石品位相对要低，在稀土元素方面与致密块状铁矿石不同，热液阶段的铁矿石 Eu 负异常不明显，而且稀土元素配分模式不稳定，可能是由于受不同程度的热液蚀变作用影响造成的。Pb 同位素特征表明，热液期磁铁矿的成矿元素来自深部岩浆。S 同位素显示，与矿浆期的铁矿石不同，本阶段矿石中的 $\delta^{34}S$ 值为 5.2 ~ 6.2（矿浆期的 $\delta^{34}S$ 值为 1.2 ~ 2.2），可能是由于热液蚀变作用所致，因为在热液体系中 $\delta^{34}S$ 的值与温度、氧逸度、酸碱性等具有密切的关系。

由此可见，本区火山岩的蚀变作用形成于温度较高的矿浆热液或高温（富铁）岩浆热液系统，此阶段形成矿石在产出状态、矿物组合、稀土元素、同位素等方面均与矿浆期矿石的特征不同。

第二节　敦　德　铁　矿

敦德铁矿位于新疆巴音郭楞蒙古自治州和静县西北，距离县城约 130km，矿区中心地理坐标为东经 85°20′39″、北纬 43°15′44″。目前探明的铁矿资源储量已达大型规模。

一、矿区地质特征

敦德铁矿处于伊犁 – 中天山陆壳板块的伊犁晚古生代活动大陆边缘内。矿区出露地层主要为下石炭统大哈拉军山组二段火山岩、第四纪冰川堆积物（图 5 – 2 – 1），西南部出露呈条带状展布的钾长花岗岩。矿区构造为一简单的单斜构造。

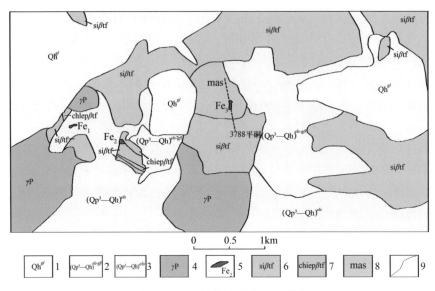

图 5 - 2 - 1 敦德铁矿矿区地质图

(据新疆地质矿产勘查开发局第三地质大队修编，2011)

1—全新统现代冰川；2—上更新统—全新统残坡冰积物；3—上更新统—全新统残坡积物；

4—二叠纪钾长花岗岩；5—矿体位置及编号；6—玄武质凝灰岩；7—蚀变玄武质凝灰岩；

8—安山岩；9—地质界线

1．地层

矿区出露地层主要有下石炭统大哈拉军山组二段（C_1d^2）和第四系冰川坡积物。主要的岩石类型简单描述如下：

（1）下石炭统大哈拉军山组二段（C_1d^2）

主要岩性为灰褐色到灰白色的玄武岩、玄武质（晶屑）凝灰岩，灰白色或浅褐色的粗面岩、蚀变安山岩，灰绿色绿帘石化、绿泥石化玄武质凝灰岩，流纹质凝灰岩等。

玄武岩：灰色，隐晶质结构，块状、杏仁状构造；斑晶主要由斜长石组成（20%～30%），含少量的辉石（5%～10%），未见橄榄石；斜长石成自形—半自形结构，可见聚片双晶，辉石多绿泥石化、透辉石化。

玄武质凝灰岩：灰绿色，凝灰结构，块状构造；主要由晶屑、玻屑和火山尘组成，晶屑成棱角状，部分已熔融圆化，成分主要是斜长石（约30%）及少量的辉石（约5%），火山尘呈尘点状紧密堆积。

粗面岩：浅灰色，斑状结构，块状构造；斑晶主要为钾长石（约40%），表面高岭土化，基质为粗面结构，由定向分布的钾长石微晶、磁铁矿和部分火山玻璃组成。

玄武质粗安岩：灰绿色，斑状结构，块状构造；斑晶主要由钾长石（约20%）和斜长石（约20%）组成，部分斜长石已绿泥石化。

流纹质凝灰岩：灰褐色，凝灰结构，块状构造；主要由晶屑、玻屑和火山尘组成，晶屑成棱角状，部分已熔融圆化，成分主要是钾长石（约20%）、石英（约20%）及少量的云母，火山尘呈尘点状紧密堆积。

（2）第四系

主要由第四系现代冰川、冰川残坡积物及残坡积物组成。矿区北部以现代冰川为主，中部以冰川坡积物为主，南部以残坡积物为主。矿区中部的冰川坡积物分布于矿区基岩露头区陡坎下方、山前地带或平缓低凹处，由尖棱角状火山岩碎石及冰水沉积的泥、砂等组成，厚5～20m不等。

2. 构造

矿区构造主要为一简单的单斜构造。矿区出露的地层为大哈拉军山组的一套从基性到酸性的火山熔岩、凝灰岩，走向为南西－北东向，倾向北，倾角50°～75°。区内断裂构造不发育，从矿区3788m、3922m水平中段平硐施工情况看，深部均未见大的断层，仅在局部发育次级小断层，对矿体的破坏作用不明显。

3. 岩浆岩

侵入岩：矿区内的侵入岩为一套出露于矿区西部及西南部的呈北西－南东向条带状分布的中粗粒角闪石钾长花岗岩（图5－2－1），其与火山岩地层为侵入接触关系。岩石呈肉红色，中—细粒花岗结构，块状构造，岩石主要由钾长石50%～55%，斜长石10%～20%，石英20%～35%，黑云母约5%等组成；其中可见暗色矿物角闪石多已蚀变为绿帘石、绿泥石等；斜长石可见聚片双晶；副矿物主要是榍石、磁铁矿。

脉岩：矿区内的脉岩主要是后期侵入的辉绿岩脉，走向北北东向，辉绿岩风化面灰黑色，斑状、辉绿结构，块状构造，岩石主要由长柱状的拉长石组成，另外含有少量的粒状辉石及磁铁矿。

二、矿床地质特征

1. 矿体

矿体产于下石炭统大哈拉军山组火山岩中，走向北东－南西向，产状北西倾，倾角55～70°之间。矿区可见原生露头3处，呈南北向及近东西向分布于矿区的西部及中部，长约53～70m，宽8～20m。

Fe1号：见于矿区西部，长约53m，宽约10m，走向256°，大部分为残坡积物覆盖，基岩只在东西两侧断续出露。据物探资料，矿体南倾，倾角较缓。矿石品位最高TFe32.55%，最低TFe22.21%，平均品位25.23%，属于贫铁矿石。

Fe2号：见于矿区中部，长约70m，宽约15m，走向355°，西倾60°～70°，呈透镜状，南窄北宽，基岩出露较好，其内可见凝灰岩透镜体。矿体赋存于玄武质凝灰岩中，呈似层状、透镜状产出。矿石品位最高TFe33.11%，最低20.04%，平均品位26.77%，属于贫铁矿石。

Fe3号：矿体见于矿区中东部，地表露头长度约2m，宽约1.5m，目前尚无法确定其产状，四周为第四系坡积物所覆盖。

2. 矿石

(1) 矿物组成

A. 原生金属矿物

敦德铁矿的原生金属矿物种类较多，主要有磁铁矿、闪锌矿、黄铁矿、磁黄铁矿、黄铜矿，其余均为微量。

a) 磁铁矿（Fe_3O_4）：铁黑色，强金属光泽，半自形—他形粒状结构。反射光下呈钢灰色（图5-2-2a），均质体，不显示内反射具强磁性，少数破碎呈角砾状，有时被黄铜矿、磁黄铁矿熔蚀交代呈骸晶结构或与黄铁矿形成共边结构。根据电子显微镜及电子探针分析，敦德铁矿中的磁铁矿可分为两个世代：第一世代的磁铁矿呈团块状产出于矽卡岩化的火山岩中（图5-2-2b），为岩浆成因；第二世代的磁铁矿呈稀疏浸染状及稠密浸染状产于矽卡岩中（图5-2-2c），为热液交代成因。

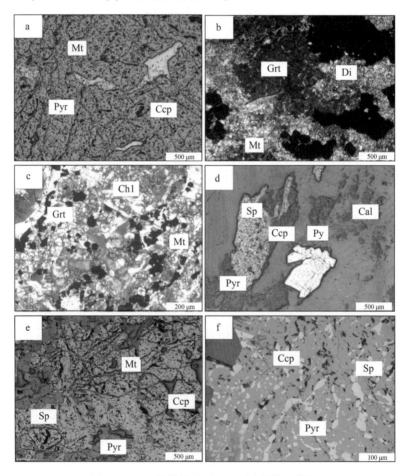

图5-2-2 敦德铁矿原生金属矿物镜下特征

a—共生黄铜矿（Ccp）和磁黄铁矿（Pyr）沿裂隙充填交代磁铁矿（Mt）（反射光）；

b—变质矽卡岩中团块状的磁铁矿交代透辉石（Di）和石榴子石（Grt）（正交偏光）；

c—热液交代矽卡岩中浸染状磁铁矿交代石榴子石（正交偏光）；

d—闪锌矿（Sp）与黄铁矿（Py）共生（反射光）；e—闪锌矿交代磁铁矿（反射光）；

f—磁黄铁矿交代闪锌矿（反射光）

b）闪锌矿（ZnS）：棕褐色，半金属光泽，他形粒状结构（图 5－2－2d，图 5－2－2e）。反射光下为灰褐色，非均质体，显内反射，棕红色，可见乳滴状黄铜矿及磁黄铁矿分布其中（图 5－2－2d，e，f）。

c）磁黄铁矿：暗铜黄色，金属光泽，主要呈他形粒状，粒径最小可达 0.8mm，反射光下为乳黄色，具磁性，与黄铜矿紧密共生（图 5－2－2d，图 5－2－2e，图 5－2－2f），分布于磁铁矿矿石、磁铁矿化矽卡岩及富铁的火山岩中。

d）黄铁矿：浅黄铜色，金属光泽，反射光下呈浅黄色，自形—半自形或他形粒状（图 51－2－2d），自形晶矿物晶形发育较好，手标本可见立方体或五角十二面体及八面体，粒径 0.05～10mm。黄铁矿的分布样式众多，有零星分布于磁铁矿中，也有呈脉状沿裂隙穿插交代或被闪锌矿包裹。

e）黄铜矿：铜黄色，金属光泽，反射光下呈铜黄色（图 5－2－2a），主要为他形粒状结构，部分可形成粒状集合体，与黄铁矿共生，常呈乳滴状分布于闪锌矿中（图 5－2－2d，图 5－2－2e，图 5－2－2f）。

B. 脉石矿物

敦德铁矿中脉石矿物主要是矽卡岩矿物（石榴子石、透辉石、绿泥石、绿帘石）、石英、方解石、黄铁矿，见少量的磁黄铁矿、黄铜矿。

a）石榴子石：敦德铁矿中石榴子石主要分两种类型，分别为火山变质成因石榴子石和热液交代成因石榴子石。岩（矿）浆期石榴子石，主要为细粒—粗粒结构，呈浅棕－褐棕色（图 5－2－3a），自形—半自形晶粒，粒径 0.05～0.80mm，内部残留火山岩的副矿物如磷灰石（图 5－2－3b）、锆石等，端元组分以钙铝榴石为主。热液交代期石榴子石，黄褐色，半自形—他形晶粒（图 5－2－3c，图 5－2－3d），部分石榴子石可见环带结构（图 5－2－3c），端元组分以钙铁榴石为主。

b）透辉石：透辉石，单偏光下，淡绿色，正交偏光下为二级蓝绿色至橙黄色，粒径 0.10～0.40mm，镜下多为自形—半自形粒状或短柱状（图 5－2－3d），与石榴子石共生，弱多色性，正高突起，具辉石式解理，横断面对称消光。端元组分主要为透辉石。

c）绿帘石：单偏光下，草绿－黄绿色，半自形晶粒状（图 5－2－3e），粒度在 0.05～0.15mm 之间，正交偏光镜下为 Ⅱ—Ⅲ 级不均匀的干涉色，正高突起。

d）绿泥石：深绿色，粒度一般在 0.1mm 左右，呈片状、板状交代早期形成的石榴子石（图 5－2－3f）。

e）石英：薄片中无色透明，表面光滑，亦可见表面污浊者，干涉色为一级黄白—灰白，主要呈他形粒状充填于矿石矿物和矽卡岩矿物之间（图 5－2－3d）。

f）方解石：薄片中无色，正交偏光下为高级白干涉色（图 5－2－3a，图 5－2－3e），可见两组菱形解理及聚片双晶，多呈他形粒状充填于矿石矿物及矽卡岩矿物之间，可见有自形程度较高的石榴子石分布其中。

（2）矿石结构构造

通过主要类型矿石的详细野外和镜下观察工作，将矿石的结构构造类型叙述如下。

A. 矿石结构

根据矿石矿物的大小、形态、结晶程度及相互关系等进行分类，矿石的主要构造类型有：半自形—他形晶粒状结构、包含结构、交代结构。

a. 半自形—他形晶粒状结构

大部分金属矿物如磁铁矿、闪锌矿、黄铁矿、黄铜矿等呈半自形—他形晶粒状结构，或于脉石矿物中呈团块状（图5-2-2b，图5-2-2c，图5-2-3c，图5-2-3e）、星散状分布（图5-2-3f），或于后期脉石矿物的交代使其边缘不甚平整（图5-2-2e，图5-2-3e，图5-2-3f），或集结成团块状充填于其他先形成的矿物颗粒之间（图5-2-2a，图5-2-2d），形成自形—半自形晶粒状结构。

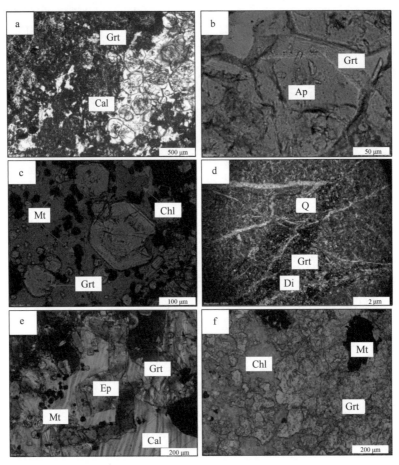

图5-2-3 敦德铁矿脉石矿物镜下特征

a—热液交代期石榴子石（Grt）穿插交代早期岩（矿）浆期石榴子石（单偏光）；

b—岩（矿）浆期石榴子石内部可见磷灰石（Ap）（单偏光）；

c—绿泥石（Chl）交代环带状石榴子石（单偏）；

d—热液沿裂隙交代安山质凝灰岩形成石榴子石和透辉石（Di）（正交偏光）；

e—绿帘石（Ep）交代石榴子石（正交偏光）；f—绿泥石交代石榴子石（单偏光）

b. 包含结构

粗大的矿物中包含同种或其他的细小的矿物颗粒，形成包含结构。其原因可能是早形成的矿物被晚形成的矿物包裹，如磁铁矿被绿泥石包裹（图5-2-3c）、磁铁矿被方解石包裹（图5-2-3e），亦可能是由于固溶体的出溶，如闪锌矿中包裹乳滴状的黄铜矿

（图5-2-2d，图5-2-2e，图5-2-2f）。

c. 交代结构

这类现象较为普遍，主要表现为先形成的矿物被后期矿物交代。按照交代的形态及程度可划分为交代溶蚀结构（图5-2-2e，图5-2-3e，图5-2-3f）、骸晶结构、交代残余结构（图5-2-3d）或反应边结构。

B. 矿石构造

根据矿物集合体的形态、空间分布及排列状态，矿石的构造主要分为：致密块状构造、稠密浸染状构造、稀疏浸染状构造、条带状构造等。

a. 致密块状构造

矿石中磁铁矿、闪锌矿、黄铁矿及黄铜矿等呈致密块状集合体，不显示定向排列，是富矿石的主要构造之一。其中磁铁矿及闪锌矿占50%左右，伴生少量黄铁矿、磁黄铁矿及黄铜矿等金属矿物。磁铁矿粒度0.03~0.1mm，脉石矿物常见有透辉石、绿帘石、阳起石，并含有少量方解石等。显微观察，偶见后期的硫化物填充于磁铁矿的裂隙或矿物间隙中（图5-2-4c，图5-2-4d）。

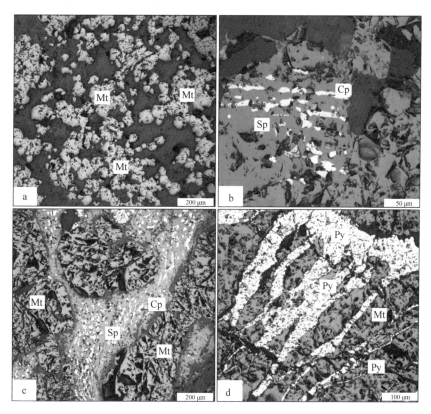

图5-2-4 敦德矿区铁矿石显微构造特征

a—浸染状的磁铁矿（Mt）矿石，半自形结构的磁铁矿晶体呈星点状分布，

脉石矿物主要为绿帘石、石榴子石和透辉石（反射光）；

b—浸染状矿石中的闪锌矿（Sp）与黄铜矿（Cp）共生，黄铜矿呈脉状穿插于闪锌矿中（反射光）；

c—致密块状矿石中的磁铁矿被闪锌矿脉穿插，闪锌矿中包含星点状的黄铜矿（反射光）；

d—致密块状矿石中的磁铁矿被黄铁矿（Py）脉穿插（反射光）

b. 浸染状构造

矿石矿物如磁铁矿及闪锌矿等出现不连续，常呈单个矿物或集合体出现，按照含矿石矿物的多少，可以细分为稠密浸染状和稀疏浸染状构造。这种构造也是敦德铁矿矿石的主要构造类型，主要矿石矿物为磁铁矿和闪锌矿，主要脉石矿物为透辉石、磁黄铁矿、黄铁矿等。磁铁矿粒径较均匀，为 0.02~0.05mm（图 5-2-4a）。矿体边部的浸染状矿石中发育闪锌矿，其与磁铁矿关系密切，绝大部分闪锌矿都包裹磁黄铁矿、黄铁矿和黄铜矿（图 5-2-4b）。

c. 条带状构造

矿石矿物集合体呈条带状沿一定的方向分布，与脉石矿物相间排列组成韵律状条带，但宽度不稳定、边界也不明显，另外后期生成的黄铁矿也可以沿裂隙产出，呈条带状分布。

3. 围岩蚀变

矿体的围岩有石榴子石-透辉石化、石榴子石化、透辉石化、绿泥石-绿帘石化、钾化和硅化及碳酸盐化等蚀变，这些蚀变与成矿关系密切。其中矽卡岩化在矿区内普遍发育，尤其在矿体的下盘更为发育，矿物组合以石榴子石和透辉石为主，其次为绿帘石、绿泥石、石英和方解石等。

（1）水平方向蚀变矿化分带

本次研究分别针对敦德矿区的 3912 平硐和 3788 平硐进行了详细考察和编录。

图 5-2-5 为由南向北穿过 3912 平硐的水平剖面，水平方向的矿化主要有两种类型。

第一段（3912 平硐 250~450m 间），为矽卡岩化的火山岩中发育的四层稠密浸染状和稀疏浸染状的铁矿体。

第二段（3912 平硐 1070~1270m 间），为块状的磁铁矿矿体，与此矿体相邻的火山岩蚀变较强。从南向北矿化/蚀变分带情况为：玄武质安山岩→硅化、绿帘石化的火山岩→石榴子石化、绿帘石化、黄铁矿化的火山岩→黄铁矿化的磁铁矿矿体→致密块状铁矿体→黄铁矿化、绿帘石化的火山岩→黄铁矿化、绿泥石化的火山岩。

根据敦德铁矿 3788 平硐的实测编录剖面（图 5-2-6）和矿物组合及相互穿插关系特征，可以把敦德铁矿的演化过程分为早矽卡岩阶段、晚矽卡岩阶段、石英硫化物阶段和碳酸盐阶段四个阶段，在不同的阶段对应不同的蚀变：

早矽卡岩阶段：开始于岩浆作用的晚期，首先为斜长石钠长石化，继而方柱石化的铁、镁、钙的交代作用逐渐代替了钠质交代，从而产出透辉石、石榴子石，形成透辉石矽卡岩和石榴子石矽卡岩等。这些岩石均改变了原岩的属性，很难看到原岩的结构构造。

晚矽卡岩阶段：该阶段蚀变矿物以绿帘石、绿泥石等为主，可独立构成一系列蚀变岩。本阶段蚀变矿物都含 OH 现象说明 H_2O 广泛参与了交代作用，致使原来不含水的矿物变为含水硅酸盐矿物，该阶段有大量的磁铁矿生成。

石英硫化物阶段：本阶段由于温度下降、热液性质发生了很大的改变，热液中 S^{2-} 的浓度逐渐增大，并伴有前期析出大量的硅质（石英）。蚀变作用以黄铁矿化和硅化为主，伴生绿泥石化和碳酸盐化。晚期蚀变可叠加于早期蚀变的基础之上，形成大量的石英脉、碳酸盐脉及浸染状、脉状黄铁矿化。

碳酸盐阶段：形成大量不含矿的方解石低温矿物。

（2）垂向蚀变矿化分带

为了了解垂向上的矿化蚀变分带特征，课题组选择了区内较有代表性的 ZK0500 号钻

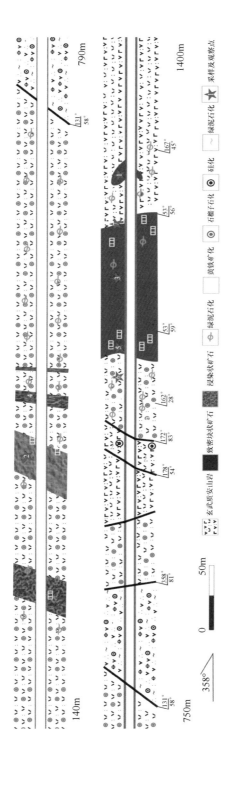

图 5-2-5 敦德铁矿 3912 平硐实测剖面图

上段，为 3912 平硐 140～790m 处的矿化蚀变分带，有 4 层厚度不等的浸染状磁铁矿矿体发育于绿帘石化、石榴子石化的玄武质安山岩中，石榴子石化的玄武质安山岩中；

下段，为 3912 平硐 750～1400m 处的矿化蚀变分带，见块状的磁铁矿矿体赋存于玄武质安山岩中，靠近矿体的火山岩蚀变较强，

以石榴子石化和绿帘石化为主，矿体的边部有黄铁矿化和绿帘石化现象

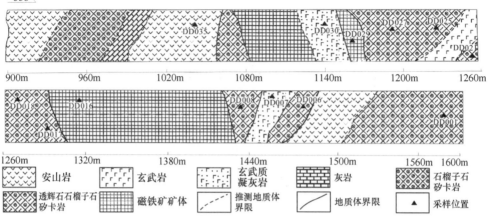

图中图例：

图案	名称	图案	名称	图案	名称
	安山岩		玄武岩		玄武质凝灰岩
	灰岩		石榴子石矽卡岩		
	透辉石石榴子石矽卡岩		磁铁矿矿体		推测地质体界限
	地质体界限		采样位置		

图 5 - 2 - 6 敦德铁矿 3788 平硐示意图

孔进行详细的编录。如图 5 - 2 - 7 所示，垂向上主要有 5 层矿体，第 1 层矿体近 80m 厚，赋存于矿化的石榴子石矽卡岩中，矿石矿物主要为磁铁矿、黄铁矿及闪锌矿，多呈浸染状、脉状或条带状分布，脉石矿物主要为绿泥石、绿帘石、石榴子石等；2～4 层矿体普遍较薄，厚约 1～3m，为稀疏浸染状磁铁矿，矿物组合与第 1 层矿体一致；第 5 层矿体为块状磁铁矿矿体，11m 厚，赋存于绿帘石化的石榴子石矽卡岩中，主要由磁铁矿组成。

4. 成矿期和成矿阶段

根据矿床的地质特征、矿物的组合及相互穿插关系等划分矿床的形成期次及成矿阶段。

敦德铁矿演化过程可分为岩（矿）浆期（早矽卡岩）和热液交代期，其中热液交代期可分为三个阶段：晚矽卡岩阶段、石英硫化物阶段和碳酸盐阶段。岩（矿）浆期主要形成石榴子石、透辉石及磁铁矿。在热液交代期主要形成石榴子石、透辉石、磁铁矿、绿泥石、绿帘石、黄铁矿、磁黄铁矿、黄铜矿、石英、方解石等矿物。根据矿物的组构及相互穿插关系可以将敦德铁矿的矿物生成顺序表示如下（表 5 - 2 - 1）：

表 5 - 2 - 1 敦德铁矿矿物生成顺序

矿物 \ 阶段	岩（矿）浆期	热液交代期		
	早矽卡岩阶段	晚矽卡岩阶段	石英-硫化物阶段	碳酸盐阶段
石榴子石	━━━━━━			
透辉石	━━━━━━			
绿帘石	━━━━			
绿泥石	━━━━			
磁铁矿	━━━━━━━			
石英	━━━━━━━━━━━━━			
黄铁矿		━━━━━━━		
黄铜矿		━━━━━		
磁黄铁矿		━━━━━		
闪锌矿		━━━━		
方解石		━━━━━━━━━		

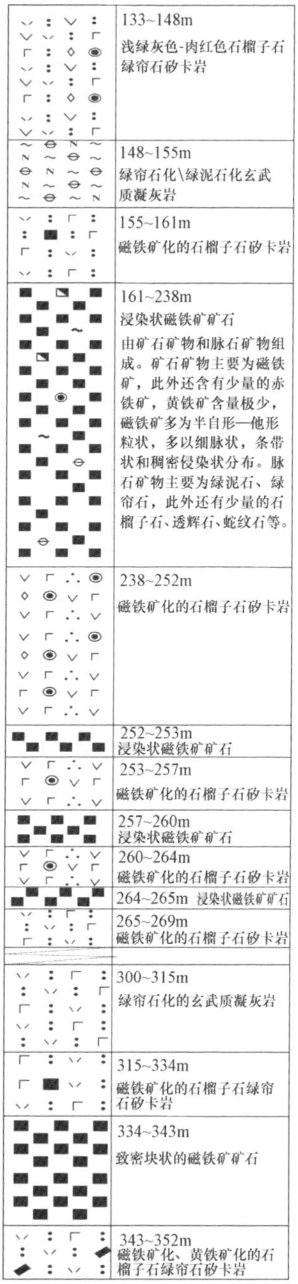

	133~148m 浅绿灰色-肉红色石榴子石绿帘石矽卡岩
	148~155m 绿帘石化\绿泥石化玄武质凝灰岩
	155~161m 磁铁矿化的石榴子石矽卡岩
	161~238m 浸染状磁铁矿矿石 由矿石矿物和脉石矿物组成。矿石矿物主要为磁铁矿，此外还含有少量的赤铁矿，黄铁矿含量极少，磁铁矿多为半自形—他形粒状，多以细脉状，条带状和稠密侵染状分布。脉石矿物主要为绿泥石、绿帘石，此外还有少量的石榴子石、透辉石、蛇纹石等。
	238~252m 磁铁矿化的石榴子石矽卡岩
	252~253m 浸染状磁铁矿矿石
	253~257m 磁铁矿化的石榴子石矽卡岩
	257~260m 浸染状磁铁矿矿石
	260~264m 磁铁矿化的石榴子石矽卡岩
	264~265m 浸染状磁铁矿矿石
	265~269m 磁铁矿化的石榴子石矽卡岩
	300~315m 绿帘石化的玄武质凝灰岩
	315~334m 磁铁矿化的石榴子石绿帘石矽卡岩
	334~343m 致密块状的磁铁矿矿石
	343~352m 磁铁矿化、黄铁矿化的石榴子石绿帘石矽卡岩

图 5 – 2 – 7　敦德矿区 ZK0500 钻孔实测柱状图

三、矿床矿物特征

对敦德矿区火山岩中的造岩矿物、矽卡岩中蚀变矿物和铁矿石中矿石矿物进行了矿物学分析研究。

1. 造岩矿物

矿区玄武质火山岩中的辉石化学组成测试结果列于表 5 – 2 – 2。

表 5-2-2 敦德矿区玄武质火山岩中辉石化学组成测试结果

单位:%

敦德矿区玄武质火山岩

编号	DD06 0-1-2	DD06 0-1-3	DD02 5-2-1	DD00 6-1-3	DD01 8-2-2	DD01 8-2-3	DD01 7-2-1	DD01 7-2-2	DD01 7-2-3	DD00 8-1-1	DD07 6-1	DD07 6-2	DD07 6-3	DD06 4-2-2
SiO_2	54.26	53.17	53.49	52.98	52.88	51.14	53.48	52.81	54.04	51.61	53.9	53.79	54.34	54.8
TiO_2	0.02	0	0.01	0.23	0.17	0.08	0.07	0.05	0	0.23	0	0.02	0	0.25
Al_2O_3	0.67	0.79	1.17	1.01	0.79	2.45	0.23	0.99	0.09	2.3	1.82	0.81	0.51	0
$Fe_2O_3^T$	2.77	3.99	6.32	8.61	6.75	7.99	6.63	7.16	5.71	6.19	3.84	3.86	3.18	2.84
MnO	1.45	2.16	0.8	0.73	0.75	0.77	0.88	0.61	0.69	0.92	0.68	0.54	0.64	0.45
MgO	15.64	15.26	14.46	12.89	14.14	13.68	14.36	14.12	15.06	14.8	15.68	16.09	16.66	16.82
K_2O	0	0	0	0.05	0	0	0	0	0	0	0	0	0	0
Na_2O	0.12	0.07	0.09	0.27	0.17	0.1	0.08	0.07	0.24	0.14	0	0.21	0.07	0.12
CaO	24.31	24.01	23.5	23.32	23.44	23.46	23.79	23.58	24.13	23.33	23.79	23.76	24.53	24.09
Total	99.23	99.44	99.85	100.1	99.08	99.68	99.5	99.39	99.96	99.51	99.69	99.07	99.94	99.38
Wo	49.21	48.11	48.02	48.08	47.99	47.90	48.21	48.16	48.14	47.32	48.67	47.81	48.48	48.10
En	44.05	42.55	41.12	36.98	40.29	38.87	40.49	40.14	41.81	41.78	44.64	45.06	45.82	46.73
Fs	6.30	9.08	10.52	13.94	11.09	12.87	11.01	11.44	9.19	10.39	6.69	6.37	5.45	4.73
Ac	0.44	0.25	0.33	1.01	0.63	0.37	0.29	0.26	0.87	0.51	0.00	0.76	0.25	0.43

注: $Fe_2O_3^T$ 为全铁含量; 测试时间为 2012 年 2 月; 测试单位为中国地质大学 (北京)。

矿区玄武岩中的辉石有轻微蚀变，晶体为半自形—自形结构，部分辉石斑晶被绿帘石交代。矿物学方面以富 SiO_2（51.14% ～54.80%）、MgO（13.68% ～16.82%）、MnO（0.45% ~2.16%）和 CaO（23.32% ~24.53%），贫 TiO_2（0.00% ～0.25%）和 Al_2O_3（0.00% ~1.82%）为特点，全铁含量（$Fe_2O_3^T$）较低，仅为2.77% ~8.61%，K_2O 和 Na_2O 的含量分别为（0.00% ~0.05%）和（0.00% ~0.27%）。

2. 蚀变矿物

对矿区蚀变矿物（石榴子石、辉石）进行了重点研究，石榴子石的电子探针测试结果列于表 5 – 2 – 3。

表 5 – 2 – 3　敦德铁矿床石榴子石电子探针分析结果、阳离子数及端元组分

期次	岩（矿）浆期			热液交代期		
样品号	DD008	DD018	DD027	DD059	DD072	DD076
SiO_2	38.02	38.42	39.20	34.77	35.86	36.35
TiO_2	0.17	0.84	0.76	0.02	0.41	0.05
Al_2O_3	13.40	16.89	18.07	2.71	4.64	3.45
TFeO	12.28	8.79	7.61	25.26	23.26	24.94
MnO	1.75	2.12	1.76	0.44	0.29	0.11
MgO	0.48	0.19	0.28	0.50	0.29	0.19
CaO	31.23	30.56	30.99	32.47	32.29	31.00
Na_2O	0.11	0.12	0.01	0.07	0.10	0.10
K_2O	—	—	—	—	—	—
Total	97.44	97.93	98.68	96.18	97.14	96.19
Si	3.036	3.031	3.054	2.932	2.966	3.051
Ti	0.010	0.050	0.045	0.001	0.026	0.003
Al	1.261	1.570	1.659	0.269	0.452	0.341
Fe^{3+}	0.668	0.290	0.141	1.801	1.585	1.572
Fe^{2+}	0.167	0.301	0.365	—	0.042	0.200
Mn	0.118	0.142	0.116	0.031	0.020	0.008
Mg	0.057	0.022	0.033	0.063	0.036	0.024
Ca	2.672	2.583	2.587	2.934	2.862	2.788
Total	7.989	7.989	8.001	8.032	7.989	7.989
And	33.260	14.260	6.840	89.221	80.314	78.090
Pyr	1.900	0.730	1.050	2.072	1.208	0.790
Spe	3.930	4.650	3.750	1.036	0.681	0.260
Gro	55.390	70.490	76.590	7.672	16.372	14.230
Alm	5.530	9.870	11.770	—	1.425	6.640

注：TFeO 为全铁氧化物，包含 Fe^{2+} 和 Fe^{3+} 的氧化物；"—"表示低于检测限；And 为钙铁榴石；Pyr 为镁铝榴石；Spe 为锰铝榴石；Gro 为钙铝榴石；Alm 为铁铝榴石；探针所有数据由中国地质大学（北京）科学研究院电子探针室分析测试。电子探针分析结果单位为%。

（1）石榴子石

在矿区，石榴子石主要分为两期：早期石榴子石形成于岩（矿）浆期，主要为细粒—粗粒结构，呈浅棕－褐棕色，自形—半自形晶粒，粒径0.05～0.80mm。部分样品可见早期石榴子石被热液交代期石榴子石穿插交代，被穿插交代的石榴子石内部保留火山岩的副矿物如磷灰石、锆石等。

由表5－2－3及图5－2－8可知，敦德铁矿两期石榴子石均为钙质系列。岩（矿）浆期石榴子石端元组分以钙铝榴石（Gro）为主，其变化范围是55.39%～76.59%，其次是钙铁榴石（And＝6.84%～33.26%）和铁铝榴石（Alm＝5.53%～11.77%），少量的锰铝榴石（Spe＝3.75%～4.65%）和镁铝榴石（Pyr＝0.73%～1.90%）。热液交代期石榴子石的端元组分以钙铁榴石为主，其变化范围是78.09%～89.22%，其次是钙铝榴石（Gro＝7.67%～16.37%）和铁铝榴石（Alm＝1.42%～6.64%），少量的镁铝榴石（Pyr＝0.79%～2.07%）和锰铝榴石（Spe＝0.26%～1.04%）。

石榴子石的端元组分图解（图5－2－8）显示，敦德铁矿的石榴子石为钙铝榴石－钙铁榴石系列。钙铝榴石－钙铁榴石系列石榴子石形成的物理化学试验（梁祥济，1994）研究表明，钙铁榴石一般形成于450～600℃、pH＝4.0～11.0的氧化—弱氧化环境中，而钙铝榴石则在550～700℃、中酸性溶液的弱氧化—弱还原条件下晶出。

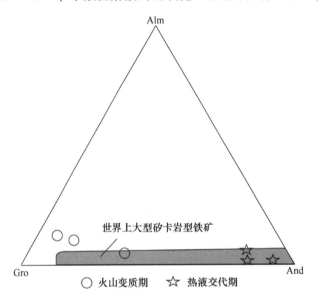

图5－2－8　敦德铁矿床与世界上大型矽卡岩型
铁矿床石榴子石端元组分图解

敦德铁矿床岩（矿）浆期矽卡岩中石榴子石富铝，形成于较还原的环境，热液交代期矽卡岩中石榴子石相对富铁，形成于较氧化的环境。这与两期矽卡岩Eu异常现象一致。

（2）辉石

由表5－2－4及图5－2－9可知，敦德铁矿岩（矿）浆期还是热液交代期，矽卡岩中的辉石均以透辉石为主。辉石的组分变化范围为：Jo为1.38%～6.62%，Di为

75.19% ~ 90.75%，Hd 为 7.87% ~ 22.41%。敦德铁矿矽卡岩中辉石以富透辉石为特征，与中国主要矽卡岩型铁矿中钙质矽卡岩中富透辉石的特点一致（图 5 - 2 - 9）。此外，与岩（矿）浆期矽卡岩中透辉石相比，热液交代期矽卡岩中透辉石的含铁量较低（图 5 - 2 - 9），显示从成矿的早期到成矿的晚期辉石的铁质有析出的趋势。

表 5 - 2 - 4　敦德铁矿辉石电子探针分析结果、阳离子数及端元组分

期次	岩（矿）浆期				热液交代期		
样品号	DD008	DD017	DD018	DD025	DD060	DD064	DD076
SiO_2	51.61	54.04	51.14	53.49	53.17	54.80	53.90
TiO_2	0.23	—	0.08	0.01	—	0.25	—
Al_2O_3	2.30	0.09	2.45	1.17	0.79	—	1.82
TFeO	5.51	5.08	7.11	5.62	3.55	2.53	3.42
MnO	0.92	0.69	0.77	0.80	2.16	0.45	0.68
MgO	14.80	15.06	13.68	14.46	15.26	16.82	15.68
CaO	23.33	24.13	23.46	23.50	24.01	24.09	23.79
Na_2O	0.14	0.24	0.10	0.09	0.07	0.12	—
K_2O	—	—	—	—	—	—	—
Total	98.84	99.33	98.79	99.14	99.01	99.06	99.29
Si	1.924	2.005	1.920	1.989	1.977	2.011	1.979
Al（iv）	0.076	—	0.080	0.011	0.023	—	0.021
Al（vi）	0.025	0.004	0.029	0.040	0.012	—	0.058
Ti	0.006	—	0.002	0.000	—	0.007	—
Fe^{3+}	0.047	0.003	0.052	—	0.015	—	—
Fe^{2+}	0.129	0.159	0.177	0.180	0.098	0.080	0.108
Mn	0.029	0.022	0.024	0.025	0.068	0.014	0.021
Mg	0.823	0.833	0.766	0.801	0.846	0.920	0.858
Ca	0.932	0.959	0.944	0.936	0.957	0.947	0.936
Na	0.010	0.017	0.007	0.006	0.005	0.009	—
K	—	—	—	—	—	—	—
Total	4.001	4.001	4.001	3.989	4.000	3.987	3.982
Jo	2.83	2.13	2.40	2.50	6.62	1.38	2.14
Di	80.10	81.96	75.19	79.62	82.37	90.75	86.92
Hd	17.07	15.91	22.41	17.87	11.01	7.87	10.94

注：TFeO 为全铁氧化物，包含 Fe^{2+} 和 Fe^{3+} 的氧化物；"—" 表示低于检测限；Jo 为锰钙辉石；Di 为透辉石；Hd 为钙铁辉石；Jo + Di + Hd = 1；探针所有数据由中国地质大学（北京）科学研究院电子探针室分析测试。电子探针分析结果单位为%。

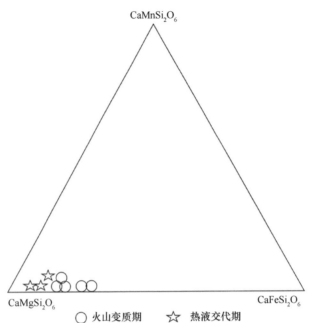

图 5-2-9　敦德铁矿床辉石分类图解

3. 矿石矿物

根据矿物共生组合及相互穿插关系，可将本区磁铁矿分为两种类型，分别为岩（矿）浆期磁铁矿和热液交代期磁铁矿，对两期的磁铁矿进行电子探针分析，结果列于表 5-2-5。

表 5-2-5　敦德铁矿床磁铁矿电子探针分析结果及阳离子数

期次	岩（矿）浆期				热液交代期			
样品号	DD001-1	DD001-2	DD001-3	DD001-4	DD029-1	DD029-3	DD049-3	DD049-4
SiO_2	—	0.19	0.98	0.15	—	—	0.09	0.20
TiO_2	3.72	0.71	0.95	0.63	0.18	0.43	0.07	0.04
Al_2O_3	2.01	0.98	0.28	0.32	1.46	2.29	0.44	0.30
TFeO	86.65	88.43	88.63	89.01	87.00	87.62	89.78	88.03
Fe_2O_3	65.64	62.27	64.21	63.78	66.08	65.89	69.77	68.55
FeO	31.35	30.28	29.67	29.94	28.89	29.7	28.39	27.7
MnO	0.50	0.52	—	0.32	1.39	1.31	0.73	1.78
MgO	0.03	—	—	—	0.66	0.71	0.6	0.87
CaO	—	—	—	—	—	0.11	0.01	—
Na_2O	—	—	—	—	—	—	0.37	0.16
K_2O	—	—	—	—	—	—	0.02	—
Total	92.91	90.83	90.84	90.43	90.68	92.47	92.11	91.38
Si	0.005	0	0.005	0.006	—	—	0.003	0.007

期次	岩（矿）浆期				热液交代期			
样品号	DD001－1	DD001－2	DD001－3	DD001－4	DD029－1	DD029－3	DD049－3	DD049－4
Ti	0.016	0.017	0.015	0.018	0.005	0.011	0.002	0.001
Al	0.013	0.139	0.105	0.117	0.06	0.091	0.018	0.012
Fe^{3+}	1.936	1.807	1.838	1.816	1.923	1.874	1.998	1.981
Fe^{2+}	1.014	0.963	0.931	0.934	0.922	0.926	0.891	0.877
Mn	0.009	0.05	0.046	0.048	0.041	0.038	0.021	0.052
Mg	—	—	0.036	0.035	0.034	0.036	0.031	0.045
Ca	—	—	—	—	—	0.004	—	—
Na	—	—	—	—	—	—	0.025	0.011
K	—	—	—	—	—	—	0.001	—
Total	2.994	2.975	2.976	2.974	2.984	2.979	2.989	2.986

注：TFeO 为全铁氧化物，包含 Fe^{2+} 和 Fe^{3+} 的氧化物；"—"表示低于检测限；探针所有数据由中国地质大学（北京）科学研究院电子探针室分析测试。电子探针分析结果单位为%。

岩（矿）浆期：磁铁矿中 $w(SiO_2)$（0%～0.98%），$w(TiO_2)$（0.63%～3.72%），$w(Al_2O_3)$（0.28%～2.01%），$w(MnO)$（0%～0.52%），$w(MgO)$（0%～0.03%），$w(FeO)$（29.67%～31.35%，平均30.31%），$w(Fe_2O_3)$（62.27%～65.64%，平均63.98%）。岩（矿）浆期磁铁矿具有富 Al、Mn，贫 Mg，高 Ti 的特点。这与岩浆型铁矿中磁铁矿的化学成分标型特征相似（徐国风，1979），但是 $w(FeO)$、$w(Fe_2O_3)$ 均低于理论值，而 $w(Al_2O_3)$、$w(MnO)$ 偏高，这可能是磁铁矿在重结晶的过程中，混入了一定量的铝、锰所致。在磁铁矿的 TiO_2－Al_2O_3－MgO 成因图解（图5－2－10）中，岩（矿）浆期磁铁矿落入酸性—碱性岩浆区。

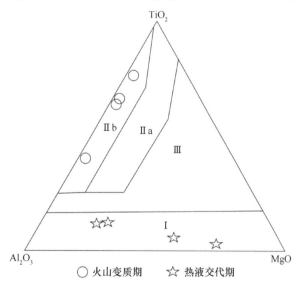

图5－2－10　敦德铁矿磁铁矿成因图解

（底图据陈光远，1987）

Ⅰ—沉积变质－接触交代区；Ⅱ$_a$—超基性—基性—中性岩浆区；Ⅱ$_b$—酸性—碱性岩浆区；Ⅲ—过渡区

热液交代期：磁铁矿中 $w(SiO_2)$（0% ~ 0.20%），$w(TiO_2)$（0.04% ~ 0.43%），$w(Al_2O_3)$（0.30% ~ 2.29%），$w(MnO)$（0.73% ~ 1.78%），$w(MgO)$（0.60% ~ 0.87%），$w(FeO)$（27.70% ~ 29.70%，平均 28.67%），$w(Fe_2O_3)$（65.89% ~ 69.77%，平均 67.57%）。热液交代期磁铁矿具富 Al、Mn，贫 Mg，低 Ti 的特点，本期磁铁矿具有较低的 $w(TiO_2)$，明显区别于岩（矿）浆型磁铁矿，与钙质矽卡岩型铁矿中的磁铁矿组成类似（徐国风，1979；真允庆等，1984；贾群子，1991）。在磁铁矿的 $TiO_2 - Al_2O_3 - MgO$ 成因图解（图 5 - 2 - 10）中，热液交代期磁铁矿落入沉积变质 - 接触交代区。

四、矿床地球化学

1. 常量元素

（1）火山岩

敦德铁矿区大哈拉军山组火山岩主量元素测试结果列于表 5 - 2 - 6。考虑到部分岩石蚀变较为严重，因此进行岩石分类时将所测岩石化学数据除去 LOI 之后重新换算成 100% 再进行处理。

主要元素分析结果（表 5 - 2 - 6）表明，大哈拉军山组火山岩 $w(SiO_2)$ 变化范围较大，从 42.65% 到 71.28%，为一套从基性到酸性变化的火山岩石组合。TAS 分类图解（图 5 - 2 - 11）显示，其主要的岩石类型为玄武岩、粗面玄武岩、玄武质粗面安山岩、粗面安山岩、粗面岩及流纹岩。结合手标本及显微镜下观察，可确定敦德铁矿区大哈拉军山组火山岩主要的岩石为：玄武岩、玄武质凝灰岩、玄武质粗安岩、粗安岩、粗面岩、流纹质凝灰岩。

表 5 - 2 - 6　大哈拉军山组火山岩主量元素分析结果　　　　单位:%

岩石名称	A	B	C	D	E		F	
样号	DD005	DD035	DD007	DD047	DD048	DD051	DD058	DD066
SiO_2	55.51	59.97	47.47	42.65	52.20	55.08	71.28	69.42
TiO_2	1.11	1.81	2.00	1.55	1.60	1.53	0.34	0.36
Al_2O_3	15.11	15.47	11.81	13.00	15.30	14.91	14.48	15.02
Fe_2O_3	0.47	0.96	7.25	1.12	1.07	1.04	0.39	1.18
FeO	4.22	2.10	0.35	10.05	9.57	9.31	2.20	1.75
MnO	0.85	0.14	0.99	0.63	0.58	0.53	0.06	0.04
MgO	2.02	2.44	3.98	3.48	3.77	3.54	0.96	0.91
CaO	10.62	5.72	22.75	13.02	7.16	4.70	1.85	3.00
Na_2O	1.36	3.73	0.91	3.42	4.67	5.00	3.81	4.17
K_2O	7.28	6.78	1.77	1.19	1.91	1.80	3.66	3.32
P_2O_5	0.23	0.32	0.33	0.44	0.45	0.43	0.08	0.08
LOI	0.45	0.56	0.37	9.51	1.33	1.55	0.88	0.73
Sum	99.24	100.00	99.99	100.05	99.61	99.42	99.99	99.98
$(K_2O + Na_2O)^*$	8.75	10.57	2.68	5.09	6.70	6.95	7.54	7.55
$Mg^\#$	0.44	0.60	0.51	0.36	0.39	0.38	0.40	0.37

注：表中标 * 者为减轻蚀变影响除去 LOI 之后重新换算成 100% 之后的数值。A 为粗安岩；B 为粗面岩；C 为玄武质凝灰岩；D 为玄武岩；E 为玄武质粗安岩；F 为流纹质凝灰岩。

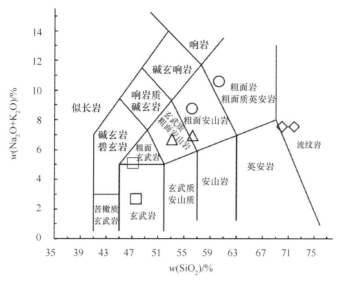

图 5 - 2 - 11　大哈拉军山组火山岩 TAS 分类图

其中玄武质岩石中 TiO_2 含量较高（1.55% ~ 2.00%）。Na_2O、K_2O 及其余氧化物含量变化也较大，$Mg^{\#}$（$Mg^{\#}$ = Mg/（Mg + Fe））为 0.36 ~ 0.51。玄武质粗安岩 TiO_2 含量变化较小（1.53% ~ 1.60%），Na_2O（4.67% ~ 5.00%）和 K_2O（1.80% ~ 1.91%）含量相对较高，$Mg^{\#}$ = 0.38 ~ 0.39。粗面岩及粗安岩 TiO_2 含量为 1.11% ~ 1.81%，高 $w(K_2O)$（6.78% ~ 7.28%），低 $w(Na_2O)$（1.36% ~ 3.73%），$Mg^{\#}$ = 0.44 ~ 0.60。流纹质凝灰岩具有低 $w(TiO_2)$（0.34% ~ 0.36%）、$w(Na_2O)$（3.81% ~ 4.17%），K_2O（3.32% ~ 3.66%）含量较高的特点，$Mg^{\#}$ = 0.37 ~ 0.40。火山岩 SiO_2 - K_2O 图解（图 5 - 2 - 12）显示大哈拉军山组火山岩的岩石主要是高钾钙碱性系列和钾玄岩系列。

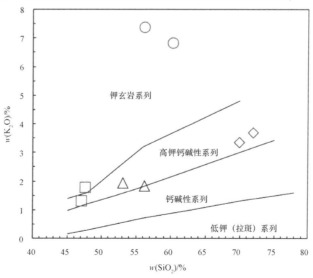

图 5 - 2 - 12　大哈拉军山组火山岩 SiO_2 - K_2O 图解

在大哈拉军山组火山岩的 $w(SiO_2)$ 对主要的氧化物图解（图 5 - 2 - 13）上，$w(SiO_2)$ 与其他氧化物显示出了良好的相关性，这说明岩浆的结晶分异作用对火山岩的岩石组合起到了重要的控制作用，并不高的线性相关度可能与地壳的混染有关。另外，当 $w(SiO_2) > 55\%$ 时 MgO 的含量急剧下降说明橄榄石的结晶主要发生在基性岩浆中；$w(Al_2O_3)$ 表现为先升高后降低，转折点发生在 57% 左右，说明在中基性的岩浆中，单斜辉石很可能并没有参与分离结晶作用，当 $w(SiO_2) > 57\%$ 时，单斜辉石开始发生分离结晶作用。

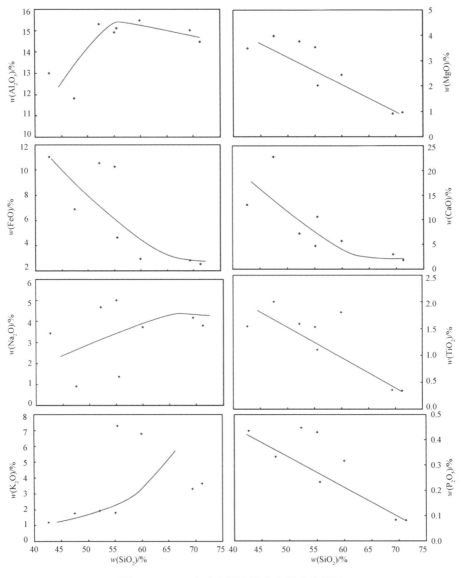

图 5 - 2 - 13　大哈拉军山组火山岩哈克图解

（2）侵入岩

敦德铁矿区内的侵入岩主要为浅肉红色中粗粒钾长花岗岩，主量元素分析结果（表 5 - 2 - 7）表明，钾长花岗岩体普遍富硅，SiO_2 含量为 72.91% ~ 74.81%，贫铝，Al_2O_3 含量为 12.30% ~ 13.00%，中等程度全碱含量，Alk 为 7.83 ~ 8.11，低 $w(TiO_2)$

（0.25% ~0.26%）、$w(MgO)$（0.12% ~0.16%）。里特曼指数 δ 值为 2.05 ~2.07，A/CNK 为 0.95 ~1.05，为准铝质岩石。在 K_2O-SiO_2 区域上，样品落入高钾钙碱性区域（图 5-2-14）。$w(K_2O)/w(Na_2O)$ 比值为 1.24 ~1.86，在 K_2O-Na_2O 图解上落入 A 型花岗岩区域（图 5-2-15）。

表 5-2-7　敦德铁矿钾长花岗岩岩体主量元素、微量元素分析结果

主量元素	DD067	DD076
SiO_2	74.81	72.91
TiO_2	0.26	0.25
Al_2O_3	12.30	13.00
Fe_2O_3	0.16	0.12
FeO	1.44	1.04
MnO	0.05	0.04
MgO	0.12	0.16
CaO	0.73	1.76
Na_2O	2.83	3.49
K_2O	5.28	4.34
P_2O_5	0.02	0.03
LOI	0.33	1.40
Sum	98.34	98.54
里特曼指数 δ	2.07	2.05
A/CNK	1.05	0.95
$w(K_2O)/w(Na_2O)$	1.86	1.24
微量元素	DD067	DD076
Li	3.996	3.732
P	93.16	150.16
K	53780	42600
Sc	4.074	4.842
Ti	1768	1698.4
V	5.578	7.144
Cr	3.208	1.3398
Co	1.4616	1.2066
Ni	1.0366	2.814
Cu	4.058	5.714
Zn	38.3	27.88
Ga	17.664	16.802
Rb	331.6	264.6
Sr	70.4	66.52
Y	73.62	48.68
Zr	282	277.59
Nb	22.42	15.788
Cs	3.5	3.022
Ba	215.6	274.4
La	44.68	33.94
Ce	105.9	84.58
Pr	11.976	9.776

微量元素	DD067	DD076
Nd	44. 48	37. 34
Sm	9. 92	8. 05
Eu	0. 5946	0. 7324
Gd	9. 926	7. 776
Tb	1. 741	1. 2916
Dy	11. 626	8. 278
Ho	2. 514	1. 7374
Er	7. 884	5. 368
Tm	1. 1762	0. 7962
Yb	7. 882	5. 482
Lu	1. 0962	0. 7996
Hf	8. 27	7. 182
Ta	1. 9065	1. 0295
Pb	16. 478	4. 152
Th	97. 8	29. 8
U	16. 132	6. 196
ΣREE	261. 40	205. 96
$w(\text{LREE})$	217. 55	174. 42
$w(\text{HREE})$	43. 85	31. 54
$w(\text{LREE})/w(\text{HREE})$	4. 96	5. 53
$w(\text{La})_N/w(\text{Yb})_N$	4. 07	4. 44
δEu	0. 18	0. 28
δCe	1. 10	1. 12

注：主量元素含量单位为%；微量元素含量单位为 10^{-6}。

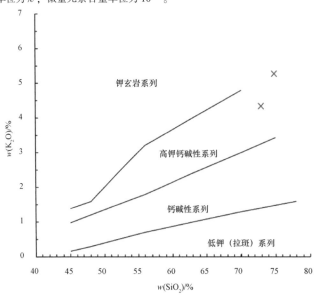

图 5 - 2 - 14　敦德铁矿钾长花岗岩岩体 $SiO_2 - K_2O$ 图解

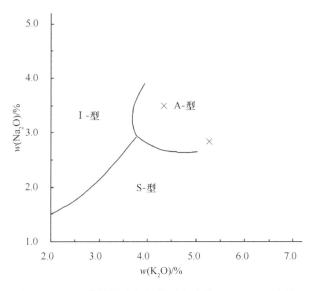

图 5 – 2 – 15　敦德铁矿钾长花岗岩岩体 K_2O – Na_2O 图解

（3）矽卡岩

敦德矿区矽卡岩主量元素分析结果（表 5 – 2 – 8）显示，敦德铁矿床两类矽卡岩均以低硅、贫碱、富钙为特征。其 SiO_2 含量范围为 40.94% ~ 44.92%，与超基性岩浆相似；CaO 含量为 26.25% ~ 26.98%，明显高于超基性岩浆中其所占的比例；岩（矿）浆期矽卡岩（DD027）中 $w(Fe^{3+})/w(Fe^{2+}) < 1$，表明其形成于低氧逸度环境中，热液交代期矽卡岩（DD006、DD021）中 $w(Fe^{3+})/w(Fe^{2+}) > 1$ 表明其生成于高氧逸度的环境中，而样品 DD003 中 $w(Fe^{3+})/w(Fe^{2+}) < 1$ 且烧失量较高，这可能由于其长期暴露于地表所致；两类矽卡岩中 Na_2O 和 K_2O 总量较低，岩（矿）浆期矽卡岩为 0.115%，热液交代期矽卡岩为 0.34% ~ 1.212%。

表 5 – 2 – 8　敦德铁矿区矽卡岩主量元素、微量元素分析结果

期次	热液交代期			岩（矿）浆期
主量元素	DD003	DD006	DD021	DD027
SiO_2	41.10	44.92	42.44	40.94
TiO_2	0.95	0.928	1.13	1.43
Al_2O_3	10.59	9.84	11.56	14.3
Fe_2O_3	3.72	5.19	4.73	3.33
FeO	7.00	4.45	3.00	4.15
MnO	0.65	0.914	0.85	1.35
MgO	8.64	5.13	5.15	5.24
CaO	22.79	26.25	30.26	26.98
Na_2O	0.53	0.505	0.17	0.068
K_2O	0.24	0.707	0.17	0.047

期次	热液交代期			岩（矿）浆期
主量元素	DD003	DD006	DD021	DD027
P_2O_5	0.32	0.323	0.21	0.535
LOI	3.28	0.94	0.30	1.54
Sum	99.82	100.097	99.97	99.91
微量元素	DD003	DD006	DD021	DD027
Li	51.1	6.26	14.2	24.6
P	14.7	7.35	9.65	24.81
K	7.97	23.58	5.64	1.66
Sc	31.1	13.6	19.9	20.8
Ti	4.38	4.29	5.21	6.59
V	220	98.1	146	189
Cr	572	33.6	104	49.1
Co	32.5	27.2	9.65	184
Ni	273	27.6	32.6	72.1
Cu	55.8	90.7	9.6	11.3
Zn	1009	391	82.5	93.6
Ga	15.2	17.3	16.1	23.9
Rb	12	28.6	7.1	1.15
Sr	42	31.3	17.7	16
Y	15.4	39.6	36.3	43.4
Zr	151	370	257	333
Nb	2.61	6.69	3.8	8.19
Cs	0.82	0.453	0.34	0.225
Ba	115	141	34.6	4.18
La	33.6	22.8	24.7	36
Ce	56.8	48.6	52	67
Pr	5.8	6.65	7.01	8.25
Nd	17.4	26.5	27.6	32.2
Sm	3.42	6.26	6.16	6.59
Eu	2.78	3.06	3.62	1.99
Gd	3.26	6.54	5.66	6.87
Tb	0.549	1.23	1.04	1.33
Dy	3.07	7.7	6.62	7.64
Ho	0.652	1.61	1.38	1.6
Er	1.64	4.95	3.87	5.3
Tm	0.304	0.623	0.567	0.753

期次	热液交代期			岩（矿）浆期
微量元素	DD003	DD006	DD021	DD027
Yb	1.77	4.12	3.41	4.86
Lu	0.288	0.688	0.549	0.693
Hf	4.03	8.72	5.61	8.4
Ta	0.32	0.682	0.27	0.549
Pb	13.4	50.3	1.76	7.04
Th	2.86	5.8	3.9	5.8
U	3.7	8.12	4.58	4.48
ΣREE	131.33	141.331	144.19	181.076
$w(LREE)$	119.8	113.87	121.09	152.03
$w(HREE)$	11.53	27.461	23.1	29.046
$w(LREE)/w(HREE)$	10.39	4.15	5.24	5.23
$w(La)_N/w(Yb)_N$	12.8	3.73	4.88	4.99
δEu	2.51	1.45	1.84	0.90
δCe	0.90	0.94	0.94	0.90

注：主量元素含量单位为%；微量元素含量单位为10^{-6}。

（4）矿石

岩（矿）浆期的铁矿石（致密块状磁铁矿矿石）中（表 5 – 2 – 9），Fe_2O_3 含量为 31.96% ~ 79.32%，FeO 含量为 17.70% ~ 21.00%，TiO_2 含量为 0.11% ~ 0.20%，MgO 和 P_2O_5 含量相对较低，分别为 0.11% ~ 0.20% 和 0.04% ~ 0.16%。相对于备战矿区，敦德矿区矿浆期铁矿石的 MnO 含量较高，且稳定，为 0.83% ~ 1.07%。值得注意的是此类铁矿石中富含 Zn（1080×10^{-6} ~ 1370×10^{-6}），这预示着成矿母岩浆的富 Zn 特点，为敦德矿区锌矿体的形成提供了成矿物质条件。

与岩（矿）浆期的铁矿石相比，热液期的铁矿石（蚀变带内浸染状磁铁矿矿石）（表 5 – 2 – 9）以富 FeO（18.90% ~ 25.85%）、MnO（0.90% ~ 1.88%）、MgO（2.63% ~ 6.08%）、CaO（4.88% ~ 19.58%）为特征。有意义的是热液期的铁矿石 Zn 含量更是高达 3660×10^{-6} ~ 7466×10^{-6}，说明敦德矿区的锌矿化发生于热液作用阶段，热液流体对锌的矿化起了富集作用，这与野外地质认识基本一致。

表 5 – 2 – 9 敦德矿区代表性铁矿石主量元素分析结果与微量元素分析结果

主量元素	岩（矿）浆期的铁矿石			热液期的铁矿石		
	DD – 010	DD – 049	DD – 011	DD – 016	DD – 029	DD – 052
SiO_2	16.48	0.90	7.48	17.64	7.52	11.83
TiO_2	0.19	0.11	0.20	0.17	0.19	0.14
Al_2O_3	4.36	0.57	2.42	5.08	1.29	2.90
Fe_2O_3	31.96	79.32	36.71	13.92	53.40	31.63
FeO	17.70	14.40	21.00	25.80	25.85	18.90
MnO	0.90	1.07	0.83	1.88	0.90	1.20

主量元素	岩（矿）浆期的铁矿石			热液期的铁矿石		
	DD－010	DD－049	DD－011	DD－016	DD－029	DD－052
MgO	3.57	1.13	2.52	6.08	2.63	3.48
CaO	17.92	0.70	17.39	19.58	4.88	18.40
Na_2O	0.18	0.03	0.25	0.18	0.29	0.24
K_2O	0.02	0.01	0.04	0.01	0.02	0.01
P_2O_5	0.16	0.04	0.06	0.10	0.06	0.24
LOI	4.41	<0.10	8.40	5.56	<0.10	8.50
Total	97.85	98.28	97.30	96.00	97.03	97.47

微量元素	岩（矿）浆期的铁矿石			热液期的铁矿石		
	DD－010	DD－049	DD－011	DD－016	DD－029	DD－052
La	9.16	0.64	17.5	17.2	3.8	56.1
Ce	15	1.07	23	27.1	5.29	58
Pr	1.81	0.15	2.07	3.01	0.51	4.76
Nd	8.26	0.52	5.46	10.3	1.67	13
Sm	2.72	0.05	0.66	1.59	0.33	1.75
Eu	0.92	0.02	0.11	0.36	0.09	0.52
Gd	3.28	0.05	0.59	1.45	0.56	1.78
Tb	0.66	0.01	0.1	0.29	0.11	0.31
Dy	4.1	0.01	0.41	1.53	0.76	1.43
Ho	1.01	—	0.12	0.36	0.15	0.31
Er	3.16	0.02	0.28	1.1	0.45	0.93
Tm	0.44	—	0.03	0.14	0.06	0.15
Yb	2.99	0.04	0.24	1.01	0.45	0.85
Lu	0.44	—	0.04	0.17	0.1	0.07
ΣREE	53.95	2.58	50.62	65.61	14.34	139.94
$w(LREE)$	37.87	2.46	48.81	59.56	11.69	134.13
$w(HREE)$	16.08	0.12	1.81	6.05	2.65	5.82
$w(LREE)/w(HREE)$	2.35	20.29	26.93	9.85	4.42	23.07
$w(La)_N/w(Yb)_N$	2.2	11.27	52.74	12.22	6.03	47.34
δEu	0.94	1.26	0.54	0.71	0.65	0.88
δCe	0.85	0.81	0.79	0.85	0.81	0.66
Li	8.35	1.32	8.54	8.6	2.5	2.48
Be	0.58	0.06	0.21	0.44	0.14	1.03
Sc	3.95	1.26	2.64	4	3.24	4.03
V	81	155	98.5	66.6	104	37.8
Cr	23.30	3.04	13.20	24.20	11.70	19.40
Co	33.9	46.2	39.2	83.1	52.2	61.2
Ni	45.2	25.2	49.5	58.1	27	15.1
Cu	178	617	147	317	23	4
Zn	1370	1119	1080	3660	6097	7466

微量元素	岩（矿）浆期的铁矿石			热液期的铁矿石		
	DD－010	DD－049	DD－011	DD－016	DD－029	DD－052
Ga	10.3	9.52	9.94	13.5	8.95	12.1
Rb	2.82	3.14	3.9	2.48	3.19	4.75
Sr	38.5	2.26	48.8	43.4	5.25	39
Y	26.1	0.11	2.7	9.37	4.59	8.48
Zr	63.5	30.1	40.5	41.8	63.2	50.8
Nb	3.32	4.4	2.87	2.82	3.11	1.47
Mo	0.42	1.07	0.65	0.35	1.37	0.62
Cd	1.3	0.03	0.86	6.6	16.2	20.9
In	0.26	0.29	0.27	0.22	0.31	0.18
Sb	2	7.32	1.8	4.72	4.81	43.4
Cs	0.53	0.21	0.57	0.43	0.23	3.75
Ba	3.71	0.82	7.14	3.66	2.34	9.15
Hf	1.62	0.17	0.95	1.93	0.93	1.34
Ta	0.15	0.36	0.11	0.15	0.27	0.1
W	0.43	0.07	0.45	5.36	0.36	1.68
Re	0.01	0	—	—	—	—
Tl	—	—	0.01	0.01	0.02	0.01
Pb	3.93	0.29	23.6	15.7	9.52	8.62
Bi	0.45	0.8	10.3	1.19	7.48	49.1
Th	2.1	0.03	0.52	2.8	0.86	7.21
U	0.73	0.21	0.26	1.25	1.35	1.41

注：主量元素含量单位为%；微量元素含量单位为10^{-6}。

2. 稀土、微量元素

（1）火山岩

敦德铁矿床大哈拉军山组火山岩微量及稀土元素分析数据如表 5 - 2 - 10 所示，不同类型火山岩的稀土元素球粒陨石标准化配分模式（图 5 - 2 - 16）及微量元素原始地幔标准化蛛网图（图 5 - 2 - 17）具有如下特点。

玄武岩及玄武质凝灰岩：两件玄武质岩石稀土元素球粒陨石标准化配分模式（图 5 - 2 - 16）表现为轻稀土富集，Eu 负异常的右倾模式，稀土总量 ΣREE（$130.36 \times 10^{-6} \sim 157.63 \times 10^{-6}$）较高，轻重稀土分异较为明显，$w(LREE)/w(HREE)$ 为 4.43 ~ 4.62，$w(La)_N/w(Yb)_N$ 为 3.96 ~ 5.04。Eu（$\delta Eu = 0.55 \sim 0.88$）均表现为负异常，而 Ce（$\delta Ce = 0.88 \sim 1.03$）既有负异常又有正异常。微量元素地球化学特征（图 5 - 2 - 17）表现为：大离子亲石元素 K、Rb 等相对富集，Sr 显著亏损，Ba 适度亏损；高场强元素 U、Th、Zr、Hf、REE 等相对富集，Nb、Ta 亏损。

玄武质粗安岩：两件玄武质粗安岩稀土元素球粒陨石标准化配分模式（图 5 - 2 - 16）表现为轻稀土富集，Eu 负异常的右倾模式，稀土总量 ΣREE（$121.17 \times 10^{-6} \sim 125.22 \times 10^{-6}$）较高，轻重稀土分异较为明显，$w(LREE)/w(HREE)$ 为 4.30 ~ 4.37，$w(La)_N/w(Yb)_N$ 为 3.78 ~ 3.87。Eu（$\delta Eu = 0.80 \sim 0.88$）均表现为负异常，而 Ce（$\delta Ce = 1.03$）有负异常。微量元素地球化学特征（图 5 - 2 - 17）表现为大离子亲石元素 K、Rb 等相对富集，Sr 显著亏损，Ba 适度亏损；高场强元素 U、Th、Zr、Hf、REE 等相对富集，Nb、Ta 亏损。

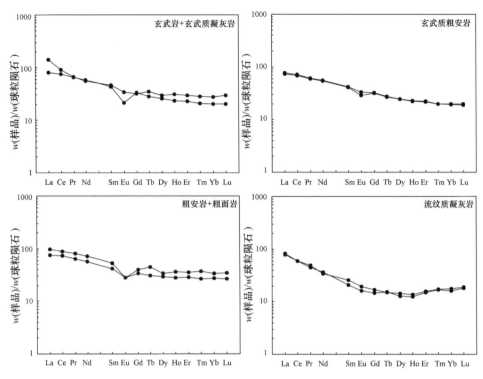

图 5-2-16　大哈拉军山组火山岩 REE 配分曲线

(标准化数据据 Sun et al.，1989)

粗安岩及粗面岩：两件样品稀土元素球粒陨石标准化配分模式（图 5-2-16）表现为轻稀土富集，Eu 负异常的右倾模式，稀土总量 ΣREE（$131.24 \times 10^{-6} \sim 161.89 \times 10^{-6}$）较高，轻重稀土分异较为明显，$w(LREE)/w(HREE)$ 为 $4.30 \sim 4.37$，$w(La)_N/w(Yb)_N$ 为 $3.65 \sim 3.76$。Eu（$\delta Eu = 0.61 \sim 0.75$）均表现为负异常，而 Ce（$\delta Ce = 0.99 \sim 1.06$）具有轻微的异常。微量元素地球化学特征（图 5-2-17）表现为大离子亲石元素 K、Rb 等相对富集，Sr 显著亏损，Ba 适度亏损；高场强元素 U、Th、Zr、Hf、REE 等相对富集，Nb、Ta 亏损。

流纹质凝灰岩：两件凝灰岩样品稀土元素球粒陨石标准化配分模式（图 5-2-16）表现为轻稀土富集，Eu 负异常的右倾模式，稀土总量 ΣREE（$94.78 \times 10^{-6} \sim 95.00 \times 10^{-6}$）较高，轻重稀土分异较为明显，$w(LREE)/w(HREE)$ 为 $5.35 \sim 5.98$，$w(La)_N/w(Yb)_N$ 为 $4.45 \sim 5.12$。Eu（$\delta Eu = 0.91$）均表现为负异常，而 Ce（$\delta Ce = 0.93 \sim 0.95$）具有轻微的负异常。微量元素地球化学特征（图 5-2-17）表现为大离子亲石元素 K、Rb 等相对富集，Sr、Ba 适度亏损；高场强元素 U、Th、Zr、Hf、REE 等相对富集，Nb、Ta 亏损。

大哈拉军山组火山岩稀土配分模式均表现为轻稀土富集重稀土亏损 Eu 负异常的右倾模式，说明大哈拉军山组不同类型的火山岩可能是同源岩浆演化的结果，而且在演化的过程中存在斜长石的分离结晶。

由于不同构造的环境下的火山岩具有不同的微量元素特征，故可以用火山岩的微量元素特征判别火山岩形成的环境。本书采用 Wood（1980）提出的 Th-Hf-Ta 判别图解（图 5-2-18）和 Pearce 等（1982）提出的 Ta/Yb-Th/Yb 判别图解（图 5-2-19），结果显示本区火山岩属于钙碱性火山岩，形成于大陆边缘弧的环境中。

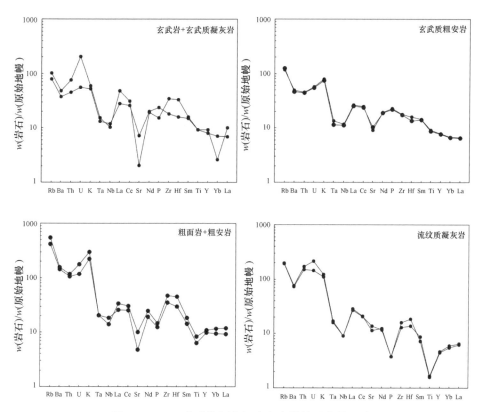

图 5 - 2 - 17　大哈拉军山组火山岩微量元素蛛网图

（标准化数据据 Sun et al. , 1989）

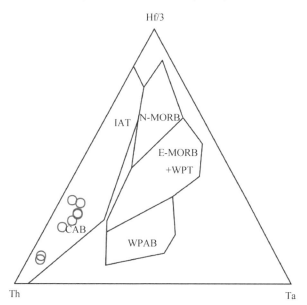

图 5 - 2 - 18　大哈拉军山组火山岩 Th - Hf - Ta 判别图解

（底图据 Wood, 1980）

N - MORB—N 型 MORB；E - MORB + WPT—E 型 MORB 和板内拉斑玄武岩；

WPAB—碱性板内玄武岩；IAT—岛内拉斑玄武岩；CAB—钙碱性玄武岩

由于本区火山岩普遍表现为 Nb、Ta 和 Ti 的亏损及 Rb、Th 和 Ce 的富集，这可能是由于地幔楔受到洋壳流体的交代作用（Pearce et al.，1995）。因此认为本区火山岩的源区岩浆为受俯冲洋壳流体交代作用的地幔楔的部分熔融形成。

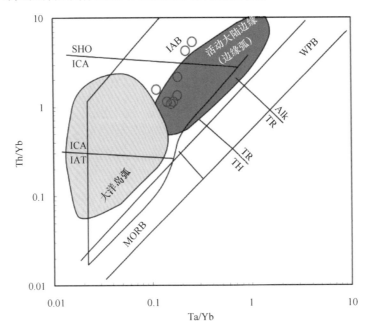

图 5 - 2 - 19　大哈拉军山组火山岩 Ta/Yb - Th/Yb 判别图解

（底图据 Pearce et al.，1982）

TH—拉斑玄武岩；ICA—钙碱性玄武岩；SHO—钾玄岩；TR—过渡玄武岩；Alk—碱性玄武岩；

MORB—大洋中脊玄武岩；WPB—板内玄武岩；IAB—岛弧玄武岩；IAT—岛弧拉斑玄武岩

表 5 - 2 - 10　大哈拉军山组火山岩微量元素分析结果　　　　单位：10^{-6}

微量元素	A	B	C	D	E		F	
	DD005	DD0035	DD007	DD047	DD048	DD051	DD058	DD066
Li	6.652	13.40	14.20	81.900	12.194	18.377	13.00	6.31
P	1187.200	1383.5782	1453.41	2228.000	2154.000	2078.618	357.90	362.26
K	75420	56283	14693	13034	19790	18433	30383	27560
Sc	17.712	25.90	20.90	35.320	35.220	34.028	5.80	6.39
Ti	8198	10850.95	11990	12034	11794	11432	2038.30	2158.20
V	118.900	190	230	425.400	424.400	402.281	41.5	45.3
Cr	24.940	27.2	5.13	13.222	13.522	14.490	3.27	3.98
Co	9.868	17.00	14.50	31.820	29.960	28.471	4.86	5.45
Ni	6.320	14.10	21.30	28.600	27.960	27.367	2.45	3.25
Cu	67.980	134.00	52.10	253.800	241.400	280.292	15.50	11.20
Zn	516.600	98.10	321.00	92.360	51.100	778.077	38.60	36.00
Ga	15.664	18.30	16.50	16.302	19.304	19.701	11.70	11.40

微量元素	A	B	C	D	E		F	
	DD005	DD0035	DD007	DD047	DD048	DD051	DD058	DD066
Rb	348.600	266.00	64.70	50.080	74.900	79.192	126.00	122.00
Sr	101.380	212.00	42.60	152.540	190.840	218.696	239.00	292.00
Y	45.160	49.7	41.8	36.700	35.540	34.731	20.5	21.1
Zr	394.820	530.00	382.00	201.210	199.500	192.704	177.00	144.00
Nb	13.260	7.39	9.93	8.436	8.312	7.947	6.52	6.46
Cs	2.196	1.88	0.58	1.212	3.962	5.540	1.32	1.34
Ba	1094.000	1008.00	338.00	261.000	343.600	322.226	512.00	338.00
La	17.712	23.1	33	19.278	18.178	17.415	19.4	18.5
Ce	44.960	53.8	55.3	45.800	43.600	42.114	36.7	36
Pr	6.086	7.6	6.35	6.138	5.834	5.672	4.28	4.64
Nd	26.220	33.6	25.9	27.260	26.000	25.220	16.9	15.7
Sm	6.410	8.16	7.05	6.616	6.376	6.234	3.18	3.9
Eu	1.647	1.64	1.98	1.230	1.897	1.674	0.933	1.12
Gd	7.054	8.16	6.56	6.884	6.692	6.503	3.01	3.48
Tb	1.165	1.67	1.29	1.049	1.023	1.004	0.569	0.561
Dy	7.566	8.68	7.47	6.448	6.266	6.176	3.26	3.6
Ho	1.605	2.06	1.73	1.317	1.279	1.254	0.695	0.768
Er	4.822	5.87	4.84	3.800	3.686	3.626	2.46	2.61
Tm	0.693	0.946	0.71	0.528	0.511	0.501	0.431	0.438
Yb	4.626	5.72	4.7	3.494	3.372	3.309	2.72	2.98
Lu	0.681	0.88	0.752	0.509	0.496	0.482	0.457	0.484
Hf	9.179	13.90	10.10	4.929	4.899	4.139	5.63	4.23
Ta	0.837	0.63	0.84	0.541	0.547	0.469	0.69	0.65
Pb	95.140	89.00	70.70	16.248	5.244	252.002	15.80	9.21
Th	9.926	8.93	6.39	3.800	3.832	3.746	14.60	12.90
U	3.754	2.46	4.35	1.173	1.193	1.148	4.50	3.06
ΣREE	131.24	161.89	157.63	130.36	125.22	121.17	95.00	94.78
$w(\text{LREE})$	103.04	127.90	129.58	106.33	101.89	98.32	81.39	79.86
$w(\text{HREE})$	28.20	33.99	28.05	24.03	23.33	22.85	13.61	14.92
$w(\text{LREE})/w(\text{HREE})$	3.65	3.76	4.62	4.42	4.37	4.30	5.98	5.35
$w(\text{La})_N/w(\text{Yb})_N$	2.74	2.90	5.04	3.96	3.87	3.78	5.12	4.45
δEu	0.75	0.61	0.88	0.55	0.88	0.80	0.91	0.91
δCe	1.06	0.99	0.88	1.03	1.03	1.03	0.95	0.93

注：A 为粗安岩；B 为粗面岩；C 为玄武质凝灰岩；D 为玄武岩；E 为玄武质粗安岩；F 为流纹质凝灰岩。

（2）侵入岩

敦德铁矿钾长花岗岩稀土总量（ΣREE = 205.96 × 10^{-6} ~ 261.40 × 10^{-6}）较高，其球粒陨石标准化配分曲线图（图 5 - 2 - 20）表现为轻稀土富集、重稀土亏损、Eu 负异常的"燕式"配分模式，轻稀土内部相对富集、重稀土内部分异不明显，$w(\text{LREE})/w(\text{HREE})$约为 4.96 ~ 5.53，$w(\text{La})_N/w(\text{Yb})_N$为 4.07 ~ 4.44，Eu 具有明显正异常（δEu =

0.18 ~ 0.28），这可能与深部岩浆房斜长石的分离结晶有关，Ce 有轻微的正异常（δCe = 1.10 ~ 1.12）。

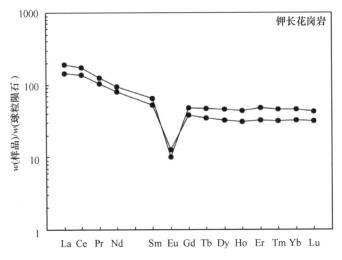

图 5 - 2 - 20　敦德铁矿钾长花岗岩岩体 REE 配分曲线
（标准化数据据 Sun et al. ，1989）

　　微量元素方面，本区的钾长花岗岩表现为 K、Rb 等大离子亲石元素及 U、Th、Zr、Hf、REE 等高场强元素的富集，Sr、Ba、Ti、P、Nb、Ta 等元素的强烈亏损（图 5 - 2 - 21）。据 Eby（1992）的 A 型花岗岩的 Ce/Nb - Y/Nb 构造环境判别图解（图 5 - 2 - 22），本区花岗岩主要落于 A2，产于后造山环境。

　　以上地球化学特征表明，敦德铁矿区钾长花岗岩的母岩浆可能形成于洋陆俯冲作用之后的陆陆碰撞造山作用的后造山阶段，在这个阶段由于碰撞后的热释放，导致地壳温度升高，同时伴随着地壳的隆升，压力降低，下地壳温度可上升至英云闪长岩的固相线温度，导致了熔融作用的发生。

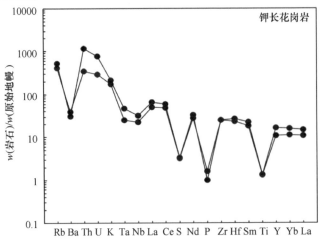

图 5 - 2 - 21　敦德铁矿钾长花岗岩岩体微量元素蛛网图
（标准化数据据 Sun et al. ，1989）

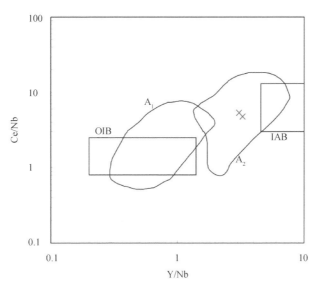

图 5 - 2 - 22　A 型花岗岩的 Ce/Nb - Y/Nb 判别图解

(底图据 Eby，1992)

IAB—岛弧玄武岩；OIB—洋岛玄武岩；A$_1$—非造山型花岗岩；A$_2$—后造山型花岗岩

（3）矽卡岩

由图 5 - 2 - 23 可知，岩（矿）浆期矽卡岩和热液交代期矽卡岩元素的配分模式明显不同。虽然二者轻、重稀土分异均较明显，$w(LREE)/w(HREE)$ 分别为 5.23 和 4.15 ~ 10.39，Ce（δCe 分别为 0.90 和 0.90 ~ 0.94）亦均显示轻微的负异常，但在稀土元素总量方面，岩（矿）浆期矽卡岩稀土总量 ΣREE（181.076 × 10^{-6}）明显高于热液交代期矽卡岩 ΣREE（131.33 × 10^{-6} ~ 144.19 × 10^{-6}），另外岩（矿）浆期矽卡岩（DD027）中 Eu（δEu = 0.90）为负异常，而热液交代期矽卡岩（DD006）则显示为 Eu（δEu = 1.45 ~ 2.51）正异常。两期矽卡岩 Eu 异常现象反映其形成环境的变化。岩（矿）浆期矽卡岩具 Eu 负异常，表明 Eu 以 Eu^{2+} 状态存在，于还原条件下进入矽卡岩中的石榴子石中（赵劲松，2007）。

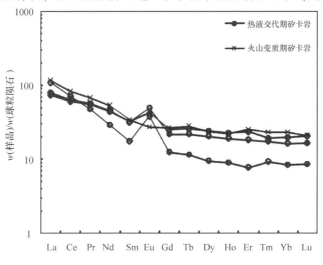

图 5 - 2 - 23　敦德铁矿床矽卡岩 REE 配分曲线

(标准化数据据 Sun et al.，1989)

微量元素方面，两类矽卡岩的微量元素蛛网图明显不同（图 5 - 2 - 24），岩（矿）浆期矽卡岩（DD027）主要表现为 K、Rb、Sr、Ba 等大离子亲石元素明显的亏损，其含量远低于地层中火山岩，而 U、Th、Zr、Hf、P 等高场强元素相对富集；热液交代期矽卡岩（DD003、DD006、DD021）主要表现为 K、Rb、Sr、Ba 等大离子亲石元素明显的亏损，但其含量较高，而 U、Th、Zr、Hf、P 等高场强元素亦表现为相对富集。岩（矿）浆期，大哈拉军山组火山岩受热发生变质的过程中，产生变质流体，导致大离子亲石元素的流失，此阶段形成的矽卡岩表现为大离子亲石元素含量极低且严重亏损。而热液交代期，深部的热液本身就携带较多的大离子亲石元素，因而此阶段形成的矽卡岩大离子亲石元素含量较高。

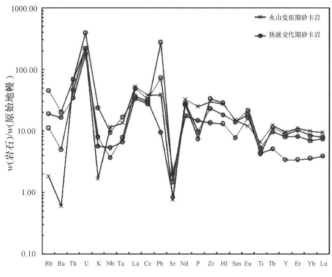

图 5 - 2 - 24　敦德铁矿床矽卡岩微量元素蛛网图

（标准化数据据 Sun et al.，1989）

（4）矿石

矿浆期的铁矿石有 3 件，其稀土元素总量较低，$\sum REE$ 仅为 $2.58 \times 10^{-6} \sim 53.95 \times 10^{-6}$，铁矿石 $w(LREE)/w(HREE)$ 比值为 $2.35 \sim 26.93$。$w(La)_N/w(Yb)_N$ 变化较大，为 $2.20 \sim 52.74$。Ce 的负异常不明显（$\delta Ce = 0.79 \sim 0.85$），Eu 异常有差别，（$\delta Eu = 0.54 \sim 1.26$），1 件表现为正异常、1 件表现为负异常、第 3 件表现不明显。轻重稀土分异不明显，球粒陨石配分模式总体表现为水平状、缓右倾状（图 5 - 2 - 25）。

另外 3 件热液期的铁矿石的稀土元素总量从 14.34×10^{-6} 到 139.94×10^{-6} 不等，铁矿石 $w(LREE)/w(HREE)$ 比值为 $4.42 \sim 23.07$。$w(La)_N/w(Yb)_N$ 变化较大，为 $6.3 \sim 47.34$。表现为 Ce 的负异常（$\delta Ce = 0.66 \sim 0.85$），和 Eu 的负异常（$\delta Eu = 0.65 \sim 0.88$），球粒陨石配分模式总体表现为轻稀土富集、重稀土亏损的右倾配分模式。由此可见，与矿浆期的矿石相比，热液阶段的铁矿石呈现出稀土元素总含量较低，轻稀土稍富集，重稀土稍亏损，两者的稀土元素配分模式也存在明显的差异，这说明两种类型磁铁矿的形成机制不同。

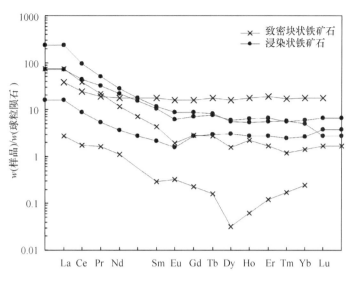

图 5 – 2 – 25　敦德矿区铁矿石球粒陨石标准化稀土元素配分型式图

（球粒陨石值引自 Sun et al, 1989）

铁矿石原始地幔标准化的微量元素蛛网图（图 5 – 2 – 26）所示，磁铁矿曲线形态大体一致，都表现出大离子亲石元素的富集及 K、Nb、Sr 和 Ti 的亏损。与热液期矿石相比，矿浆期的铁矿石相对富 V（矿浆期 $81 \times 10^{-6} \sim 155 \times 10^{-6}$，热液期 $37.8 \times 10^{-6} \sim 104 \times 10^{-6}$）、Ni（矿浆期 $25.2 \times 10^{-6} \sim 49.5 \times 10^{-6}$，热液期 $15.1 \times 10^{-6} \sim 58.1 \times 10^{-6}$）和 Cu（矿浆期 $147 \times 10^{-6} \sim 617 \times 10^{-6}$，热液期 $4 \times 10^{-6} \sim 317 \times 10^{-6}$），贫 Cd（矿浆期 $0.03 \times 10^{-6} \sim 1.3 \times 10^{-6}$，热液期 $6.60 \times 10^{-6} \sim 20.90 \times 10^{-6}$）、Sb（矿浆期 $1.80 \times 10^{-6} \sim 7.32 \times 10^{-6}$，热液

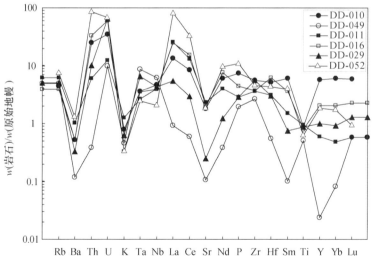

图 5 – 2 – 26　敦德矿区铁矿石微量元素原始地幔蛛网图

（原始地幔值引自 Sun et al, 1989）

期 $4.72 \times 10^{-6} \sim 43.40 \times 10^{-6}$)、Ba（矿浆期 $0.82 \times 10^{-6} \sim 7.14 \times 10^{-6}$，热液期 $2.34 \times 10^{-6} \sim 9.15 \times 10^{-6}$）、W（矿浆期 $0.07 \times 10^{-6} \sim 0.45 \times 10^{-6}$，热液期 $0.36 \times 10^{-6} \sim 5.36 \times 10^{-6}$）、Th（矿浆期 $0.03 \times 10^{-6} \sim 2.10 \times 10^{-6}$，热液期 $0.86 \times 10^{-6} \sim 7.21 \times 10^{-6}$）和 U（矿浆期 $0.21 \times 10^{-6} \sim 0.73 \times 10^{-6}$，热液期 $1.25 \times 10^{-6} \sim 1.41 \times 10^{-6}$）。热液期 Ba、Th 和 U 的增多可能是受地壳混染的结果。

3. 同位素

（1）硫同位素

本书采集了敦德矿区内热液期的浸染状铁矿石，挑选硫化物脉中的黄铁矿单矿物进行硫同位素分析，结果列于表 5－2－11。其 $\delta^{34}S$ 值较为稳定，变化于 6‰~6.2‰ 之间。这与备战铁矿热液阶段的 $\delta^{34}S$ 值（5.2%~6.4%）相似，可能与热液作用有关。

表 5－2－11　敦德矿区黄铁矿单矿物硫同位素组成

样品号	岩石	单矿物	$\delta^{34}S_{CDT}$/‰
DD－013	浸染状磁铁矿矿石	黄铁矿（脉）	6.2
DD－017	浸染状磁铁矿矿石	黄铁矿（脉）	6

（2）铅同位素

矿石铅同位素不仅为研究成矿作用与成矿机制提供重要的信息，而且反映了壳幔岩浆过程与成矿过程的综合信息，为此对敦德矿区的两类矿石进行了 Pb 同位素测试，结果列于表 5－2－12。其中（$^{206}Pb/^{204}Pb$）$_t$、（$^{207}Pb/^{204}Pb$）$_t$、（$^{208}Pb/^{204}Pb$）$_t$ 是结合对应样品的 Th、U 和 Pb 的含量，按照 $t = 320Ma$ 来计算的。

敦德矿区矿浆期铁矿石的 $^{206}Pb/^{204}Pb$、$^{207}Pb/^{204}Pb$ 和 $^{208}Pb/^{204}Pb$ 比值的变化范围分别是 16.262~18.176、15.471~15.555 及 37.726~37.918；热液期铁矿石的 $^{206}Pb/^{204}Pb$、$^{207}Pb/^{204}Pb$ 和 $^{208}Pb/^{204}Pb$ 比值的变化范围分别是 17.730~18.095、15.521~15.552 及 37.799~37.902。从 Pb 同位素组成上来看，两种铁矿石差异不大，说明二者的成矿物质来源可能具有一致性。

表 5－2－12　敦德矿区代表性铁矿石铅同位素组成

样品名称	样品编号	$^{206}Pb/^{204}Pb$	$^{207}Pb/^{204}Pb$	$^{208}Pb/^{204}Pb$	t/Ma	（$^{206}Pb/^{204}Pb$）$_t$	（$^{207}Pb/^{204}Pb$）$_t$	（$^{208}Pb/^{204}Pb$）$_t$
矿浆期的铁矿石	DD－010	18.66	15.577	38.353	320	17.9684	15.5405	37.7255
	DD－049	18.919	15.611	38.051	320	16.2618	15.4706	37.9178
	DD－011	18.217	15.557	37.933	320	18.1761	15.5548	37.9076
热液期的铁矿石	DD－016	18.389	15.566	38.11	320	18.0951	15.5505	37.9021
	DD－029	18.251	15.548	37.979	320	17.7296	15.5205	37.8737
	DD－052	18.683	15.584	38.787	320	18.071	15.5517	37.7985

（3）氧同位素

前文所述，敦德矿区的多处矿体中，矿石往往与星点状、脉状及团块状的方解石共生，为了更好地研究二者的关系，分别挑选了矿石中的方解石、白云石与磁铁矿进行氧同位素组成测试，结果列于表 5 - 2 - 13。

矽卡岩化火山岩中白云石的 $\delta^{18}O$ 值为 11.5‰。致密块状铁矿石中的方解石 $\delta^{18}O$ 值为 7‰ ~ 10.2‰，具有壳源特征，说明方解石可能是由地壳物质形成的。磁铁矿的 $\delta^{18}O$ 值相对不稳定，变化范围较大，为 2.3‰ ~ 8.6‰。

表 5 - 2 - 13　敦德矿区单矿物氧同位素组成

样品号	岩石	矿物	检测结果	
			$\delta^{18}O_{PDB}$/‰	$\delta^{18}O_{SMOW}$/‰
DD005	矽卡岩化火山岩	白云石	- 18.9	11.5
DD021	致密块状铁矿石	方解石	- 23.1	7
DD024	致密块状铁矿石	方解石	- 20.1	10.2
DD045	致密块状铁矿石	磁铁矿	- 26.8	3.3
DD063	致密块状铁矿石	磁铁矿	- 21.6	8.6
DD060	致密块状铁矿石	磁铁矿	- 22.8	7.4
DD031	致密块状铁矿石	磁铁矿	- 27.7	2.3

五、矿床成因

1. 成矿条件

（1）地质条件

根据矿物的共生组合及相互穿插关系，敦德铁矿矽卡岩可分为两期：岩（矿）浆期矽卡岩和热液交代期矽卡岩。两期矽卡岩的矿物学特征及地球化学特征显著差异反映两期矽卡岩成因不尽相同。本区矽卡岩虽然与以前所报道的不同类型的矽卡岩在围岩、接触关系及矿物组合等方面有较多的相似之处，但又不完全相同。据新疆地质矿产勘查开发局第三地质大队最近的钻孔资料显示，敦德铁矿床大哈拉军山组火山岩下方并不存在隐伏岩体，矿区主要的岩体——钾长花岗岩岩体位于矿区的西南端，距离矿体及矽卡岩广泛发育的地段较远；另外中国地质科学院矿产资源研究所段士刚副研究员等人最近在矿区周围调研时发现了指示火山喷发的标志——火山弹，暗示敦德铁矿矽卡岩的形成与火山喷发有密切的关系。

A. 岩（矿）浆期矽卡岩

岩（矿）浆期矽卡岩石榴子石的端元组分主要为钙铝榴石，辉石的端元组分主要是透辉石。其 REE 配分模式（图 5 - 2 - 27）有两个显著特点：一是 LREE 富集的右倾配分模式，二是 Eu 负异常现象。有意义的是岩（矿）浆期矽卡岩和大哈拉军山组中火山岩的稀土元素配分行为非常一致而不同于钾长花岗岩岩体的 REE 配分行为。因此可推测敦德铁矿岩（矿）浆期矽卡岩为地层中的火山岩受到火山喷发后期所释放的潜热发生热变质所形成。另外岩（矿）浆期矽卡岩具有 Eu 负异常，显示其形成于较还原的环境，这与钙铝榴石形成于弱氧化—弱还原条件下的事实相符。

B. 热液交代期矽卡岩

热液交代期矽卡岩石榴子石的端元组分主要为钙铁榴石，辉石的端元组分主要是透辉石。其 REE 配分模式有两个显著特点：一是 LREE 富集的右倾配分模式，二是 Eu 正异常现象。敦德铁矿热液交代矽卡岩与地层中的火山岩无论在稀土总量还是轻、重稀土分异的程度都非常相似（图 5 - 2 - 27），可以推测热液交代期矽卡岩为火山气液交代大哈拉军山组的火山岩所形成。这与钙铁榴石在比较氧化的条件下生成的事实相符。

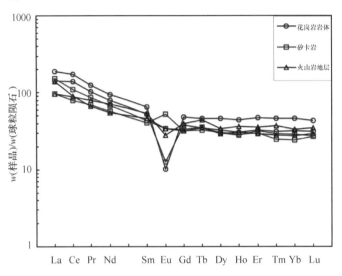

图 5 - 2 - 27　敦德铁矿床不同类型岩石稀土元素配分型式图

（标准化数据据 Sun et al.，1989）

（2）物理化学条件

在两期矽卡岩形成的过程中，可形成两期的磁铁矿：岩（矿）浆期磁铁矿和热液交代期磁铁矿。两次成矿期的磁铁矿矿石与两期矽卡岩在空间上密切共生。对于矽卡岩的研究可以较好地限制成矿的物化条件。

敦德铁矿床中岩（矿）浆期矽卡石主要由钙铝榴石和透辉石组成，热液交代期矽卡岩主要由钙铁榴石和透辉石组成。两期矽卡岩组成矿物上的差异反映了其形成环境的不同，钙铝榴石 - 钙铁榴石系列石榴子石形成的物理化学试验（梁祥济，1994）研究表明，钙铁榴石一般形成于 450 ~ 600℃、pH = 4.0 ~ 11.0 的氧化—弱氧化环境中，而钙铝榴石则在 550 ~ 700℃、中酸性溶液的弱氧化—弱还原条件下晶出。敦德铁矿床岩（矿）浆期矽卡岩中石榴子石富铝，形成于较还原的环境，热液交代期矽卡岩中石榴子石相对富铁，形成于较氧化的环境。这与两期矽卡岩 Eu 异常现象一致。

因此敦德铁矿的成矿过程中岩（矿）浆期温度大约为 550 ~ 700℃，为中酸性弱氧化—弱还原条件；而热液交代期温度大约为 450 ~ 600℃、为 pH = 4.0 ~ 11.0 的氧化—弱氧化环境。

2. 成矿构造环境

敦德铁矿中矿体主要赋存于大哈拉军山组中，火山岩既是赋矿的围岩也是成矿的母岩，矽卡岩与矿体密切共生，因此查明大哈拉军山组火山岩形成的构造背景及矽卡岩的形成原因，可间接推断敦德铁矿的成矿构造背景。

大哈拉军山组火山岩的主量元素分析结果表明，其主要是一套从基性到酸性变化的高钾钙碱性及钾玄岩系列火山岩组合，在其形成的过程中经历了一定程度的结晶分异及同化混染作用。大哈拉军山组火山岩普遍具有大离子亲石元素（K、Rb、Sr、Ce、Ba）的富集和高场强元素（Zr、Hf、Nb、Ta、Ti）的亏损，而稀土元素方面表现为轻稀土富集、Eu负异常的右倾配分模式，据 Wood（1980）的 Th－Hf－Ta 判别图解和 Pearce 等（1982）的 Ta/Yb－Th/Yb 判别图解，可判断本区火山岩主要形成于大陆边缘弧的环境，由受洋壳流交代的地幔楔部分熔融形成。

敦德铁矿区内的两期矽卡岩与传统的矽卡岩有明显的区别，其既不是形成各式各样的接触交代作用，也不是形成于火山－次火山气液作用（梁祥济等，1982）、混合岩化作用（朱元龙等，1966；王殿惠，1987）、区域变质作用（俞建长，1994）或接触变质作用（王星等，2008）。根据详细的野外观察和室内研究表明：敦德铁矿床中岩（矿）浆期矽卡岩主要由钙铝榴石和透辉石组成，可能是由于大哈拉军山组火山岩受到火山喷发后期所释放的潜热的影响，发生热变质而形成。热液交代期矽卡岩主要由钙铁榴石和透辉石组成，可能是由于火山气液沿裂隙交代地层中火山岩而形成。

因此敦德铁矿形成于大陆边缘弧的构造环境中，矿体的形成受火山岩地层、断裂构造及火山通道的制约。

3. 成矿物质来源

敦德铁矿中两期磁铁矿的化学成分明显不同，暗示两次成矿作用的成岩成矿物质来源不同。岩（矿）浆期磁铁矿具有富 Al、Mn，贫 Mg，高 Ti 的特点，在磁铁矿的 TiO_2－Al_2O_3－MgO 成因图解（图 5－2－10）中，岩（矿）浆期磁铁矿落入酸性－碱性岩浆区。热液交代期磁铁矿具富 Al、Mn，贫 Mg，低 Ti 的特点，在磁铁矿的 TiO_2－Al_2O_3－MgO 成因图解（图 5－2－10）中，热液交代期磁铁矿落入沉积变质－接触交代区。

根据岩矿石的手标本和显微镜下观察，岩（矿）浆期磁铁矿为浸染状，由细小的磁铁矿颗粒聚集形成，因此推断本期磁铁矿颗粒形成于岩浆演化的过程中，主要为地幔来源；热液交代期磁铁矿为团块状，这是由于在岩浆演化的后期，岩浆房处于高温、负压状态，有利于雨水、地下水向负压带汇集并与岩浆热液混合，升温后的混合热液沿裂隙上升，与地层中的火山岩发生交代作用，在交代作用的过程中，铁主要以络合物的形式运移，在交代作用的晚期，由于物理化学条件的改变，使磁铁矿发生沉淀形成热液交代期的磁铁矿矿石。

4. 矿床成因

石炭纪末该洋盆逐渐消亡闭合时，曾向两侧俯冲（图 5－2－28），阿吾拉勒铁矿带位于岛弧带的内侧（姜常义等，1992），受俯冲作用的影响，地幔楔发生部分熔融，形成富铁的玄武质岩浆，玄武质岩浆随构造运动侵位于下地壳，并经历了结晶分异作用和同化混染作用，后沿深大断裂上侵、喷溢形成富铁的大哈拉军山组火山岩（岩性从基性到酸性变化）。岩石学和矿相学的研究表明，阿吾拉勒铁矿带中的火山岩与磁铁矿的矿化关系密切，既是富矿的围岩亦是矿源岩。而敦德铁矿床中钾长花岗岩岩体与成矿关系并不十分密切，其主要形成于后造山阶段，由下地壳的部分熔融作用形成。

在火山喷发的后期，敦德铁矿床下石炭统大哈拉军山组火山岩受热发生变质作用，随着温度的增高，岩石中产生了化学活动性流体，流体可能来源于岩石孔隙水或矿物结构中的水，这种热流体促进了岩石中矿物组分的溶解和迁移，在特定的温压条件下，安山质凝灰岩通过变质结晶和交代的方式形成石榴子石和透辉石的矽卡岩矿物组合，部分未蚀变完全的安山质凝灰岩中可见残留的斜长石斑晶。由于大哈拉军山组火山岩地层中 Fe 含量普遍较高，在热液接触交代的过程中，地层中的成矿元素活化转移，发生磁铁矿的富集，形成有工业价值的磁铁矿矿石，这与岩（矿）浆期矽卡岩在显微镜下可见由细小颗粒状磁铁矿聚集成团块状磁铁矿的现象相符。

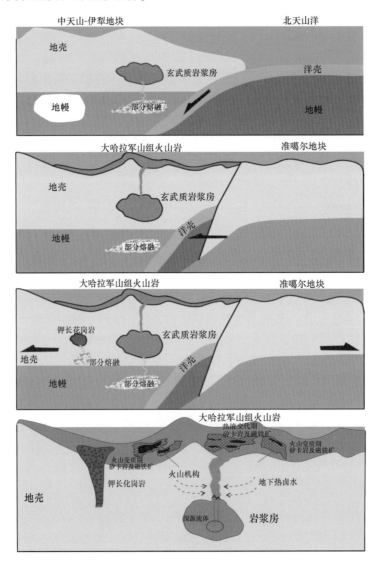

图 5 - 2 - 28　敦德铁矿床成岩成矿作用模型

随着岩浆的演化，矿区深部隐伏的岩浆房呈高温、负压状态，因此有利于雨水及地下水向负压带汇集并且与岩浆派生的热液混合，而后混合热液沿着裂隙上升，与地层中的火山岩发生交代作用，形成热液交代期的矽卡岩。在交代的晚期，铁主要以络合物的形式运移。伴随着温度的下降，角闪石、绿帘石和绿泥石等碱性较强的晚矽卡岩矿物大量生成，

使溶液中的 H^+ 大部分被消耗，从而导致溶液趋于碱性。就是在这种高氧逸度碱性的条件下，溶液中铁的氯化物络合物发生水解，沉淀形成大量的磁铁矿（艾永富等，1981；赵一鸣等，1992），形成了具工业价值的磁铁矿矿石。

第三节　松　湖　铁　矿

松湖铁矿床位于尼勒克县城正东 110km，距新源县城南西方向 101km。矿区中心地理坐标为东经 $43°36'04''$，北纬 $83°49'54''$。该铁矿属中型矿床，目前已开采，建成中型矿山。

一、矿区地质特征

松湖铁矿区位于巩乃斯复向斜的北翼，出露地层以晚古生代为主（图5-3-1），褶皱及断裂构造发育，海西期岩浆侵入活动较为强烈。

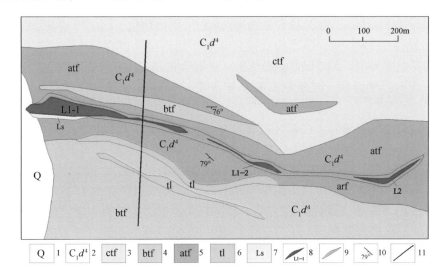

图5-3-1　尼勒克县松湖铁矿床地质简图

（据新疆地质矿产勘查开发局第七地质大队，2010，有修改）

1—第四系；2—下石炭统大哈拉军山组四段；3—灰紫色晶屑岩屑凝灰岩；4—浅灰绿色中细粒凝灰岩；

5—浅紫色凝灰岩；6—灰紫色凝灰质角砾岩；7—灰白、灰黑色灰岩；8—铁矿体及编号；9—铁矿化体（层）；

10—地层产状；11—勘探线

1. 地层

矿区出露的地层由老至新主要有下石炭统大哈拉军山组四段（C_1d^4）和发育于山间沟谷中的第四系上更新统—全新统（Qp^{apl}、Qp^{eol}）。地层主要特征如下。

下石炭统大哈拉军山组四段（C_1d^4）：大面积分布于工作区中部，为一套火山岩-火山碎屑岩建造，为大哈拉军山组上部岩性段。其上部岩性层分布范围较广，主要由灰岩及粉砂质泥岩、钠长斑岩、霏细岩及碎屑岩组成；下部为一套正常碎屑岩，上部主要岩性为紫红-灰紫色杏仁状安山玢岩、安山岩、中性凝灰岩、灰白色生物碎屑灰岩、砂质灰岩、灰黑色钙质粉砂岩夹沉凝灰岩及凝灰砾岩，该层为本矿床主要赋矿层位。下部为紫红色层状玄武安山质集块岩、安山岩、层安山质火山角砾岩、层凝灰岩、流纹岩。

该段岩石组合类型为安山岩、层安山质火山角砾岩、流纹岩、凝灰岩和火山尘凝灰岩；部分地段有厚层的沉次圆砾状安山质火山角砾岩和薄层－透镜状灰岩。含矿层主要岩石为安山质和英安质凝灰岩，岩石具有低镁中高钠钾特点。反映火山作用的地质构造环境为板块构造内部和活动大陆边缘带。

第四系上更新统—全新统（Qp^3—Qh）：主要分布于矿区西南一带，可分为中—上更新统（Qp）：包括冰水堆积层、冲积－洪积堆积层、上更新统风成堆积层、上更新统洪积堆积层。全新统（Qh）：包括冲积层，主要由巨砾、砾石、砂、淤积砂、砂质黏土、黄土及亚砂土组成。

2. 岩石学特征

安山质岩屑晶屑凝灰岩：主要出露于矿区南部，或呈带状分布于矿体下盘。紫红－灰紫色，晶屑结构，块状构造，由中细粒碎屑物及凝灰质胶结物组成。火山碎屑物中长石晶屑包括斜长石和钾长石。石英晶屑含量约为5%，呈他形粒状，熔蚀结构发育。岩屑含量约为25%，粒径0.5～1mm，形态为次棱角状或不规则状，也有呈火焰状的塑性岩屑发育，成分以安山质为主，部分保留安山结构。玻屑含量约占5%，呈灰黑色，形态为飞鸟状、鸡骨状或弧面多角状。胶结物以凝灰质为主，含量约为10%，主要为隐晶质或玻璃质。

英安质岩屑晶屑凝灰岩：在矿区内发育较少，呈灰紫－灰绿色，晶屑结构，块状构造，由中粗粒碎屑物及凝灰质胶结物组成。火山碎屑物包括长石晶屑、石英晶屑、岩屑、玻屑及少量铁质碎屑。长石晶屑粒径0.5～1mm，其中斜长石约为30%；钾长石含量增至20%，双晶一般不发育，沿边部交代早期斜长石；石英晶屑含量约为25%，主要呈棱角状。岩屑含量约为20%，粒径1mm左右，成分以安山质、英安质为主，呈棱角状或不规则状，塑性岩屑也较为发育。

含角砾岩屑晶屑凝灰岩：紫红－灰紫色，晶屑结构，角砾状－块状构造。角砾含量为20%～30%，呈暗红色、灰紫色、灰绿色，形态为棱角状、次棱角状、次圆状或不规则状，砾径2～20mm，少数可达40～50mm，主要为安山质或英安质，部分角砾内部仍保留安山结构。岩屑含量约为20%，以安山质为主。晶屑含量约为40%，主要由斜长石和石英组成。斜长石晶屑呈板状或短柱状。石英晶屑呈灰白色，半自形—他形粒状结构。胶结物为凝灰质，含量10%左右。

安山质熔结凝灰岩：发育较少，只可见小的条带，与安山质岩屑晶屑凝灰岩共同产出。主要为紫红色，熔岩凝灰结构，块状构造，胶结物为熔岩胶结，岩石致密坚硬。火山碎屑物含量>75%，由<2mm的凝灰质组成，主要以塑形玻屑和晶屑为主，其中玻屑约占25%，晶屑占15%，岩屑约占5%；填隙物为火山灰，还可见少量火山角砾，火山碎屑物分选性差。

凝灰质砂岩：呈紫红色或灰绿色，细砂—粉砂状结构，主要呈块状构造，局部发育粒序层理。主要由细碎屑物与凝灰质、泥质胶结物组成，细碎屑物按粒度分为细砂屑（约60%）和粉砂屑（15%），成分以长石晶屑为主，含少量安山质、英安质岩屑及铁质碎屑。长石晶屑含量约为60%～70%，以双晶不发育的斜长石为主，粒径0.1～0.5mm，呈浑圆状、次圆状或次棱角状，表明其并非同火山期火山碎屑物，而是在喷发后经过较长时间、长距离搬运才沉积成岩。发育有硅化、方解石化、绿帘石化、绿泥石化及镜铁矿化等蚀变，近矿部位有浸染状及团块状磁铁矿化发育。

灰岩：呈灰白色，粉晶－鲕粒结构。主要由粉晶方解石、鲕粒及少量火山碎屑物组成。粉晶方解石含量 50% 左右，呈半自形—他形粒状，为鲕粒及火山碎屑物的胶结物。鲕粒含量为 30% ~ 40%，发育有不同的结构类型。火山碎屑物含量 < 10%，以粉砂级的岩屑及晶屑为主。

钙质粉砂岩：紫红色，粉砂状结构，与粉晶－鲕粒灰岩构成韵律层。主要由火山碎屑物与钙质胶结物组成，火山碎屑物含量约 60%，主要由粉砂级的岩屑组成，含少量粒径 0.1mm 左右的石英、长石晶屑，呈浑圆状。胶结物以泥晶方解石为主。绿帘石、绿泥石及方解石等蚀变矿物较发育。

砂屑灰岩：呈透镜状发育于凝灰质砂岩中，平行层理发育。呈灰绿色，砂状结构，胶结物为亮晶方解石。砂屑主要为棱角及次棱角状长石晶屑及安山质岩屑，含量约为 50%，粒径 0.5 ~ 2mm。方解石晶体呈自形—半自形粒状，粒径变化较大，可分为粒径截然的两群（0.2 ~ 0.3mm 与 0.05 ~ 0.1mm）。

3. 构造

松湖矿区处于巩乃斯复向斜的北翼，总体表现为单斜。矿区内最主要的构造为近东西向、北东向及一些北西向断裂，其他构造包括节理、次级褶皱等。

近东西向断裂：发育于矿体南北两侧及内部，与矿体走向基本一致。断裂近等间距分布，断裂带宽达 30 ~ 50m，带内断裂密集发育。断面多呈舒缓波状，南倾及北倾者都有发育，产状陡倾，倾角 70° ~ 89°。断裂性质以逆断层为主，兼具右行走滑性质，但走滑分量不大。断裂带内广泛发育有呈脉状钾长石化、绿泥石化、方解石化等蚀变，脉体与断层产状基本一致；在浅部矿体，近东西向断裂为矿体上盘蚀变带与新鲜围岩的构造界面。以上特征表明近东西向断裂控制着矿化蚀变的分布，形成于成矿期。

北西向断裂：发育于距离矿体较远的部位，与主矿体呈小角度相交，断层带宽 10 ~ 15cm，性质为逆断层。由于其滑距较小，对矿体的错动不明显。断裂带内劈理化发育，蚀变主要发育于断层下盘。

近南北向断裂：主要在矿体东西两段都有发育，与矿体呈大角度相交。断面呈舒缓波状，倾向南南西或南南东，倾角为 50° ~ 65°。断层带内兼具脆性和韧性变形特征，据劈理特征及牵引构造，初步判断其性质为右行逆断层。带内发育有绿泥石化、绿帘石化、方解石化等蚀变，但不发育铁矿化，因此与成矿作用不同期，此外由于其对矿体的完整性和连续性无明显影响，推断其可能为成矿前构造。

北东向断裂：主要发育于矿体南侧，在矿体内部也有发育，在倾向和走向上破坏矿体的连续性。断层规模一般不大，宽 20 ~ 50cm。断面一般较为平直，倾向以北北西向为主，倾角 60° ~ 80°。性质为正－左行断层，倾向上滑距达 1 ~ 2m。断层泥中绿泥石、方解石等后期蚀变矿物发育，表明断层形成于主成矿期之后，与后期低温蚀变作用相关。

松湖铁矿区内最主要的构造为近东西向断裂系统，矿体的产状受其控制，与区域深大断裂的方向一致，可能与区域上晚古生代增生造山作用有关（高俊等，1997；龙灵利等，2008）。

4. 岩浆岩

区域内的岩浆侵入活动强烈而频繁，主要发生在华力西晚期，与深大断裂关系密切。

侵入岩以中性及酸性深成侵入岩为主，主要见华力西晚期第二侵入次的花岗岩（γ_4^{2b}），其在区内较发育，多呈近东西向岩基状、岩株状产出，主要有库尔德能岩体、依生布古岩体和坎苏岩体，主要岩性为肉红色黑云母花岗岩、黑云母钾质花岗岩、正长花岗岩含角闪石二长花岗岩、钠铁闪石钾质花岗岩、钠铁闪石文象花岗岩。其中库尔德能岩体内部常见有暗色矿物集中的异离体，呈细晶花岗闪长岩或细晶闪长岩，团块状不均匀分布，与母体无明显界线；依生布古岩体边缘带受围岩影响，原成分发生变异而呈花岗闪长岩。岩体侵入于伊什基里克组（C_2y）和大哈拉军山组四段（C_1d^4）的中—酸性火山岩、凝灰岩中。岩体与围岩接触界线清晰，围岩蚀变以角岩化、硅化、混染岩化及褪色化现象较为普遍。

此外，区内尚见有少量脉岩，不太发育，以酸性、中性脉岩为主。基性脉岩较少见。脉岩长度一般 $50\sim200m$，宽一般几十厘米至十余米不等，多分布于断裂及侵入岩发育地段。

区内岩浆活动的频繁，为与岩浆 – 热液活动有关的金属矿提供了成矿地质条件，具有较好的找矿前景。

二、矿床地质特征

1. 矿体分布及特征

在矿区内，圈定 2 个主要矿体，编号为 L1、L2，L1 矿体位于矿区中西部，L2 位于矿区东部。矿体赋存于灰绿色凝灰岩（局部为晶屑玻屑凝灰岩）中。

其中 L1 空间上呈不甚规则的似层状，呈近东西至北西西向展布，总体产状为 $180°\sim212°\angle75°\sim84°$[1]，局部近于直立；走向长约 $800m$，倾向上控制矿体斜深最深约 $850m$。沿矿体走向，中西部较厚，向两端逐渐变薄，尤其是东端。倾向上，1 线矿体自地表向深部呈薄—厚—薄的趋势，厚度系数变化较大，0 线和 2 线矿体厚度变化较为稳定，4 线至 6 线矿体自地表向深部呈明显的由薄到厚的趋势，厚度变化较大。10 线上矿体厚度较为稳定。从目前的控制程度和见矿情况来看，推测矿体总体向东侧伏，侧伏角约 $10°$（图 5 – 3 – 2）。

L2 号矿体空间上呈不规则的似层状，呈近东西至北北东向展布，总体产状为 $155°\sim188°\angle63°\sim84°$[1]，局部近于直立。由地表 5 个探槽和深部 2 个钻孔工程控制，走向长约 $240m$，倾向上控制斜深最深约 $190m$。矿体走向上厚度变化总体较为稳定，自 14 线以西和 TC1602 东西自然尖灭。16 线上矿体倾向上自地表向深部呈明显的减薄趋势，16 线上后排孔 ZK1603 中未见到工业矿体，但赋矿体（灰绿色凝灰岩）位较为稳定存在。

主矿层（体）直接顶板为灰紫色凝灰质粉砂岩、碎裂安山质火山角砾岩及中—细粒蚀变安山质凝灰岩，矿体与围岩的接触界线清晰、平直。直接顶板围岩之上，发育有安山质角砾岩屑凝灰岩、岩屑晶屑凝灰岩等，局部可见灰白色生物碎屑微晶灰岩。底板围岩主要为灰绿色凝灰质砂岩。

矿石品位 $w(TFe)=22.23\%\sim52.16\%$，平均为 45.03%，$w(mFe)=10.00\%\sim45.62\%$，平均为 35.86%；$w(mFe)/w(TFe)$ 为 $0.329\sim0.879$，平均为 0.726。$w(S)=2.34\%\sim$

---

❶ 资料来源：新疆维吾尔自治区地质矿产勘查开发局.2012.第七地质大队报告.

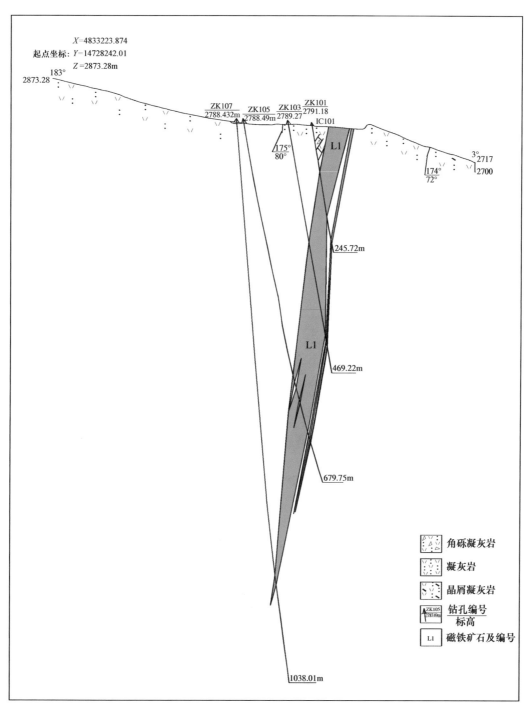

图 5-3-2 松湖铁矿床 1 勘探线剖面图

(据任毅等,2012)

4.74%,平均为 3.66%; $w(Cu)=0.04\% \sim 0.1\%$,平均为 0.08%。矿石品位在倾向上变化情况不大,在沿走向上磁性铁平均品位变化相对较大,尤其是东段。

· 185 ·

2. 矿石特征

（1）矿物组成与结构

铁矿石的自然类型，按主要铁矿物可归为含黄铁矿磁铁矿石，按结构构造可归为浸染状铁矿石。矿石矿物成分基本一致，本矿床矿物组成特征说明如下。

主要矿石矿物有磁铁矿，其次有磁赤铁矿、赤铁矿、褐铁矿、黄铁矿、黄铜矿、铜蓝等。磁铁矿呈黑色，半金属光泽，以等轴粒状晶体或粒状集合体产出，集合体形态比较复杂，最常见以他形粒状、不规则粒状、浸染在脉石中，粒度大小不均匀，一般以中细粒多沿脉石矿物粒间、裂隙充填胶结，甚至还包裹细粒脉石、硫化物（图5-3-3a，图5-3-3b）。赤铁矿主要以板状、针柱状产出，一般与磁铁矿共生（图5-3-3c），有赤铁矿后期演变成镜铁矿。黄铁矿为矿石主要金属硫化物，分布比较普遍，主要嵌布在磁铁矿中；部分嵌布在脉石中（图5-3-3a，图5-3-3b，图5-3-3c，图5-3-3d），有些黄铁矿边部可形成褐铁矿反应边结构（图5-3-3d），在黄铁矿碎裂裂隙中，常有黄铜矿沿裂隙充填胶结。脉石矿物主要有钾长石、绿泥石、钠长石、阳起石、绿帘石、石榴子石、方解石、石英等（图5-3-3a）。

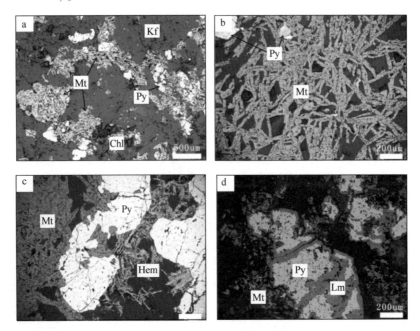

图5-3-3 松湖矿区矿石矿物显微照片

a—磁铁矿呈他形—半自形粒状结构，黄铁矿呈粒状，反射光；

b—磁铁矿呈自形—半自形板条状产出，并被晚期黄铁矿交代，反射光；

c—磁铁矿穿插交代早期形成的黄铁矿，有磁铁矿包含于黄铁矿中，反射光；

d—褐铁矿围绕黄铁矿形成反应边结构，反射光

Mt—磁铁矿；Hem—赤铁矿；Py—黄铁矿；Lm—褐铁矿；Kf—钾长石；Chl—绿泥石

矿石结构以他形—半自形粒状结构、粒状结构（他形—半自形粒状磁铁矿与黄铁矿共生，图5-3-3a）和自形—半自形板条状结构（磁铁矿呈自形—半自形板条状产出，图5-3-3b）为主，其次还有交代结构（磁铁矿交代早期形成的黄铁矿，图5-3-3c）

和包含结构（自形磁铁矿包含于黄铁矿中，图5－3－3c）、反应边结构（褐铁矿围绕黄铁矿周围形成，图5－3－3d）等。

（2）矿石构造

矿石构造种类较多，可分为块状、似层状、浸染状、团块状、斑杂状、条带状、脉状等，以块状、条带状、浸染状为主。条带状、浸染状、斑杂状、似层状、脉状矿石主要分布于矿体边部及蚀变带中。矿石矿物主要为磁铁矿，其次为磁黄铁矿、黄铁矿、镜铁矿、黄铜矿；脉石矿物主要为钾长石、绿泥石、绿帘石、阳起石、方解石、石英，其次为钠长石、绢云母、磷灰石等。各类矿石特征分述如下。

块状矿石：主要分布于主矿体。磁铁矿含量75%以上，黄铁矿含量10%左右，以及赤铁矿、黄铜矿、方解石、石英、钾长石、绿泥石等。镜下磁铁矿呈紫灰色、灰白色，主要为自形板条状，其次为半自形—他形粒状，粒径0.05~0.1mm，在磁铁矿裂隙中可见赤铁矿。金属硫化物以黄铁矿为主，其次为黄铜矿、磁黄铁矿。黄铁矿呈浸染状或不规则状分布并交代磁铁矿。赤铁矿与磁铁矿密切共生，并交代磁铁矿呈各种交代结构。黄铜矿呈乳滴状包裹于磁铁矿中。石英、方解石、绿泥石呈细脉状或团块状分布，其中石英与磁铁矿关系密切。

条带状矿石：产于矿体边部，磁铁矿与脉石矿物呈条带状相间分布。磁铁矿含量45%左右，呈紫灰色或灰白色，自形—半自形粒状、板条状分布，粒径0.02~0.1mm，可见赤铁矿交代磁铁矿或沿磁铁矿裂隙分布。金属硫化物以黄铁矿为主，可见黄铁矿斜切磁铁矿。钾长石含量约30%，呈条带状、柱状，镜下呈半自形—他形粒状，粒径一般0.5mm左右。绿泥石含量约15%，主要呈细脉状分布，镜下主要呈鳞片状。后期发育阳起石化、绿帘石化、方解石化等。

浸染状矿石：主要分布于矿体顶底板与围岩接触部位，磁铁矿含量变化在10%~70%，根据其含量不同，可分为稠密浸染状、中等浸染状和稀疏浸染状。矿石矿物包括磁铁矿与黄铁矿，主要沿钾长石粒间分布。磁铁矿主要呈他形粒状分布，粒度<0.05mm；黄铁矿呈半自形—他形粒状，粒径0.3~0.5mm。此外矿化与绿帘石、阳起石关系密切。

团块状铁矿石：发育于矿体内部围岩夹层中或边部，主要由磁铁矿、赤铁矿、黄铜矿、黄铁矿组成。磁铁矿主要呈团块状分布于凝灰质围岩中，含量约为20%~30%，呈深灰色，自形—半自形粒状，粒径0.01mm左右；赤铁矿呈细脉状或浸染状分布，沿边部对磁铁矿进行交代，发育板状自形晶及放射状集合体。黄铜矿主要呈宽约1~3cm的不规则脉状，胶结并沿边部交代早期磁铁矿与黄铁矿。黄铁矿含量较少，主要呈浸染状分布。

角砾状矿石：主要分布于安山岩中，为安山岩同期的产物。磁铁矿呈大小不等、形状不规则的角砾或等轴状集合体，粒径较小，分布较分散，含量较低。

脉状矿石：主要发育于矿体上部及顶板蚀变带中，与浸染状矿石在空间上紧密共生。主要为脉状黄铁矿，宽度<1cm，沿后期节理裂隙发育。

3. 围岩蚀变

矿区围岩蚀变发育广泛，以绿泥石化、钾长石化为主，部分绿帘石化、碳酸盐化、阳起石化、硅化等。钾长石化和绿泥石化是矿区最为普遍的蚀变现象，而且与磁铁矿、赤铁矿、黄铁矿有着明显的接触、穿插关系。绿泥石多呈网脉状、浸染状、条带状发育于矿体和围岩中；钾长石主要以条带状、浸染状发育于矿体和附近围岩中；绿泥石化蚀变的范围大于钾长石化。

围岩蚀变在时间和空间上分布不均一，从而在水平方向和垂直方向上呈现一定的分带性（图5-3-4）。根据野外和镜下工作，分析各类围岩蚀变主要有以下特征。

绿泥石化：分布范围比较广泛，以条带状、网脉状、浸染状产出。在矿体内部与磁铁矿、赤铁矿呈交代切割关系，主要以鳞片状、浸染状方式产出；在赋矿围岩安山质凝灰岩中主要以条带状、网脉状方式沿方解石脉、石英脉、节理裂隙产出。

钾长石化：分布范围比较局限，主要于矿体中上部和矿体顶板附近，呈条带状产出，流动构造，与磁铁矿接触关系密切。有磁铁矿交代钾长石现象，形成时间晚于钾长石。

绿帘石化：分布于较浅部位，主要是接近地表产出。呈条带状产于裂隙中。

赤铁矿化：主要于矿体底部、中部分布，较自形呈板条状，形成时间晚于绿泥石。

碳酸盐化：主要以网脉状、条带状方解石脉产出，整个矿区方解石脉发育广泛，较岩层形成时间晚。

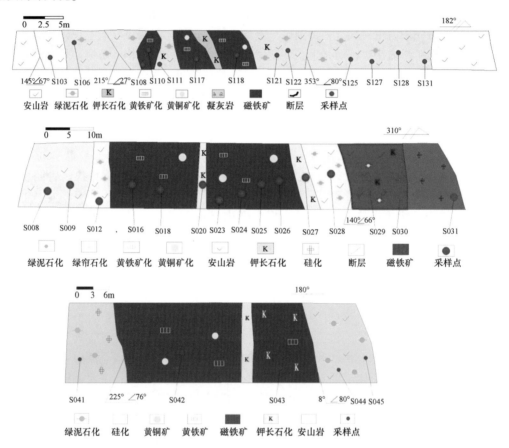

图5-3-4 松湖矿区采矿区顶部、中部、底部实测剖面图

根据松湖铁矿顶部、中部、底部的实测剖面，观察矿物形成的先后顺序、穿插关系，在水平方向和垂直方向上呈现一定的分带性，从而可以得出以下结论。

1）赋矿围岩为安山质凝灰岩，主要经历了绿泥石化、钾长石化、硅化、绿帘石化、阳起石化等围岩蚀变，不同的蚀变显示出不同的特征。

2）靠近矿体钾长石化分布广泛，以条带状形式产于矿体内部，从矿体底部延伸到顶部，底部产出较多。钾长石化形成时间早于磁铁矿，磁铁矿自形程度较高。钾长石化通常是高温热液蚀变的产物，说明矿体的形成经历了高温热液的矿化过程。

3）绿泥石化分布范围大于钾长石化，绿泥石化形成时间有晚于磁铁矿也有早于磁铁矿，钾长石化和绿泥石化是一期的，共生关系。在围岩中绿泥石化主要沿裂隙分布。

4）黄铁矿有三种不同的成因（单强等，2009a），总体上磁铁矿晚于黄铁矿形成。赤铁矿形成较晚，晚于绿泥石化。

4. 成矿期次

在野外地质调研的基础上，结合详细的岩相学观察，根据各种地质体相互穿插关系和矿物组合特征（图5－3－5）可将松湖铁矿划分为岩浆成矿期、热液成矿期和表生期，其中热液成矿期进一步划分为钾长石－绿泥石－磁铁矿阶段、阳起石－绿帘石－赤铁矿阶段和石英－硫化物－碳酸盐阶段（表5－3－1）。

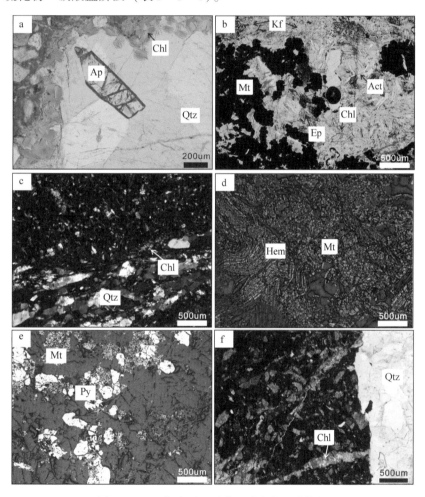

图5－3－5　松湖矿区矿化、蚀变的显微特征

Mt—磁铁矿；Qtz—石英；Py—黄铁矿；Chl—绿泥石；Act—阳起石；
Ep—绿帘石；Kf—钾长石；Ap—磷灰石；Hem—赤铁矿

（1）岩浆成矿期

是由经过熔离作用形成的富铁岩浆，随区域构造活动，伴随火山喷发作用沉积于大哈拉军山组上部的火山岩中，形成磁铁矿富集层。一般形成浸染状、团块状等矿石，总体顺火山岩层分布，局部可见围岩与矿石之间的接触界限清楚。该期岩石发育透辉石化，可以见到围岩中同时发育磁铁矿化和透辉石化，同时有磷灰石形成（图5-3-5a）。值得一提的是，虽然该阶段有磁铁矿产生，但并没有形成大规模的磁铁矿化，并不是磁铁矿的主成矿期。

（2）热液成矿期

此阶段是松湖铁矿主要的成矿阶段，由于硅酸岩浆的侵入，与火山围岩接触部分的火山岩发生以钾长石化、绿泥石化、阳起石化、绿帘石化为主的蚀变作用和以磁铁矿化、赤铁矿化、镜铁矿化、黄铁矿化及黄铜矿化的矿化作用。该阶段具体可分为钾长石-绿泥石-磁铁矿阶段、阳起石-绿帘石-赤铁矿阶段和石英-硫化物-碳酸盐阶段。

1）钾长石-绿泥石-磁铁矿阶段：此阶段温度相对较高，以形成矿体中部的块状矿石、矿体边部的条带状矿石和浸染状矿石为特征。磁铁矿晶形较好，粒径为0.05~0.1mm，主要为自形—半自形板条状结构，镜下可见磁铁矿与钾长石、绿泥石共生，生成顺序为钾长石-绿泥石-磁铁矿（图5-3-5a）。

2）阳起石-绿帘石-赤铁矿阶段：此阶段温度有所下降，以生成矿石矿物赤铁矿、脉石矿物阳起石、绿帘石为特征（图5-3-5b）。在热液磁铁矿形成以后，可见到赤铁矿沿磁铁矿裂隙穿插磁铁矿（图5-3-5d）。阳起石化、绿帘石化蚀变发生在钾长石化、绿泥石化之后，但也可见绿泥石穿插阳起石的现象，说明绿泥石在高温和低温热液阶段都有产出。

3）石英-硫化物-碳酸盐阶段：该阶段为热液成矿期的最后一个阶段，主要形成的矿石矿物有黄铁矿、黄铜矿等，脉石矿物主要为石英、方解石。显微镜下可见后期形成的石英脉穿插绿泥石（图5-3-5c，图5-3-5f），后期形成的黄铁矿穿插交代早期形成的磁铁矿（图5-3-5e）。

4）表生期地表或浅部的原生矿体遭受氧化作用，形成褐铁矿及孔雀石等表生矿物。

表5-3-1　松湖铁矿床划分成矿期次及矿物生成顺序表

主要矿物	岩浆成矿期	热液成矿期			表生期
	矿浆成矿阶段	钾长石-绿泥石-磁铁矿阶段	阳起石-绿帘石-赤铁矿阶段	石英-硫化物-碳酸盐阶段	表生矿物阶段
透辉石	▬				
钾长石		▬▬▬			
绿泥石		▬▬▬	▬		
磁铁矿	▬	▬▬▬	▬		
阳起石			▬▬		
绿帘石			▬▬		
赤铁矿			▬		
石英				▬▬	
黄铁矿				▬▬	
黄铜矿				▬	
方解石				▬▬	
褐铁矿					▬▬
孔雀石					

三、矿床矿物特征

松湖铁矿体赋存于大哈拉军山组火山岩中，重点研究造岩矿物斜长石、矿石矿物磁铁矿、蚀变矿物钾长石和绿泥石的矿物化学特征很有意义。

1. 斜长石

斜长石在单偏光下呈暗灰色，半自形—自形板柱状结构，斑晶粒度0.5~2.5mm，干涉色一级灰白，可见聚片双晶。

电子探针数据显示（表 5 − 3 − 2），具有高 $w(Al_2O_3)$、$w(Na_2O)$，低 $w(TiO_2)$ 的特点。其中 $w(SiO_2)$（56.766% ~ 69.372），$w(Al_2O_3)$（19.365% ~ 27.826%），$w(Na_2O)$（5.794% ~ 13.052%），$w(MgO)$（0.006% ~ 0.036%），$w(CaO)$（0.196% ~ 10.073%），$w(K_2O)$（0.055% ~ 0.630%），$w(Fe_2O_3^T)$（0.008% ~ 0.372%），$w(MnO)$（0.003% ~ 0.021%），$w(Cr_2O_3)$（0.002% ~ 0.033%），$w(TiO_2)$（0.005% ~ 0.030%）。S032 − 6 − 19 号不同于其他 5 个斜长石（钠长石），为钙长石，显示出 Al_2O_3、CaO 含量偏高，而 SiO_2、Na_2O 含量偏低。经岩石化学计算与图解系统软件处理后，表明斜长石主要为钠长石。

表 5 − 3 − 2　松湖矿区火山岩中斜长石的电子探针分析数据　　　　单位:%

样号	MgO	Al_2O_3	SiO_2	CaO	K_2O	Na_2O	TFe_2O_3	MnO	Cr_2O_3	TiO_2	Total
SY001 − 6	—	19.365	69.271	0.260	0.073	13.052	0.008	—	0.033	—	102.062
SY001 − 6	0.006	19.646	69.372	0.238	0.055	12.487	0.010	0.017	—	0.011	101.842
SY001 − 6	—	19.669	68.867	0.324	0.067	12.421	—	0.008	0.002	0.021	101.379
S023 − 5 − K	—	19.382	67.229	0.196	0.134	12.323	0.067	0.021	0.016	—	99.368
SZ010 − 1	0.036	20.220	66.224	0.463	0.630	11.896	0.206	0.011	0.006	0.005	99.697
S032 − 6 − 19	0.035	27.826	56.766	10.073	0.294	5.794	0.372	0.003	0.014	0.030	101.207

注：测试时间为 2013 年 12 月；测试单位为合肥工业大学。

根据 An − Ab − Or 长石三角分类图解（图 5 − 3 − 6）可知，斜长石主要落在 Na − 高钠长石区，Na_2O 含量较高达到 90% 以上，属于浅成岩浆产物。同时还有两个斜长石落在 Ca − K 高钠长石和中长石区域，说明本区斜长石总体上是偏钠质的。

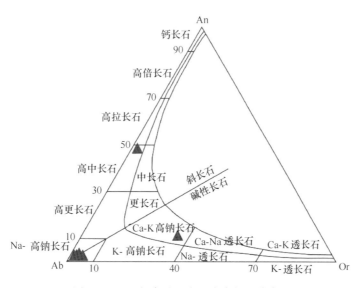

图 5 − 3 − 6　松湖矿区火山岩中长石分类图

2. 绿泥石和钾长石

绿泥石是化学成分复杂的铁、镁、铝的含水层状铝硅酸盐矿物，类质同像置换现象普遍。对其进行了详细的镜下观察和分析，总结出绿泥石的几种产状（图5-3-7）。

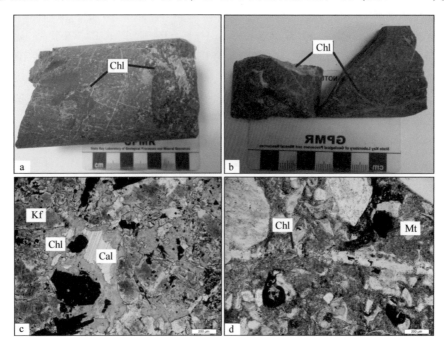

图5-3-7　松湖铁矿绿泥石的产状
Chl—绿泥石；Cal—方解石；Mt—磁铁矿；Kf—钾长石

一是由长石蚀变而来的绿泥石，具有长石的假象交代结构，一般呈破碎状、颗粒状、浸染状和岛弧状，这类绿泥石在松湖铁矿体中分布最广，常为磁铁矿形成之后赤铁矿形成之前的蚀变。二是呈脉状分布的蚀变，沿矿物裂隙、石英脉、方解石脉分布的绿泥石，在围岩中分布最广（图5-3-7a，图5-3-7b，图5-3-7d）。三是与矿石矿物有接触关系的绿泥石，在矿体内部主要和钾长石化、磁铁矿、赤铁矿伴生在一起，呈岛弧状、浸染状的面状分布（图5-3-7c）。四是由方解石蚀变而来的绿泥石，方解石呈溶蚀结构，岛弧状（图5-3-7c）。

对19件绿泥石样品进行电子探针测试（表5-3-3），结果显示，绿泥石的主要成分有四种：SiO_2（23.511%~36.993%）、$Fe_2O_3^T$（11.722%~31.694%）、MgO（7.682%~20.600%）、Al_2O_3（17.065%~26.802%）。次要成分有MnO、Na_2O、K_2O、CaO、TiO_2。

表5-3-3　松湖矿区蚀变岩中绿泥石的电子探针分析数据　　　　单位:%

样品号	MgO	Al_2O_3	SiO_2	CaO	K_2O	Na_2O	TFe_2O_3	MnO	Cr_2O_3	TiO_2	Total
S008-6-35	15.562	19.908	26.023	—	0.049	0.089	24.068	0.485	—	0.009	86.193
S008-4-22	16.257	19.961	27.023	—	0.011	0.048	23.188	0.438	—	—	86.926
S008-3-12	16.094	20.249	26.733	—	0.011	0.068	23.596	0.469	—	—	87.220
S008-1	16.295	20.085	26.851	—	—	0.052	23.861	0.485	—	0.024	87.653
S008-6-35	15.562	19.908	26.023	—	0.049	0.089	24.068	0.485	—	0.009	86.193
S008-7-44	15.459	20.040	26.455	—	—	0.079	24.807	0.523	—	0.037	87.400

样品号	MgO	Al_2O_3	SiO_2	CaO	K_2O	Na_2O	TFe_2O_3	MnO	Cr_2O_3	TiO_2	Total
SY001－5	17.945	20.673	27.458	0.120	0.044	0.123	20.065	0.189	—	0.028	86.645
SY001－5	18.856	20.326	28.451	0.027	0.029	0.029	19.54	0.256	—		87.514
S042－3－34	20.600	17.065	29.142	0.008	0.040	0.033	18.826	0.614	—	0.024	86.352
S011－4	7.682	26.802	36.993	0.817	0.037	3.231	11.722	—		0.176	87.460
S011－3－5	19.406	19.065	28.006	—	0.026	—	20.461	0.440		0.026	87.430
S027－1－2	18.636	19.589	27.794	—	0.022	0.012	20.062	0.701		0.013	86.829
SZ010－1	15.288	20.633	26.527		0.032	—	24.073	1.413		—	87.966
SZ010－7	14.043	18.036	23.511		—	0.033	31.694	0.969		0.310	88.596
SZ010－3	16.794	20.377	26.405	0.009	0.001	0.016	21.431	0.811		0.046	85.89
SZ010－1	20.025	17.524	28.285	0.037	0.017	0.077	18.93	0.695		0.002	85.592
S143－5－C	14.193	21.929	26.245			0.018	23.641	1.568		0.046	87.640
S106－1－6	12.491	20.308	25.964	—	—	0.051	27.93	0.192		0.035	86.971
S106－2－7	12.123	20.648	26.126	0.018	0.014	0.03	27.763	0.272		0.058	87.052

注：测试时间为 2013 年 12 月；测试单位为合肥工业大学。

钾长石化主要呈连续的条带状分布于矿体内部和矿体与围岩接触带附近，呈肉红色和微红色，多呈半自形—自形晶，主要以面状充填交代斜长石、钠长石的方式存在。根据长石的分类图解，钾含量极高，达到 98%，钾长石是高温蚀变矿物，说明钾长石是在成矿初期热液期形成的。

对 12 件钾长石样品进行电子探针测试（表 5－3－4），结果显示，钾长石的主要成分有：SiO_2（64.475% ～ 66.589%）、Al_2O_3（17.688% ～ 18.109%）、K_2O（16.085% ～ 16.698%）。次要成分有 MnO、Na_2O、$Fe_2O_3^T$、CaO、TiO_2、MgO、Cr_2O_3。表明当时蚀变的环境是富 K，Na_2O、$Fe_2O_3^T$、MgO 等含量较低，可能是在蚀变过程中 Na_2O、$Fe_2O_3^T$、MgO 等被活化转移到流体中，从而造成蚀变矿物中 Na、Fe、Mg 等的亏损。

表 5－3－4　松湖矿区蚀变岩中绿泥石的电子探针分析数据　　　　单位:%

样品号	MgO	Al_2O_3	SiO_2	CaO	K_2O	Na_2O	FeO	MnO	Cr_2O_3	TiO_2	Total
S042－4	—	17.896	65.845	—	16.698	0.187	0.063	0.015	0.005	—	100.709
S042－3－28	—	17.984	66.589	0.034	16.621	0.160	0.362	0.035	0.006	0.030	101.821
S019－2－8	—	18.057	65.374	—	16.422	0.098	0.198	—	—	—	100.149
S027－2－4	—	17.902	65.660	—	16.526	0.129	0.107	—	0.044	0.014	100.382
SZ010－1	—	17.863	64.475	0.006	16.085	0.231	0.028	—	0.012	0.005	98.705
S023－5	0.013	17.971	64.788	0.089	16.264	0.212	0.019	—	0.011	0.033	99.400
S008－6－36	—	17.779	64.784	0.012	16.165	0.300	0.076	—	0.005	0.002	99.123
S008－5－30	—	17.726	64.540	0.013	16.441	0.163	0.214	0.008	0.004	—	99.109
S008－4－21	0.008	17.772	65.460	0.031	16.522	0.202	0.138	0.018	0.014	0.016	100.181
S008－3－11	—	17.688	64.733	0.363	16.373	0.207	0.124	0.002	0.015	—	99.505
S011－7	0.011	17.844	64.751	0.061	16.491	0.183	0.120	0.016	—	—	99.477
S001－1	—	18.109	65.454	0.004	16.496	0.341	0.111	0.007	—	0.030	100.552

注：测试时间为 2013 年 12 月；测试单位为合肥工业大学。

3. 磁铁矿

此次选取来自矿体水平方向和垂直方向上不同部位的 36 个磁铁矿样品做电子探针测试，结果（表 5 – 3 – 5）显示，磁铁矿的成分：$Fe_2O_3^T$（47.443% ~ 92.956%）、MnO（0.002% ~ 0.373%）、TiO_2（0.000% ~ 6.831%）。表明磁铁矿具有富 Mn、Ti，贫 Al、Mg 的特点，并且 TiO_2 的含量不稳定，高则达到 6.831%，低则为 0%，高 Ti 可能由于后期的流体 Ti 带入的原因。

表 5 – 3 – 5　松湖矿区磁铁矿的电子探针分析数据　　　　　单位:%

成分	S045 – 4 – 14	S045 – 6 – 48	S045 – 5 – 47	S045 – 5 – 46	S045 – 2 – 40	S045 – 2 – 43	S045 – 1 – 39	S032 – 5 – 23	S032 – 2 – 15	S032 – 2 – 31	S032 – 1 – 28	S014 – 1 – 7
FeO	88.698	87.634	82.762	89.285	87.991	83.027	90.898	50.499	48.453	92.956	79.426	90.276
MnO	0.014	0.071	0.014	—	—	0.048	0.005	0.196	0.189	0.022	0.050	0.006
TiO_2	—	—	—	—	—	—	—	—	—	—	—	0.154
Total	88.712	87.634	82.833	89.299	87.991	83.075	90.903	50.695	48.642	92.978	79.476	90.457
成分	S032 – 5 – 23	S032 – 2 – 15	S032 – 1 – 28	S008 – 7 – 42	S008 – 5 – 28	S008 – 4 – 20	S008 – 3 – 10	S008 – 1 – 3	S008 – 7 – 43	SY001 – 5 – 113	SY001 – 2 – 108	S014 – 2 – 7
FeO	51.727	50.632	79.843	92.175	88.268	89.443	89.185	87.994	89.168	77.512	78.890	80.436
MnO	0.373	0.112	0.050	0.020	0.006	0.002	0.014	0.021	0.014	0.327	0.060	0.064
TiO_2	—	—	—	7—	—	—	—	—	—	0.600	0.154	0.206
Total	52.100	50.744	79.893	92.195	88.274	89.445	89.199	88.015	89.182	77.839	78.950	81.100
成分	S019 – 1 – 8	S019 – 4 – 8	SZ010 – 7	SZ010 – 3	S023 – 6 – 1	S023 – 1 – 97	S143 – 1 – 8	S143 – 1 – 8	S143 – 5 – M	S143 – 5 – M		
FeO	83.544	92.328	86.174	82.273	88.82	58.412	84.961	85.071	87.077	83.23		
MnO	0.037	0.002	0.028	0.389	0.024	0.008	0.046	0.048	0.11	0.026		
TiO_2	0.206	0.172	2.254	4.786	0.263	0.017	1.334	0.942	0.492	6.831		
Total	83.787	92.502	88.456	87.448	89.107	58.437	86.341	86.061	87.679	90.087		

注：测试时间为 2013 年 12 月；测试单位为合肥工业大学。

根据松湖铁矿磁铁矿中 Fe^{3+}/Fe^{2+} – Ti^{4+} 图解（图 5 – 3 – 8）可知，36 件磁铁矿样品中 Ti^{4+} 的含量与 $w(Fe^{3+})/w(Fe^{2+})$ 成负相关关系，与温度呈正相关关系，可以看出磁铁矿形成的主要温度集中在接近 400℃，少量矿物形成温度在 400 ~ 600℃ 之间。

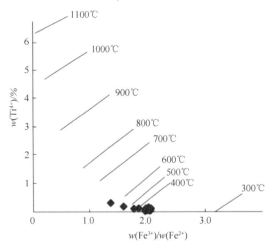

图 5 – 3 – 8　松湖矿区磁铁矿 Fe^{3+}/Fe^{2+} – Ti^{4+} 图解

（据肖荣阁等，2008）

四、矿床地球化学特征

通过详细的地球化学研究既可以阐明围岩、蚀变岩及矿床相关元素的富集、分配特征，又能进一步揭示矿床的成矿作用与成矿规律。为此，系统采集了松湖矿区内的蚀变岩和代表性的矿石，进行了系统的岩石主微量元素地球化学和同位素地球化学分析。

1. 同位素年代学

松湖铁矿的赋矿地层为下石炭统大哈拉军山组四段的火山碎屑岩。关于阿吾拉勒火山带内的火山岩年代学特征，已经有很多学者做过相关的研究。李大鹏等（2013）获得带内备战铁矿区流纹岩年龄为（316.1±2.2）Ma，汪帮耀等（2011a）获得带内查岗诺尔矿区火山岩的年龄为（321.2±2.3）Ma，蒋宗胜等（2012a）获得带内智博矿区英安岩年龄为（300.3±1.1）Ma，朱永峰等（2005）获得带内拉尔敦达坂北坡粗面安山岩年龄为312.7Ma。考虑到松湖铁矿矿区地质特征与智博矿区和查岗诺尔矿区比较接近，说明松湖矿区火山岩可能大致形成于 320~300Ma。

2. 火山岩主微量元素地球化学

（1）常量元素

火山岩的 TAS 分类图（图5-3-9）表明，松湖矿区的火山岩主要为英安岩和安山岩。英安岩（表5-3-6）的 SiO_2 和 TiO_2 的含量分别在 68.32%~71.67% 和 0.24%~0.47%，全碱 Alk 值为 4.73~6.49，$w(MgO)$（2.14%~3.41%）和 $Mg^{\#}$（50.29~58.67，$Mg^{\#}=100\times Mg^{2+}/(Mg^{2+}+Fe^{2+})$）的变化范围不大。安山岩中 SiO_2 含量为 62.47%~62.99%，TiO_2 和 P_2O_5 的含量分别为 0.58%~0.59% 和 0.07%~0.09%，全碱 Alk 值为 6.82~6.88，$w(MgO)$ 和 $Mg^{\#}$ 分别为 2.57%~2.74% 和 55.51~56.38。$Mg^{\#}$ 值较高，反映岩浆经历了较强的结晶分异过程。

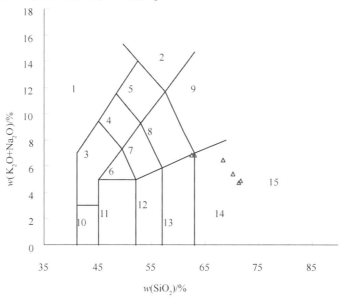

图5-3-9 松湖矿区火山岩 TAS 图解

1—副长岩；2—响岩；3—碱玄岩/碧玄岩；4—响岩质碱玄岩；5—碱玄质响岩；6—粗面玄武岩；7—玄武粗安岩；8—粗安岩；9—粗面岩/粗面英安岩；10—苦橄玄武岩；11—玄武岩；12—玄武安山岩；13—安山岩；14—英安岩；15—流纹岩

表5 – 3 – 6 松湖矿区火山岩、蚀变岩和铁矿石主量元素分析结果与微量元素分析结果

主量元素	SH – 004	SH – 005	SH – 007	SH – 008	SH – 009	SH – 018	SH – 002
	英安岩	英安岩	英安岩	安山岩	安山岩	英安岩	蚀变岩
SiO_2	71.30	71.67	70.12	62.47	62.99	68.32	64.77
TiO_2	0.24	0.25	0.26	0.59	0.58	0.47	0.40
Al_2O_3	13.65	14.07	15.05	16.39	16.54	13.65	16.58
Fe_2O_3	1.69	1.67	1.87	5.77	4.94	0.98	1.73
FeO	2.10	1.93	1.66	2.06	2.12	3.37	2.67
MnO	0.04	0.03	0.03	0.05	0.05	0.11	0.07
MgO	2.89	2.74	2.14	2.57	2.74	3.41	2.32
CaO	0.23	0.23	0.24	0.49	0.52	0.78	2.13
Na_2O	2.33	2.36	2.10	2.98	3.04	3.48	5.91
K_2O	2.40	2.50	3.31	3.90	3.78	3.01	1.10
P_2O_5	0.04	0.04	0.05	0.07	0.09	0.08	0.08
烧失量	2.56	2.49	2.74	2.64	2.60	2.26	2.21
TOTAL	99.47	99.98	99.57	99.98	99.99	99.92	99.97

微量元素	SH – 004	SH – 005	SH – 007	SH – 008	SH – 009	SH – 018	SH – 002
	英安岩	英安岩	英安岩	安山岩	安山岩	英安岩	蚀变岩
Alk	4.73	4.86	5.41	6.88	6.82	6.49	7.01
$Mg^\#$	57.92	58.67	56.32	55.51	56.38	50.29	46.49
La	2.94	3.04	2.47	4.99	5.35	7.19	23.20
Ce	6.51	6.68	5.19	8.70	9.31	12.50	38.00
Pr	0.69	0.72	0.51	0.75	0.78	1.34	4.47
Nd	3.06	3.12	2.12	3.03	3.25	5.61	17.90
Sm	0.98	0.94	0.55	0.83	0.97	1.31	3.53
Eu	0.14	0.16	0.14	0.19	0.24	0.35	1.63
Gd	1.13	1.06	0.60	0.88	1.03	1.41	3.20
Tb	0.38	0.35	0.17	0.23	0.28	0.35	0.62
Dy	3.74	3.31	1.69	1.88	2.18	2.69	3.67
Ho	0.93	0.83	0.54	0.47	0.54	0.66	0.70
Er	2.79	2.52	2.10	1.43	1.66	2.05	1.94
Tm	0.65	0.59	0.58	0.31	0.37	0.45	0.37
Yb	4.27	3.95	4.31	2.01	2.45	3.11	2.44
Lu	0.63	0.58	0.77	0.30	0.38	0.51	0.35
Li	38.00	35.00	24.90	32.50	35.50	36.70	35.40
Be	1.05	0.98	1.30	1.85	1.98	1.22	1.19
Sc	6.13	6.02	8.73	17.80	18.00	11.90	16.00
V	32.00	36.90	80.60	296.00	285.00	9.47	51.10
Cr	2.55	2.73	2.06	17.20	16.50	1.11	5.21
Co	7.11	6.41	6.51	5.33	6.27	8.10	6.87

微量元素	SH-004	SH-005	SH-007	SH-008	SH-009	SH-018	SH-002
	英安岩	英安岩	英安岩	安山岩	安山岩	英安岩	蚀变岩
Ni	2.75	2.69	2.46	6.18	7.16	0.72	2.30
Cu	0.80	1.25	0.94	1.46	1.40	5.85	1.91
Zn	17.40	14.40	13.50	25.40	21.10	36.80	21.80
Ga	13.50	13.10	16.20	16.60	17.30	9.12	16.50
Rb	94.50	104.00	147.00	170.00	169.00	56.70	48.50
Sr	38.90	37.90	35.00	105.00	118.00	115.00	166.00
Y	25.40	23.20	17.70	13.80	15.90	19.90	16.90
Nb	8.63	9.34	10.50	8.89	8.57	11.00	6.08
Mo	0.13	0.17	0.14	0.35	0.33	0.86	0.09
Cd	0.03	0.03	0.06	0.02	0.03	0.07	<0.002
In	0.04	0.03	0.05	0.07	0.07	0.02	0.09
Sb	0.42	0.40	0.41	1.12	1.04	0.47	0.42
Cs	2.49	2.38	4.68	6.09	7.04	0.81	1.18
Ba	451.00	490.00	522.00	598.00	578.00	1253.00	91.30
Ta	0.71	0.76	0.91	0.60	0.59	0.75	0.37
W	1.40	1.67	1.37	3.27	2.64	0.82	2.15
Re	0.01	0.01	0.01	0.00	0.00	0.01	0.00
Tl	0.24	0.25	0.37	0.35	0.35	0.12	0.08
Pb	0.78	0.88	2.04	6.26	5.36	0.69	0.99
Bi	0.04	0.04	0.03	0.17	0.17	0.01	0.08
Th	12.10	11.60	15.10	7.22	7.99	12.80	4.58
U	1.97	1.90	2.17	1.42	1.64	3.16	1.54
Zr	160.00	160.00	217.00	110.00	149.00	332.00	78.40
Hf	5.74	5.74	7.68	3.26	4.46	9.07	2.54
$\sum$REE	28.85	27.84	21.73	25.99	28.78	39.52	102.02
$w(\text{LREE})$	14.33	14.66	10.97	18.49	19.89	28.30	88.73
$w(\text{HREE})$	14.53	13.18	10.76	7.51	8.89	11.22	13.29
$w(\text{LREE})/w(\text{HREE})$	0.99	1.11	1.02	2.46	2.24	2.52	6.68
$w(\text{La})_N/w(\text{Yb})_N$	0.49	0.55	0.41	1.78	1.57	1.66	6.82
δEu	0.42	0.47	0.76	0.69	0.73	0.78	1.48
δCe	1.12	1.11	1.14	1.10	1.12	0.99	0.91
主量元素	SH-006	SH-010	SH-021	SH-032	SH-047	SH-048	SH-S05
	蚀变岩	蚀变岩	蚀变岩	蚀变岩	蚀变岩	蚀变岩	蚀变岩
SiO_2	64.74	36.15	61.63	65.81	55.32	59.02	54.29
TiO_2	0.53	0.30	0.68	0.54	0.92	0.67	0.15

主量元素	SH - 006	SH - 010	SH - 021	SH - 032	SH - 047	SH - 048	SH - S05
	蚀变岩	蚀变岩	蚀变岩	蚀变岩	蚀变岩	蚀变岩	蚀变岩
Al_2O_3	16. 29	9. 73	18. 49	16. 89	20. 24	18. 33	15. 28
Fe_2O_3	4. 68	3. 11	0. 70	2. 16	5. 58	4. 54	1. 82
FeO	1. 10	4. 21	1. 20	1. 14	1. 30	2. 26	3. 77
MnO	0. 06	0. 27	0. 03	0. 12	0. 09	0. 14	0. 14
MgO	2. 05	2. 38	1. 05	1. 61	2. 76	3. 24	1. 34
CaO	1. 62	22. 23	0. 65	4. 01	1. 98	2. 49	5. 97
Na_2O	2. 60	2. 07	0. 60	2. 50	2. 13	3. 45	0. 23
K_2O	3. 20	1. 44	14. 15	2. 73	4. 73	2. 40	11. 44
P_2O_5	0. 08	0. 06	0. 10	0. 04	0. 11	0. 10	0. 02
烧失量	2. 95	17. 99	0. 71	2. 43	4. 37	2. 88	5. 49
TOTAL	99. 90	99. 94	99. 99	99. 98	99. 53	99. 52	99. 94

微量元素	SH - 006	SH - 010	SH - 021	SH - 032	SH - 047	SH - 048	SH - S05
	蚀变岩	蚀变岩	蚀变岩	蚀变岩	蚀变岩	蚀变岩	蚀变岩
Alk	5. 80	3. 51	14. 75	5. 23	6. 86	5. 85	11. 67
$Mg^{\#}$	65. 08	36. 12	46. 67	58. 55	67. 98	58. 91	26. 22
La	29. 40	14. 40	12. 60	18. 50	15. 60	19. 40	5. 59
Ce	48. 90	26. 00	16. 90	39. 70	38. 10	39. 20	7. 52
Pr	5. 90	3. 26	1. 68	5. 03	4. 84	4. 58	0. 64
Nd	23. 20	13. 90	6. 98	21. 90	21. 10	18. 60	2. 82
Sm	4. 75	3. 02	1. 58	5. 08	4. 84	3. 85	0. 73
Eu	1. 05	1. 01	0. 61	1. 28	1. 22	1. 08	0. 41
Gd	4. 51	3. 00	1. 64	4. 53	4. 09	3. 42	0. 81
Tb	0. 97	0. 62	0. 36	0. 96	0. 87	0. 69	0. 18
Dy	6. 60	4. 27	2. 77	6. 30	5. 78	4. 40	1. 46
Ho	1. 48	0. 97	0. 68	1. 29	1. 19	0. 93	0. 37
Er	4. 28	2. 78	2. 14	3. 59	3. 31	2. 47	1. 16
Tm	0. 84	0. 54	0. 49	0. 68	0. 65	0. 49	0. 26
Yb	5. 21	3. 41	3. 58	4. 57	4. 08	3. 10	1. 95
Lu	0. 74	0. 49	0. 64	0. 67	0. 58	0. 46	0. 36
Li	32. 50	30. 40	8. 36	26. 20	24. 90	50. 10	13. 00
Be	1. 98	0. 78	0. 51	1. 43	1. 90	1. 45	0. 12
Sc	17. 00	11. 20	9. 08	17. 00	22. 60	20. 40	1. 87
V	185. 00	54. 80	6. 94	110. 00	115. 00	122. 00	13. 70
Cr	28. 90	7. 94	2. 17	6. 90	11. 50	16. 00	21. 50
Co	7. 76	17. 10	3. 27	4. 44	14. 50	16. 90	2. 88
Ni	6. 39	1. 93	0. 41	2. 07	7. 42	6. 48	0. 91
Cu	1. 93	83. 20	35. 40	1. 07	1. 71	1. 68	1198. 00
Zn	36. 30	34. 80	12. 70	36. 90	42. 20	58. 70	36. 00

微量元素	SH – 006	SH – 010	SH – 021	SH – 032	SH – 047	SH – 048	SH – S05
	蚀变岩	蚀变岩	蚀变岩	蚀变岩	蚀变岩	蚀变岩	蚀变岩
Ga	17.80	10.20	6.76	18.50	24.60	20.60	8.25
Rb	138.00	24.00	226.00	127.00	203.00	101.00	171.00
Sr	490.00	134.00	173.00	726.00	466.00	533.00	64.50
Y	40.60	28.60	20.80	33.70	30.90	23.80	13.60
Nb	8.71	4.35	6.86	12.10	14.60	8.73	1.91
Mo	0.25	0.83	1.78	0.20	0.23	0.25	0.48
Cd	0.03	0.02	0.13	0.05	0.06	0.05	0.07
In	0.06	0.17	0.01	0.13	0.07	0.07	0.05
Sb	1.19	0.57	1.02	1.92	1.05	1.13	0.58
Cs	15.70	0.43	1.06	4.16	30.30	12.60	1.10
Ba	704.00	346.00	3334.00	365.00	1080.00	571.00	2191.00
Ta	0.61	0.26	0.88	0.86	0.98	0.62	0.17
W	0.76	3.01	0.68	1.04	0.63	0.67	0.57
Re	0.01	0.01	0.00	0.01	0.01	0.01	0.00
Tl	0.71	0.07	0.41	0.57	0.95	0.50	0.43
Pb	7.39	0.91	1.76	2.92	8.49	9.39	1.62
Bi	0.18	0.15	0.01	0.67	0.13	0.25	0.02
Th	10.50	3.02	15.30	13.90	12.60	8.63	3.17
U	1.64	0.95	7.93	4.71	2.37	1.95	8.35
Zr	188.00	57.30	461.00	334.00	361.00	212.00	192.00
Hf	5.53	1.97	12.70	9.48	9.71	5.95	5.56
$\sum REE$	137.83	77.66	52.64	114.08	106.25	102.66	24.28
$w(LREE)$	113.20	61.59	40.35	91.49	85.70	86.71	17.72
$w(HREE)$	24.63	16.07	12.29	22.59	20.55	15.95	6.55
$w(LREE)/w(HREE)$	4.60	3.83	3.28	4.05	4.17	5.44	2.70
$w(La)_N/w(Yb)_N$	4.05	3.03	2.52	2.90	2.74	4.49	2.06
δEu	0.69	1.03	1.15	0.82	0.84	0.91	1.64
δCe	0.91	0.93	0.90	1.01	1.08	1.02	0.97
主量元素	SH – S06	SH – S07	SH – S08	SH – 012	SH – 017	SH – 022	SH – 026
	蚀变岩	蚀变岩	蚀变岩	铁矿石	铁矿石	铁矿石	铁矿石
SiO_2	52.99	27.41	29.54	9.88	13.58	28.45	4.95
TiO_2	0.56	0.40	0.39	0.11	0.19	0.42	0.20
Al_2O_3	13.25	8.04	8.45	2.35	3.16	7.28	0.70
Fe_2O_3	5.59	4.59	5.06	58.63	51.81	37.03	65.05
FeO	2.50	0.17	0.13	22.45	23.10	18.26	18.24
MnO	0.06	0.32	0.28	0.06	0.10	0.10	0.16

主量元素	SH－S06	SH－S07	SH－S08	SH－012	SH－017	SH－022	SH－026
	蚀变岩	蚀变岩	蚀变岩	铁矿石	铁矿石	铁矿石	铁矿石
MgO	0.94	0.10	0.07	0.75	1.80	2.29	0.90
CaO	7.56	35.70	34.10	0.67	2.47	0.82	2.48
Na_2O	0.21	0.03	0.05	0.12	0.11	0.07	0.10
K_2O	9.62	0.01	0.01	0.89	0.95	3.82	0.04
P_2O_5	0.07	0.08	0.09	0.09	0.09	0.25	0.02
烧失量	6.04	23.09	21.57	<0.10	1.15	0.61	2.66
TOTAL	99.39	99.94	99.74	95.99	98.51	99.41	95.50

微量元素	SH－S06	SH－S07	SH－S08	SH－012	SH－017	SH－022	SH－026
	蚀变岩	蚀变岩	蚀变岩	铁矿石	铁矿石	铁矿石	铁矿石
Alk	9.83	0.05	0.07	1.01	1.06	3.89	0.14
$Mg^{\#}$	27.39	35.85	35.00	3.23	7.23	11.14	4.72
La	278.00	16.60	15.60	84.20	15.50	259.00	19.80
Ce	230.00	31.00	28.80	75.50	14.20	209.00	20.10
Pr	13.70	4.05	3.68	5.30	0.94	11.60	1.48
Nd	44.10	18.00	16.40	14.80	2.96	31.20	4.82
Sm	5.27	3.87	3.66	1.92	0.51	2.88	0.69
Eu	1.31	1.15	1.17	0.38	0.14	0.64	0.18
Gd	7.48	3.57	3.50	2.35	0.67	5.36	0.83
Tb	0.83	0.72	0.68	0.28	0.12	0.45	0.11
Dy	3.73	4.55	4.25	1.36	0.87	1.66	0.51
Ho	0.70	0.92	0.85	0.28	0.20	0.34	0.11
Er	2.16	2.34	2.13	0.86	0.58	1.14	0.33
Tm	0.35	0.40	0.34	0.15	0.12	0.19	0.06
Yb	2.18	2.31	1.98	0.92	0.80	1.27	0.43
Lu	0.32	0.31	0.25	0.13	0.14	0.22	0.08
Li	14.20	0.58	0.71	8.36	15.90	12.60	4.67
Be	0.61	0.72	0.52	1.52	2.25	0.86	0.51
Sc	10.20	12.70	12.30	2.69	3.75	9.95	1.73
V	61.20	93.50	110.00	48.10	62.20	61.50	97.80
Cr	32.70	18.70	24.90	5.07	5.28	13.20	2.87
Co	52.20	1.40	1.14	310.00	54.80	109.00	202.00
Ni	19.60	0.13	0.34	11.30	2.29	3.93	52.00
Cu	217.00	0.77	1.58	100.00	159.00	184.00	136.00
Zn	36.70	3.48	4.18	13.30	22.70	29.10	60.20
Ga	10.30	11.10	11.60	14.90	19.80	21.90	30.00
Rb	153.00	0.17	0.20	13.00	14.60	49.60	0.86
Sr	109.00	1182.00	1188.00	7.88	11.00	22.70	11.50
Y	16.90	30.00	26.80	8.02	6.54	11.30	3.36

微量元素	SH-S06	SH-S07	SH-S08	SH-012	SH-017	SH-022	SH-026
	蚀变岩	蚀变岩	蚀变岩	铁矿石	铁矿石	铁矿石	铁矿石
Nb	5.69	2.68	2.40	1.25	1.60	1.55	1.57
Mo	7.15	0.27	0.17	98.20	5.72	4.32	18.50
Cd	0.11	0.01	0.03	0.38	0.07	0.06	0.10
In	0.06	0.10	0.12	0.05	0.01	0.02	0.04
Sb	0.90	0.91	0.69	0.71	0.54	0.49	0.91
Cs	0.97	0.02	0.02	0.23	0.28	0.60	0.12
Ba	1739.00	10.30	10.10	159.00	121.00	646.00	17.90
Ta	0.45	0.17	0.16	0.11	0.09	0.11	0.10
W	1.81	0.26	0.22	11.70	13.40	9.84	135.00
Re	0.02	0.00	0.00	0.06	0.01	0.01	0.04
Tl	0.24	0.00	0.00	0.04	0.03	0.11	0.01
Pb	13.90	2.67	2.35	5.01	1.47	1.87	5.36
Bi	1.24	0.26	0.28	0.32	0.04	0.04	0.12
Th	5.89	2.25	2.25	1.15	0.75	2.09	1.94
U	19.00	1.15	1.03	4.74	3.28	5.24	10.80
Zr	139.00	33.80	19.30	34.80	31.10	45.90	10.50
Hf	4.17	1.07	0.82	0.91	0.69	1.34	0.24
ΣREE	590.13	89.79	83.29	188.43	37.73	524.94	49.52
$w($LREE$)$	572.38	74.67	69.31	182.10	34.25	514.32	47.07
$w($HREE$)$	17.75	15.12	13.98	6.33	3.49	10.62	2.45
$w($LREE$)/w($HREE$)$	32.25	4.94	4.96	28.75	9.82	48.42	19.25
$w($La$)_N/w($Yb$)_N$	91.47	5.15	5.65	65.79	13.95	146.28	33.03
δEu	0.64	0.95	1.00	0.55	0.73	0.49	0.72
δCe	0.91	0.93	0.93	0.88	0.91	0.93	0.91

注：主量元素含量单位为%；微量元素含量单位为10^{-6}。

（2）稀土和微量元素

多种微量（稀土）元素的稳定性非常可靠，可根据其特点来判别岩石（岩浆）的系列和起源。

如表 5-3-6，松湖矿区火山岩稀土元素总量 ΣREE 值都比较小，也比较稳定。英安岩的 ΣREE 为 $21.73 \times 10^{-6} \sim 39.52 \times 10^{-6}$，安山岩的 ΣREE 为 $25.99 \times 10^{-6} \sim 28.78 \times 10^{-6}$。球粒陨石标准化的稀土元素配分型式图显示（图 5-3-10），区内火山岩特征相似，均表现出负铕异常的"V"字形配分模式，英安岩的 $w($LREE$)/w($HREE$)$ 值为 $0.99 \sim 2.52$，异常系数 δCe 为 $0.99 \sim 1.14$，δEu 为 $0.42 \sim 0.78$，显示岩石中 Eu 负异常较明显。安山岩的 $w($LREE$)/w($HREE$)$ 值变化不大，为 $2.24 \sim 2.46$，表现出轻稀土较富集的特征，$w($La$)/w($Yb$)$ 值、δCe 和 δEu 分别处于 $1.57 \sim 1.78$、$1.10 \sim 1.12$ 和 $0.69 \sim 0.73$ 之间，表现出弱的 Ce 正异常和负 Eu 异常明显，Eu 的负异常表明岩石的形

成经历了部分熔融和分离结晶等过程。

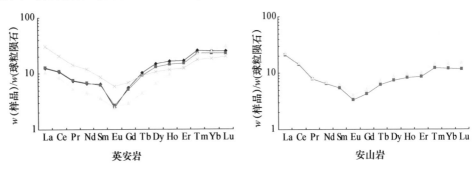

图 5 - 3 - 10　松湖矿区火山岩球粒陨石标准化稀土元素配分型式图

（球粒陨石标准化值引自 Sun et al.，1989）

微量元素方面，本区的火山岩普遍表现出大离子亲石元素的富集和 Nb、Ta、Ti 等的亏损（图 5 - 3 - 11），这些特征类似形成于俯冲带火山岩的地球化学特征。Ti 含量的负异常可能是由于在岩浆过程中磁铁矿矿物与熔体相的分离造成的。相容元素含量 Cr（英安岩 $1.11 \times 10^{-6} \sim 2.73 \times 10^{-6}$、安山岩 $16.5 \times 10^{-6} \sim 17.2 \times 10^{-6}$），Ni（英安岩 $0.72 \times 10^{-6} \sim 2.75 \times 10^{-6}$、安山岩 $6.18 \times 10^{-6} \sim 7.16 \times 10^{-6}$），Co（英安岩 $6.41 \times 10^{-6} \sim 8.10 \times 10^{-6}$、安山岩 $5.33 \times 10^{-6} \sim 6.27 \times 10^{-6}$）明显低于 MORB 的玄武岩，指示了本区火山岩的形成过程可能经历了一定程度的地壳混染作用。

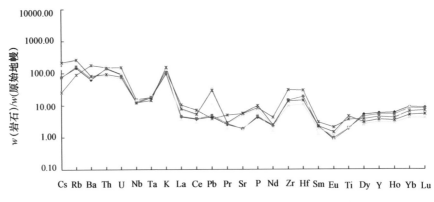

图 5 - 3 - 11　松湖矿区火山岩原始地幔标准化微量元素蛛网图

（原始地幔标准化值引自 Sun et al.，1989）

3. 蚀变岩主微量元素地球化学

松湖矿区的主要蚀变特征为绿泥石化、钾长石化、方解石化等。

（1）主量元素

松湖矿区绿泥石化蚀变岩表现为高 $w(Al_2O_3)$（16.07% ~ 20.24%）的特点，钾长石化蚀变岩表现为高 $w(K_2O)$（9.62% ~ 14.15%）、低 $w(Na_2O)$（0.21% ~ 0.60%）的特点，方解石化蚀变岩表现为高 $w(CaO)$（22.23% ~ 35.70%）、高 $w(MnO)$（0.27% ~ 0.32%）和低 $w(SiO_2)$（27.41% ~ 36.15%）、低 $w(Al_2O_3)$（8.04% ~ 9.73%）、低 $w(MgO)$（0.07% ~ 2.38%）、低 $w(Na_2O)$（0.03% ~ 2.07%）、低 $w(K_2O)$（0.01% ~ 1.44%）的特点。

（2）稀土和微量元素

松湖矿区绿泥石化蚀变岩样品的 ΣREE 相对稳定，为 $102.02 \times 10^{-6} \sim 137.83 \times 10^{-6}$，$w(\text{LREE})/w(\text{HREE})$ 为 4.05 ~ 6.68（表 5 - 3 - 7），表现为轻稀土相对富集，重稀土亏损的右倾配分模式（图 5 - 3 - 12a），异常系数 δCe 为 0.91 ~ 1.08，δEu 为 0.69 ~ 1.48，5 件样品中，4 件表现为 Eu 的负异常。钾长石化蚀变岩样品的 ΣREE 变化较大，3 件样品分别为 24.28×10^{-6}、52.64×10^{-6} 和 590.13×10^{-6}，$w(\text{LREE})/w(\text{HREE})$ 为 2.70 ~ 32.25，异常系数 δCe 为 0.90 ~ 0.97，δEu 为 0.64 ~ 1.15。方解石化蚀变岩样品中的 ΣREE 总量偏低且相对稳定，为 $77.66 \times 10^{-6} \sim 89.79 \times 10^{-6}$，$w(\text{LREE})/w(\text{HREE})$ 为 3.83 ~ 4.96，异常系数 δCe 稳定在 0.93 左右，δEu 为 0.95 ~ 1.03。

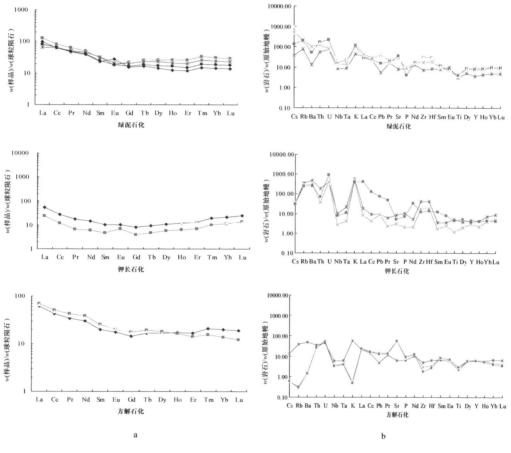

图 5 - 3 - 12　松湖矿区火山岩球粒陨石标准化稀
土元素配分型式图（a）和原始地幔标准化微量元素蛛网图（b）
（球粒陨石标准化值引自 Sun et al.，1989；原始地幔标准化值引自 Sun et al.，1989）

蚀变岩中稀土元素特征 ΣREE 值接近（除一个样品总量很大外），配分模式类似，均为轻稀土元素相对富集、重稀土元素相对亏损的右倾配分模式（图 5 - 3 - 12a）。蚀变岩中 ΣREE 总量偏低，可能是由于热液 - 流体 - 岩石系统在热液蚀变过程中，受淋滤作用影响造成的（秦克章等，1993；丁振举等，2000）。蚀变岩中出现的正 Eu 异常与很多高温热液蚀变矽卡岩和岩浆型的矽卡岩（杨富全等，2007）相一致，反映了蚀变火山岩的热液可能来源于高温岩浆系统。

微量元素方面，三种蚀变火山岩的原始地幔标准化的微量元素蛛网图（图5-3-12b）有所差异。绿泥石化和钾长石化蚀变岩表现出更多的共同点，都表现出 Rb、U、K、Zr、Hf等的富集，Nb、Ta、La、Ti 等的亏损，说明其可能形成于同一个热液蚀变过程。方解石化蚀变岩则表现出两种不同的亏损和富集状态，可能为不同蚀变阶段的产物。

4. 铁矿石主微量元素地球化学

（1）常量元素

铁矿石中，Fe_2O_3 含量为 37.03% ~ 65.05%，FeO 含量为 18.24% ~ 23.10%，TiO_2含量为 0.11% ~ 0.42%，MgO 和 P_2O_5 含量相对较低，分别为 0.75% ~ 2.29% 和0.02% ~ 0.25%，MnO 含量为 0.06% ~ 0.16%。常量元素特征与敦德矿区的铁矿石较为相近。

（2）稀土和微量元素

松湖矿区 4 件磁铁矿样品的 ΣREE 变化较大，分别为 37.73×10^{-6}、49.52×10^{-6}、188.43×10^{-6} 和 524.94×10^{-6}，平均值为 200.16×10^{-6}。$w(LREE)/w(HREE)$ 介于9.82 ~ 48.42，表明轻稀土元素较为富集；$w(La)_N/w(Yb)_N$ 变化于 13.95 ~ 146.28，显示轻、重稀土具一定程度的分馏；$w(La)_N/w(Sm)_N$ 介于 18.42 ~ 58.06，$w(Gd)_N/w(Yb)_N$变化于 0.70 ~ 3.49，表明轻稀土分馏程度强于重稀土。异常系数 δCe 为 0.88 ~ 0.93，δEu 为 0.49 ~ 0.73。铁矿石的球粒陨石标准化稀土元素配分模式（图5-3-13）总体表现为轻稀土总量富集、重稀土总量亏损的右倾配分模式，Eu 负异常较明显。有研究认为在深部低氧逸度的情况下会造成岩浆熔体中铁的富集和 Eu 的负异常（袁家铮等，1997）。

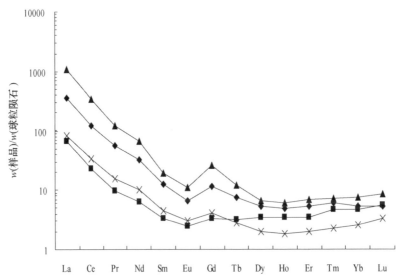

图5-3-13　松湖矿区磁铁矿球粒陨石标准化稀土元素配分型式图

(球粒陨石幔标准化值引自 Sun et al.，1989)

5. 同位素

硫同位素：松湖矿区铁矿石样品中黄铁矿硫同位素分析结果列于表 5 - 3 - 7。4 件黄铁矿的 $\delta^{34}S_{V-CDT}$ 值变化范围较窄，分别为 1.8‰、0.2‰、- 1.2‰ 和 - 1.4‰，平均值为 - 0.15‰，表明成矿期硫同位素的均一化程度较高，总体表现为岩浆硫或幔源硫的特征。

表 5 - 3 - 7   松湖矿区矿石中黄铁矿硫同位素测试结果

样品编号	样品名称	分析矿物	$\delta^{34}S_{V-CDT}$/‰
SH - 012	团块状铁矿石	黄铁矿	1.8
SH - 024	浸染状铁矿石	黄铁矿	0.2
SH - 026	块状铁矿石	黄铁矿	- 1.2
SH - 027	块状铁矿石	黄铁矿	- 1.4

五、矿床成因

1. 成矿时代

松湖铁矿的赋矿地层为下石炭统大哈拉军山组四岩性段火山碎屑岩，区域火山岩形成于古生代早石炭世晚期。松湖铁矿床的主要成矿阶段为热液蚀变矿化阶段，属后生矿床，主矿体形成晚于围岩。典型火山岩型铁矿的年代学研究表明，成矿作用一般随着岩浆作用发育，矿体稍晚于围岩形成。考虑到松湖铁矿矿区地质特征与智博矿区和查岗诺尔矿区比较接近，只是赋矿层位稍微靠上，松湖矿区成矿时代可能为 320 ~ 300Ma，有待进一步研究。

2. 成矿条件

（1）成矿构造背景

西天山在晚古生代经历了一系列复杂的构造演化，关于大哈拉军山组火山岩形成的构造环境一直是一个颇有争议的科学问题，本次工作采用了 Wood（1980）提出的 Th - Hf - Ta 判别图解（图 5 - 3 - 14），结果显示本区的火山岩主要为火山岛弧钙碱性玄武岩。根据 Ta/Yb - Th/Yb 图解（图 5 - 3 - 15），火山岩集中落入岛弧玄武岩区的钙碱性玄武岩区，少量落入钾玄武岩区。

矿区火山岩的高 $w(Al_2O_3)$、低稀土总量和大离子亲石元素、轻稀土元素富集的特点，具有岛弧岩浆的特点，与大陆板内及大洋板内火山岩存在明显的区别，后者往往表现高 $w(Ti)$ 和轻稀土强烈富集的特点。在微量元素标准化图解上，火山岩普遍表现出 Ta、Nb 和 Ti 的负异常，这也显示出典型岛弧岩浆的特点（Pearce et al.，1995），与板内玄武岩和大洋中脊玄武岩不同，它们一般不存在 Nb、Ta 和 Ti 的负异常（张招崇等，2006）。因此，松湖矿区的火山岩应为形成于早石炭世晚期俯冲带的大陆边缘岛弧火山岩。

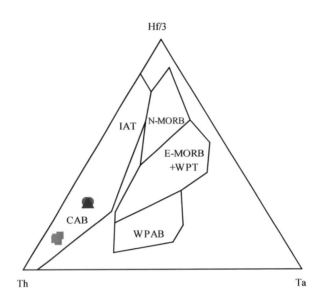

图 5 - 3 - 14　Hf - Th - Ta 图解

（据 Wood，1980）

CAB—钙碱性玄武岩；IAT—岛内拉斑玄武岩；WPAB—碱性板内玄武岩；

N - MORB—N 型洋中脊玄武岩；E - MORB + WPT—E 型洋中脊玄武岩和板内拉斑玄武岩

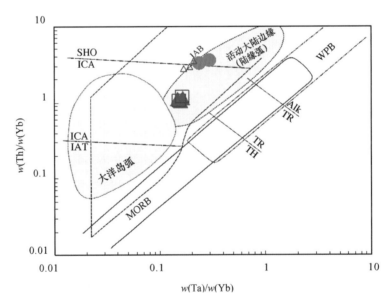

图 5 - 3 - 15　Ta/Yb - Th/Yb 判别图解

（据 Pearce，1982）

IAB—岛弧玄武岩；IAT—岛弧拉斑系列；ICA—岛弧钙碱系列；SHO—岛弧橄榄玄粗岩系列；WPB—板内玄武岩；

MORB—洋中脊玄武岩；TH—拉斑玄武岩；TR—过渡玄武岩；Alk—碱性玄武岩

　　控矿构造上主要为近东西向断裂，次级构造为矿体两侧及内部密集发育的近东西向、北北西向、北东向断裂及节理裂隙。近东西向断裂主要为高角度逆断层，矿化在两盘都有发育，矿体的产状跟断层产状基本一致，可见含矿热液是沿该裂隙运移，主要沿裂隙进行充填成矿作用。紧邻矿体的钾长石化、绿泥石化条带等也受这组断裂的控制。矿区发育的近东西向、北西向断裂及节理裂隙则控制后期硫化物及绿泥石脉等的分布，形成相对较晚，为同一构造应力场不同演化阶段的产物。

（2）流体条件

王春龙（2012）通过对松湖矿区样品做流体包裹体研究，得出成矿作用后期流体为 $NaCl-H_2O$ 型，石英-方解石-硫化物阶段均一温度在 200～280℃ 区间出现峰值，盐度值 $w(NaCl_{eq})$ 在 4%～10% 区间出现峰值，表明为中温、中—低盐度流体。方解石-赤铁矿阶段均一温度在 100～160℃ 区间出现峰值，盐度值 $w(NaCl_{eq})$ 在 16%～20% 区间出现峰值，表明在该阶段演化为低温、高—中盐度的流体，后期有低温、高盐度流体的加入。

（3）物理化学条件

各类成因的磁铁矿中 Ti^{4+} 的含量与 $w(Fe^{3+})/w(Fe^{2+})$（氧化系数）成负相关关系，可以大致估算磁铁矿的形成温度。根据松湖铁矿磁铁矿中 $Fe^{3+}/Fe^{2+}-Ti^{4+}$ 图解（图 5-3-8）可知，36 个磁铁矿中 Ti^{4+} 的含量与 $w(Fe^{3+})/w(Fe^{2+})$ 成负相关关系，与温度呈正相关关系，可以看出磁铁矿形成的主要温度集中在接近 400℃，少量矿物形成温度在 400～600℃ 之间。

在氧化条件并且 O/S 比值高的环境中，铁显示亲氧性，可形成磁铁矿，强氧化条件可形成赤铁矿（牟保磊等，1999）。松湖矿区矿石主要为磁铁矿，磁铁矿主要形成于热液蚀变矿化 Ⅱ 期钾长石-绿泥石-磁铁矿阶段，应是在较氧化条件下形成的。在阳起石-绿帘石-赤铁矿阶段，赤铁矿较发育，说明此时环境为强氧化环境。热液流体导致出现钾化，并有 LREE 的富集，反映流体具有较高的 pH。松湖矿区广泛发育钾长石化，磁铁矿石也表现出 LREE 的富集，因此其成矿环境应为碱性环境。这也与磁铁矿易于在高氧逸度的碱性环境下沉淀相符（艾永富等，1981）。

综上所述，松湖矿区磁铁矿应形成于高氧逸度的碱性环境，磁铁矿形成温度在 400℃ 左右，少量在 400～600℃ 之间，可能形成于岩浆期。

3. 成矿物质来源

松湖矿区铁矿和火山岩具有相似的稀土元素和微量元素分配特征，均为轻稀土较富集的右倾配分模式，都表现出铈的负异常，表现铁质与火山岩（安山岩）同源，可能来自同源岩浆。主成矿期黄铁矿的 $\delta^{34}S_{v-cDT}$ 值变化范围为 -1.4‰～1.8‰，平均为 -0.15‰，显示岩浆硫的特征。

综上尽管松湖铁矿床发育多阶段的成矿作用，但随着成矿作用的演化，成矿物质来源变化不大，主要为岩浆源，且与矿区内的火山岩（安山岩）同源。

4. 矿床成因

对于松湖铁矿的成因，目前有多种不同的解释。主要集中在与火山作用有关的沉积型和火山热液型两种类型。

松湖铁矿在矿体产状方面，总体产状较陡，总体产状为180°～212°∠75°～84°，近乎直立；在与围岩接触关系方面，矿体成层状赋存于安山质凝灰岩中，但多层矿体的底部相连，并没有出现明显的与原始地层互层的情况；之前认为矿体与地层呈整合接触关系，经野外证实，部分矿体有穿插地层的现象。

矿区广泛发育的钾长石化、绿泥石化、阳起石化、绿帘石化等热液蚀变，尤其是条带状和浸染状矿石中，磁铁矿和钾长石、绿泥石等密切共生，指示了热液作用对磁铁矿成矿的贡献。

矿区黄铁矿较发育，并且大部分黄铁矿的形成先于磁铁矿，说明矿床的形成至少经历了两期热液蚀变成矿过程，第一期主要形成黄铁矿，第二期主要形成磁铁矿和赤铁矿，但是通过地球化学特征分析，铁质的来源应该来源于同一岩浆系统，并与矿区围岩同源。第一期火山热液温度较低，当时所处环境为相对还原的环境，主要形成硫化矿物；第二期火山热液温度较高，并经历了从高温到低温的蚀变过程，所处环境也由相对还原的环境转变为氧逸度较高的碱性环境，主要形成氧化矿物。该期热液可能为富铁的火山热液，沿构造裂隙侵入，在较空旷的地带进行充填成矿，并与围岩发生矿化与蚀变，形成磁铁矿矿体。

综上所述，松湖铁矿的矿床成因类型为海相火山沉积（次要）－热液复合（主要）型铁矿。成矿作用主要与火山作用及火山期后热液作用有关，主矿体形成稍晚于区内火山岩，构造背景为大陆边缘岛弧环境。在火山活动晚期，富含矿物质的岩浆，在火山作用下由火山口喷出（次成矿期），在海底火山口外侧沉积成岩（安山质），在高氧逸度的碱性环境中，后经至少两期的热液－蚀变活动（主成矿期），带出了安山岩中铁质成分并改造原有矿质富集层，形成了既有似层状、条带状特征，又有相互穿插和块状特征的铁矿体。

第四节　智博铁矿

智博铁矿位于和静县北西约200km，在博罗科努山系主脊线上，隶属新疆巴音郭楞蒙古自治州和静县管辖，矿区中心地理坐标为东经85°02′00″、北纬43°19′31″。目前探明的铁矿资源储量已达大型规模。

一、矿区地质特征

矿区构造上位于伊犁地块东北缘阿吾拉勒晚古生代大陆活动边缘带内。区域上构造活动强烈，火山活动频繁，变质作用发育，各时期火山活动提供了丰富的成矿物质来源，成矿地质条件十分有利。

1. 地层

智博矿区出露地层主要有古生界石炭系和新生界第四系，石炭系主要出露于矿区的南部、西北部及中部，其余为大面积第四系冰川堆积物（图5－4－1）。

矿区出露地层为下石炭统大哈拉军山组二岩性段（$C_1 d^2$），在矿区南部、西北部及中

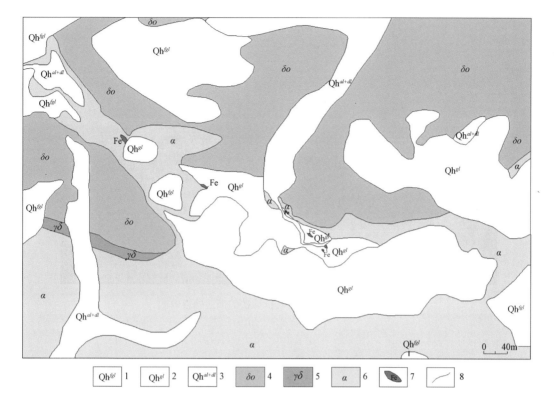

图 5 – 4 – 1　智博铁矿矿区地质图

（据新疆地质矿产勘查开发局第三地质大队，2010）

1—全新统冰积物；2—现代冰川；3—全新统冲积－坡积物；4—石英闪长岩；5—花岗闪长岩；

6—安山岩；7—磁铁矿体；8—地质界线

部大面积出露，主要岩性为灰褐色、灰绿色的安山岩、玄武质安山岩、粗面安山岩、玄武粗面安山岩、玄武岩、玄武质凝灰岩和粗面岩。地层产状南倾，走向为北西－南东向。矿区内磁铁矿体以层状或似层状产出在该套地层中，深部矿体产状北倾，倾角较缓并向东侧伏。

矿区第四系覆盖范围较大，高大山体的山前地带及冲沟上游主要为残坡积、冲洪积及冰积砾石，中部及北部为现代冰川和冰舌，长约 0.5～5km，冰舌前方有泥砂、砾石混合形成的冰渍堤。

2. 构造

智博铁矿位于破火山口环形断裂的中心部位（图 5 – 4 – 2），受火山活动和区域性断裂的影响，各种构造形迹较为复杂，但矿区整体主要为一单斜构造。部分断裂切穿矿体，对铁矿体产生一定破坏，但整体来说矿区内构造对磁铁矿体破坏作用不大。

矿区地层主要表现为一单斜构造，地层走向为北西 300°～330°，倾角中等约为 50°～75°。矿区北部发育一北西向大断裂，受此区域性大断裂影响，岩层节理、劈理发育，层内韧性变形复杂，发育有膝状褶皱。

矿区西侧发育一明显的北西向断裂，具压扭性质，该断层为成矿后的断裂，将 Fe13－1 矿体切割错位，对矿体的侧伏和延伸形态均有一定的破坏作用，同时发育强烈的蚀变，主要有绿帘石化、绿泥石化、阳起石化等。

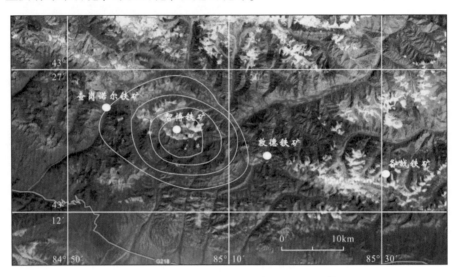

图 5 – 4 – 2　西天山阿吾拉勒铁矿带遥感影像图

(据冯金星等，2010)

矿区次级小断裂较为发育，多为正断层，断层北倾，对矿体整体形态没有太大的破坏作用。

3. 岩浆岩

智博矿区发育侵入岩和脉岩。矿区内发育的侵入岩体主要有两种：一种为灰褐色、灰白色的石英闪长岩，在矿区中部、北部大面积出露，它与中部的火山岩地层之间为侵入接触关系，对中部的铁矿体有一定破坏作用；另一种为浅灰白色、灰白色的花岗闪长岩，主要分布在矿区西南部，呈北西 – 南东向条带状侵入。

矿区内脉岩主要为后期侵入的辉绿岩脉，分布于矿区西北部的石英闪长岩中，走向为北北东向，宽约 30～120cm，与石英闪长岩之间界线较为清晰。辉绿岩风化面为灰黑色，新鲜面为灰绿色，斑状、辉绿结构，块状构造，岩石主要由长柱状的拉长石和短柱状的辉石组成，含少量的橄榄石、黑云母和磁铁矿等，另外局部岩石发育少量的绿帘石化和绿泥石化蚀变。

4. 物探异常

经 1:1 万磁法测量，矿区内存在一个规模较大的磁异常，该异常呈北西 – 南东方向展布，矿区磁异常以正值为主，正负差值悬殊，磁异常极大值在 17000（nT）左右，极小值在 –5200（nT）左右，磁测异常很强，总体形态比较好，与地表出露的矿体形迹较为吻合。

二、矿床地质特征

矿区东西长约 5.5km，南北宽约 1.5km，分为东、中、西和西北四个矿段，现已圈定铁矿体 24 个（图 5 – 4 – 3）。铁矿体主要以层状、似层状产出于下石炭统大哈拉军山组一套火山岩中。

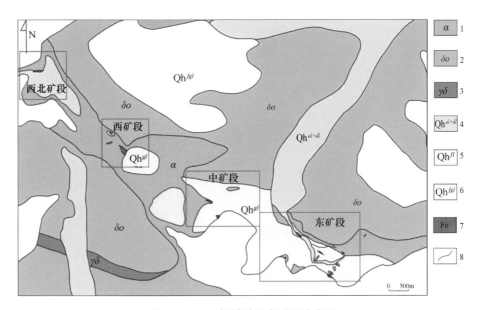

图 5 – 4 – 3　智博铁矿各矿段分布图

（据新疆地质矿产勘查开发局第三地质大队，2010❶）

1—大哈拉军山组第三亚组安山岩；2—石英闪长岩；3—花岗闪长岩；4—第四系冲积、坡积物；
5—第四系冰积物；6—第四系冰川；7—磁铁矿体；8—地质界线

1. 矿体

（1）东矿段矿体

东矿段位于矿区东部的分水岭北部冰川底部，矿体赋存于浅灰绿色绿帘石化 – 钾长石化玄武质安山岩中（图 5 – 4 – 4）。经槽探及钻探工程揭露，地表圈定了 10 个磁铁矿体，深部圈定了 5 个磁铁矿体，其中 Fe 15 和 Fe 18 矿体为矿区内的主矿体，占全矿区资源量的 90% 以上。地表圈定矿体露头出露不完整，两侧均被第四系冰川或冰川堆积物所覆盖，形态上均为似层状；深部矿体形态为似层状、厚板状（图 5 – 4 – 5）。

Fe15 矿体沿绿帘石 – 钾长石 – 阳起石蚀变带呈带状分布，矿体顶底板均为浅灰绿色、灰褐色的玄武质安山岩。在平面上总体为北西 – 南东向，产状北倾，倾角较缓，倾角约为 15° ~ 35°。矿体西部呈厚板状，向东逐渐变薄，西部顶板埋深一般在 40 ~ 60m，局部出露地表，中深部铁矿体向东南方向继续延伸，长约 1100m，目前尚未完全控制矿体走向。矿体 TFe 品位在 20.10% ~ 63.80% 之间，矿体 TFe 平均品位为 34.02%，mFe 平均品位为 27.58%。

Fe18 矿体位于 Fe15 矿体下部，矿体顶底板均为浅灰绿色、灰褐色的玄武质安山岩。矿体以似层状、厚板状产出，延伸方向为东西向，西高东低，产状北倾，倾角较缓，约为 15° ~ 35°。矿体平均厚度为 109.85m，内部发育多层夹石，具分枝复合现象，向深部延伸矿石品位逐渐变富。矿体 TFe 品位在 15.67% ~ 51.97% 之间，矿体 TFe 平均品位为 38.54%，mFe 平均品位为 32.22%。

---

❶ 新疆地质矿产勘查开发局第三地质大队，2010，新疆和静县诺尔湖铁矿详查地质报告.

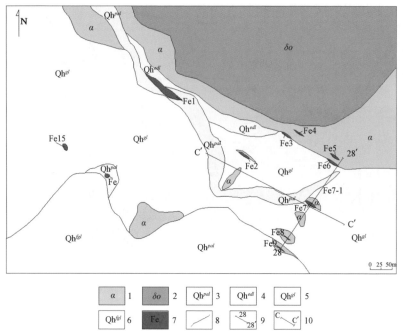

图 5-4-4 智博铁矿东矿段地质图

（据新疆地质矿产勘查开发局第三地质大队，2010）

1—大哈拉军山组第三亚组安山岩；2—石英闪长岩；3—第四系冲积物；4—第四系残坡积物；

5—第四系冰积物；6—第四系冰川；7—磁铁矿体；8—地质界线；9—纵剖面；10—勘探线

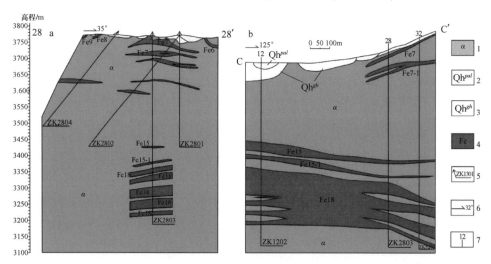

图 5-4-5 智博铁矿东矿段 28-28′勘探线剖面图（a）和 C-C′勘探线剖面图（b）

（据新疆地质矿产勘查开发局第三地质大队，2010）

1—大哈拉军山组第三亚组安山岩；2—第四系冲洪积物；3—第四系冰积物；4—磁铁矿体；

5—钻孔及编号；6—导线方位；7—勘探线及编号

（2）中矿段矿体

中矿段位于矿区中部分水岭的北部山坡，初步圈定了 Fe10 和 Fe11 号 2 个铁矿体

（图5-4-6），矿体均赋存于浅灰绿色、灰褐色绿帘石化-绿泥石化玄武质安山岩中，分为东、西两部分，地表出露部分矿体呈似层状产出。

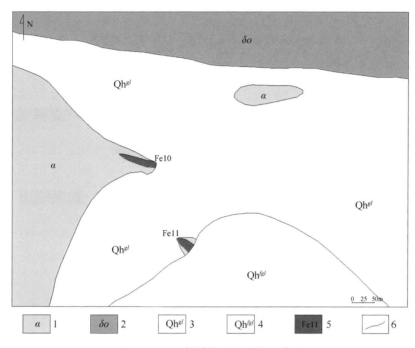

图5-4-6　智博铁矿中矿段地质图

（据新疆地质矿产勘查开发局第三地质大队，2010）

1—大哈拉军山组第三亚组安山岩；2—石英闪长岩；3—第四系冰积物；4—第四系冰川；

5—磁铁矿体；6—地质界线

Fe10铁矿体顶底板均为灰褐色、浅灰绿色绿帘石化-绿泥石化玄武质安山岩。地表出露长110m，平均厚度11.22m，倾向205°左右，倾角60°左右。矿石中金属矿物主要为磁铁矿，脉石矿物主要为绿帘石、绿泥石，次为阳起石、长石等。矿石结构较为单一，主要为他形—半自形细粒结构，块状构造、稀疏浸染状构造。矿体TFe品位在27.78%～50.96%之间，矿体TFe平均品位为39.37%，该矿体为贫磁铁矿。

Fe11铁矿体顶底板同样均为灰褐色、浅灰绿色绿帘石-绿泥石化玄武质安山岩。地表出露长50m，平均厚度19.64m，倾向208°左右，倾角70°左右。矿石中金属矿物主要为磁铁矿，脉石矿物主要为绿帘石、绿泥石，次为阳起石、长石等。矿石结构较为单一，主要为他形—半自形细粒结构，致密块状构造、稠密浸染状构造。矿体TFe品位在36.26%～64.73%之间，矿体TFe平均品位为50.50%，为富磁铁矿，mFe/TFe平均值＞85%。

（3）西矿段矿体

西矿段位于矿区西北部分水岭南部山坡，初步圈定了2个铁矿体，即Fe12-1和Fe12-2矿体。矿体以似层状产出，赋存于灰褐色、浅灰绿色蚀变玄武质安山岩中（图5-4-7）。

Fe12-1铁矿体为西矿段的主矿体，呈似层状产出于浅灰绿色、灰褐色蚀变玄武质安山岩中，走向北西-南东向，东侧被第四系冰积、坡积物所覆盖，向西自然尖灭，倾向约为220°，倾角较陡70°左右，矿体地表出露长150m，平均厚度36.16m。矿石中金属矿物主要为磁铁矿，次为黄铁矿；脉石矿物主要为绿帘石、绿泥石，次为阳起石、长石等。矿石结构较单一，主要为半自形—他形中细粒结构，致密块状构造、稠密浸染状构造。矿体TFe品位在45.39%~58.96%之间，矿体TFe平均品位为50.00%，为富磁铁矿，mFe/TFe平均值大于85%。

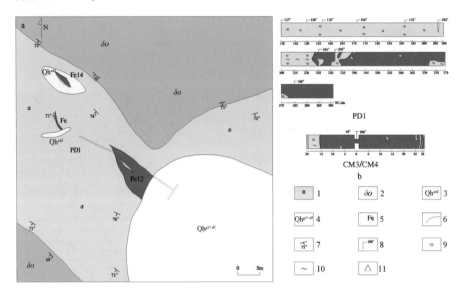

图5-4-7 智博铁矿西矿段地质图（a）和平硐及穿脉素描图（b）

（据新疆地质矿产勘查开发局第三地质大队，2010）

1—大哈拉军山组第三亚组安山岩；2—石英闪长岩；3—第四系残坡积物；4—第四系冰积、坡积物；
5—磁铁矿体；6—地质界线；7—岩层产状；8—掘进方位；9—绿帘石化；10—绿泥石化；11—断层角砾

Fe12-2铁矿体位于Fe12-1号矿体西北200m处，被第四系残坡积物所覆盖，为一隐伏矿体。顶底板均为灰褐色、浅灰绿色绿帘石-阳起石化玄武质安山岩，矿体呈似层状，倾向205°左右，倾角70°左右，矿体长60m，宽12m。矿石中金属矿物主要为磁铁矿，次为黄铁矿；脉石矿物主要为绿帘石、绿泥石，次为阳起石、长石等。矿石结构较单一，主要为半自形—他形中细粒结构，致密块状构造、稠密浸染状构造。矿体TFe品位在43.83%~55.57%之间，矿体TFe平均品位为50.00%，为富磁铁矿，mFe/TFe平均值大于85%。

（4）西北矿段矿体

西北矿段主要分布有Fe13号矿体，由Fe13-1、Fe13-2、Fe13-3、Fe13-4和Fe13-5五个小铁矿体组成（图5-4-8）。矿体均赋存于灰褐色、灰绿色阳起石化-绿帘石化玄武质安山岩中，呈似层状产出，倾向164°~210°，倾角较陡55°~80°，长度均为30m左右，厚度差别较大，其中Fe13-3和Fe13-4矿体厚度较小为2~3m，其他矿体为5~8m。矿石均为自形—半自形粒状结构，致密块状构造、浸染状构造。矿石中金属矿物主要为磁铁矿，次为黄铁矿，脉石矿物主要为绿帘石、阳起石，次为绿泥石、长石等。其中Fe13-1和Fe13-5矿体TFe平均品位高于50.00%，为富磁铁矿；Fe13-2、Fe13-3和Fe13-4矿体TFe平均品位低于50.00%，为贫磁铁矿。

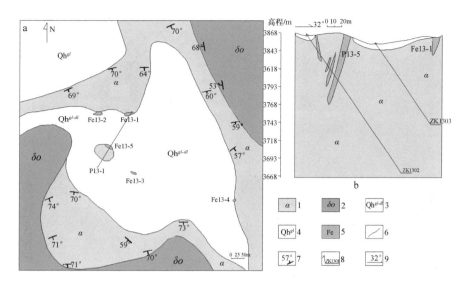

图5-4-8 智博铁矿西北矿段地质图 (a) 和P13-1勘探线剖面图 (b)

(据新疆地质矿产勘查开发局第三地质大队, 2010)

1—大哈拉军山组第三亚组安山岩; 2—石英闪长岩; 3—第四系冰积、坡积物; 4—第四系冰川;
5—磁铁矿体; 6—地质界线; 7—岩层产状; 8—钻孔及编号; 9—导线方位

2. 矿石

(1) 矿物组成

智博矿区内铁矿石的矿物组成包括金属矿物和脉石矿物 (图5-4-9)。金属矿物主要有磁铁矿, 次为黄铁矿, 偶见黄铜矿、磁黄铁矿、褐铁矿和赤铁矿等。磁铁矿呈他形粒状, 自形—半自形, 粒径 <0.1mm, 分布不均匀 (图5-4-9a, 图5-4-9c)。黄铁矿呈星点状、团块状和细脉状产出 (图5-4-9b)。黄铜矿分布较少, 呈点状产出 (图5-4-9d)。磁铁矿的裂隙及解理面上偶见少量赤铁矿, 黄铁矿边缘偶见磁黄铁矿。脉石矿物主要有透辉石、钠长石、绿帘石、绿泥石、阳起石和钾长石等 (图5-4-9b, 图5-4-9c)

(2) 矿石结构构造

智博铁矿矿石结构以半自形—自形粒状结构 (细粒半自形—自形板条状磁铁矿与粗粒黄铁矿共生, 图5-4-10a, 图5-4-10d) 和他形—半自形粒状结构 (磁铁矿呈他形—半自形, 与绿帘石、阳起石等共生, 图5-4-10b) 为主, 其次还有交代结构 (晚期黄铁矿交代磁铁矿, 图5-4-10c) 和填隙结构 (黄铁矿充填于磁铁矿的晶隙之间, 图5-4-10d)、包含结构 (自形磁铁矿包含于黄铁矿中, 图5-4-10d) 等。

智博铁矿矿石构造种类较多, 有块状、浸染状、隐爆角砾状、斑杂状、条带状及网脉状等。块状矿石多位于矿体中下部, 浸染状矿石分布较为广泛, 隐爆角砾状矿石多位于主矿体底部, 条带状矿石多分布于矿体顶部和底部, 网脉状矿石多位于主矿体中上部。

3. 围岩蚀变与矿化

智博矿区的矿化类型主要为磁铁矿化, 其次为黄铁矿化, 还有少量的黄铜矿化、磁黄铁矿矿化、褐铁矿化和赤铁矿化。

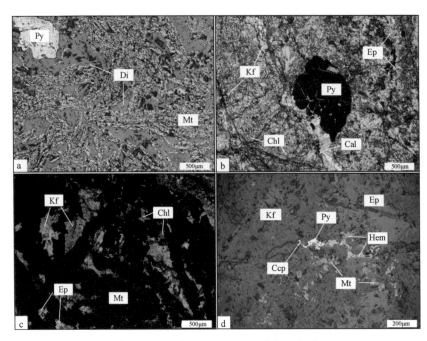

图 5 - 4 - 9　智博铁矿矿石矿物显微照片

a—半自形—自形板条状磁铁矿与透辉石共生，反射光；b—绿帘石、绿泥石和钾长石蚀变，单偏光；

c—磁铁矿与绿帘石、钾长石共生，单偏光；d—星点状黄铁矿和黄铜矿，反射光

Mt—磁铁矿；Py—黄铁矿；Ccp—黄铜矿；Hem—赤铁矿；Di—透辉石；Ep—绿帘石；Kf—钾长石；

Chl—绿泥石；Cal—方解石

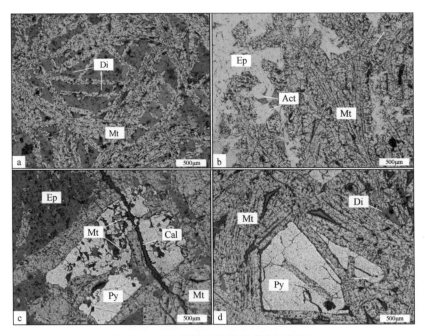

图 5 - 4 - 10　智博铁矿矿石矿物显微照片

a—半自形—自形板条状磁铁矿，反射光；b—他形—半自形磁铁矿，反射光；

c—黄铁矿交代磁铁矿，反射光；d—黄铁矿包裹自形磁铁矿，反射光

Mt—磁铁矿；Py—黄铁矿；Di—透辉石；Ep—绿帘石；Act—阳起石；Cal—方解石

磁铁矿化为矿区内主要的金属矿化（图 5 - 4 - 9，图 5 - 4 - 10）。宏观上磁铁矿矿体赋存于以玄武质安山岩为主的中基性火山岩中，伴随着大量的钾长石化和绿帘石化。镜下磁铁矿呈从他形—自形均有分布，其中自形—半自形的板柱状为特征的矿浆期磁铁矿，可见有流动构造。

黄铁矿化以星点状、细脉和团块状产出（图 5 - 4 - 9a，图 5 - 4 - 10c），发育比较广泛，不过规模较小。黄铁矿边部可见磁黄铁矿反应边，而后又被氧化为褐铁矿。赤铁矿分布较少，见于磁铁矿的微裂隙中。

智博铁矿发育广泛的围岩蚀变，以绿帘石化、钾长石化和阳起石化为主，以及少量绿泥石化、硅化和碳酸盐化。离矿体越近，围岩蚀变越强烈，并且具有多阶段特征。矿体顶、底板几乎全部为绿帘石化 - 钾长石化 - 绿泥石化的玄武质安山岩。

4. 成矿期次

在野外地质调研的基础上，结合详细的岩相学观察（图 5 - 4 - 9 ~ 图 5 - 4 - 12），根据矿石组构、矿物共生和产出特征可将智博铁矿划分为岩（矿）浆成矿期和热液成矿期，其中岩（矿）浆成矿期仅包括一个阶段为岩矿浆成矿阶段；热液成矿期又可划分为两个阶段：钾长石 - 绿帘石 - 磁铁矿阶段和石英 - 硫化物 - 碳酸盐阶段。岩（矿）浆成矿阶段和钾长石 - 绿帘石 - 磁铁矿阶段为主要成矿阶段（表 5 - 4 - 1）。

（1）岩（矿）浆成矿期

此阶段是智博铁矿主要的成矿阶段，是由经过熔离作用形成的富铁岩（矿）浆，沿断裂构造上侵，侵入到大哈拉军山组的火山岩地层中，参与成矿作用，形成磁铁矿矿体。

阶段早期以出现磁铁矿 + 透辉石为特征，磁铁矿颗粒较细，一般为他形—半自形结构，多呈致密块状（图 5 - 4 - 11a）、角砾状（图 5 - 4 - 11b，图 5 - 4 - 11d）、浸染状构造。局部可见围岩玄武质安山岩与块状磁铁矿石之间的接触界线清楚（图 5 - 4 - 11c），这指示了此类矿石可能是铁矿浆直接贯入围岩中形成的。角砾状矿石中，可见大小不一的安山岩或蚀变安山岩角砾被磁铁矿胶结，角砾分布大多没有规则，仅局部可见角砾具有一定的拼合性，可能是富铁矿浆充填过程中携带安山岩角砾流动所致。块状、角砾状矿石中发育气孔、杏仁状构造（图 5 - 4 - 11a）。手标本与镜下均可见，致密块状矿石和角砾状矿石中磁铁矿与透辉石共生，两者可能为同一期形成的矿物；也可见黄铁矿充填于自形磁铁矿的晶隙中，其形成应晚于磁铁矿（图 5 - 4 - 10d）。

阶段后期则以绿帘石（ + 黄铁矿） + 阳起石（ + 绿泥石）等矿物组合为特征，可能是由于铁矿浆的侵入，致使围岩发生蚀变，生成了绿帘石、阳起石、绿泥石等矿物（图 5 - 4 - 11f），并形成了少量他形粒状的黄铁矿。

（2）热液成矿期

热液成矿期可以进一步划分为 2 个成矿阶段：磁铁矿 + 绿帘石 + 钾长石阶段和石英 + 硫化物 + 碳酸盐阶段。

磁铁矿 + 绿帘石 + 钾长石阶段：以发育条带状矿石（图 5 - 4 - 12a）、浸染状矿石（图 5 - 4 - 12b）及网脉状矿石（图 5 - 4 - 12c，图 5 - 4 - 12d）为特征。浸染状、网脉状矿石中，磁铁矿晶形较好，粒度在 0.5 ~ 2.5mm 之间，半自形—自形板条状结构，镜下可见磁铁矿与绿帘石、钾长石密切共生（图 5 - 4 - 12e）。条带状矿石中，磁铁矿多呈条带

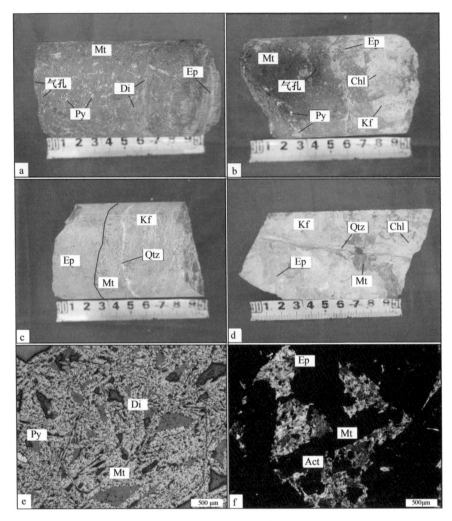

图 5 - 4 - 11　智博铁矿岩浆期矿石照片

a—致密块状磁铁矿，具气孔构造；b—磁铁矿与围岩接触带，磁铁矿胶结围岩角砾；c—磁铁矿脉与围岩截然接触；
d—角砾状矿石，磁铁矿胶结蚀变安山岩；e—磁铁矿与透辉石共生，反射光；f—绿帘石化与阳起石化，单偏光
Mt—磁铁矿；Py—黄铁矿；Di—透辉石；Ep—绿帘石；Kf—钾长石；Chl—绿泥石；Act—阳起石；Qtz—石英

状或纹层状产出，在野外和手标本上均可见钾长石、绿帘石与磁铁矿呈互层状产出，磁铁矿在镜下多呈自形—半自形板条状，粒度约为 0.5～3mm，具一定的定向排列。此阶段，黄铁矿较矿浆期多，颗粒也较大，一般呈团块状、条带状或脉状分布（图 5 - 4 - 12c，图 5 - 4 - 12d）。脉石矿物主要为绿帘石、钾长石及绿泥石等。

石英 + 硫化物 + 碳酸盐阶段：出现石英 + 黄铁矿（ + 黄铜矿） + 碳酸盐的矿物组合，形成时间晚于磁铁矿。矿石及围岩中均发育石英及碳酸岩脉沿裂隙侵入其中，脉宽变化较大，局部硅化强烈处可形成硅质岩，野外及镜下均可见石英和碳酸岩脉切穿早期矿物。黄铁矿多与石英共生，常与石英脉一起产出于矿石及围岩裂隙中（图 5 - 4 - 12f）。黄铜矿较少，偶见星点状黄铜矿。

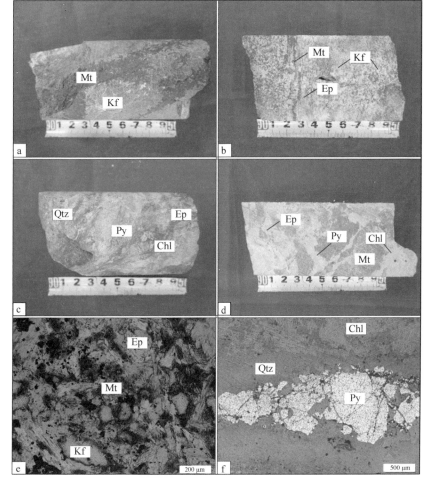

图 5 - 4 - 12　智博铁矿热液期矿石照片

a—条带状磁铁矿石；b—浸染状磁铁矿石；c—网脉状磁铁矿石；d—磁铁矿石具片状黄铁矿；

e—黄铁矿交代磁铁矿，反射光；f—磁铁矿与绿帘石共生，单偏光

Mt—磁铁矿；Py—黄铁矿；Ep—绿帘石；Kf—钾长石；Chl—绿泥石；Qtz—石英

表 5 - 4 - 1　智博铁矿床成矿期次划分及矿物生成顺序表

矿物	岩（矿）浆成矿期	热液成矿期	
	岩（矿）浆成矿阶段	钾长石—绿帘石—磁铁矿阶段	石英—硫化物—碳酸盐阶段
透辉石Di	▬		
钾长石Kf		▬▬▬▬	
绿帘石Ep	▬	▬▬▬▬▬	
阳起石Act	▬	▬▬▬	
绿泥石Chl	▬	▬▬▬▬	
磁铁矿Mt	▬▬	▬▬▬▬▬	
石英Qtz			▬▬▬▬
黄铁矿Py			▬▬▬
黄铜矿Ccp			▬▬
方解石Cal			▬▬▬▬

三、矿床矿物特征

智博铁矿区磁铁矿成矿与大哈拉军山组火山岩有密切的联系。火山岩主要有安山岩、

玄武岩、玄武质安山岩、玄武质凝灰岩、粗面安山岩及少量的粗面岩和英安岩。火山岩多为灰色、灰绿色，具交织结构（图5－4－13a）和斑状结构，块状构造。岩石一般由斑晶和基质组成，斑晶主要有斜长石、钾长石、辉石、角闪石，斜长石和钾长石斑晶呈自形—半自形板柱状分布，单斜辉石和角闪石斑晶呈半自形—自形，板片状和粒状分布，基质主要由斜长石、辉石、钾长石、磁铁矿等组成，副矿物主要为榍石、磷灰石及少量锆石（图5－4－13a，图5－4－13b，图5－4－13c）。

火山岩中偶见杏仁构造（图5－4－13c），被后期方解石充填。靠近矿体部分的安山岩蚀变较强，主要有钾长石化、绿帘石化（图5－4－13d）、硅化、绿泥石化和阳起石化。其中和矿体相邻的安山岩钾长石化和硅化等蚀变较为强烈，呈条带状分布。

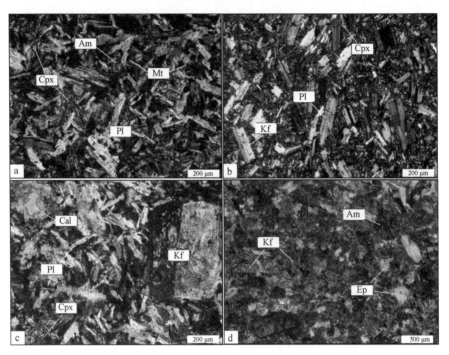

图5－4－13　智博铁矿火山岩显微照片

a—安山岩中斜长石排列成交织结构，具钠长石化，正交偏光；b—安山岩中斜长石定向排列，正交偏光；
c—安山岩中钾长石斑晶，并见杏仁状构造，正交偏光；d—安山岩中绿帘石化、钾长石化蚀变，单偏光
Pl—斜长石；Cpx—辉石；Am—角闪石；Mt—磁铁矿；Ep—绿帘石；Kf—钾长石；Cal—方解石

1. 斜长石

安山岩中斜长石含量约占45%左右，呈灰白色或暗灰色，半自形—自形板柱状结构，正低突起，干涉色一级灰白，斜消光，可见聚片双晶，不具环带，斑晶斜长石粒度0.5～1mm，基质中粒度0.2～0.3mm。

斜长石矿物学资料（表5－4－2）显示，其具低 $w(TiO_2)$，高 $w(Na_2O)$ 和 $w(Al_2O_3)$ 的特点。其中 $w(SiO_2)$（65.24%～68.52%），$w(TiO_2)$（0.00%～0.14%），$w(Al_2O_3)$（19.38%～20.12%），$w(Fe_2O_3^T)$（0.00%～0.62%），$w(MnO)$（0.00%～0.05%），$w(MgO)$（0.00%～0.07%），$w(CaO)$（0.45%～0.84%），$w(Na_2O)$（12.11%～

12.85%），$w(K_2O)$（0.00% ~ 0.15%）。

表 5 – 4 – 2　智博铁矿安山岩中斜长石的电子探针分析数据和以 8 个氧原子为基准计算的阳离子数

样号	SiO_2	TiO_2	Al_2O_3	TFe_2O_3	MnO	MgO	CaO	Na_2O	K_2O	Total
ZB01	68.07	0.05	19.61	0.00	0.05	0.03	0.55	12.23	0.00	100.59
ZB02	68.52	0.08	19.52	0.00	0.00	0.00	0.45	12.11	0.00	100.69
ZB03	67.34	0.00	20.12	0.32	0.00	0.00	0.83	12.53	0.13	101.27
ZB04	67.69	0.00	19.38	0.00	0.00	0.00	0.62	12.49	0.15	100.33
ZB05	65.48	0.14	20.09	0.22	0.00	0.07	0.84	12.25	0.06	99.15
ZB06	65.24	0.00	19.66	0.62	0.00	0.00	0.79	12.85	0.05	99.21

样号	Si	Ti	Al	Fe^{3+}	Mn	Mg	Ca	Na	K	Total	Or	Ab	An
ZB01	2.969	0.002	1.008	0.000	0.002	0.002	0.026	1.034	0.000	5.042	0.00	97.58	2.42
ZB02	2.981	0.003	1.001	0.000	0.000	0.000	0.021	1.021	0.000	5.027	0.00	97.99	2.01
ZB03	2.932	0.000	1.032	0.010	0.000	0.000	0.039	1.058	0.007	5.079	0.65	95.84	3.51
ZB04	2.967	0.000	1.001	0.000	0.000	0.000	0.029	1.061	0.008	5.067	0.76	96.59	2.65
ZB05	2.913	0.005	1.053	0.007	0.000	0.005	0.040	1.056	0.003	5.082	0.31	96.05	3.64
ZB06	2.911	0.000	1.034	0.021	0.000	0.000	0.038	1.112	0.003	5.119	0.25	96.48	3.28

注：测试时间为 2012 年 2 月；测试单位为中国地质大学（北京）。电子探针分析数据单位为%。

根据长石 An – Ab – Or 分类图解（图 5 – 4 – 14）可知，本区斜长石全部落入 Na – 高钠长石区，Na_2O 含量较高，Ab 达到 95% 以上；同时镜下特征显示其具正光性，负低突起，为二轴晶，且表面浑浊，这说明安山岩中的斜长石发生了钠长石化。斜长石中 $w(TiO_2)$ 较低（ <0.15% ），通过实验认为，TiO_2 的含量既与熔体分异程度有关又与熔体的 TiO_2 的含量有关，随着熔体中 Fe – Ti 氧化物分异程度的增加，Ti 的含量也将随之降低，在分异晚期 Ti 的含量下降。这指示了安山岩中斜长石可能是在岩浆分异晚期形成的，但也可能是由于蚀变作用导致了长石中 TiO_2 含量的降低。

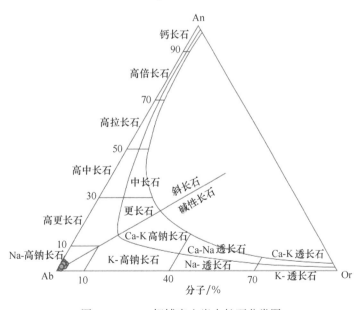

图 5 – 4 – 14　智博安山岩中长石分类图

2. 辉石

安山岩中的辉石含量约占10%左右，呈浅褐色，他形—半自形，不规则粒状，多色性不明显，正高突起，干涉色二级蓝绿，节理发育，粒度0.2~0.4mm。

矿物学资料显示（表5-4-3），其具高$w(TiO_2)$、高$w(Al_2O_3)$的特点。其中$w(SiO_2)$（47.89%~49.07%），$w(TiO_2)$（1.34%~1.92%），$w(Al_2O_3)$（2.81%~4.70%），$w(Fe_2O_3^T)$（11.84%~13.47%），$w(MnO)$（0.08%~0.58%），$w(MgO)$（11.69%~12.65%），$w(CaO)$（18.16%~20.24%），$w(Na_2O)$（0.52%~0.97%），$w(K_2O)$（0.00%~0.01%）。辉石Wo-En-Fs分类图解（图5-4-15）显示，安山岩中的辉石为普通辉石和少量的次透辉石。辉石Si-Al^{IV}图（图5-4-16）显示，大部分单斜辉石落入拉斑玄武岩区与不含似长石碱性岩区交汇区域。

表5-4-3 智博铁矿安山岩中辉石的电子探针分析数据和以6个氧原子为基准计算的阳离子数

样号	SiO₂	TiO₂	Al₂O₃	TFe₂O₃	MnO	MgO	CaO	Na₂O	K₂O	Total
ZB07	48.9	1.37	2.81	13.47	0.36	11.69	20.24	0.67	0.00	99.5
ZB08	48.4	1.92	4.46	13.43	0.32	11.74	19.28	0.52	0.00	100.08
ZB09	47.89	1.72	3.93	13.41	0.32	12.28	19.11	0.64	0.00	99.3
ZB10	49.07	1.34	3.76	13.11	0.41	12.65	18.53	0.69	0.01	99.58
ZB11	48.61	1.70	4.40	13.43	0.58	12.09	18.16	0.97	0.00	99.94
ZB12	48.97	1.83	4.70	11.84	0.08	11.89	19.52	0.69	0.00	99.52

样号	Si	Al^{IV}	Al^{VI}	Fe^{3+}	Ti	Fe^{2+}	Mn	Mg	Ca	Na	K	Total	Wo	En	Fs
ZB07	1.833	0.124	0.000	0.085	0.039	0.304	0.011	0.653	0.813	0.049	0.000	3.911	45.91	36.90	17.19
ZB08	1.796	0.195	0.000	0.027	0.054	0.359	0.010	0.650	0.767	0.037	0.000	3.895	43.18	36.59	20.24
ZB09	1.795	0.174	0.000	0.094	0.048	0.294	0.010	0.686	0.767	0.046	0.000	3.914	43.92	39.27	16.81
ZB10	1.825	0.165	0.000	0.059	0.037	0.318	0.013	0.701	0.738	0.050	0.000	3.907	42.01	39.91	18.07
ZB11	1.805	0.192	0.000	0.074	0.047	0.311	0.018	0.669	0.722	0.070	0.000	3.909	42.43	39.31	18.25
ZB12	1.817	0.183	0.022	0.000	0.051	0.342	0.003	0.658	0.776	0.050	0.000	3.901	43.70	37.04	19.27

注：测试时间为2012年2月；测试单位为中国地质大学（北京）。电子探针分析数据单位为%。

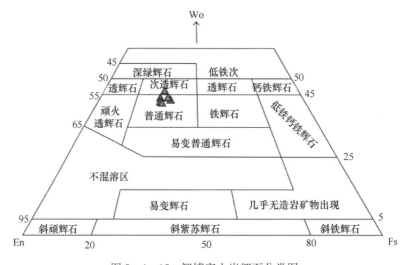

图5-4-15 智博安山岩辉石分类图

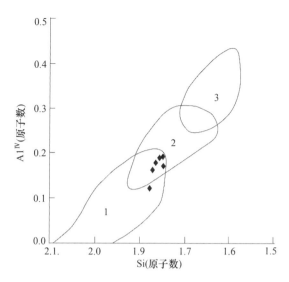

图 5 - 4 - 16　智博安山岩辉石 Si – Al^{IV} 图

1—拉斑玄武岩；2—不含似长石的碱性岩；3—含似长石的碱性岩

应用多元统计分析对单斜辉石的成分进行模拟，建立了应用 F_1、F_2 来划分构造环境的判别图（图 5 - 4 - 17），其中：

$$F_1 = -0.012w(SiO_2) - 0.0807w(TiO_2) + 0.0026w(Al_2O_3) - 0.0012w(TFeO)$$
$$- 0.0026w(MnO) + 0.0087w(MgO) - 0.0128w(CaO) - 0.0419w(Na_2O)$$

$$F_2 = -0.0469w(SiO_2) - 0.0818w(TiO_2) - 0.0212w(Al_2O_3) - 0.0041w(TFeO)$$
$$- 0.1435w(MnO) - 0.0029w(MgO) + 0.0085w(CaO) + 0.016w(Na_2O)$$

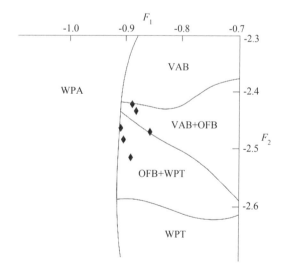

图 5 - 4 - 17　智博安山岩单斜辉石 F_1 - F_2 图解

VAB—火山弧玄武岩；OFB—洋底玄武岩；WPA—板块内部碱性玄武岩；WPT—板块内拉斑玄武岩

在图 5 - 4 - 17 中，部分单斜辉石在火山弧玄武岩 + 洋底玄武岩区域内，部分在洋底玄武岩 + 板块内拉斑玄武岩范围内。由于岩浆快速冷却，导致 TiO_2 和 Al_2O_3 的富集，使 F_2 数据偏小。若不考虑 TiO_2 和 Al_2O_3 的富集作用的影响，单斜辉石投点应向上偏移，更倾向于火山弧玄武岩范围内。

对本区玄武质安山岩中单斜辉石的结晶温压进行估算（表 5 - 4 - 4），结晶温度为 1205.677 ~ 1242.404℃，平均值为 1225℃，结晶压力为 0.6168 ~ 0.9551GPa，平均值为 0.795 GPa，对应深度为 26km（按 1GPa ≈ 33.0km 换算结晶深度）。

表 5 - 4 - 4　单斜辉石温压计计算结果

样号	ZB08	ZB09	ZB010	ZB11	ZB12
压力/GPa	0.8686	0.6896	0.6168	0.8472	0.9551
温度/℃	1233.014	1213.579	1205.677	1230.687	1242.404

3. 角闪石

安山岩中的角闪石含量约 25% 左右，呈浅绿色，半自形—自形，板柱状，多色性强，正中突起，干涉色二级蓝，节理不发育，偶见闪石式节理，粒度 0.1 ~ 0.2mm。

矿物学资料显示（表 5 - 4 - 5），角闪石具有低 $w(TiO_2)$ 和 $w(Al_2O_3)$、高 $w(MgO)$ 的特点。其中 $w(SiO_2)$（49.67% ~ 53.84%），$w(TiO_2)$（0.00% ~ 0.24%），$w(Al_2O_3)$（0.97% ~ 4.92%），$w(TFe_2O_3)$（14.42% ~ 17.42%），$w(MnO)$（0.15% ~ 1.48%），$w(MgO)$（12.98% ~ 15.02%），$w(CaO)$（10.99% ~ 11.59%），$w(Na_2O)$（0.22% ~ 1.15%），$w(K_2O)$（0.00% ~ 0.54%），$Mg/(Mg + Fe^{2+})$ 为 0.64 ~ 0.76。

表 5 - 4 - 5　智博铁矿安山岩中角闪石的电子探针分析数据和以 23 个氧原子为基准计算的阳离子数

样号	SiO_2	TiO_2	Al_2O_3	$^TFe_2O_3$	MnO	MgO	CaO	Na_2O	K_2O	Total
ZB13	53.19	0.00	0.97	17.42	1.48	12.98	11.42	0.41	0.09	97.95
ZB14	53.84	0.24	0.81	16.82	1.31	13.13	11.59	0.22	0.00	97.95
ZB15	53.25	0.01	0.89	16.30	1.10	13.76	11.42	0.43	0.00	97.16
ZB16	51.64	0.23	3.65	14.42	0.15	15.02	10.99	1.15	0.29	97.54
ZB17	51.16	0.02	3.91	16.61	0.25	13.55	11.23	0.83	0.22	97.77
ZB18	49.67	0.24	4.92	15.83	0.05	14.01	11.02	1.01	0.54	97.29

样号	TSi	TAl^{IV}	CAl^{VI}	CFe^{3+}	CTi	CFe^{2+}	CMn	CMg	BCa	BNa	AK	Total	$Mg^\#$
ZB13	7.854	0.146	0.022	0.377	0.000	1.559	0.185	2.857	1.806	0.117	0.017	14.941	0.65
ZB14	7.925	0.075	0.066	0.237	0.027	1.625	0.163	2.881	1.828	0.063	0.000	14.891	0.64
ZB15	7.865	0.135	0.020	0.376	0.001	1.436	0.138	3.030	1.807	0.123	0.000	14.930	0.68
ZB16	7.502	0.498	0.127	0.522	0.018	1.054	0.018	3.253	1.710	0.324	0.054	15.088	0.76
ZB17	7.499	0.501	0.174	0.519	0.002	1.313	0.031	2.961	1.763	0.236	0.041	15.040	0.69
ZB18	7.297	0.703	0.149	0.643	0.027	1.107	0.006	3.068	1.734	0.288	0.101	15.123	0.73

注：测试时间为 2012 年 2 月；测试单位为中国地质大学（北京）；$Mg^\#$ 为 $Mg/(Mg + Fe^{2+})$。电子探针分析数据单位为%。

根据角闪石分类图解（图5-4-18）中，本区安山岩中角闪石为镁角闪石和阳起石，镁角闪石有变化到阳起石的趋势，说明受到了后期热液的蚀变；依据划分的岩浆成因的角闪石和次生角闪石，阳起石的 $Ca + Al^{IV} = 1.90 \sim 1.95$，$<2.5$，属次生角闪石，镁角闪石 $Ca + Al^{IV} = 2.21 \sim 2.44$，略小于2.5，说明镁角闪石也受到了后期热液的一定影响；在角闪石来源图解（图5-4-19）中，阳起石落入壳源区，镁角闪石落入壳幔混源区。但鉴于阳起石为蚀变矿物，属次生角闪石，故其母岩浆应与镁角闪石投点结果一致，为壳幔混源型。

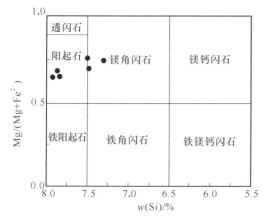

图5-4-18 智博安山岩角闪石分类图

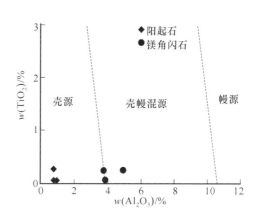

图5-4-19 智博安山岩角闪石来源投点图

4. 磁铁矿

安山岩中磁铁矿矿物的主要氧化物含量见表5-4-6，磁铁矿具高 $w(TiO_2)$，低 $w(MgO)$ 和 $w(Al_2O_3)$ 的特点。FeO含量多高于理论值（31.06%），Fe_2O_3 含量低于理论值（68.94%），其中 $w(SiO_2)$（0.22% ~ 0.37%），$w(TiO_2)$（9.67% ~ 11.07%），$w(Fe_2O_3)$（45.48% ~ 61.92%），$w(FeO)$（30.32% ~ 41.14%），$w(MnO)$（0.00% ~ 0.90%）。矿化蚀变安山岩中磁铁矿 TiO_2 含量较低，仅为0.00% ~ 0.02%，FeO、Fe_2O_3 含量接近于磁铁矿理论值，分别为 $w(Fe_2O_3)$（66.57% ~ 68.16%），$w(FeO)$（31.12% ~ 31.77%），另外，SiO_2 含量为0.07% ~ 0.59%。据王志华（2012）磁铁矿电子探针数据，在磁铁矿成因图解中超基性—基性—中性岩浆区和沉积变质-接触交代区均有分布，同样证明了智博铁矿存在两种成因的磁铁矿。

表5-4-6 智博铁矿安山岩中磁铁矿的电子探针分析数据和以4个氧原子为基准计算的阳离子数

样号	SiO_2	TiO_2	Al_2O_3	TFe_2O_3	MnO	MgO	CaO	Na_2O	K_2O	Total
ZB19	0.37	10.13	0.00	91.07	0.90	0.00	0.00	0.00	0.00	102.47
ZB20	0.29	9.67	0.00	93.37	0.07	0.00	0.00	0.00	0.00	103.40
ZB21	0.22	11.07	0.00	90.58	0.31	0.00	0.00	0.00	0.00	102.18
ZB22	0.25	0.10	0.00	100.68	0.03	0.00	0.00	0.00	0.00	101.06
ZB23	0.59	0.02	0.00	101.43	0.07	0.00	0.00	0.00	0.00	102.11
ZB24	0.07	0.00	0.00	102.10	0.04	0.00	0.00	0.00	0.00	102.21

样号	Si	Ti	Al	Fe^{3+}	Fe^{2+}	Mn	Mg	Ca	Na	K	Total
ZB19	0.012	0.255	0.000	1.380	1.280	0.026	0.000	0.000	0.000	0.000	2.953
ZB20	0.010	0.241	0.000	1.417	1.289	0.002	0.000	0.000	0.000	0.000	2.959
ZB21	0.007	0.278	0.000	1.334	1.323	0.009	0.000	0.000	0.000	0.000	2.951
ZB22	0.009	0.003	0.000	1.974	1.012	0.001	0.000	0.000	0.000	0.000	2.998
ZB23	0.020	0.001	0.000	1.953	1.021	0.002	0.000	0.000	0.000	0.000	2.997
ZB24	0.002	0.000	0.000	1.995	1.001	0.001	0.000	0.000	0.000	0.000	3.000

注：测试时间为2012年2月；测试单位为中国地质大学（北京）。电子探针分析数据单位为%。

各类成因的磁铁矿中 TiO_2 的含量与 $w(Fe^{3+})/w(Fe^{2+})$ （氧化系数）呈负相关关系，而与温度成正相关关系，因此通过 $Fe^{3+}/Fe^{2+}-TiO_2$ 图解，可以大致估算磁铁矿的形成温度。智博铁矿磁铁矿 $Fe^{3+}/Fe^{2+}-TiO_2$ 图解（图5-4-20）中显示，火山岩中副矿物磁铁矿形成温度在 $600 \sim 700℃$ 之间，而矿化蚀变安山岩中磁铁矿的形成温度在 $300 \sim 400℃$ 之间。

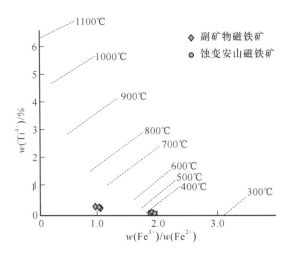

图5-4-20 智博铁矿磁铁矿 $Fe^{3+}/Fe^{2+}-TiO_2$ 图解

（据肖荣阁等，2008）

四、矿床地球化学特征

1. 主量元素

对矿区内的火山岩及铁矿石进行了主微量元素及同位素地球化学分析，结果列于表5-4-7至表5-4-9。

火山岩的TAS分类图（图5-4-21）表明，带内的火山岩主要为安山岩、玄武安山岩、粗面安山岩及玄武质粗安岩，在 SiO_2-K_2O 图解（图5-4-22）中显示，火山岩多为钙碱性或高钾钙碱性岩石。

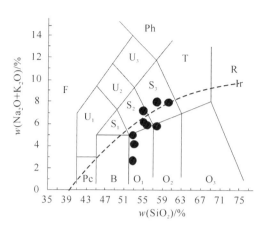

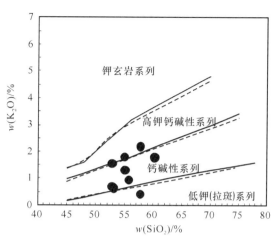

图 5-4-21 智博铁矿火山岩 TAS 图解

图 5-4-22 智博铁矿火山岩 SiO₂-K₂O 图解

F—似长石；Pc—苦橄质玄武岩；B—玄武岩；O₁—玄武质安山岩；O₂—安山岩；O₃—英安岩；U₁—碱玄岩/碧玄岩；U₂—响岩质碱玄岩；U₃—碱玄响岩；Ph—响岩；S₁—粗面玄武岩；S₂—玄武质粗面安山岩；S₃—粗面安山岩；T—粗面岩/粗面质英安岩；R—流纹岩；Ir—碱性/亚碱性分界线

表 5-4-7 智博铁矿火山岩和磁铁矿石主量元素分析结果与微量元素分析结果

主量元素	Zk3601-15	Zk3601-51	Zk3601-52	Zk3601-4	Zk3601-9	Zk3601-11	PC-10-5b	PC-10-2a
	玄武安山岩	玄武安山岩	粗面安山岩	粗面安山岩	玄武安山岩	玄武质粗安岩	粗面安山岩	玄武质粗安岩
SiO_2	53.15	52.70	57.77	54.91	52.77	55.04	60.45	55.43
TiO_2	0.78	0.99	0.65	0.93	1.00	0.94	0.64	0.53
Al_2O_3	12.42	15.08	16.16	15.79	15.19	14.89	17.96	16.15
$Fe_2O_3^T$	8.97	9.66	7.69	7.52	6.86	7.97	6.27	6.42
MnO	0.23	0.15	0.09	0.30	0.27	0.23	0.06	0.12
MgO	9.71	3.29	4.19	4.61	6.56	6.23	2.93	1.50
CaO	8.84	13.06	3.44	5.19	10.21	6.49	2.20	10.62
Na_2O	3.54	1.14	5.79	5.40	4.24	4.86	6.22	4.90
K_2O	0.64	1.55	2.20	1.80	0.70	1.31	1.78	0.94
P_2O_5	0.12	0.22	0.17	0.14	0.13	0.17	0.14	0.11
LOI	1.57	2.07	1.81	3.35	2.03	1.86	1.70	2.79
TOTAL	99.97	99.91	99.97	99.94	99.96	99.98	100.35	99.51
微量元素	Zk3601-15	Zk3601-51	Zk3601-52	Zk3601-4	Zk3601-9	Zk3601-11	PC-10-5b	PC-10-2a
	玄武安山岩	玄武安山岩	粗面安山岩	粗面安山岩	玄武安山岩	玄武质粗安岩	粗面安山岩	玄武质粗安岩
Alk	4.18	2.69	7.99	7.20	4.94	6.17	8.00	5.84
Mg#	68.20	40.29	51.91	54.85	65.45	60.77	48.08	31.64
La	4.64	29.20	6.53	10.20	6.58	6.50	28.41	12.36
Ce	19.90	60.30	13.40	22.90	21.60	18.60	57.50	25.79

微量元素	Zk3601 - 15	Zk3601 - 51	Zk3601 - 52	Zk3601 - 4	Zk3601 - 9	Zk3601 - 11	PC - 10 - 5b	PC - 10 - 2a
	玄武安山岩	玄武安山岩	粗面安山岩	粗面安山岩	玄武安山岩	玄武质粗安岩	粗面安山岩	玄武质粗安岩
Pr	4.00	7.80	1.78	3.25	3.36	2.88	5.91	2.97
Nd	19.90	34.70	8.63	14.20	14.80	14.80	23.65	12.92
Sm	4.34	7.52	2.07	3.36	3.96	4.92	4.36	2.97
Eu	1.27	3.03	0.58	1.10	1.19	1.22	1.08	1.56
Gd	4.97	7.67	2.70	3.49	4.33	4.75	5.03	3.83
Tb	0.90	1.53	0.63	0.72	0.79	0.83	0.65	0.54
Dy	4.89	8.44	3.46	3.95	4.66	5.06	3.89	3.33
Ho	1.26	1.78	0.83	0.81	1.14	1.21	0.77	0.67
Er	3.89	5.26	2.45	2.82	3.31	4.12	2.39	2.00
Tm	0.63	0.89	0.37	0.44	0.61	0.61	0.33	0.26
Yb	3.84	5.23	2.58	2.59	3.54	3.94	2.28	1.84
Lu	0.68	0.78	0.54	0.42	0.67	0.54	0.32	0.27
Li	12.80	5.60	8.44	10.40	14.50	10.20	4.34	1.30
Be	1.03	1.35	1.41	1.20	0.58	0.74	1.23	0.95
Sc	28.90	20.90	18.70	23.90	36.80	30.30	29.50	33.70
V	214.00	131.00	116.00	184.00	286.00	223.00	112.00	171.30
Cr	667.00	18.60	16.30	84.00	172.00	155.00	20.48	116.80
Co	26.40	18.00	15.40	23.20	14.60	13.00	13.41	19.97
Ni	96.80	40.90	14.50	52.90	35.60	40.50	18.57	20.45
Cu	8.63	12.30	6.95	139.00	20.20	9.07	9.57	576.90
Zn	118.00	58.10	53.10	115.00	114.00	102.00	38.60	23.82
Ga	12.30	23.70	13.20	13.50	12.80	15.60	26.15	25.86
Rb	25.60	51.00	83.80	53.30	39.80	51.10	71.39	26.71
Sr	271.00	793.00	198.00	220.00	418.00	301.00	170.80	589.70
Y	31.30	48.80	22.60	22.40	30.20	33.20	18.38	15.96
Nb	3.93	10.40	6.96	3.60	3.75	4.27	6.38	3.98
Mo	43.50	0.69	0.27	0.96	0.15	0.74	—	—
Cd	0.24	0.10	0.01	0.01	0.02	0.09	0.14	0.14
In	0.15	0.35	0.04	0.06	0.10	0.14	0.01	0.15
Sb	1.37	5.07	1.60	0.56	2.08	0.65	—	—
Cs	0.33	0.49	0.49	0.45	1.22	0.43	1.12	0.23
Ba	105.00	234.00	175.00	478.00	106.00	509.00	179.50	130.80
Ta	0.40	0.87	1.66	0.30	0.40	0.38	0.50	0.31
Pb	3.04	12.20	1.75	2.58	3.44	1.49	2.61	5.21
Bi	0.02	0.28	0.07	0.05	0.05	0.04	0.01	0.20
Th	11.80	8.04	3.56	4.66	4.93	5.52	4.23	2.67
U	9.56	4.68	0.93	1.40	7.04	5.91	1.16	1.01
Zr	199.00	344.00	193.00	197.00	171.00	200.00	123.30	77.76
Hf	5.84	9.12	4.88	4.77	4.83	5.56	3.53	2.28
ΣREE	75.11	174.12	46.54	70.26	70.54	69.98	136.57	71.31

微量元素	Zk3601-15	Zk3601-51	Zk3601-52	Zk3601-4	Zk3601-9	Zk3601-11	PC-10-5b	PC-10-2a
	玄武安山岩	玄武安山岩	粗面安山岩	粗面安山岩	玄武安山岩	玄武质粗安岩	粗面安山岩	玄武质粗安岩
$w(LREE)$	54.05	142.55	32.99	55.01	51.49	48.92	120.91	58.57
$w(HREE)$	21.06	31.57	13.56	15.25	19.05	21.06	15.66	12.74
$w(LREE)/w(HREE)$	2.57	4.51	2.43	3.61	2.70	2.32	7.72	4.60
$w(La)_N/w(Yb)_N$	0.87	4.00	1.82	2.82	1.33	1.18	8.94	4.82
δEu	0.83	1.21	0.74	0.97	0.87	0.76	0.70	1.41
δCe	1.05	0.96	0.95	0.97	1.12	1.05	1.03	1.01

主量元素	PC-10-1b	ZK3601-7	ZK3601-14	ZK3601-17	ZK3601-28	ZK3601-34	ZK3601-41
	安山岩	块状矿石	浸染状矿石	角砾状矿石	块状矿石	块状矿石	块状矿石
SiO_2	57.54	13.21	19.30	23.58	5.13	4.90	5.72
TiO_2	0.61	0.10	0.17	0.10	0.08	0.08	0.08
Al_2O_3	15.19	0.87	3.73	3.29	0.27	0.00	0.00
Fe_2O_3	6.71	78.17	66.34	60.78	90.11	90.39	84.62
MnO	0.13	0.24	0.24	0.17	0.12	0.12	0.10
MgO	4.25	3.49	2.99	3.85	0.85	1.27	1.54
CaO	7.61	3.53	6.04	5.79	1.87	2.14	2.03
Na_2O	5.32	0.19	0.19	0.54	0.11	0.10	0.17
K_2O	0.42	0.08	0.84	1.73	0.04	0.04	0.05
P_2O_5	0.09	0.02	0.07	0.08	0.06	0.08	0.13
LOI	1.74	0.00	0.00	0.00	0.00	0.00	3.57
TOTAL	99.61	99.90	99.91	99.90	98.65	99.11	98.01

微量元素	PC-10-1b	ZK3601-7	ZK3601-14	ZK3601-17	ZK3601-28	ZK3601-34	ZK3601-41
	安山岩	块状矿石	浸染状矿石	角砾状矿石	块状矿石	块状矿石	块状矿石
Alk	5.74	—	—	—	—	—	—
$Mg^{\#}$	55.65	—	—	—	—	—	—
La	8.33	1.00	23.00	0.98	8.31	7.34	2.57
Ce	17.15	1.54	31.20	1.54	14.10	12.80	4.79
Pr	2.02	0.16	2.65	0.19	1.25	1.36	0.52
Nd	9.09	0.71	7.92	0.90	4.58	4.52	2.20
Sm	2.28	0.19	1.10	0.35	0.61	0.72	0.38
Eu	0.90	0.04	0.26	0.07	0.10	0.06	0.07
Gd	3.03	0.24	1.34	0.35	0.51	0.55	0.74
Tb	0.44	0.03	0.16	0.04	0.09	0.12	0.12
Dy	2.71	0.28	1.17	0.27	0.39	0.47	0.73
Ho	0.54	0.07	0.27	0.08	0.10	0.14	0.17
Er	1.63	0.17	0.83	0.22	0.16	0.51	0.65
Tm	0.22	0.03	0.13	0.05	0.06	0.03	0.10

微量元素	PC - 10 - 1b	ZK3601 - 7	ZK3601 - 14	ZK3601 - 17	ZK3601 - 28	ZK3601 - 34	ZK3601 - 41
	安山岩	块状矿石	浸染状矿石	角砾状矿石	块状矿石	块状矿石	块状矿石
Yb	1.58	0.26	0.92	0.53	0.16	0.49	0.69
Lu	0.24	0.05	0.15	0.08	0.03	0.07	0.18
Li	3.29	2.07	2.97	2.47	3.10	2.80	4.63
Be	1.17	0.58	1.22	0.94	0.11	0.35	0.50
Sc	36.31	1.86	6.65	4.26	0.97	0.88	1.45
V	203.80	168.00	229.00	233.00	344.00	184.00	30.20
Cr	185.00	5.83	19.30	5.43	3.73	1.65	3.32
Co	13.83	15.60	15.20	17.00	84.10	57.50	202.00
Ni	32.69	115.00	81.30	129.00	386.00	246.00	44.20
Cu	14.01	5.58	10.90	4.85	17.40	5.53	175.00
Zn	39.68	102.00	204.00	69.40	44.50	44.00	40.90
Ga	18.90	12.60	9.57	6.24	6.12	6.97	15.10
Rb	15.04	5.39	30.50	57.80	4.79	4.41	5.36
Sr	491.50	50.90	334.00	30.30	11.20	12.60	7.77
Y	13.03	2.13	7.66	2.53	2.40	4.35	6.06
Nb	3.98	0.18	1.30	0.31	0.37	0.17	0.46
Mo	—	1.51	3.27	723.00	4.28	1.31	1.14
Cd	0.09	0.13	2.26	3.08	0.04	0.06	0.02
In	0.09	0.04	0.04	0.04	0.03	0.02	0.04
Sb	—	1.07	2.33	0.54	1.33	2.40	7.84
Cs	0.30	0.25	0.21	0.24	0.23	0.27	0.22
Ba	60.89	7.27	102.00	114.00	2.42	3.12	6.95
Ta	0.31	0.03	0.09	0.03	0.03	0.06	0.05
Pb	4.04	1.70	8.32	1.34	2.80	1.44	4.49
Bi	0.11	0.45	0.18	0.15	0.38	0.39	0.97
Th	2.60	0.25	1.39	0.26	0.36	0.28	0.48
U	1.30	3.16	4.30	2.21	8.06	2.46	3.54
Zr	76.77	7.07	46.40	23.40	3.70	2.14	12.50
Hf	2.29	0.09	1.15	0.58	0.05	0.08	0.39
ΣREE	50.16	4.76	71.10	5.64	30.45	29.18	13.92
$w(\text{LREE})$	39.77	3.63	66.13	4.02	28.95	26.80	10.54
$w(\text{HREE})$	10.39	1.13	4.97	1.63	1.50	2.38	3.38
$w(\text{LREE})/w(\text{HREE})$	3.83	3.21	13.31	2.47	19.34	11.27	3.11
$w(\text{La})_N/w(\text{Yb})_N$	3.78	2.70	18.01	1.31	37.73	10.70	2.66
δEu	1.05	0.60	0.64	0.59	0.55	0.30	0.40
δCe	0.99	0.86	0.82	0.83	0.96	0.92	0.96

注：测试单位为核工业地质局，$FeO^T = 0.8998w(Fe_2O_3^T)$，$Mg^\# = 100Mg^{2+}/(Mg^{2+} + TFe^{2+})$。主量元素含量单位为%，微量元素含量单位为$10^{-6}$。

安山岩及玄武质安山岩的 SiO$_2$ 和 TiO$_2$ 的含量分别在 52.70% ~ 57.54% 和 0.61% ~ 1.00% 之间，全碱 Alk 值为 2.69 ~ 5.74，w(MgO)（3.29% ~ 9.71%）和 Mg$^\#$（40.29 ~ 68.20，Mg$^\#$ = 100 × Mg^{2+}/（Mg^{2+} + Fe^{2+}））的变化范围较大。粗安岩及玄武质粗安岩的 SiO$_2$ 含量为 55.04% ~ 60.45，TiO$_2$ 和 P$_2$O$_5$ 的含量分别为 0.53% ~ 0.94% 和 0.11% ~ 0.17%，全碱 Alk 值为 5.84 ~ 8.00，w(MgO) 和 Mg$^\#$ 分别为 1.50% ~ 6.23% 和 31.64 ~ 60.77，变化范围也较大。Atherton 和 Petford 认为下地壳铁镁质岩石部分熔岩形成的岩浆，由于未与地幔发生相互作用，Mg$^\#$ 值 < 45；Kelemen 则提出 Mg$^\#$ > 60 和 w(Ni) > 100 × 10^{-6} 的岩浆代表了地幔熔体。本矿区火山岩的 Mg$^\#$ 多介于 45 ~ 60 之间，显示其可能为壳幔混源的。火山岩 w(MgO) 和 Mg$^\#$ 较大的变化范围，以及哈克图解（图 5 - 4 - 23）中火山岩的主要元素与 w(SiO$_2$) 具有良好的相关性，这都指示了其经历了一定的结晶分异作用过程。

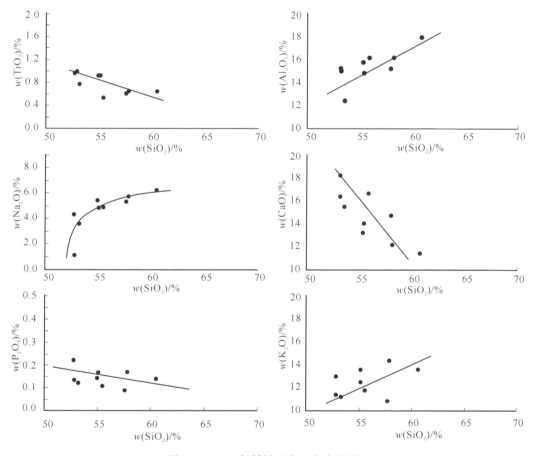

图 5 - 4 - 23 智博铁矿火山岩哈克图解

磁铁矿石中，Fe$_2$O$_3$ 含量为 40.08% ~ 61.36%，FeO 含量为 20.70% ~ 30.05%，TiO$_2$ 和 P$_2$O$_5$ 含量均较低，分别为 0.08% ~ 0.17% 和 0.02% ~ 0.13%，MgO 和 Al$_2$O$_3$ 含量变化较大，分别为 0.85% ~ 3.85% 和 0.00% ~ 3.73%。与 Kiruna - type 矿床相比，智博铁矿铁矿石 TiO$_2$ 含量与其较为一致，均较少；但 P$_2$O$_5$ 含量要比 Kiruna - type 铁矿（磷平均含量 > 2%）低得多。

2. 微量元素

在火山岩样品原始地幔标准化微量元素蛛网图上（图 5 - 4 - 24）可以看出，火山岩微量元素分配模式具有较好的一致性，均不同程度地富集大离子亲石元素（LILE；如 K、Rb、Th），而明显亏损高场强元素（HFSE；如 Nb、Ta、P），与岛弧火山岩具有相似的地球化学特征（Pearce，1982）。同时多数火山岩样品中 Ba 相对于 Th 富集，与典型的岛弧火山岩富集 Ba 的特征相同。

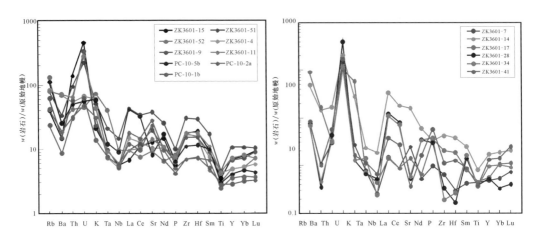

图 5 - 4 - 24　智博铁矿火山岩和矿石原始地幔标准化微量元素蛛网图

（原始地幔标准化值引自 Sun et al.，1989）

磁铁矿石原始地幔标准化微量元素蛛网图（图 5 - 4 - 24）显示，其分配模式具有较好的一致性，均不同程度地富集大离子亲石元素（LILE；如 K、Rb、Th），而明显亏损高场强元素（HFSE；如 Nb、Ta、P），与矿区火山岩具有一定相似性，暗示了其成因上的联系，可能来源于同一岩浆源。但磁铁矿石却表现出 P 的富集，可能是岩浆上侵过程中受到了壳源物质的影响。

不同构造环境的玄武岩，其微量元素地球化学特征也不同，可通过微量元素来判断玄武岩的构造环境。在 Nb/Th - Zr/Nb 判别图解和 Hf - Th - Ta 判别图解（Wood，1980）（图 5 - 4 - 25）中，绝大多数玄武质火山岩样品落入岛弧玄武岩区，表明智博铁矿火山岩的形成环境可能为岛弧环境。

3. 稀土元素

大哈拉军山组火山岩的 ΣREE 为 $50.16 \times 10^{-6} \sim 174.12 \times 10^{-6}$，变化范围较大，平均为 84.95×10^{-6}，其中 $w(\text{LREE})$ 为 $32.99 \times 10^{-6} \sim 142.55 \times 10^{-6}$，平均为 67.14×10^{-6}，$w(\text{HREE})$ 为 $10.39 \times 10^{-6} \sim 31.57 \times 10^{-6}$，平均为 17.82×10^{-6}，$w(\text{LREE})/w(\text{HREE})$ 为 $2.70 \sim 7.72$，平均为 3.81，$w(\text{La})_N/w(\text{Yb})_N$ 为 $0.87 \sim 8.94$，平均为 3.29，在球粒陨石标准化配分曲线上（图 5 - 4 - 26），所有安山岩一致性较好，表现出轻稀土富集、重稀土亏损的右倾型配分模式，轻稀土分馏较明显（$w(\text{La})_N/w(\text{Sm})_N$ 为 $0.69 \sim 4.20$），重稀土配分曲线较平坦，分馏较差（$w(\text{Gd})_N/w(\text{Yb})_N$ 为 $0.86 \sim 1.82$），多具弱的负铕异常（δEu 为 $0.70 \sim 1.41$），铈异常不明显（δCe 为 $0.95 \sim 1.11$）。

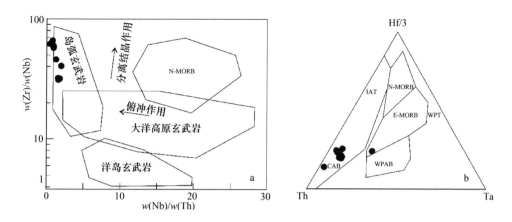

图 5 – 4 – 25　智博铁矿火山岩构造环境判别图解

a—Nb/Th – Zr/Nb 判别图解（Condie, 2005）；b—Hf – Th – Ta 判别图解（Wood, 1980）

CAB—钙碱性玄武岩；IAT—岛内拉斑玄武岩；WPAB—碱性板内玄武岩；N – MORB—N 型 MORB；

E – MORB + WPT—E 型 MORB 和板内拉斑玄武岩

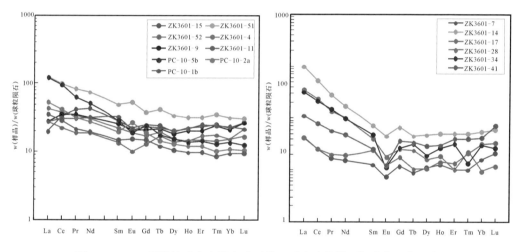

图 5 – 4 – 26　智博铁矿火山岩和矿石稀土元素球粒陨石标准化配分型式图

（球粒陨石标准化值引自 Sun et al., 1989）

磁铁矿石的稀土元素总量较低，$\sum REE$ 为 $4.76 \times 10^{-6} \sim 71.10 \times 10^{-6}$，$w(LREE) / w(HREE)$ 比值为 $2.47 \sim 19.34$。$w(La)_N / w(Yb)_N$ 变化较大，为 $1.31 \sim 37.73$，在球粒陨石标准化稀土元素配分曲线上（图 5 – 4 – 26），总体表现为轻稀土富集、重稀土亏损的右倾型配分模式，轻稀土分馏较明显（$w(La)_N / w(Sm)_N$ 为 $1.78 \sim 13.50$），重稀土配分曲线较平坦，分馏较差（$w(Gd)_N / w(Yb)_N$ 为 $0.76 \sim 2.66$）。具 Eu 的负异常，$\delta Eu = 0.30 \sim 0.64$，Ce 的负异常不明显，$\delta Ce = 0.82 \sim 0.96$。袁家铮等（1997）认为深部低氧逸度情况下容易造成岩浆熔体 Eu 的负异常，并造成铁的富集，也有研究认为 Eu 的负异常是由于富铁岩浆熔离过程中熔体 – 矿物稀土元素分配系数发生变化造成的。

4. 同位素

对智博矿区火山岩和矿石进行了 Sr – Nd 同位素和 Pb 同位素分析测试（表 5 – 4 – 8，

表 5 - 4 - 9），以期为研究本区成岩成矿作用提供进一步证据。

智博铁矿火山岩样品的 Sr - Nd 同位素组成如表 5 - 4 - 9 所示，$(^{87}Sr/^{86}Sr)_i$ 和 $\varepsilon_{Nd}(t)$ 按照 320Ma 来计算。本区火山岩的 $\varepsilon_{Sr}(t)$ 值变化较大，从 8.5 ~ 15.6 不等，均为正值，表明智博矿区火山岩的母岩浆可能来源于 Sr 同位素相对亏损的地幔源区。$^{87}Sr/^{86}Sr$ 初始值较低，变化范围较小，介于 0.70472 ~ 0.70522 之间，平均值为 0.70502，表明其母岩浆可能来源于同一源区的 Sr 同位素较稳定的岩浆房。$\varepsilon_{Nd}(t)$ 值变化较大，3 件样品中均为正值，介于 0.9 ~ 3.3 之间，3 件样品的平均值为 2.43。以上特征，总体表明本区火山岩的源区可能为同一亏损地幔。在 Sr - Nd 判别图解（图 5 - 4 - 27）中，火山岩投点集中于亏损的洋岛型地幔玄武岩区域中，同样指示了火山岩的母岩浆来源于亏损地幔。

表 5 - 4 - 8　智博铁矿火山岩 Sr - Nd 同位素组成

编号	Rb	Sr	$^{87}Rb/^{86}Sr$	$^{87}Sr/^{86}Sr$	2δ	$\varepsilon_{Sr}(0)$	$\varepsilon_{Sr}(t)$	$(^{87}Sr/^{86}Sr)_i$
ZK3601 - 15	25.1	255	0.2842	0.7064167	0.000011	27.2	14.2	0.70512
ZK3601 - 51	45.9	765	0.1735	0.7060112	0.000008	21.5	15.6	0.70522
ZK3601 - 52	81.4	188	1.2531	0.7104298	0.000013	84.2	8.5	0.70472

编号	Sm	Nd	$^{147}Sm/^{144}Nd$	$^{143}Nd/^{144}Nd$	2δ	$\varepsilon_{Nd}(0)$	$\varepsilon_{Nd}(t)$	$(^{143}Nd/^{144}Nd)_i$
ZK3601 - 15	4.66	17.6	0.1604	0.512729	0.000009	1.8	3.3	0.512393
ZK3601 - 51	6.97	30.2	0.1395	0.512562	0.000008	- 1.5	0.9	0.512270
ZK3601 - 52	2.26	7.79	0.1753	0.512751	0.000009	2.2	3.1	0.512384

注：Rb、Sr、Sm、Nd 的含量单位为 10^{-6}。

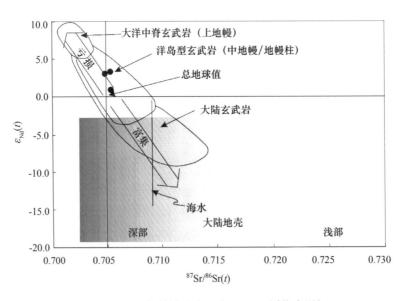

图 5 - 4 - 27　智博铁矿火山岩 Sr - Nd 同位素图解

智博铁矿火山岩与磁铁矿石的 Pb 同位素组成结果见表 5 - 4 - 9。其中 $(^{206}Pb/^{204}Pb)_t$、$(^{207}Pb/^{204}Pb)_t$、$(^{208}Pb/^{204}Pb)_t$ 是按照 $t = 320Ma$，结合火山岩的 Th、U 和 Pb 的含

量来计算的。

区内火山岩的$^{208}Pb/^{204}Pb$、$^{207}Pb/^{204}Pb$ 和$^{206}Pb/^{204}Pb$ 比值的变化范围分别为 36. 993 ~ 37. 849、15. 480 ~ 15. 549 和 17. 416 ~ 17. 882；磁铁矿石的$^{208}Pb/^{204}Pb$、$^{207}Pb/^{204}Pb$ 和 $^{206}Pb/^{204}Pb$ 比值分别为 37. 730 ~ 37. 854、15. 395 ~ 15. 467 和 15. 921 ~ 17. 214。在$^{206}Pb/$ ^{204}Pb – $^{207}Pb/^{204}Pb$ 图解 （图 5 – 4 – 28） 中，火山岩样品落入下部大陆地壳和上地幔范围，并接近亏损地幔边缘，说明其岩浆形成过程中亏损地幔物质与下地壳物质均有参与。在 Pb 同位素的 $\Delta\beta$ – $\Delta\gamma$ 成因分类图解 （图 5 – 4 – 29） 中，磁铁矿石样品均落入上地壳与地幔混合的俯冲带铅范围，表明磁铁矿同样来源于深部岩浆系统，并有陆壳物质参与。在 $^{207}Pb/^{204}Pb$ – $^{208}Pb/^{204}Pb$ 和$^{206}Pb/^{204}Pb$ – $^{207}Pb/^{204}Pb$ 图解 （图 5 – 4 – 30） 中，火山岩与磁铁矿石形成了很好的线性关系，表明其可能具有相同的来源。

表 5 – 4 – 9   智博铁矿火山岩与矿石 Pb 同位素组成

样品号	类型	$^{206}Pb/^{204}Pb$	$^{207}Pb/^{204}Pb$	$^{208}Pb/^{204}Pb$	$(^{206}Pb/^{204}Pb)_t$	$(^{207}Pb/^{204}Pb)_t$	$(^{208}Pb/^{204}Pb)_t$
ZK3601 – 15	玄武安山岩	19. 567	15. 579	39. 370	17. 497	15. 470	37. 193
ZK3601 – 51	玄武安山岩	19. 327	15. 625	38. 633	17. 882	15. 549	37. 849
ZK3601 – 52	粗面安山岩	19. 449	15. 585	39. 443	17. 416	15. 478	36. 993
ZK3601 – 17	磁铁矿石	22. 584	15. 757	38. 051	16. 135	15. 416	37. 811
ZK3601 – 34	磁铁矿石	22. 593	15. 747	37. 968	15. 921	15. 395	37. 730
ZK3601 – 41	磁铁矿石	20. 193	15. 624	37. 981	17. 214	15. 467	37. 854

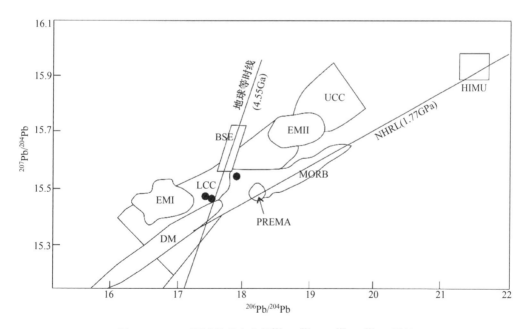

图 5 – 4 – 28   智博铁矿火山岩$^{206}Pb/^{204}Pb$ – $^{207}Pb/^{204}Pb$ 图解

（底图据 Zartman et al. , 1981）

BSE—全球硅酸盐地球；LCC—下部大陆地壳；UCC—上部大陆地壳；EMI/EMII—富集地幔；DM—亏损地幔；
PREMA—常见的普通地幔成分；MORB—洋中脊玄武岩 （上地幔）；HIMU—具有高 U/Pb 比值的地幔

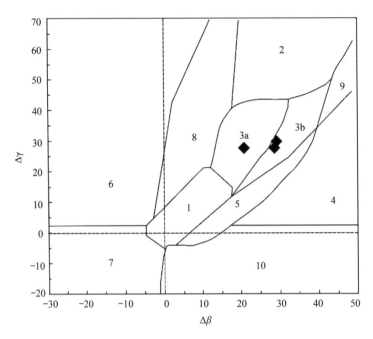

图 5 - 4 - 29　智博铁矿矿石铅同位素的 $\Delta\beta - \Delta\gamma$ 成因分类图

（底图据朱炳泉，1998）

1—地幔源铅；2—上地壳铅；3—上地壳与地幔混合的俯冲带铅；3a—岩浆作用，3b—沉积作用；

4—化学沉积型铅；5—海底热水作用铅；6—中深变质作用铅；7—深变质下地壳铅；8—造山带铅；

9—古老页岩上地壳铅；10—退变质铅

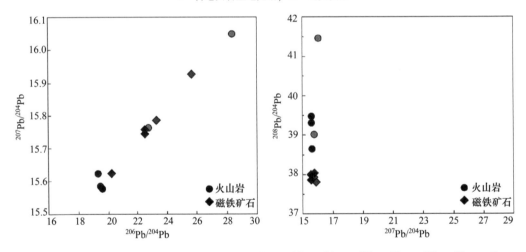

图 5 - 4 - 30　智博铁矿火山岩及矿石的 $^{206}Pb/^{204}Pb - ^{207}Pb/^{204}Pb$ 和 $^{207}Pb/^{204}Pb - ^{208}Pb/^{204}Pb$ 图解

（部分数据据冯金星等，2010）

五、矿床成因

1. 成矿物化条件

智博铁矿磁铁矿 $Fe^{3+}/Fe^{2+} - TiO_2$ 图解（图 5 - 4 - 20）中显示，火山岩中副矿物磁铁矿形成温度在 600～700℃ 之间，而蚀变安山岩中磁铁矿的形成温度在 300～400℃ 之间。岩（矿）浆期磁铁矿与火山岩副矿物磁铁矿来源于相同的岩浆系统，其形成温度也可能比较接近，也应在 600～700℃ 之间，大约为 650℃。热液期磁铁矿石普遍发育绿帘石化和钾长石化，磁铁矿与绿帘石、钾长石密切共生，钾长石一般为高温热液矿物，而绿帘石多为中温热液矿物，据此推测热液矿石磁铁矿形成温度介于中温—高温之间，应是 300℃ 左右。

在氧化条件并且 O/S 比值高的环境中，铁显示亲氧性，可形成磁铁矿，强氧化条件可形成赤铁矿（牟保磊等，1999）。智博铁矿矿石主要为磁铁矿，并且磁铁矿边部及裂隙常见赤铁矿，因此其应是在较氧化条件下形成的。热液流体导致出现钾化，并有 LREE 的强烈富集，反映流体具有较高的 pH。智博铁矿广泛发育钾长石化，磁铁矿石也表现出 LREE 的富集，因此其成矿环境应为碱性环境。这也与磁铁矿易于在高氧逸度的碱性环境下沉淀相符（艾永富等，1981）。

综合上述分析，智博铁矿磁铁矿应形成于高氧逸度的碱性环境，矿浆期磁铁矿形成温度约为 650℃，热液期磁铁矿形成温度约为 300℃。

2. 成矿构造背景

不同构造环境的火山岩具有不同的矿物学和地球化学特征，故可以通过其特征来判断火山岩的形成环境。单斜辉石的成分与岩浆和构造环境有密切关系，特别是 Ti、Al、Na 等的含量对判断构造环境和岩浆系列有良好的指示作用。辉石的 Si – Al^{IV} 图（图 5 - 4 - 16）和 F$_1$ – F$_2$ 构造环境的判别图（图 5 - 4 - 17）显示大哈拉军山组火山岩形成于岛弧环境。多种微量元素的稳定性非常可靠，以利用其分配特征来判别岩石的系列和岩浆来源等。火山岩稀土总量较低，Ba 相对于 Th 富集，富集 LILE，亏损 HFSE，均显示其具岛弧火山岩的特点；在微量元素构造判别图解（图 5 - 4 - 25）中，多数火山岩落入岛弧玄武岩区，也表明其形成于岛弧环境。同位素方面，本区火山岩在 Sr – Nd 同位素图解中（图 5 - 4 - 27）全部落入洋岛型玄武岩区，在 Pb 同位素图解（图 5 - 4 - 28）中落入下部大陆地壳和上地幔范围，也有力证明了本区火山岩岛弧性质。

早石炭世南天山洋向伊犁板块的持续俯冲，在阿吾拉勒地区发生了大规模的岛弧火山活动，形成了大哈拉军山组钙碱性火山岩地层（姜常义等，1995；张江苏等，2006；张作衡等，2008；李大鹏等，2012）。地球化学资料显示，智博铁矿火山岩与磁铁矿石来源于同一岩浆源，结合上述分析可知，智博铁矿的成矿构造背景为南天山洋向伊犁板块俯冲形成的岛弧环境。

3. 成矿物质来源

智博铁矿磁铁矿石与火山岩具有相似的稀土元素和微量元素分配特征，在 $^{207}Pb/$ ^{204}Pb – $^{208}Pb/^{204}Pb$ 和 $^{206}Pb/^{204}Pb$ – $^{207}Pb/^{204}Pb$ 图解（图 5 - 4 - 30）中，火山岩与磁铁矿石具有很好的线性关系，这些均表明其可能来源于相同的岩浆系统。

岛弧环境中的岩浆可能有：①地幔楔的部分熔融；②俯冲板片部分熔融；③俯冲带流（熔）体；④陆壳同化混染等。智博铁矿火山岩的 Sr – Nd 同位素特征及在 Sr – Nd 判别图解中均指示其母岩浆来源于亏损地幔；弱富集的 Nd 同位素组成（$\varepsilon_{Nd}(t)$ 介于 0.9～3.3 之间），暗示了其岩浆源区可能受到了俯冲洋壳析出流体的交代（陈义贤等，

1997；邵济安等，1999），火山岩的 Pb 同位素特征也显示其岩浆形成过程中亏损地幔物质与下地壳物质均有参与。这与火山岩矿物学特征及主微量元素特征显示其母岩浆为壳幔混源相吻合。因此，智博铁矿火山岩应是来源于受到了俯冲带流体交代的亏损地幔楔。

磁铁矿石的 Pb 同位素在成因分类图解（图 5-4-29）中，均落入上地壳与地幔混合的俯冲带铅范围，表明磁铁矿同样来源于深部岩浆系统，并有陆壳物质的参与，这与火山岩的特征相吻合，也佐证了磁铁矿石与火山岩具有相同的物质来源。因此智博铁矿磁铁矿的成矿物质来源应是受俯冲带流体交代的亏损地幔楔部分熔融形成的岩浆。

4. 矿床成因

目前关于智博铁矿的成因主要有两种认识：一种是岩浆-热液复合成因（冯金星等，2010；蒋宗胜等，2012b；王志华等，2012），另一种是火山热液成因（田敬全等，2009）。主要以层状、似层状和透镜状赋存于大哈拉军山组中基性火山岩中，具有矿浆型铁矿的典型特征；同时与矿区内广泛发育绿帘石化、钾长石化等热液蚀变也有密不可分的联系。

智博铁矿矿石多为致密块状矿石，发育有气孔杏仁状构造，部分矿体与围岩接触关系截然；角砾状矿石中，磁铁矿胶结（蚀变）安山岩角砾，局部角砾具有一定的拼合性；可见磁铁矿的流动构造；具有较高的 V、Co、Ni 等元素；与透辉石等高温伴生矿物共生等，这些特征均符合矿浆型铁矿的特征（翟裕生等，1982），指示了智博铁矿的矿浆成矿作用。前人实验研究证明，富铁硅酸岩浆在高温熔融状态下经液态不混溶作用可以熔离出铁矿浆，磷或其他挥发分（如 F、B）的加入可以促进铁矿浆的熔离（苏良赫，1984）。前文所述，智博铁矿的成矿母岩浆来源于受俯冲带流体交代的亏损地幔楔部分熔融形成富铁的基性玄武质岩浆。富铁的基性玄武质岩浆沿深大断裂上侵，形成矿区广泛分布的大哈拉军山组火山岩，部分岩浆上侵过程中由于物化条件的改变，发生液态不混溶作用，熔离出铁矿浆，并沿通道继续上侵到早期的火山岩地层中参与成矿，形成智博铁矿大规模的岩浆期磁铁矿石。

智博铁矿发育广泛的绿帘石化、钾长石化和阳起石化等热液蚀变，尤其是浸染状和条带状矿石中，磁铁矿与绿帘石、钾长石密切共生，指示了热液作用对磁铁矿成矿的贡献。磁铁矿石地球化学特征表明，热液期矿石的成矿物质同样来源于中基性岩浆，同时火山岩与蚀变火山岩中 Fe 的含量并没有太大变化，因此热液可能为富铁的岩浆或矿浆热液。热液作用致使围岩发生矿化与蚀变，形成磁铁矿体。

综上所述，智博铁矿为岩浆（主要）-热液（次要）复合型矿床，受俯冲流体交代的亏损地幔楔部分熔融形成富铁的玄武质岩浆，岩浆沿深大断裂上侵形成早期火山岩，上侵过程中由于物化条件的改变在不混溶作用下形成铁矿浆，铁矿浆侵入早期火山岩地层形成岩浆期磁铁矿体；后期富铁的岩浆或矿浆热液使围岩发生矿化与蚀变，形成热液期磁铁矿体。

第五节 查岗诺尔铁矿

查岗诺尔铁矿属新疆巴音郭楞蒙古自治州和静县管辖，位于和静县城 314°方向

165km 处，中心地理坐标为东经 84°54′09″、北纬 43°20′52″。该矿床是西天山阿吾拉勒铁矿带典型的代表矿床之一，对于研究和总结带内铁矿床成矿特征极具代表性意义。

一、矿区地质特征

1. 地层

矿区（图 5 - 5 - 1）出露地层为石炭纪火山碎屑岩，其间夹少量基性、中性和酸性熔岩及碳酸盐岩等正常沉积的岩石。主要出露下石炭统大哈拉军山组（C_1d）、第四系松散堆积（Q）。大哈拉军山组底部以晶屑凝灰岩夹基至中性熔岩为主，中部以中性火山碎屑岩夹中性熔岩、次火山岩及少量碳酸盐岩（大理岩透镜体）为主，上部则以流纹岩、次火山岩和酸性火山碎屑岩为主；该组上部的火山碎屑岩和火山熔岩即为铁矿的赋矿层位。火山碎屑岩中火山碎屑粒度变化范围较大，从细粒到集块级均有分布❶。火山熔岩的岩石类型主要为玄武岩、粗面玄武岩、玄武质粗面安山岩、粗面安山岩、粗面岩及流纹岩❶，安山质岩石的数量明显多于其他类型岩石（汪帮耀等，2011b）；汪帮耀（2011）测得矿区流纹岩中锆石的 U - Pb 谐和年龄为（321.0 ± 2.3）Ma。大哈拉军山组火山岩的主要岩性有：

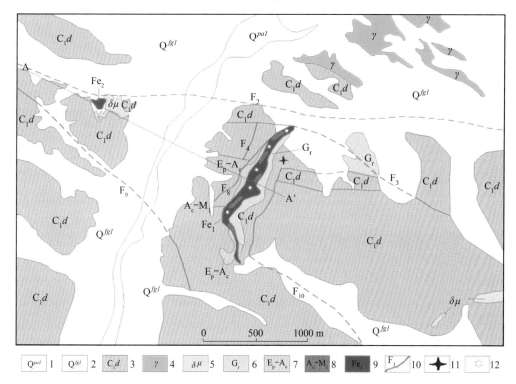

图 5 - 5 - 1　查岗诺尔铁矿区地质简图

1—第四纪冲洪积物；2—第四纪冰积物；3—下石炭统大哈拉军山组；4—花岗岩；5—闪长玢岩；
6—石榴子石岩；7—绿帘阳起石岩；8—阳起石岩磁铁矿；9—铁矿体及编号；10—断裂及编号；
11—锆石样品采样位置；12—矿石样品采样位置

❶　引自新疆地质矿产勘查开发局第三地质大队内部资料.

蚀变晶屑凝灰岩：灰色、灰绿色，晶屑凝灰质结构，层状构造。晶屑含量 50% ~ 60%，包括斜长石晶屑（20% ~ 35%）、钾长石晶屑（15% ~ 30%），其余为玻屑。斜长石、钾长石晶屑大部分叶腊石化和绿帘石化，玻屑则以高岭土化和阳起石化为主。总体上，岩石蚀变强，主要蚀变矿物有叶蜡石、绿帘石和高岭土。

玄武岩：灰绿色，间隐结构，块状构造。岩石主要由斑晶和基质两部分组成。斑晶为斜长石（10% ~ 20%）和单斜辉石（20% ~ 30%），基质包括斜长石（10% ~ 15%）、单斜辉石（20% ~ 25%）和隐晶质（10% ~ 15%），榍石含量 1% ~ 2%。斑晶单斜辉石大部分绿泥石化，但形态保留完好。斑晶斜长石强烈叶腊石化和钠黝帘石化，其形态亦保留完整。基质单斜辉石部分绿泥石化和阳起石化，基质斜长石强烈钠黝帘石化。榍石在岩石中以他形粒状集合体分散出现。

蚀变安山岩：灰绿色，斑状结构、玻基交织结构，块状构造。斑晶含量为 40% ~ 45%，包括斜长石（25% ~ 30%）和角闪石（10% ~ 15%）。基质为斜长石微晶、隐晶质和少量角闪石。斜长石斑晶为宽板状，局部具定向排列特征，大部分叶腊石化和钠黝帘石化。角闪石斑晶自形—半自形板状分布，绝大部分已绿泥石化。绿泥石和绿帘石强烈交代基质。

（磁铁矿化）安山岩：灰绿色，斑状结构、交织结构、玻基交织结构，块状构造。岩石中斑晶由斜长石、单斜辉石、角闪石组成，其中斜长石含量 5% ~ 10%，角闪石含量 5% ~ 10%，单斜辉石含量 2% ~ 5%。基质由斜长石、单斜辉石、角闪石和磁铁矿组成，其中斜长石含量 30% ~ 50%，单斜辉石含量 5% ~ 10%，角闪石含量 5% ~ 10%，磁铁矿含量 30% ~ 40%。斑晶斜长石呈短柱状，基质斜长石呈微晶短柱状定向—半定向排列。斑晶单斜辉石和斑晶角闪石分别呈粒状和柱状分布，基质单斜辉石和角闪石则呈半自形—他形充填于基质斜长石之间呈交织结构。岩石中磁铁矿含量较多，呈他形充填于硅酸盐矿物斑晶之间或斜长石基质之间。岩石蚀变强烈，斜长石有不同程度的叶腊石化和绢云母化，辉石和角闪石不同程度阳起石化、绿帘石化和绿泥石化。总体上，此类安山岩主要特点是含有大量的磁铁矿，且分布于该亚组第一段，为主矿体的主要围岩和夹石。

（含角砾）安山质岩屑晶屑凝灰岩：灰绿色，凝灰质结构，层状构造。岩石中岩屑含量为 20% ~ 30%，主要为安山岩岩屑（25% ~ 28%），少量二长岩岩屑（2% ~ 5%）。晶屑含量 30% ~ 40%，主要为斜长石晶屑（30% ~ 35%），钾长石（3% ~ 5%）和石英（2% ~ 4%）少量。其余为细火山灰（30% ~ 50%）。局部岩石中岩屑粒度达到火山角砾，成分主要为安山岩，安山岩结构保留完好，并且有大量磁铁矿分布于基质中。岩石中的安山岩岩屑，为斑状结构，基质具交织结构或玻基交织结构，斜长石微晶和磁铁矿构成交织结构，微晶斜长石呈定向—半定向排列，斑晶则主要为板柱状的斜长石。岩石继承了安山岩的特征，空间上也和磁铁矿化安山岩紧密共生。

2. 侵入岩

矿区内分布两类侵入岩：第一类为与石炭纪火山活动紧密相关的浅成侵入杂岩和酸性中深成侵入体，主要见于查岗诺尔 2 号矿体附近和智博矿区北部及西南部，主要岩性为辉石闪长玢岩、闪长玢岩、石英闪长玢岩；另一类为二叠纪脉岩、正长岩、钾长花岗岩和辉长岩等，前一类侵入体与石炭纪火山岩的分布具一致性，并多受火山构造控制；而后一类侵入体则明显受研究区北西向断裂所控制。

3．构造

矿区构造主要由下石炭统大哈拉军山组和上石炭统所组成的破火山口和断裂构成，构造基本形态除受区域性南北挤压应力的影响外，又受火山机构的制约。因而，各种构造形迹更为复杂。

（1）火山穹窿构造

位于矿区中部，北以断裂 F_2 毗邻，东以断裂 F_8 相邻，穹窿中心由下石炭统大哈拉军山组海相中酸性火山碎屑岩夹少量碳酸盐岩建造组成，边缘由中石炭统伊什基里克组海陆交互相中酸性火山碎屑岩夹碎屑岩和碳酸盐岩建造。岩层向周边倾斜，近中心部位产状较陡，倾角约 40°～20°，边部产状较缓，倾角约 20°～10°。火山穹窿之两侧断裂破碎带上岩石均见有强烈的蚀变及矿化，并形成 Fe1、Fe2、Fe3 等工业矿体。穹窿中心有 M4 磁异常，平面图上异常长轴方向为近南北向，显然，该构造部位为运矿、容矿的较有利的场所。据钻孔资料，局部见较强的蚀变及磁铁矿化现象，但未构成工业矿体。

（2）断裂

矿区属石炭纪火山活动区，早期断裂多与区域古火山构造密切相关；而后产生了一系列北西向压扭性断裂，及其派生之次一级断裂，这些断裂对古破火山构造及其所控岩体、矿体等具明显的切割破坏。矿区断裂主要为北西向，此断裂按先后主次又可分为两组，一组为与主干断裂平行的北西向断裂，另一组为其派生的次一级近东西向断裂。但未见控矿断裂，大型断裂均为成矿后断裂，与矿床形成关系不大。

二、矿床地质特征

1．矿体分布及特征

矿区已圈定矿体 6 个，总资源量（332＋333＋334）约为 2.1 亿 t，其中 Fe1 和 Fe2 是最大的两个矿体（图 5－5－1）。

Fe1 是最主要的矿体，占矿石总资源量的 95% 以上。Fe1 矿体位于南北向断裂 F_8 和 F_{10} 之间，平面上总体呈北东－南西向，中部微向东南凸出并显著膨大，向北被第四系覆盖，向南逐渐尖灭，且南段明显凹向西北。矿体（图 5－5－2）长约 2900m，总体向东倾，倾向为 105°～153°，倾角 15°～36°，局部水平产出，或稍微向北倾。矿体底板的大理岩的倾向大致为 95°～101°，倾角 15°～23°；单工程见矿厚度最小为 3.65m，最大厚度 218m，平均厚度为 64.2m。矿石品位最高 64.2%，最低 20.2%，平均品位为 35.6%。矿体形态比较规则，呈层状、似层状、透镜状展布，具分枝复合、膨大狭缩、尖灭再现的特征。矿体在地表出露部分，自东向西依次为石榴子石蚀变带、磁铁矿体、阳起石蚀变带及大理岩蚀变带。矿体顶板为安山质凝灰岩，底板为透镜状的大理岩，由顶板到底板，自上而下，发育安山质凝灰岩、石榴子石岩、石榴子石化阳起石岩、磁铁矿体、石榴子石化阳起石岩、石榴子石岩、绿泥石化绿帘石化安山岩及大理岩。与大理岩接触的上覆安山岩发育青磐岩化及少量的磁铁矿化，而大理岩发育透辉石化、方柱石化，二者呈渐变过渡关系；因钻孔未穿透大理岩，与下伏的安山岩接触关系不清楚。

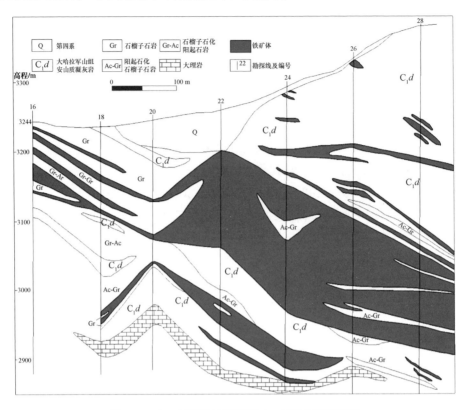

图 5 - 5 - 2　查岗诺尔铁矿床 A - A′勘探线剖面图

(据冯金星等，2010，有修改)

　　Fe2 矿体分布在查汗乌苏河西侧（图 5 - 5 - 3），F_2 断裂以南、F_9 断裂东翼，主要由两个矿体组成，即 Fe2 - 1 和 Fe2 - 2 矿体。矿体在表面呈椭圆状（Fe2 - 1）、条带状（Fe2 - 2），矿体标高 3160 ~ 3300m。矿体顶板或被第四系冰碛岩所覆盖，或为少量的石榴子石化矽卡岩，底板为绿帘石化安山质凝灰岩或绿帘石化 - 阳起石化安山质凝灰岩。矿体厚度最大为 79.47m，最小 8.7m，平均厚 45m。矿体中部高两侧低，剖面上矿体呈锥形，在深部矿体尖灭，矿体倾向北西，倾角 30° ~ 37°。工程 TFe 品位最小 19%，最大64.01%，TFe（全铁）平均品位为 39.79%，mFe（磁铁）平均品位为 31.90%。与 Fe1矿体相比，Fe2 矿体周围出露面积较大闪长玢岩侵入体，而且辉绿岩脉也较为发育。从矿石质量来看，Fe2 矿体的资源量较小，品位相对较低，矿体厚度亦比较薄，矿体沿走向变化很大，总体表现出深部厚、品位低和浅部窄、品位较高的特征。从围岩蚀变来看，自上而下，Fe2 矿体依次为铁矿体或石榴子石化矽卡岩、绿帘石化 - 阳起石化安山质凝灰岩、磁铁矿安山岩、闪长玢岩体及安山质凝灰岩。矽卡岩的面积分布较小，目前也未在矿体底板发现透镜状大理岩，蚀变组合和蚀变矿物比较简单，仅有阳起石、绿帘石、绿泥石、磁铁矿等，而石榴子石少见，与 Fe1 矿体中大量石榴子石与磁铁矿密切共生的现象不同。

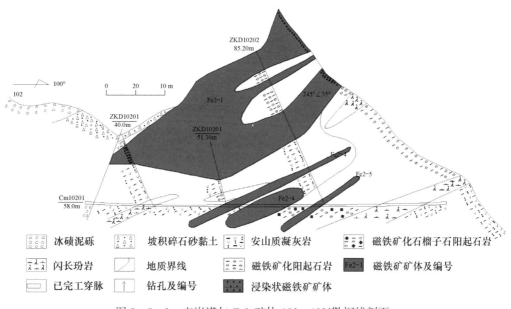

图 5 - 5 - 3　查岗诺尔 Fe2 矿体 102 - 102′勘探线剖面

2. 矿石特征

（1）矿物组成与结构

矿石矿物主要为磁铁矿，伴生黄铁矿、黄铜矿、赤铁矿、镜铁矿等金属矿物；脉石矿物发育石榴子石、阳起石、绿帘石、绿泥石、透辉石、透闪石、方解石、石英等。在靠近大理岩的接触带中则出现方柱石，透辉石、透闪石亦相应增多。氧化矿石矿物则有褐铁矿、蓝铜矿、孔雀石等。

磁铁矿：至少可以分为两个期次，早期的磁铁矿多呈块状、角砾状、浸染状，粒径较细，其中有的块状磁铁矿石与安山质凝灰岩之间的接触界线比较清楚，呈截然关系；晚期的磁铁矿多呈角砾状矿石、"豹纹状"矿石、斑杂状矿石、对称条带状矿石及浸染状矿石，粒径较粗（最大 >5mm）、晶形较好、颜色较深，常与石榴子石、辉石、阳起石等密切共生，且晚期的磁铁矿常发育呈角砾状的早期磁铁矿。

石榴子石：几乎在矿体周围发育，与磁铁矿体的关系最为密切，至少可以区分出两期的石榴子石化，早期的石榴子石为土黄色、褐黄色，晶形细小（<0.2mm），呈纤维状，多分布在下部矿体的周围，与细粒的磁铁矿共存；晚期的石榴子石呈褐色、红褐色，晶形完整、粒径粗大，可达 2~20mm，具有环带结构，多分布在矿体的上部。

矿石结构以他形—半自形粒状结构（图 5 - 5 - 4e）、半自形—自形粒状结构（磁铁矿呈他形粒状或半自形粒状）为主，交代结构（磁铁矿交代石榴子石，在石榴子石中呈细小乳滴状，部分石榴子石处在核部，图 5 - 5 - 4c）、填隙结构（他形的磁铁矿充填于粒状的石榴子石的周围缝隙中，图 5 - 5 - 4d）、包含结构（粒状的磁铁矿处于核部，其外侧为环状的赤铁矿，而黄铜矿则包裹二者，图 5 - 5 - 4f）、共生边结构（磁铁矿与石榴子石的边界平整，图 5 - 5 - 4b）等次之。在安山质凝灰岩与磁铁矿体的接触带产出的蚀变岩则具有交代残余结构，出现透辉石、放射状的阳起石及不规则状的斜长石等（图 5 - 5 - 4a）。

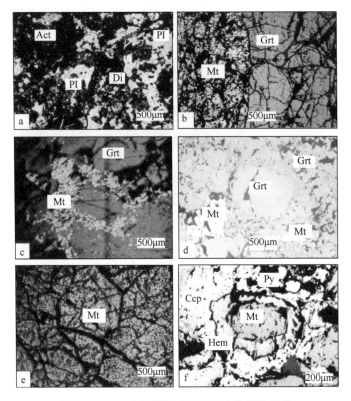

图 5 - 5 - 4　查岗诺尔矿区矿石矿物显微照片

（据洪为，2012）

a—他形粒状的透辉石，反射光的阳起石及交代残余的不规则斜长石，单偏光；b—共生边结构，磁铁矿与石榴
子石的边界较为平整，几乎同时形成，单偏光；c—交代结构，磁铁矿交代石榴子石，在石榴子石中呈细小乳滴状，
石榴子石被交代呈孤岛状，反射光；d—填隙结构，他形的磁铁矿充填于粒状的石榴子石的周围缝隙中，石榴子石晶
形较好，早于磁铁矿，反射光；e—磁铁矿呈他形—半自形粒状结构，晶形较好，反射光；f—包含结构，粒状的
磁铁矿（棕色）处于核部，其外侧为环状的赤铁矿（灰白色），而黄铜矿（黄铜色）则包裹二者，黄铁矿呈
他形充填（黄白色），生成顺序：磁铁矿→赤铁矿→黄铜矿、黄铁矿，反射光下
Pl—斜长石；Act—阳起石；Di—透辉石；Mt—磁铁矿；Grt—石榴子石；Py—黄铁矿；Ccp—黄铜矿；Hem—赤铁矿

（2）矿石构造

矿石构造有角砾状、斑点状、斑杂状、豹纹状、块状、浸染状、对称条带状及脉状、
网脉状，其中角砾状、斑点状、斑杂状、豹纹状、浸染状构造分布较为普遍，其次是块状
或致密块状构造。

角砾状矿石：角砾状矿石可以分为两种，一种是磁铁矿呈角砾状，粒径大小不一，被
石榴子石、阳起石或晚期的磁铁矿所胶结，有的边部具有圆化特征，有的棱角分明；另一
种是磁铁矿胶结安山质岩屑，使残留的安山质岩屑呈角砾状。

豹纹状矿石：在"豹纹状"矿石中，黑色的磁铁矿交代石榴子石等矿物，使得石榴
子石、阳起石、绿帘石等矿物呈椭圆状、不规则状、孤岛状，其核部残留安山质岩屑，石
榴子石、阳起石、绿帘石多呈褐红色、褐绿色，且发育反应边，在黑色的磁铁矿中宛如豹

纹，因之得名。

斑点状矿石：斑点状的矿石中，石榴子石、绿帘石等在磁铁矿中呈斑点状、星点状，粒径较小（1mm左右）。

条带状矿石：条带状矿石中，磁铁矿在安山质碎屑岩中呈条带状、脉状分布，与石榴子石的接触面呈锯齿状，自外侧向安山岩，依次为阳起石条带、石榴子石条带、磁铁矿条带、含浸染状磁铁矿的安山岩。

浸染状矿石：矿石中的磁铁矿呈稀疏或较稠密的浸染状分布，矿石品位20%～35%。

三、矿床矿物特征

对查岗诺尔铁矿石中的脉石矿物石榴子石、辉石、绿帘石及矿石矿物磁铁矿做了电子探针数据分析（洪为，2012）。就其观点分述如下。

1. 石榴子石

35件石榴子石电子探针分析结果、阳离子数及端元组分数据可总结为：石榴子石的端元组分以钙铁榴石（Adr）为主，其变化范围为37.97%～97.89%，平均61.58%；其次是钙铝榴石（Grs）。铁铝榴石（Aim）和锰铝榴石（Sps）的含量较低。据此认为：查岗诺尔铁矿床的石榴子石为钙铁榴石－钙铝榴石系列，钙铁榴石比钙铝榴石的含量高一些，绝大多数的石榴子石集中在两者的过渡部位。但在不同类型的矿石中，石榴子石含量的端元组分有一些差别，如在稀疏浸染状磁铁矿石、角砾状矿石、磁铁矿化、石榴子石化凝灰岩及部分块状磁铁矿石中，这些早期形成的石榴子石多为钙铝榴石，而在晚期形成的一些豹纹状磁铁矿石、含石榴子石化阳起石磁铁矿石和块状磁铁矿石中，石榴子石的端元组分偏向钙铁榴石。石榴子石的成分与其形成作用密切相关，钙铝榴石或钙铁榴石主要是流体的扩散交代形成的，铁榴石则受岩浆流体的影响较大。查岗诺尔铁矿床的石榴子石为钙铁榴石－钙铝榴石系列，其端元组分的变化与世界大型矽卡岩型铁矿的石榴子石端元组分变化相似，与国内的矽卡岩型铁矿中的石榴子石特征一致（赵斌等，1982；赵一鸣等，1990；徐林刚等，2007a；周振华等，2011）。

2. 辉石

12件辉石电子探针分析的结果、阳离子数及端元组分表明：辉石的端元组分以透辉石（Di）和钙铁辉石（Hd）为主，锰钙辉石（Jo）含量较低，其中透辉石含量变化范围为28.68%～87.46%，平均54.22%，属于透辉石－钙铁辉石固溶体系列，透辉石和钙铁辉石的含量相当，前者略高。在与铁矿体接触带附近的安山质凝灰岩、浸染状磁铁矿中，钙铁辉石的含量稍高，而在块状磁铁矿石、稠密浸染状磁铁矿和含黄铁矿的浸染状磁铁矿石及石榴子石岩中，透辉石的含量增高，显示从成矿的早期至晚期，辉石中铁质含量有析出的趋势。查岗诺尔的辉石属于透辉石－钙铁辉石系列，与世界上矽卡岩型铁矿中辉石的端元组分特征近似，但国外矽卡岩型铁矿钙铁辉石含量一般超过80%；然而中国的矽卡岩型铁矿以富透辉石为特征，其含量一般是50%～90%，属于钙质矽卡岩（赵斌等，1987；赵一鸣等，1997），查岗诺尔铁矿中的辉石端元组分特征与这些特点一致。

3. 绿帘石

7件绿帘石的电子探针分析结果表明：绿帘石的主要化学成分为 $w(SiO_2)$ 平均

38.65%，$w(Al_2O_3)$ 平均 11.81%，$w(FeO^T)$ 平均 20.09%，$w(CaO)$ 平均 22.64%，$w(MgO)$ 平均 2.89%，而 Ti、Ni、Cr、Mn 等微量元素的含量很低，总体表现为富 Al、Ca，贫 Fe、Mg 的特点。在野外的岩矿石和显微镜下都观察到绿帘石由石榴子石、辉石蚀变而来的现象，与阳起石、绿泥石等都是中低温退蚀变的产物。绿帘石的电子探针分析结果，从化学成分上的变化验证了上述现象，表明该矿物形成析出了 Fe、Mg 物质。

4. 金属矿物

48 件磁铁矿电子探针分析结果显示：其主要成分为 FeO 和 Fe_2O_3，全铁 FeO^T 含量 88.64% ~ 95.25%，平均 92.00%。磁铁矿的化学成分表现出 Mg、Mn、Ca、Si 的含量相对较高，而 Al、Ti、Ni 的含量较低，与钙质矽卡岩型铁矿中的磁铁矿组成类似（徐国风等，1979；真允庆等，1984；贾群子，1991）。赤铁矿的主要成分 FeO 和 Fe_2O_3 含量 87.13% ~ 92.56%。查岗诺尔铁矿床中的磁铁矿与赤铁矿中，全铁（FeO^T）含量与其他次要组分（SiO_2、Al_2O_3、MgO、CaO）均呈负相关。在 Ca + Al + Mn − Ti + V 图解，绝大多数的样品落入矽卡岩型铁矿的区域。在磁铁矿的 TiO_2 − Al_2O_3 − MgO 成因图解（陈光远，1987）中，大多数的样品落入沉积变质—接触交代磁铁矿趋势区，少部分落入基性—超基性磁铁矿的趋势区内。

四、矿床地球化学特征

包括汪帮耀（2011）等在内的不少学者对查岗诺尔的矿床地球化学进行了细致的研究。包括岩矿石的微量及稀土元素特征、同位素特征等。

1. 磁铁矿微量元素地球化学

根据不同矿石类型（汪帮耀，2011）研究得到：贯入角砾岩型矿石、浮渣状矿石的不相容元素原始地幔标准化后，Cs、Ba、Th、U 四种元素有小幅度的相对富集，Sr 有不同程度亏损，Nb、Ta、V、Co 适度亏损，Cr、Ni 显著亏损。样品其他元素的原始地幔标准化值介于 1 ~ 10 之间。总体上，配分曲线相对平滑，曲线形态基本一致。块状矿石的不相容元素原始地幔标准化后可知，Cs、Th、U 三种元素有小幅度的相对富集，Sr、Nb、Ta、Nd、V、Co 适度亏损，Cr、Ni 显著亏损。样品其余元素的原始地幔标准化值介于 0.2 ~ 30 之间。热液期矿石的不相容元素原始地幔标准化配分曲线图与矿浆期矿石相似，Cs、Th、U 三种元素有小幅度的相对富集，Sr、Nb、Ta、Nd、V、Co 适度亏损，Cr、Ni 显著亏损。样品其余元素的原始地幔标准化值介于 1 ~ 10 之间。矿石的配分曲线相对平滑，曲线形态基本一致，也表现出了特征的 Nb 和 Ta 的亏损，这与岩石微量元素特征一致。和岩石相比，矿石普遍相对亏损 Sr 元素而富集 Ni 元素，并且矿石微量元素丰度总体上低于岩石。总体上，矿石的微量元素特征及微量元素配分曲线和安山岩一致。

2. 磁铁矿稀土元素地球化学

将矿石分为岩浆期（角砾岩型、浮渣状、斑杂状、块状）、热液期两类（汪帮耀，2011）。贯入角砾岩型矿石的 $\sum REE = 17.36 \times 10^{-6}$ ~ 85.58×10^{-6}，$\delta Eu = 0.84$ ~ 1.11，$w(La)_N/w(Yb)_N$ 比值为 1.58 ~ 19.62，$w(La)_N/w(Sm)_N$ 比值为 0.77 ~ 8.13，$w(Gd)_N/w(Yb)_N$ 比值为 1.56 ~ 2.32。轻稀土元素和重稀土元素之间的分馏程度较强，轻稀土元素

内部分馏程度中等，重稀土元素内部分馏程度较弱。经球粒陨石标准化后，样品稀土元素配分曲线均为右倾，其中有一件样品的轻稀土元素富集程度大于其余样品，样品并未表现出 Eu 的异常。热液期矿石 $\sum REE = 14.58 \times 10^{-6} \sim 58.65 \times 10^{-6}$，$\delta Eu = 0.82 \sim 1.09$，$w(La)_N/w(Yb)_N$ 比值为 $2.55 \sim 41.26$，$w(La)_N/w(Sm)_N$ 比值为 $1.35 \sim 6.28$，$w(Gd)_N/w(Yb)_N$ 比值为 $0.43 \sim 3.76$。与矿浆期矿石一致，样品的球粒陨石标准化配分曲线均为向右倾的轻稀土元素富集型，并且样品均无明显 Eu 异常。轻稀土元素和重稀土元素之间的分馏程度中等，轻稀土元素内部分馏程度及重稀土元素内部分馏程度均较弱。矿石的球粒陨石标准化的稀土元素配分曲线分布规律和安山岩的配分曲线相似——均为向右倾斜的轻稀土元素富集型。

3. 同位素地球化学

查岗诺尔矿石的磁铁矿矿石的 $\delta^{18}O$（‰）介于 $1.6 \sim 3.3$（汪帮耀，2011b），氧同位素变化范围较小，表明成矿物质为同一来源（魏富有，1993；刘崇民等，2000，）。将查岗诺尔铁矿矿石的氧同位素数据和其他矿床对比，其氧同位素组成和典型的岩浆矿床一致，证明铁元素来自于岩浆。金属硫化物的 $\delta^{34}S$（‰）介于 $3.9 \sim 15.9$，S 同位素变化范围较大，表明金属硫化物的成矿物质来源复杂，它们的结构构造特征也佐证了其形成于热液期，它们的形成与高温火山气液交代火山碎屑岩密切相关。查岗诺尔磁铁矿矿石除了一件样品外，其余样品的 Pb 同位素数据变化范围较小，磁铁矿的 Pb 同位素组成与安山岩相似。磁铁矿和安山岩形成很好的线性排列，表明它们具有同源关系（郑永飞等，2000）。

五、矿床成因

1. 成矿时代

西天山地区火山岩的年龄自西向东差异颇大，西段火山岩早于 386Ma（安芳等，2008），而东段火山岩的年龄则为 310Ma（朱永峰等，2010）。刘友梅等（1994）对特克斯林场大哈拉军山组内辉长斑岩中的辉石单矿物采用 Ar - Ar 法测得其年龄为 326Ma；薛云兴等（2009）测得西南天山哈拉达拉辉长岩内锆石的 SHRIMP U - Pb 谐和年龄为（308.3 ±1）Ma。这些数据与本次测得的查岗诺尔矿区火山岩内锆石的 U - Pb 谐和年龄（321 ±2.3）Ma（汪帮耀等，2011a）较为一致。汪帮耀等（2011a）对查岗诺尔铁矿区石炭纪火山岩进行研究后发现，这套火山岩形成于北天山大洋型岩石圈向伊犁地块之下俯冲的活动陆缘带。该矿区范围内的大哈拉军山组火山岩多属高钾钙碱性系列和钾玄岩系列。其主元素、稀土元素和微量元素地球化学特征明确地显示出，这些火山岩形成于大陆型岛弧环境或活动大陆边缘环境。故认为查岗诺尔矿床形成于早石炭世末北天山大洋型岩石圈向伊犁地块之下俯冲的活动陆缘带（汪帮耀等，2011a）。

2. 成矿期与成矿阶段

根据矿床特征及矿物学矿床地球化学数据的支持，将查岗诺尔成矿阶段划分为隐爆 - 矿浆成矿期和隐爆 - 热液成矿期（汪帮耀，2011）。其中隐爆 - 矿浆成矿期划分为两个阶段：矿浆成矿阶段，该阶段形成矿床的主体，上部为贯入角砾状矿石，下部为混染岩化矿石，磁铁矿颗粒细微，富含杂质、包体，以蜜黄色石榴子石反应边为特征，同化混染十分普遍，矿物共生组合为磁铁矿＋石榴子石；高温气液成矿阶段，该阶段相当于岩浆期后自变质阶段，矿物共生组合为磁铁矿＋阳起石＋绿帘石。隐爆－热液成矿期划分为三个阶段：磁铁矿－石榴子石阶段，该阶段为热液期分布最广泛的矿物组合，以角砾状、复角砾状构造为特征，具有高温浅成热液充填成矿特征，矿物共生组合为石榴子石＋磁铁矿＋方解石；阳起石－绿帘石阶段，与前一阶段有小的间断，分布局限，多叠加在前一阶段之上，矿物共生组合为磁铁矿＋阳起石＋绿帘石；石英－碳酸盐阶段，与前一阶段同样有小的间段，阳起石呈角砾状残留在碳酸盐中，该阶段分布局限，矿物共生组合为方解石＋石英＋黄铁矿＋黄铜矿。

3. 成矿物源

汪帮耀（2011）认为铁矿体的赋矿围岩为大哈拉军山组的安山岩及安山质火山碎屑岩。二者的共同特点是均有不同程度的磁铁矿化。通过大量的薄片研究表明，从正常的安山岩到只有很少量安山岩斑晶而其余部分都是磁铁矿，而其他类型岩石绝无此种现象。因此，磁铁矿化和安山岩关系密切，安山岩既是矿体的赋矿岩石也是矿源岩。另外，矿石的稀土元素、微量元素特征和安山岩具有一致性，这也佐证了安山岩即为矿源岩这一观点。另外矿石和安山岩的 Pb 同位素数据在 Pb 同位素比值图上共线，同时矿石的氧同位素数据范围和典型岩浆型矿床具有一致性。而且矿石的结构构造显示了主体为矿浆成因的特征。故认为该矿床的成矿母岩浆为安山质岩浆。

4. 矿床成因

对于查岗诺尔的成因，有几种不同的观点：洪为（2012）认为是以热液为主的复合成因，汪帮耀（2011）认为是以岩浆矿床为主的复合成因。结合矿石的块状构造及其他地质特征，加之矿物学、矿床地球化学数据的证明，目前倾向认为是以安山岩为母岩浆的以岩浆成因为主的复合型铁矿床。

5. 成矿模式

汪帮耀（2011）认为：首先区域部分熔融生成富铁的安山岩质岩浆；随后断裂上侵的岩浆，沿火山机构的锥状向心断裂喷溢形成火山岩；富铁的岩浆和矿浆沿同一通道上侵，在锥状向心断裂带产生隐爆，上部形成贯入脉状角砾岩型矿石，下部形成混染岩化磁铁矿矿体；后由于大量岩浆、矿浆喷发，岩浆房处于高温、负压状态，有利于雨水、地下水向负压带汇聚并与火山热液混合。升温后的混合热液萃取围岩中的矿质并沿断裂带上升，在锥状向心断裂带产生隐爆，形成热液叠加矿化，并在其周围形成强烈的面型蚀变；最后，热液期矿化后，受区域构造活动控制，在经历了造山、剥蚀后，矿体部分暴露于地表。

第六节　式可布台铁矿

式可布台铁矿是西天山阿吾拉勒铁矿带发现最早的代表性铁矿床，矿床规模为中型，位于新源县城北东方向约 30km 处，阿吾拉勒山脉南坡，矿区中心地理坐标大致为东经 83°38′42″、北纬 43°31′38″。目前该矿床已建成小型矿山，并已开采。

一、矿区地质特征

矿床位于伊犁板块的阿吾拉勒晚古生代陆缘活动带中，产于阿吾拉勒火山岩带的远火山海盆内，受控于则克台萨依－铁木尔塔斯带状火山机构。矿区出露地层主要为上石炭统伊什基里克组。区内主要构造线呈东西向展布，组成一北陡南缓向斜构造，断裂构造不甚发育。华力西期侵入岩在矿区南部有出露（图 5-6-1）。

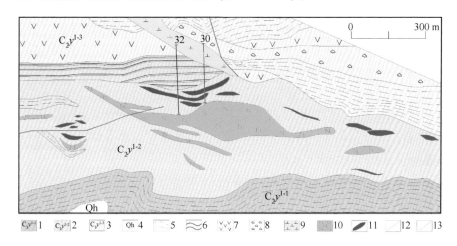

图 5-6-1　新源县式可布台铁矿床地质略图

1—上石炭统伊什基里克组第一段下亚段；2—上石炭统伊什基里克组第一段中亚段；
3—上石炭统伊什基里克组第一段上亚段；4—第四系；5—千枚岩；6—板岩；7—安山岩；
8—集块岩；9—华力西晚期闪长岩；10—华力西晚期石英钠长斑岩；11—铁矿体；
12—断层线；13—剖面及编号

1. 地层

出露地层主要有石炭系上统伊什基里克组第一段（C_2y^1）和第四系（Qh），由老至新简述如下。

（1）上石炭统伊什基里克组第一段（C_2y^1）

该段为一套海－陆相酸性火山碎屑岩及沉积火山碎屑岩。该段与伊什基里克组二段（C_2y^2）为断层接触，南部为晚石炭世侵入岩截切，未与区域下伏地层大哈拉军山组（C_1d）接触，出露厚度 2043.24m。该段总体呈近东西向展布，倾向北，倾角 35°~75°，由南往北逐渐变陡；为基性岩—中性岩—酸性岩海相火山喷发－沉积建造，局部为碳酸盐岩－化学沉积建造；普遍地经历叠加了韧性－脆性变形作用，形成片理化安山岩、片理化凝灰岩、千枚状流纹斑岩－绢云母石英片岩、白云石英片岩，片理（糜棱面理）发育，具发育片理的低级变质岩系。对吐尔拱萨依一带的伊什基里克组火山岩，采用全岩 Rb－Sr 法测年，结果为（320±11）Ma，该套地层时代为晚石炭世。自下而上大致可分为三个火山喷发旋回，按岩性组合特征划分为上、中、下三个亚段。

下亚段（C_2y^{1-1}）：分布在矿区南部和西部。地层倾向北东 15°~20°，倾角 35°~45°，与上覆伊什基里克组第一段中亚段呈整合接触，岩性主要为绢云母片岩、千枚状凝灰岩、

凝灰岩、凝灰质砂岩。该段火山喷发韵律旋回不明显，为酸性喷发旋回。

中亚段（C_2y^{1-2}）：分布在矿区的中、西部，该亚段下部为一套黄灰色钙质千枚岩和灰绿色绢云母绿泥石片岩夹赭红、钢灰色赤铁矿层，上部为一套灰至深灰色海相沉积的凝灰岩和凝灰质砂岩、板岩，是区内重要的含矿层，主要矿体产出于该亚段下部。地层呈近东西向展布，倾向北，倾角45°～75°。受构造影响，地层倾角由南向北逐渐变陡。该段表现为喷发间歇特征，为含矿主要层位。

上亚段（C_2y^{1-3}）：主要分布在矿区北部，地层近东西向带状展布，下部为一套浅灰－浅褐色陆相酸—中性粗火山碎屑岩夹熔岩，主要岩性为含砾粗屑凝灰岩、钙质绢云母千枚岩、火山角砾（含集块）岩、安山岩，往上从灰－灰绿色凝灰岩过渡到正常沉积岩，岩性为泥质粉砂岩、砂岩。该段火山喷发旋回表现为中基性喷发旋回。

（2）第四系全新统（Qh）

主要由全新统腐殖土、洪坡积物组成。腐殖土极为发育，主要为砂砾石、亚黏土及耕植土。洪坡积物主要分布在矿区沟谷等低洼地带，主要为砂、砾石等组成。

2．构造

矿区位于阿吾拉勒复向斜的南翼，区内构造作用强烈，断裂构造、褶皱发育。

（1）褶皱构造

矿区褶皱构造主要为式可布台向斜，其余的小褶皱都是该向斜的次级褶曲。向斜轴位于矿区北部分水岭上，轴向近东西，约100°左右，东西两端均延出矿区之外。区内中石炭统的所有地层均被卷入其中，在矿区内向斜宽达3.5km以上，核部出露的地层是第四段，北翼被吐尔拱东西向断层所切断，使向斜不对称，不完整。向斜南翼岩层产状倾向北，倾角40°～70°；向斜北翼岩层产状倾向南，倾角一般40°～70°。向斜核部大部被第四系覆盖，推测其轴面近直立，岩层较徒，褶皱较紧密，向斜轴面在走向上呈波状弯曲，局部倾斜有倒转。

（2）断裂构造

区内构造格局以强烈发育的断裂构造为主，整体上与区域构造线方向基本一致，控制矿区构造轮廓的断裂为北侧的吐尔拱断层。矿区内共有13条规模大小不一的断裂构造，主要以近东西向、北西向、北东向为主，断层性质以逆断层为主，次为正断层，均为成矿后期断裂。近东西向断裂具有长期多次活动的特征，对火山机构及火山热液活动具有显著的控制作用。

矿区地层普遍经历了较弱程度的韧性→脆性变形作用，形成片理化安山岩、片理化凝灰岩、千枚状凝灰岩→绢云母石英片岩、白云母石英片岩，以及大量千枚岩，岩石片理发育。

3．岩浆岩

（1）侵入岩

矿区内侵入岩只在局部地段呈小岩株状、脉状出现，主要为华力西期侵入岩，有细晶闪长岩和石英钠长斑岩。

细晶闪长岩（$\delta\mu$）：细晶闪长岩系本区侵入旋回的早期产物，主要分布在本矿区外南西角，多表现为顺层侵入的岩脉和岩墙。细晶闪长岩呈灰－灰绿色，全晶质粒状结构、块状构造。规模较小，呈顺层侵入的小脉状体。

石英钠长斑岩（λξ）：岩石呈浅灰白色，具斑状结构，基质为霏细结构和显微花岗嵌晶结构，斑晶几乎全部由粒状石英构成，基质则由长英质的微晶集合体构成。石英钠长斑岩分布矿区主采场南侧以岩株状出露。

（2）火山岩

区内火山岩主要为基性岩—中性岩—酸性岩海相火山碎屑岩，岩石有凝灰岩、含砾凝灰岩、安山质火山角砾岩、安山岩等。火山岩相主要发育有爆发相、喷发相、喷发－沉积相、溢流相、潜火山岩相，由火山碎屑岩及熔岩、热液蚀变岩等构成，形成了较为完整的火山机构。

4. 变质作用

矿区区域变质作用相对较强，该区岩石普遍经受了韧性变形作用和浅变质作用，属区域中压相系热流变质作用。主要特征是上部的凝灰岩、凝灰质砂岩中形成明显的千枚状构造、片状构造，而下部则形成绿片岩相的绢云母千枚岩、绢云母绿泥石片岩。

二、矿床地质特征

矿区全长约4km，宽约1.3km。矿区由主矿段、西矿段、东矿段、西南矿段、南矿段、洛北矿段等6个群体组成。各矿层的产出严格受层位的制约，产状与围岩一致。在铁矿层下盘见到约100m厚的含黄铁矿绢云千枚岩，黄铁矿呈块状或呈浸染状分布。具有上铁下铜的分布规律（图5-6-2）。

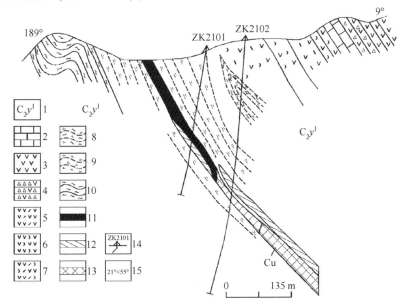

图5-6-2　新源县式可布台铁矿东段勘探线剖面图

1—伊什基里克组一段；2—灰岩；3—安山岩；4—安山质层火山角砾岩；5—安山质晶屑凝灰岩；

6—安山质玻屑凝灰岩；7—安山质晶玻屑凝灰岩；8—绿泥绢云千枚岩；9—绢云千枚岩；10—绿泥石片岩；

11—赤铁矿；12—黄铁矿、黄铜矿化赤铁矿矿体；13—含黄铁矿、黄铜矿（块状硫化物）矿体；

14—钻孔位置及编号；15—产状

1. 矿体特征

主矿段的矿带东西长 500～700m，南北宽 50～100m，呈近东西向展布，倾向北，倾角 70°～85°；矿体总体形态规则，一般呈层状、似层状产出，一般长度 500～700m，延深 420～750m，水平厚度 5～12m。主矿段主要由大致平行排列的 3 条矿体（由北向南依次编号：y5、y4、y2）组成，深部钻孔中局部有似层状的小盲矿体。

y5 号矿体：分布在 27 线与 37 线之间。呈层状产出，走向近东西向，倾向北，倾角在 80°左右；沿走向延伸约 700m，深部延伸在 700m 左右。矿体厚度一般在 10m 左右，最厚达 37.14m，平均厚度 10.2m，厚度变化系数为 99.41%；矿石全铁品位一般在 50%左右，最高达 66.8%，平均品位 56.46%，品位变化系数 12.49%。矿体顶、底板均为绢云母片岩。

y4 号矿体：分布在 28 线与 34 线之间，y5¹号矿体南侧。呈层状产出，走向近东西向，倾向北，倾角在 80°左右；沿走向延伸约 600m，深部延伸 580m 左右。矿体厚度一般在 4.5～8m，最厚达 19.34m，平均厚度 7.14m，厚度变化系数为 111.8%；矿石全铁品位一般在 50%左右，最高达 65.07%，平均品位 53.80%，品位变化系数 21.72%。矿体顶、底板均为绢云母片岩。

y2 号矿体：分布在 27 线与 37 线之间，y4¹号矿体南侧。呈层状产出，走向近东西向，倾向北，倾角在 80°左右；沿走向延伸约 950m，深部延伸 800m 左右。矿体厚度一般在 5m 左右，最厚达 16.88m，平均厚度 4.72m，厚度变化系数为 85.35%；矿石全铁品位一般在 50%左右，最高达 65.28%，平均品位 51.92%，品位变化系数 16.19%。矿体顶、底板均为绢云母片岩。

除主矿体外，在深部发现 4 个盲矿体，沿走向及倾向延展＜100m，产状与主矿体一致。

2. 矿石特征

（1）结构构造

区内矿石结构较简单，赤铁矿为微晶—细晶质结构，叶片状结构，集粒结构、微晶粒结构。黄铁矿为不等粒结构、细粒结构、胶状结构。

矿石构造以致密块状、块状构造为主，少数为条带状、浸染状构造。条带状、浸染状构造多为低品位矿石，富矿石一般为块状构造。

（2）矿石类型

自然类型：按矿石矿物成分可分为赤铁矿石，按矿石的结构构造特征划分为块状铁矿石、条带状铁矿石。

工业类型：根据铁矿石中赤铁矿平均占有率 93.96% 及 $w(TFe \geqslant 50\%)$ 的标准，以及矿石中的有害元素含量特征，本区矿石的工业类型属于低硅低磷低硫极弱磁性可直接入炉炼铁用铁矿石。

（3）矿石物质组成

A. 矿石矿物组合

矿石矿物主要为赤铁矿，伴有少量镜铁矿、褐铁矿、磁铁矿、黄铜矿和孔雀石。脉石矿物主要为红碧石、绢云母、绿泥石、重晶石等。矿石矿物含量一般在 35%～55%，脉石矿物含量在 65%～45%之间，局部地段稍有差异。主要矿石矿物特征如下。

赤铁矿：是矿石中的主要金属矿物，也是主要矿石矿物。多呈钢灰色、少数呈赤红色，金属光泽，为微晶质、细晶质结构，叶片状结构，集粒结构、微晶粒结构。粒度大小在 0.05~2mm 之间，大小不一，赤铁矿在矿石中多按一定方向排列。

镜铁矿：鳞片状赤铁矿，钢灰色鳞片状，鳞片大小不一，性脆，多以集合体产出于矿石中，污手、易剥落。

非金属矿物中，红碧石多呈条带状、角砾状、星点状及其他形状遍布于铁矿石中及其附近。重晶石主要呈条带状与赤铁矿相间而生，形成黑白条带。重晶石和红碧石两者不混生。

B. 矿石化学成分

铁矿石化学成分主要以铁、氧元素为主，其次为二氧化硅、三氧化二铝、氧化镁、氧化钙等。其中 SiO_2 含量 5.15%~53.48%，S 含量 0.1%~0.93%，P 含量 0.001%~0.12%，As 含量 $2.43 \times 10^{-6}~103.8 \times 10^{-6}$，Pb 含量 $< 100 \times 10^{-6}$，Zn 含量 0.001%~0.008%，Mo 含量 $12 \times 10^{-6}~85 \times 10^{-6}$，Sb 含量 $< 100 \times 10^{-6}$。除局部 SiO_2 含量超标，其余元素含量很低，均未超标。Pb、Mo 等有益元素未达到评价标准。

总的来看，主矿段最富，西南矿段、东矿段次之，北矿段、西矿段较贫；其他杂质硫平均含量为 0.278%，磷一般 $< 0.05\%$，二氧化硅以 5%~10% 居多。

3. 围岩及蚀变

（1）围岩

矿体围岩主要为钙泥质板岩、绢云母绿泥石片岩、绿泥绢云千枚岩，特征如下。

钙泥质板岩：为矿区主要围岩，呈浅灰 - 浅灰绿色，具鳞片变晶结构、粒状变晶结构、板状构造，由泥质、钙质组成，泥质已发生绢云母化，具有定向排列，大小在 $0.01mm \times 0.03mm~0.03mm \times 0.2mm$，含量在 70% 以上。绢云母间有粒状方解石沿层理分布，并有少量黄铁矿，方解石颗粒大小 0.01~0.03mm，含量约 20%，黄铁矿颗粒大小 0.1~0.3mm，含量约 2%~3%。

绢云母绿泥石片岩：呈浅灰绿色，具鳞片变晶结构、片状构造，由泥质、凝灰质组成，泥质已发生绢云母化，具有定向排列，颗粒大小在 $0.03mm \times 0.1mm~0.03mm \times 0.2mm$，含量在 50% 以上；凝灰质已发生绿泥石化，具有定向排列，颗粒大小在 $0.02mm \times 0.1mm~0.03mm \times 0.2mm$，含量在 40% 以上。绢云母、绿泥石间有黄铁矿沿层理分布。

绿泥石绢云千枚岩：呈浅灰绿色，具鳞片变晶结构、千枚状构造，由泥质、凝灰质组成，泥质、凝灰质均已发生绢云母化、绿泥石化，具有定向排列，颗粒大小在 $0.03mm \times 0.1mm~0.03mm \times 0.2mm$，含量在 85% 以上。

（2）围岩蚀变

蚀变类型有绢云母化、绿泥石化等，为葡萄石 - 绿纤石相渐变过渡，属区域变质作用的产物，局部可见后期热液活动形成的硅化等。

矿体围岩蚀变微弱，无明显的近矿蚀变现象，含矿底顶层与非含矿顶底层在蚀变上无差异。

4. 成矿阶段

据莫江平等（1997）研究，式可布台铁矿床的形成主要经历了火山喷流 - 热水沉积阶段和后期构造叠加改造阶段两个成矿阶段，以前阶段为主要矿化阶段。火山喷流 - 热水沉积阶段：在则克台萨依 - 铁木尔塔斯带状火山岩带活动中后期，火山活动强度减弱，由火山爆发、喷溢转变为海底火山喷流，来自于深部富含成矿物质的热液，沿火山通道或深大断裂上升并喷出或溢出，沿海底迁移到近火山机构外侧沉积盆地或洼地中，随着物理化学环境条件的改变而沉淀。早期，在相对还原的环境条件下，Cu^{2+}、Pb^{2+}、Zn^{2+} 等亲硫性强离子，以及 Fe^{2+} 离子，与海水溶入的火山喷出 H_2S 相互作用，使络合物分解和亲硫金属元素沉淀，形成黄铁矿、黄铜矿、闪锌矿等硫化物矿物，形成块状含铜黄铁矿层。随着硫化物成矿作用的进行，在中后期，在弱酸性－弱还原、中低温条件下，溶液中 Fe、Si、Ba、Mn 等元素进一步富集，开始形成各自的氧化矿物，形成大量赤铁矿石，夹透镜状红碧玉和层纹状重晶石赤铁矿，构成重晶石－红碧玉－赤铁矿建造。最终形成了铁矿层。由于沉积环境不稳定，组成多层赤铁矿与铁碧玉、重晶石"三合一"矿层，分布于块状含铜黄铁矿之上。这也说明，Ba－Si－Fe 三位一体是海底火山喷流作用产生的含矿热流体与海水综合作用的产物（莫江平，1997）。后期构造叠加改造阶段：在石炭纪之后，由于式可布台地区可能遭受弱的构造变形作用，导致该地层特别是粒度非常细小的粉砂级以下的岩层在弱的应力条件下挤压变形，形成浅变质岩，并在变质作用下铁矿层可能也发生了塑性—半塑性变形作用，局部应力强烈部位发生矿石重结晶，并受到变质流体的交代作用。

各时期形成的矿物及共生特征见图 5 – 6 – 3。

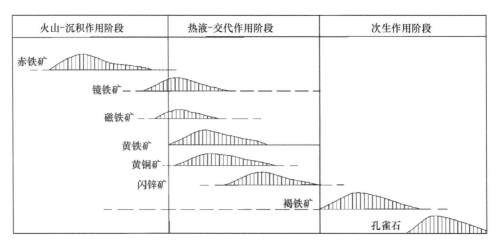

图 5 – 6 – 3　式可布台铁矿成矿阶段及矿物生成顺序示意图

三、矿床地球化学特征

1. 矿石及围岩硅酸盐分析

据新疆大学对矿石及围岩硅酸盐测试分析研究（刘学良等，2013），认为式可布台铁矿区岩石由玄武岩、玄武安山岩、玄武质粗面安山岩组成，显示为中—酸性组合特征。其中 SiO_2 含量 51.9% ~ 66.5%；Al_2O_3 含量较高，且变化大，分别接近于 9.8% 与 15.7%；K_2O 含量为 2.44% ~ 5.06%，平均 3.75%；全碱含量 $w(Na_2O + K_2O)$ 为 2.62% ~ 5.27%；$w(Na_2O + K_2O)/w(Al_2O_3)$ 为 0.27% ~ 0.34%；TiO_2 含量较低，为 0.32% ~

0.86%，平均 0.58%；MgO 含量为 0.39% ~ 1.51%，平均 0.98%；Fe_2O_3 含量最高，为 7.92% ~ 20.22%，平均 14.73%。

K_2O 平均含量为 3.75%，高于岛弧环境火山岩含量（K_2O 平均 1.60%），与活动陆缘 K_2O 含量接近。TiO_2 平均含量为 0.58%，明显与洋岛玄武岩（TiO_2 平均含量 > 2%）和洋脊玄武岩（TiO_2 平均含量 > 1.5%）不同，与岛弧火山岩 TiO_2 含量（平均 0.8%）接近。总体看，式可布台铁矿含矿岩体具高 K、Al，低碱性和低 Ti 的特点，具活动陆缘岛弧特点。

2. 稀土、微量元素

据新疆大学研究（刘学良等，2013），矿石及围岩中 Rb 和 Th 比 Ta 元素含量较低，Nb、Ta、Hf、Th、K 等元素含量较高，P、Ti 元素较低，显示岩浆在演化过程中经历了含 P、Ti 等矿物的分异作用。$w(Nb)/w(Ta)$ 值为 6.35 ~ 105，均值 49.19。$w(Zr)/w(Hf)$ 值为 21.06 ~ 39.76，均值 29.26。Nb 异常值均 < 1。球粒陨石标准化蛛网图解投影上，原始地幔比值大体为 1 ~ 10，曲线较平缓且稀疏交叉，曲线由强不相容元素部分向弱不相容元素部分演化，呈轻微的右倾型式。球粒陨石标准化分布图上随着元素不相容性的降低逐渐趋于平缓。

大部分样品中 Rb、Ta、Ce、Hf、Sm 和 Yb 等呈较明显富集，Ba、P、Ti 为亏损状态，Ba 含量占微量元素的范围为 6% ~ 94%，平均 34%，Ti 含量占微量元素的范同为 2% ~ 78%，平均 50%。此外，Ba 相对于 Rh、Th 亏损是后碰撞伸展岩浆活动的标志之一，与岛弧火山岩有类似的地球化学特征，Gd 元素明显富集。在 Tl - Ta - Hf/10 中，该区玄武质火山岩投于碱性玄武岩区，并有向岛弧玄武岩变化趋势，说明式可布台铁矿形成于陆源活动岛弧环境。

稀土元素总量 ΣREE 为 158.82×10^{-6} ~ 186.64×10^{-6}，平均 168.23×10^{-6}；$w(LREE)$ 为 17.12×10^{-6} ~ 171.1×10^{-6}，平均 70.75×10^{-6}；$w(HREE)$ 为 6.82×10^{-6} ~ 23.05×10^{-6}，平均 14.20×10^{-6}；$w(LREE)/w(HREE)$ 比值 8.26×10^{-6} ~ 14.34×10^{-6}，平均 10.59×10^{-6}。REE 含量变化较小，轻重稀土分异不明显。LREE 相对富集，HREE 相对亏损。富集 Rb、Th 等大粒子亲石元素，亏损 Nb、P、Ti 等高场强元素，具岛弧火山岩特征。δEu 为 0.29 ~ 2.25，平均 0.84。其值较大，说明岩浆分异结晶程度不高，是经过少量分离结晶作用演化的岩浆形成。

3. 同位素

据前人研究，矿（岩）石铅同位素组成复杂，变化较大，源区特征值 Th/U 平均为 3.35，μ 平均值为 9.33，显示有地幔铅与造山带铅混合的特征；赤铁矿锶初始比值为 0.7050，细碧岩锶初始比值为 0.7027，表明成矿物质和火山岩浆来源于深部地壳或上地幔，与海底火山喷流作用有关。

黄铁矿 $\delta^{34}S$ 在 -6.1‰ ~ -3.7‰ 之间，变化范围窄，而层纹状重晶石 $\delta^{18}O_{H_2O}$ = 0.61‰ ~ 9.37‰，δD = -104.3‰ ~ -68.9‰，成矿流体来源于岩浆水，有海水混入。矿石金属硫化物的硫源主要为火山喷发作用从深部带来的幔源硫和海水硫的混合。

4. 成矿物理化学特征

据卢宗柳等（2006）研究，碧玉岩中的石英均一温度在 130 ~ 152℃ 之间，重晶石均一温度在 158 ~ 252℃ 之间，平均为 186℃。盐度 $w(NaCl)$ 在 3.2% ~ 12.5% 之间，平均值为 7.9%。说明主成矿期所处的环境为中低温度和中等盐度条件。

包裹体成分数据计算结果表现 pH 为 4.12 ~ 4.29，Eh 值为 -0.22，$\lg fo_2$ 在 -41.76 ~ -41.26 之间，说明成矿流体具有酸性相对还原性质。成矿流体类型属于 Ca^{2+} - Na^+ - K^+ - SO_4^{2-} - Cl^- 型；$w(Na^+)/w(K^+)$ 和一般 $w(Ca^{2+})/w(Mg^{2+})$ 值 > 1，$w(F^-)/w(Cl^-)$ 值 < 1，CH_4 和 N_2 含量较高。表明成矿与海底喷流热水沉积作用有关。铁矿石矿物的氢、氧同位素特征（表 5 - 6 - 1）：赤铁矿的 δD_{H_2O} 为 6.1‰ ~ 9.37‰，$\delta^{18}O_{H_2O}$ 为 -84.6‰ ~ -64.9‰，碧玉样品的 δD_{H_2O} 为 8.29‰ ~ 8.72‰，$\delta^{18}O_{H_2O}$ 为 -104.3‰ ~ -74.2‰。赤铁矿和碧玉样品都投在岩浆水范围附近，说明成矿流体可能来自岩浆水（卢宗柳等，2006）。

表 5 - 6 - 1　式可布台铁矿床矿石矿物氢、氧同位素组成

序号	测试矿物	$\delta^{18}O_{H_2O}/‰$（SMOW）	$\delta^{18}O/‰$（SMOW）	$\delta D_{H_2O}/‰$（SMOW）	温度/℃	备注
1	赤铁矿	6.1	0.54	-84.6	280	温度为爆裂法测定
2	赤铁矿	9.37	3.81	-68.9	280	
3	红碧玉	8.72	13.49	-104.3	340	
4	红碧玉	8.29	13.16	-74.2　-62.9	340	
5	重晶石	-0.62	1.89		281	
6	重晶石	1.87	6.47	-76.6	230	

四、矿床成矿模式

式可布台铁矿床属于火山 – 沉积型铁矿床。铁矿层和其下部的含铜块状硫化物是海底火山喷流作用在同点成矿环境不同阶段的产物。其成矿机理是：在火山活动喷发晚期或喷发间歇期，由于火山喷流作用仍在继续进行，这些富含成矿物质的酸性热气流体，沿断裂或火山通道喷流而出，源源不断地迁移到海盆中，热气流体对火山喷发物通过渗滤与水解作用，析出含矿物质，由于物理化学条件的改变而沉淀。其中 Cu（Pb、Zn）等亲硫性强的元素，在相对还原的环境下，与海水中溶有火山喷出的 H_2S 作用，促使络合物分解和亲硫元素沉淀，形成块状含铜黄铁矿层。在火山活动间隙期由赤铁矿、硅质胶体组成的矿浆，自火山口涌出，顺火山斜坡下泄，流至海盆中心沉积成矿。矿浆中 Fe、Si、Ba、Mn 等元素富集，在弱酸性 – 氧化条件下，形成大量赤铁矿石，夹透镜状红碧玉和层纹状重晶石赤铁矿，构成重晶石 – 红碧玉 – 赤铁矿建造，Ba – Si – Fe "三位一体" 是海底火山溢流作用产生的含矿热流体，与海水作用在海盆沉积的产物。这说明该区铁（铜）矿的成因是在同一成矿环境下，不同阶段分别形成火山喷发，溢流沉积型铁（铜）矿床。式可布台铁矿成矿模式见图 5 - 6 - 4。

矿床成因类型：属于海相火山喷流沉积型铁矿床。

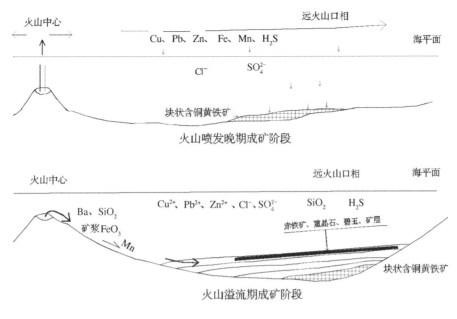

图 5 - 6 - 4　新源县式可布台铁矿床成矿模式图

(据莫江平，1997)

第七节　小　　结

基于对西天山阿吾拉勒铁矿带上的六个典型大中型铁矿床的研究，初步查明了区域上铁矿床的特征。这些特征主要受三种成矿地质作用约束：岩（矿）浆成矿作用、火山热液成矿作用（或岩浆热液成矿作用）和火山喷流沉积成矿作用，所形成的矿床相应地主要有三种类型：矿浆型、火山热液型（或热液改造型）和火山喷流－沉积型，但常常是两种或几种成因的叠加复合型。现将区域上这些典型铁矿床特征归纳总结如下。

从矿区地质特征来看，各矿区出露的地层单元基本相似，中段至东段主要为下石炭统大哈拉军山组火山岩－沉积岩建造，主要岩性为玄武质晶屑凝灰岩或玄武质凝灰岩、安山岩或蚀变安山岩、绿帘石化绿泥石化玄武质凝灰岩及玄武岩等；西段主要为上石炭统伊什基里克组火山岩－沉积岩建造，主要岩性为安山岩、层安山质凝灰岩、层安山质火山角砾岩、灰色层安山质晶屑凝灰岩、灰色石英安山岩、沉安山质凝灰岩等。各矿区构造活动较复杂，成矿作用与呈北西向展布的古火山机构关系密切。出露岩浆岩主要包括花岗岩、钾长花岗岩、辉绿岩脉和闪长岩脉等，多呈侵入状分布于大哈拉军山组及伊什基里克组中，侵入岩总体沿区域构造带产出。

从矿床地质学来看，在矿体地质方面，三种矿床类型中，铁矿体均主要以层状或似层状产出于大哈拉军山组和伊什基里克组的火山岩中。但矿浆成因的矿体与大哈拉军山组火山岩呈截然接触关系，喷流－沉积成因的矿体与伊什基里克组火山岩呈整合接触关系，接触界限明显，而热液或变质成因的矿体与围岩呈渐变接触关系，接触界限不明显。在矿石的矿物组合方面，矿浆成因矿石的金属矿物主要有磁铁矿，脉石矿物一般较简单，主要有透辉石，有时也产有钠长石、绿帘石、绿泥石、阳起石和钾长石等；喷流－沉积成因矿石的金属矿物主要有赤铁矿、黄铁矿、闪锌矿、黄铜矿等，脉石矿物主要是石英、绿泥石、绢云母、重晶石等；热液成因矿石的金属矿物主要有磁铁矿、磁赤铁矿及赤铁矿，脉石矿物主要有钾长石、绿泥石、钠长石、阳起石、绿帘石、石榴子石、方解石、石英等。在矿石组构方面，矿浆成因的矿石结构以半自形—自形粒状结构和他形—半自形粒状结构为主，矿石构造主要是致密块状构造、角砾状构造及条带状构造；喷流－沉积成因的矿石结构为微晶—细晶粒状结构、叶片状结构，矿石构造主要是块状构造、稠密浸染状构造和条带状构造；热液成因的矿石结构有粒状结构、交代结构、包含结构和反应边结构等，矿石构造有浸染状、团块状、斑杂状、脉状等。在成矿期次方面，矿浆成因为矿浆成矿阶段，喷流－沉积成因为喷流－沉积成矿阶段，而热液成因的矿床在热液期分为钾长石－绿泥石－磁铁矿阶段、阳起石－绿帘石－赤铁矿阶段和石英－硫化物－碳酸盐阶段。

从矿床矿物学来看，不同成因矿床的造岩矿物（单斜辉石、斜长石和角闪石）具有相似的矿物化学组成，单斜辉石富 SiO_2、MgO、MnO 和 CaO，贫 TiO_2 和 Al_2O_3；斜长石富 Al_2O_3、Na_2O，低 TiO_2；角闪石具有低 $w(TiO_2)$ 和 $w(Al_2O_3)$、高 $w(MgO)$ 的特点。矿床中的蚀变矿物和矿石矿物却因矿床成因的不同而有差异：岩（矿）浆成因的石榴子石端元组分以钙铝榴石为主，而热液交代成因的石榴子石却以钙铁榴石为主。矿浆成因的磁铁矿石中，Fe_2O_3 和 FeO 含量较高，TiO_2 和 P_2O_5 含量均较低。岩（矿）浆成因磁铁矿具有富 Al、Mn，贫 Mg，高 Ti 的特点。热液交代成因的磁铁矿具富 Al、Mn，贫 Mg，低 Ti 的特点。

从矿床地球化学特征来看，在年代学方面，大哈拉军山组火山岩的 U–Pb 同位素年龄为（316.1±2.2）Ma。在主量元素方面，火山岩具有高 $w(SiO_2)$、高 $w(Mg)$、富碱的特征，TiO_2 和 P_2O_5 的含量较均一。花岗岩类侵入岩普遍富硅、贫铝，碱度中等、低 $w(TiO_2)$ 和 $w(MgO)$。热液成因的铁矿石 Fe_2O_3 含量低于矿浆成因的铁矿石，岩（矿）浆成因矽卡岩中 $w(Fe^{3+})/w(Fe^{2+})<1$，而热液成因的矽卡岩中 $w(Fe^{3+})/w(Fe^{2+})>1$。岩（矿）浆成因的磁铁矿石具有富 Al、Mn，贫 Mg，高 $w(Ti)$ 的特点，而热液交代成因磁铁矿石具有富 Al、Mn，贫 Mg，低 $w(Ti)$ 的特点，这与矿物学特征相吻合。在微量、稀土元素方面，火山岩普遍表现为大离子亲石元素的富集和 Ta、Nb、P 和 Ti 亏损的特征，花岗质侵入岩普遍表现为 Sr、Ti、Ba、P、Nb、Ta 等明显的亏损和 Th、U、La、Zr、Hf 等富集的特征。岩（矿）浆成因矽卡岩稀土总量明显高于热液交代成因矽卡岩的稀土总量，岩（矿）浆成因矽卡岩 Eu 为负异常，而热液交代成因矽卡岩则显示为 Eu 正异常。岩（矿）浆期矽卡岩主要表现为 K、Rb、Sr、Ba 等大离子亲石元素明显的亏损，而 U、Th、Zr、Hf、P 等高场强元素相对富集；热液交代成因矽卡岩主要表现为 K、Rb、Sr、Ba 等大离子亲石元素明显的亏损，而 U、Th、Zr、Hf、P 等高场强元素亦表现为相对富集。与矿浆成因的铁矿石相比，热液成因的铁矿石呈现出稀土元素总含量较低，轻稀土稍富集，重稀土稍亏损。与热液成因铁矿石相比，矿浆成因的铁矿石相对富 V、Ni 和 Cu，贫 Cd、Sb、Ba、W、Th 和 U。在同位素方面，矿浆成因铁矿石与区内的火山岩 Pb 同位素组成较为一致；热液成因的铁矿石 $^{207}Pb/^{204}Pb$ 值略小于矿浆成因的铁矿石。热液成因的铁矿石中黄铁矿的 $\delta^{34}S$ 值高于矿浆成因的铁矿石中黄铁矿的 $\delta^{34}S$，矿浆成因的硫化物 $\delta^{34}S$ 呈明显的塔式分布。

从矿床成因来看，在成岩成矿时代方面，年代学研究表明阿吾拉勒大陆边缘活动带内火山岩形成于晚古生代石炭纪。成矿过程处于早石炭世晚期—晚石炭世早期俯冲带的岛弧火山岩环境。

主要成矿元素——铁来源于岩浆和围岩，部分锌矿化体的锌元素可能来自围岩。总体上说，成矿带内研究的铁矿床与区内火山活动或热液作用密切相关，主要的矿床成因类型有：矿浆、火山热液复合型和火山喷流－沉积型，以矿浆成因为主（如备战铁矿、智博铁矿和查岗诺尔铁矿），岩（矿）浆和火山热液复合型（如敦德铁矿），含矿火山岩（喷溢沉积）和火山热液型（如松湖铁矿），火山喷流－沉积型（如式可布台铁矿）。

第六章 铁矿成矿规律分析与靶区优选

第一节 成矿条件分析

一、成矿地质条件分析

研究区位于伊宁－中天山地块之阿吾拉勒晚古生代大陆活动边缘带内，其北以博罗科努南坡断裂与博罗科努早古生代陆缘弧毗邻，其南以那拉提北缘断裂与中天山复合陆缘弧相接。

阿吾拉勒山以出露晚古生代地层为主，称之为阿吾拉勒石炭纪—二叠纪大陆活动边缘，区内发育的最老地层为中元古界长城系特克斯群浅变质碎屑岩，构成其陆缘基底，属基底杂岩相的基底杂岩残块亚相，其上为一套富含叠层石碳酸盐岩的蓟县系科克苏群所覆盖，青白口系库什台群不整合于蓟县系之上，为一套白云岩、大理岩、鲕状灰岩、硅质岩夹硅质灰岩粉砂岩，为陆表海盆地相的碳酸盐陆表海亚相。研究区内构造活动强烈，火山机构十分发育，尤其是石炭纪火山岩和二叠纪中酸性岩体非常发育，成矿地质条件十分有利。成矿区属阿吾拉勒金、铜、铅、锌、铁成矿带。矿产十分丰富，有查岗诺尔铁矿、备战铁矿、智博铁矿、古伦沟铅锌铁矿、胜利铜矿等一系列矿产地，且多与火山活动有成因联系。

1. 地层及岩性

区内主要铁矿类型为海相火山岩型、岩浆热液型、矽卡岩型，以海相火山岩型铁矿最为重要；铜矿主要为热液型，按不同矿种类型分述其赋矿地层及岩性。

（1）铁矿赋矿地层及岩性

主要赋矿地层为上石炭统伊什基里克组、下石炭统大哈拉军山组。

海相火山喷流－沉积岩型铁矿赋矿地层为上石炭统伊什基里克组，典型矿床为式可布台铁矿（中型）、铁木里克铁矿（小型）。赋矿建造为浅变质基性岩—中性岩—酸性岩海相火山喷发－沉积建造，赋矿岩石为绿泥绢云千枚岩、绢云千枚岩，矿体多呈层状、似层状、透镜状，矿层严格受层位控制，向深部可见块状、浸染状含铜黄铁矿，具有上铁下铜的分布规律，矿石矿物以赤铁矿为主，其次为镜铁矿、磁铁矿、菱铁矿、黄铁矿，微晶质、细晶质和页片状结构，厚层状、块状构造。

海相火山喷溢沉积－热液叠加型铁矿赋矿地层为下石炭统大哈拉军山组，典型矿床为萨海铁矿（中型）、松湖铁矿（中型）、尼新塔格铁矿（中型）。主要赋矿建造为中酸性火山岩－火山碎屑岩建造，赋矿岩石为安山岩、安山质凝灰岩，矿体多呈似层状、透镜状，矿石矿物以磁铁矿为主，其次有磁赤铁矿、赤铁矿、褐铁矿、黄铁矿、黄铜矿等，主体表现为交代假象结构，以自形—半自形晶结构、他形晶粒状结构为主，构造为块状构造、浸染状构造。

海相火山喷溢－热液交代－矿浆充填型铁矿赋矿地层为下石炭统大哈拉军山组，典型矿床为查岗诺尔铁矿（大型）、智博铁矿（大型）、敦德铁矿（大型）、备战铁矿（大型）。主要赋矿建造为中基性火山岩－火山碎屑岩建造，赋矿岩石为玄武岩、安山质凝灰岩，矿体多呈似层状、透镜状，矿石矿物以磁铁矿为主，其次有黄铁矿、磁赤铁矿、黄铜矿等，主体表现为以他形—半自形微粒结构及自形—半自形粒状结构，构造为块状构造、浸染状、角砾状构造。

（2）铜矿赋矿地层及岩性

热液型铜矿赋矿地层为下石炭统大哈拉军山组，主要矿床包括玉希莫勒盖铜矿、胜利达坂铜矿等。主要含矿建造为火山碎屑岩建造，赋矿岩石为含角砾安山质凝灰岩、晶屑凝灰岩、安山岩、火山角砾岩、集块岩，矿体呈不规则脉状，矿石矿物有黄铁矿、黄铜矿、磁铁矿、磁黄铁矿、毒砂、斑铜矿、赤铁矿、闪锌矿等，矿石结构以细粒结构为主，其次为微粒结构、粒状结构等；矿石构造以浸染状构造为主，其次为微脉－短脉状构造、斑块状构造、块状构造、条带状构造等。

2. 构造

阿吾拉勒地区晚古生代构造活动频繁，褶皱、断裂发育，总体构造线走向近于东西向。以断层构造为主，褶皱次之，少量穿窿构造。阿吾拉勒山前大断裂走向近东西，在旁侧形成一系列，走向为北东东向和北西西向压扭性的次一级断裂，由于区域构造作用及次一级构造作用的影响，在地形地貌上形成了北高南低的断层阶地，次一级断裂带较宽，并破坏了二叠系与石炭系的不整合界线。

从区内主要典型矿床矿区构造看，查岗诺尔矿区构造主要由下石炭统大哈拉军山组和上石炭统所组成的破火山口和断裂构成，构造基本形态除受区域性南北挤压应力的影响外，又受火山机构的制约，未见控矿断裂，大型断裂均为成矿后断裂，与矿床形成关系不大。智博铁矿位于破火山口环形断裂的中心部位，受火山活动和区域性断裂的影响，各种构造形迹较为复杂，但矿区整体主要为一单斜构造。备战矿区褶皱主要为一处复杂的复式向斜。敦德矿区构造主要为一简单的单斜构造，仅在局部发育次级小断层，对矿体的破坏作用不明显。松湖矿区处于巩乃斯复向斜的北翼，总体表现为单斜，最主要的构造为近东西向断裂系统，矿体的产状受其控制，与区域深大断裂的方向一致。

区内典型矿床矿区构造总体表现为单斜或向斜构造，部分受火山机构控制，局部岩石地层可见到小的褶曲和变形；断裂构造较发育，但规模一般不大。断裂构造主要发育于矿体附近及南北两侧，断层对矿体从地表至中深部均有较大影响，主要作用表现为：①在局部对铁矿体可能有加富作用；②对矿石及其围岩的完整性和岩石稳定性有较大的破坏作用；③所伴随的含铁、铜质的热液活动使破碎带内局部沿裂隙面发育有碳酸盐细（网）脉、石英细脉，并伴有黄铁矿化、褐铁矿化、绿泥石化和孔雀石化等矿化蚀变。

3. 岩浆活动

(1) 侵入岩

在阿吾拉勒东段的松湖—查岗诺尔一带侵入岩较发育，主要以中酸性侵入岩为主，呈岩基、岩株、岩枝、岩脉等多种形态产出。在空间分布上明显受那拉提北区域性断裂控制，形成了玉希莫勒盖达坂带和那拉提带两个岩浆岩带。玉希莫勒盖达坂岩浆岩带分布于阿拉斯坦断层以南—那拉提北大断裂以北，为海西中期深成岩体，呈近东西向展布，主要为中酸性侵入岩；那拉提岩浆岩带分布于那拉提北大断裂两侧附近和巩乃斯复向斜北翼，为海西晚期的侵入体，以中酸性中深成相侵入岩为主。

在阿吾拉勒山西段的尼勒克县城—新源县城一带侵入岩也较发育，与东段出现岩基不同，该地区侵入岩多呈岩枝、小岩株、岩床、岩颈产出。以酸性岩类为主，中性岩次之。时代主要为海西晚期，海西中期次之。海西中期侵入岩分两个侵入次，主要岩性为闪长岩、石英闪长岩、角闪斜长花岗岩、黑云母角闪花岗岩。海西晚期侵入岩分为三个侵入次，主要岩性有辉绿岩、闪长岩、闪长玢岩、石英闪长斑岩、花岗闪长斑岩、石英斑岩、花岗岩、细晶花岗岩、花岗斑岩、黑云母花岗斑岩、钠长花岗斑岩等，多为浅成—超浅成侵入体，具有次火山岩的特征。这些中酸性侵入岩与铜、铁铜矿化关系密切，其为铜矿化提供了热源条件，同时也提供了矿源物质。

(2) 火山岩

在阿吾拉勒山东段的松湖—查岗诺尔一带火山岩主要分布于下石炭统大哈拉军山组中。火山岩从基性到酸性均有出露。上石炭统伊什基里克组在本区也有所出露，主要岩性为火山碎屑岩及中—酸性熔岩。石炭纪潜火山岩体侵入于大哈拉军山组与伊什基里克组接触部位，呈东西向带状展布，岩性为中性和碱性的过渡类型。除此之外，中泥盆统阿克塔什组中部也有较多的中酸性火山岩分布。

在阿吾拉勒山西段的尼勒克县城—新源县城一带火山活动也较发育，但以早二叠世火山活动为主。早二叠世火山活动为陆相喷溢环境，下部为中—酸性火山岩，上部以基性火山岩为主。区内各类火山岩相发育较齐全，有喷溢相、爆发相、喷发沉积相、次火山岩相，石炭纪晚期火山岩相以喷溢相玄武岩、安山岩、英安岩为主，其次为爆发相安山质凝灰岩、安山质晶屑凝灰岩及与火山岩相伴的次火山岩相当发育，多为浅成、超浅成侵入，岩性从中性到酸性均有分布，其中常见有铜矿化现象。二叠纪以喷溢相安山岩，爆发相安山质晶屑凝灰岩，火山角砾岩、集块角砾岩为主，其次为爆溢相安山质角砾熔岩，分布于矿区北部。

综上显示石炭纪晚期的火山活动强烈，喷发环境为滨－浅海相，间夹有陆相火山喷发，反映古火山岛弧构造环境的特点。火山岩主要为安山质火山碎屑岩（晶屑凝灰岩、凝灰角砾岩），地表岩石一般均呈浅紫色、紫灰色，近断层部位及含矿层位附近，岩石均呈浅色系，以浅灰色、浅灰绿色为主，局部为灰绿色，绿泥石化较为发育，磁铁矿、黄铁矿等均含量较低，约1%～5%。此外，在深部见石英二长闪长（玢）岩角砾，角砾呈棱角状，呈肉红色，具一定程度的钾化，在角砾中可见黄铜矿化。

4. 围岩蚀变（热液活动）

海相火山喷流－沉积岩型铁矿围岩蚀变主要为硅化、绢云母化、绿泥石化等蚀变。如式可布台铁矿矿区内热液蚀变种类较多，有硅化、绢云母化、黄铁矿化、碳酸盐化、菱铁矿化、高岭土化、镜铁矿化等。但多分布局限，多在岩体的外接触带，断层带附近，属区域变质作用产物，原岩矿物有明显的重结晶等。但与矿化有关的围岩蚀变现象很微弱，仅局部有硅化、绢云母化、绿泥石化现象。近矿围岩无明显蚀变现象，矿体的形成或富集与矿化蚀变无直接或间接的关系，含矿地层与非含矿地层在岩石蚀变上无差异。

海相火山喷溢沉积－热液叠加型铁矿围岩蚀变主要为硅化、碳酸盐化、绿泥石化等蚀变。如松湖铁矿区发育广泛的围岩蚀变，以绿泥石化、钾长石化为主，以及部分绿帘石化、碳酸盐化、阳起石化、硅化等。这些蚀变与矿体的形成有着密切关系，对成矿物质的富集有巨大的贡献。钾长石化和绿泥石化是矿区最为普遍的蚀变现象，而且与磁铁矿、赤铁矿、黄铁矿有着明显的接触、穿插关系。绿泥石化多呈网脉状、浸染状、条带状发育于矿体和围岩中；钾长石化主要以条带状、浸染状发育于矿体和附近围岩中；绿泥石化蚀变的范围大于钾长石化。

海相火山喷溢－热液交代－矿浆充填型铁矿围岩蚀变主要为石榴子石化、阳起石化、绿帘石化、透闪石化等蚀变。如智博铁矿发育广泛的围岩蚀变，以绿帘石化、钾长石化和阳起石化为主，以及少量绿泥石化、硅化和碳酸盐化。离矿体越近，围岩蚀变越强烈，并且具有多阶段特征。矿体顶、底板几乎全部为绿帘石化－钾长石化－绿泥石化的玄武质安山岩。

热液型铜矿围岩蚀变主要见有硅化、绿帘石化、绿泥石化等蚀变。

二、构造－岩浆－热液成矿演化

通过对阿吾拉勒山不同地区典型火山岩剖面及典型次火山岩的元素地球化学特征、同位素地球化学特征及同位素年代学研究，对阿吾拉勒山晚古生代构造演化、岩浆作用及火山热液的成矿潜力进行了分析。自石炭纪至二叠纪，阿吾拉勒地区经历了低角度俯冲、高角度俯冲、塔里木板块与伊犁地块碰撞、岩石圈地幔拆沉及地壳减薄伸展等复杂过程，具体演化过程如图6-1-1。

在310Ma前，大洋板块以相对低的角度向伊犁地块下俯冲，并在陆缘活动带形成了一系列岛弧钙碱性火山岩（主要分布在松湖—玉希莫勒盖一带），在弧后区形成了阿吾拉勒地区特有的富铁玄武岩－流纹岩组合（主要分布在查岗诺尔及周边地区）。岛弧钙碱性火山岩及富铁玄武岩对区域的铁矿化有明显的制约作用，前者是火山热液沉积型铁矿床的赋矿围岩，而后者则可能是高温矿浆－热液铁矿床的母岩。

310～300Ma之间，该地区经历了大洋板块俯冲角度变陡及塔里木板块与伊犁地块碰撞聚合的过程。高角度的俯冲作用在地幔楔中形成了一系列的含金云母的脉体，它为富钾质基性火山岩的形成提供了物源，而碰撞后由于俯冲板片拉伸、断裂导致的软流圈上涌使金云母的脉体熔融形成了富钾质基性火山岩（分布在玉希莫勒盖、阿拉斯坦及布谷拉一带）。这套岩浆岩的出现标志该地区由俯冲增生造山向碰撞造山的转化，此后该地区进入了后俯冲演化阶段。这套岩石不但具有构造指示意义，而且还是重要的含铜建造。

二叠纪（290Ma）以后，阿吾拉勒地区进入了后俯冲演化阶段，经历了碰撞挤压、岩石圈地幔拆沉和伸展的地球动力学条件的变化。在碰撞挤压阶段形成了富碱的长英质岩浆岩，其典型代表为玉希莫勒盖达坂的石英正长岩和艾肯达坂的粗面岩，石英正长岩的单颗粒锆石的U－Pb年龄为289Ma；由于受二叠纪塔里木地幔柱活动的影响，阿吾拉勒地

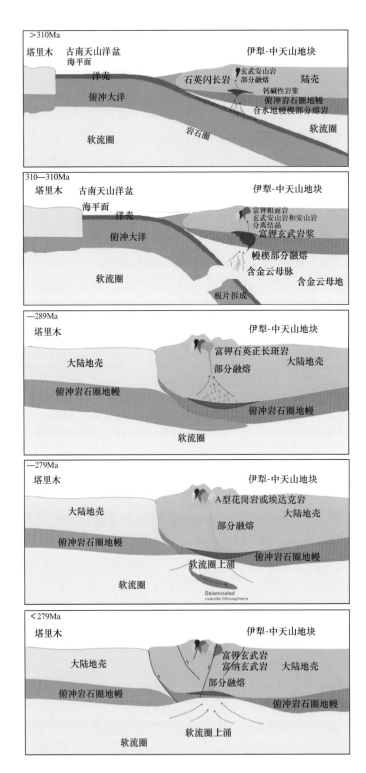

图 6-1-1 阿吾拉勒地区晚古生代的构造演化与岩浆作用

区的岩石圈地幔在 280Ma 左右发生了拆沉，并在该地区形成了一定数量的 A 型花岗岩（群吉和塔尔得套）和埃达克岩（莫斯早特），这类岩石主要分布在阿吾拉勒山西段。据前人研究，阿吾拉勒地区 C 型埃达克岩的单颗粒锆石 U－Pb 同位素年龄为 279Ma；此后，由于软流圈进一步上涌，使该地区地壳减薄，导致幔源钾质和钠质玄武岩的喷发。后俯冲演化阶段形成的火山岩（次火山岩）对区内铜及多金属元素成矿具有明显的控制作用。

阿吾拉勒地区铁铜成矿作用对火山（次火山）岩具有明显的选择性：铁的成矿作用与大洋板块俯冲和弧后伸展过程形成的钙碱性火山（次火山）岩和富铁玄武岩有关；铜的成矿作用则与富钾火山（次火山）岩、埃达克岩及 A 型花岗岩有关。这种选择性为区域矿产勘查提供了找矿的岩石学标志。

三、火山构造控制铁矿成矿规律探讨

阿吾拉勒山铜矿床在区域上分布不均匀性明显，表现为东铁（铜）西铜，而且矿床之间分布明显具有成带展布成群集中的规律，它们的分布与区域构造线方向一致。在阿吾拉勒地区火山岩主要分布在石炭系的大哈拉军山组和二叠系的乌郎组中。已有研究显示，大哈拉军山组火山岩是南天山洋板块向北俯冲诱发的岛弧岩浆活动的产物，而二叠纪的乌郎组火山岩则为后俯冲岩浆活动的产物（罗勇等，2010）。由于大哈拉军山组火山岩与乌郎组火山岩的成因及形成地球动力学环境不同，因此其成矿作用也有一定的差异。在该地区与晚古生代火山作用有关的金属矿床具有明显的层控特征，石炭系大哈拉军山组火山岩是铁矿床的主要赋矿层位，在该火山岩中也有少量的铜矿床分布；下二叠统的火山岩（乌郎组）是铜矿床最重要的含矿建造。

1. 石炭纪火山活动的成矿作用

玉希莫勒盖达坂及阿拉斯坦地区大哈拉军山组火山岩地层中，厘定出了钙碱性火山岩-高钾钙碱性中基性火山岩-橄榄粗安质火山岩组合。三类火山熔岩均表现出富集大离子亲石元素、亏损高场强元素的地球化学特征，说明它们来源于被俯冲板块成因流体或熔体交代的地幔楔。研究显示，在 310Ma 前南天山洋板块向北俯冲在伊犁地块之下，形成了一系列的岛弧型钙碱性火山岩（玄武质、玄武安山质火山熔岩、中酸性火山熔岩及火山碎屑岩）、钙碱性次火山岩及侵入岩（石英闪长斑岩）。由于俯冲板块的大量脱水，交代了上部的地幔楔。蛇纹石稳定性研究显示，叶蛇纹石的稳定压力较大，它可以在地幔深部稳定存在。如图 6－1－2 所示，在地幔条件下当超镁铁质岩石水饱和时，在超过 6GPa 以上的压力范围内，低温矿物组合以蛇纹石或叶蛇纹石为主（魏春景等，2008）。显然，在地幔深部橄榄岩与板块脱水形成的流体相互作用时可以形成高压下稳定存在的以叶蛇纹石为主体的蛇纹岩。与橄榄岩相比，蛇纹岩的铁含量明显下降，也就是说，橄榄岩蛇纹石化过程中大量的铁被活化迁移，这为铁矿床的形成奠定了物质基础。而被交代的地幔楔部分熔融形成的岩浆熔体为铁的富集及向地表传输提供了载体和动力，在火山沉积盆地形成了以松湖铁矿为代表的与火山活动有关的铁矿床。

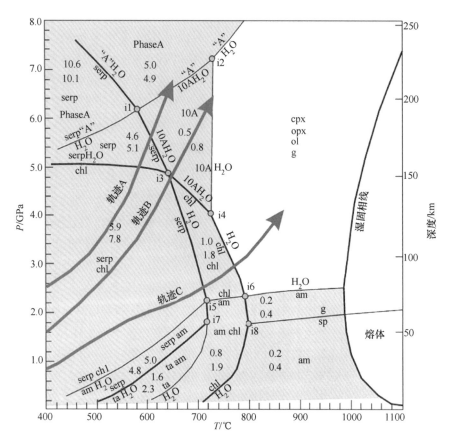

图 6-1-2　饱和水橄榄岩中的主要矿物相平衡及水含量

（原图据魏春景等，2008）

am—角闪石；chl—绿泥石；ta—滑石；ol—橄榄石；opx—斜方辉石；serp—蛇纹石；sp—尖晶石；

cpx—单斜辉石；g—石榴子石

　　在 310Ma 以后，由于地球动力学条件的改变，南天山洋板块向北俯冲的角度变陡，板块脱水形成的流体交代作用较之前更加集中，在弧下地幔楔形成了一系列含金云母交代脉体，由于这种含金云母的脉体相对难熔，在正常的地温梯度下保持稳定。在石炭纪末期甚至早二叠世早期，南天山洋的闭合，塔里木板块与伊犁地块碰撞，洋壳俯冲作用停止。由于俯冲惯性和已俯冲洋壳的拖拉作用，俯冲的洋壳在地幔中继续向下运动，导致俯冲洋壳减薄、甚至断裂，软流圈上涌直接与地幔楔接触，使含金云母脉体及周围的地幔楔物质发生部分熔融。由于含金云母脉周围地幔楔物质加入的多寡不同，分别形成了高钾钙碱性玄武岩 – 玄武安山岩、钾质及超钾质基性火山岩。在布谷拉地区的钾质—超钾质基性火山岩中发现了含有熔体包裹体和熔体 – 流体包裹体的"眼斑"状方解石，该类方解石的 C 和 O 同位素组成与沉积成因碳酸盐的相同（图 6-1-3），表明俯冲洋壳上沉积碳酸盐对于布谷拉钾质—超钾质基性火山岩的形成具有显著贡献，这也可能是导致该类岩石具有较低的稀土元素含量、较低的轻重稀土比值及明显富钠的主要原因之一。

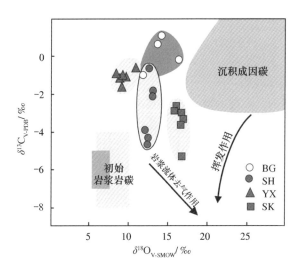

图 6 - 1 - 3　布谷拉岩浆岩和松湖—查岗诺尔一带铜矿床（化）
方解石的 C 和 O 同位素组成

　　在松湖—查岗诺尔一带火山岩分布地区广泛地发育着铜矿化，矿石矿物以辉铜矿为主，即使是以黄铜矿为主的铜矿床，其硫化物（黄铁矿）含量也很低。在有些矿床中分布着自然铜，甚至成为重要的矿石矿物之一。这充分说明该地区的铜矿化具有低硫的特征；在该地区铜矿床中与矿石矿物共生的脉石矿物是方解石，很少见到石英。这在一定程度上说明，该地区的铜矿化具有贫硅的特征。

　　在该地区的玉希莫勒盖铜矿、查岗诺尔铁矿床和式可布台铁矿床采集了含铜矿化的方解石脉并进行了 C 和 O 同位素分析，旨在揭示该类铜矿化的成矿流体来源。图 6 - 1 - 3 显示，上述矿床中与铜矿化关系密切方解石的 C 和 O 同位素组成与布谷拉钾质—超钾质岩浆岩内"眼斑"状方解石的 C 和 O 同位素组成相同，这在一定程度上反映区域铜矿化与钾质—超钾质基性岩浆作用有内在的成因联系。

　　事实上，布谷拉钾质—超钾质岩浆岩与铜矿化关系十分密切，在其岩体内部及边缘就分布着铜的矿化体。阿拉斯坦铜矿床也定位在钾质基性火山岩内。已有的研究显示，钾质岩浆岩与某些类型的金和贱金属矿床密切相关，一些世界级的金和铜－金矿床就产在高钾钙碱性岩浆岩和钾质（橄榄安粗岩系列）岩浆岩中，经常与出现在浅部的低温热液型矿床和深部的斑岩型矿床共生。事实上，目前已在玉希莫勒盖达坂矿区发现了 1、2、3 和 4 号 4 个具有开采价值的矿体，其中 1、2 和 4 号 3 个矿体直接定位在大哈拉军山组火山岩中，它们严格受火山岩内断裂系统的控制，分布于构造蚀变带及断裂中，矿体产状稳定。单个矿体以不规则脉状为主，铜品位在 0.2% ~2% 之间，伴生有不同程度的金矿化。矿石矿物主要为黄铜矿，其次为蓝铜矿和孔雀石等；脉石矿物以黄铁矿和方解石为主，含有少量的石英，为典型热液型矿床。此外，初步研究显示该矿区 3 号矿体主要矿化特征与典型的斑岩型矿床相似，这为区域找矿勘探提供了新思路；与环太平洋金属成矿带的一些世界级铜－金矿床一样，在玉希莫勒盖达坂地区上部的热液型铜－金矿床与深部的斑岩型铜－金矿床共生，其形成和定位均受板块俯冲过程诱发的岩浆－热液体系的控制。

在查岗诺尔地区大哈拉军山组火山岩地层中，厘定出了一套富铁玄武岩－流纹岩组合。其中富铁玄武岩在 Th－Hf－Nb、Th－Hf－Ta 构造环境判别图的投影点均落在岛弧火山岩区域内，在 Ta/Yb－Th/Yb 图解中其投影点落在陆缘活动带区域内，这说明查岗诺尔富铁玄武岩的形成环境应为活动陆缘岛弧。在 Y－Nb 图中，查岗诺尔酸性火山岩的投影点落在火山弧和同碰撞火山岩的区域内，在 Y＋Nb－Rb 图解中其投影点均落在火山弧的区域内，这些特征说明酸性火山岩的形成环境为岛弧。这套双峰式火山岩组合形成于活动陆缘岛弧构造环境，而并非裂谷活动的产物。富铁玄武岩稀土元素含量较低，且其轻重稀土分馏不明显，具有明显的负铕异常，说明岩浆经历了辉石或斜长石的结晶分离过程。与其他酸性岩不同，查岗诺尔流纹岩的稀土元素含量相对较低，其稀土总量低于 100×10^{-6}。与富铁玄武岩相同，共生的流纹岩的轻重稀土分馏也不明显，具有相对较弱的铕负异常。查岗诺尔富铁玄武岩－流纹岩组合的稀土元素地球化学特征与 Kerrich et al.（2008）所报道的 Abitibi 绿岩带内富铁玄武岩－流纹岩组合的稀土元素地球化学特征相近。富铁玄武岩不但具有重要的岩石成因意义，也具有重要的找矿指示意义。Kerrich et al.（2008）研究显示，在 Abitibi 绿岩带内不但分布着条带状的硅铁建造，而且还存在着若干个具有工业意义的火山成因块状硫化物矿床，该类矿床在空间上与流纹质岩石共生。在火山岩地层层序上块状硫化物矿床位于基性火山熔岩下部和硅铁建造上部。显然，富铁玄武岩－流纹岩组合是寻找硅铁建造和火山成因块状硫化物矿床的重要岩石学标志。

在查岗诺尔地区目前已发现了查岗诺尔大型铁矿床和同种类型的智博铁矿床，在其东部还分布着和备战铁矿，构成了铁矿化集中区。查岗诺尔铁矿床与富铁玄武岩－流纹岩组合具有明显的时空耦合关系，暗示二者具有一定的成因联系。因此，富铁玄武岩及富铁玄武岩－流纹岩组合是重要的找矿标志，它的分布区及周边是重要的铁矿找矿靶区。同时，在该岩石分布区应注重火山成因块状硫化物矿床的寻找。

综上所述，石炭纪高钾钙碱性岩浆及钾质—超钾质基性岩浆活动对铜矿化具有明显的制约作用，区内石炭系高钾钙碱性岩浆岩及钾质—超钾质基性岩浆岩分布区是重要的铜矿找矿靶区；而钙碱性火山岩，特别是富铁玄武岩对铁矿化具有明显的制约作用，它们的分布区则是重要的铁矿找矿靶区。

2. 二叠纪火山活动的成矿作用

二叠纪火山岩主要分布在阿吾拉勒山西段，被命名为乌郎组，在东段有局部出露，被命名为艾肯达坂组。根据岩石化学组成可将艾肯达坂组分成粗安岩和粗面岩两类。研究显示，艾肯达坂组粗安岩是典型的后俯冲岩浆作用的产物，他形成于后俯冲的伸展阶段，而艾肯达坂组粗面岩是典型的后俯冲岩浆作用的产物，他形成于后俯冲的挤压阶段，其形成时间早于粗安岩。显然，在二叠纪阿吾拉勒山已经进入了后俯冲的演化阶段，经历了挤压和伸展地球动力学条件转换，具有良好的成矿条件。

在艾肯达坂钾质火山岩中已发现了艾肯达坂铜银矿和三个铜矿化点，其定位受艾肯达坂火山机构的控制（王庆明等，2000），其矿化特征与浅成低温矿床相似。虽然矿体规模较小，本身经济价值较低，但却有重要的找矿指示意义。野外地质产状显示，在艾肯达坂地区二叠纪钾质火山岩剥蚀程度较低，火山颈相保存完好，而艾肯达坂铜银矿的矿化主要受火山颈相及外围环型和放射型构造的控制，火山机构下部应存在着钾质的浅成—超浅成侵入体。钾质浅成—超浅成侵入体往往是大型—超大型斑岩金矿和斑岩金－铜矿的载体，因此艾肯达坂是西天山阿吾拉勒地区寻找大型铜矿床的最佳靶区之一。

乌郎组主要分布在阿吾拉勒山的西段，根据岩性可以分为玄武岩、玄武安山岩、安山岩、英安岩、流纹岩、安山质熔结凝灰岩、英安质火山角砾岩、安山质凝灰岩、安山质晶屑凝灰岩、火山角砾岩、集块角砾岩，暗示强烈的爆发相喷发的特征。根据化学组成特征可以分成两类：一类是钙碱性系列，另一类是碱性系列，以后者占绝对优势。而碱性火山岩又可以分成钠质和钾质两亚类。阿吾拉勒山西段二叠纪火山岩中 Cu、Pb、Zn、As、Ag 等成矿元素具有较明显的富集特点，其他类型火山岩成矿元素富集不明显，甚至贫化。表明本区火山岩型铜矿化富集主要与玄武安山岩或安山岩关系密切。该区二叠纪火山岩乌郎组为最重要的含矿建造，许多铜矿床（点）都赋存该层位中。

在阿吾拉勒山西段，从西到东有克细布拉克铜矿、穷布拉克铜矿、黑山头、"90"、"92"铜矿点、"485"铜矿、"109"铜矿、卡拉困盖铜矿、塔尔得套铜矿、群吉萨依铜矿、包尕斯铜矿、特铁达坂铜矿等矿床（点），构成了比较明显的铜矿化集中区。这些矿床（点）在空间分布上具有明显的规律性：西段琼布拉克－巴斯尔干达坂－克孜布拉克－阿克吐别克－莫斯早特等组成北矿带，以火山热液型铜矿为主；巴斯尔干－黑山头－"92"－卡拉困盖－"109"－种羊场等组成南矿带，以火山热液型和次火山岩型铜矿并存为特征；莫斯早特－圆头山－群吉－群吉萨依－克孜库拉－"109"等组成南北向铜矿带，主要为次火山热液型铜矿。根据矿化特征可以分为中—低温热液型铜矿、火山热液型铜矿和斑岩型铜矿三类铜矿化，它们矿化特征有一定差异。

中—低温热液型铜矿：此类矿（化）点矿体呈脉状、串珠状、透镜状，沿断裂、裂隙充填。矿化主要为孔雀石化、斑铜矿化、黄铜矿化，少量闪锌矿化。围岩蚀变主要有重晶石化、青磐岩化、绿泥石化、碳酸盐化；代表性矿床有奴拉赛铜矿点、克藏南铜矿点等。

奴拉赛铜矿点位于莫斯早特岩体西侧外接触带。矿区出露地层为上二叠统晓山萨依组之紫红色凝灰质砂砾岩、砂岩及下二叠统乌郎组巨厚火山岩；北西向或北北西向断裂构造对成矿有显著的控制作用。矿物组分复杂，矿石矿物有斑铜矿、辉铜矿、黄铜矿、蓝辉铜矿、铜蓝、孔雀石、蓝铜矿等；伴生矿物有闪锌矿、方铅矿、黄铁矿、褐铁矿；脉石矿物主要为方解石，少量重晶石、绿泥石、黄钾铁钒。矿石为块状富矿，含铜平均品位在 5% 以上，锌 $16 \times 10^{-6} \sim 1600 \times 10^{-6}$，铅 $312 \times 10^{-6} \sim 1200 \times 10^{-6}$。近矿围岩蚀变微弱，有硅化及碳酸盐化，并伴有少量的浸染状铜矿化。

火山热液型铜矿：该类矿床属本区的主要成矿类型之一，矿（化）点较多，分布广，成矿受层位、岩性、断裂等多因素控制，而且具有多期成矿特征，因成矿物质主要来源于火山活动期的火山热液，因此，又具有层控的特点。矿体形态极不规则，呈似层状、团块状、透镜状或脉状。代表性矿床有琼布拉克铜矿及包尕斯铜矿等。

琼布拉克铜矿床位于下二叠统乌郎组、上二叠统晓山萨依组、哈米斯特组中，矿体受近东西向压扭性断裂和裂隙控制；铜矿化多产于重晶石脉及其枝脉内，重晶石脉呈近东西走向，蚀变主要有重晶石化、青磐岩化、绿泥石化，地表以孔雀石化最明显，也较普遍，主要矿脉有 11 条，长 35～100m，宽 10～15m 不等，Cu 品位 0.5%～2%。

斑岩型铜矿：斑岩型铜矿是本区主攻的矿床类型之一。该类型成矿与花岗斑岩、花岗闪长斑岩、石英钠长斑岩等侵入体密切相关，岩体的钾质含量与成矿作用的强弱成正比，一般含钾 3% 以上者，有铜矿化。矿化产出部位受岩体内部断裂、裂隙、破碎带控制，矿石具浸染状、细脉浸染状构造。近矿围岩蚀变以钠化、钾化、硅化为主，其次为碳酸盐化。代表性矿床有"109"铜矿及群吉斑岩型铜矿床等。

综上所述，二叠纪火山岩，特别是富碱（富钾）火山岩及次火山岩对于阿吾拉勒地区的铜矿化具有明显的控制作用，它们的分布区是找铜矿的重要靶区。

第二节　成矿规律和区域成矿模式总结

一、区域成矿特征及矿产预测类型

研究区所处成矿单元为伊犁成矿带（III－10）内的阿吾拉勒 Fe－Au－Cu－Pb－Zn－煤－硫铁矿矿带（（IV－10－①））的东段和伊什基里克 Cu－Au－Ag－Pb－Zn－Fe－RM－白云岩－煤－重晶石矿带（IV－10－③）的东段。

伊犁成矿带是古生代造山带内重要贵金属、有色金属、黑色金属成矿单元之一，经历了元古宙结晶基底、震旦纪—寒武纪稳定盖层、奥陶纪—志留纪活动盖层和晚古生代陆缘活动几个构造演化过程。构造岩浆活动以华力西期最为强烈，也是主要的铁、铜、金多金属矿成矿期。区内已发现铁、铜、金等多金属矿产地 150 余处。其中，东段以铁矿为主，有铁矿产地 46 处，其中大型矿床 4 处，中型矿床 3 处和小型铁矿 11 处。大型矿床有查岗诺尔、智博、备战、敦德，中型矿床有松湖、尼新塔格－阿克萨克、式可布台等，小型矿床有铁木里克、驹尔都拜、和统哈拉尕依、吐尔拱中游 I 号、潘它尔根、查岗诺尔南东等，是新疆著名的式可布台－查岗诺尔－备战（阿吾拉勒）铁矿大型矿集区。

从区域成矿地球化学特征讲，勘查区又处于区域性阿吾拉勒－伊什基里克 Cu、Pb、Zn、Au 异常带，东西长约 250km。元素组合主要有 Cu、Pb、Zn、Au、Ag、Fe、Mn、V、Co、Ti、W、As、Sb、Cd 等，分布不均匀。其中 Au、Cu、Ag、As、Sb 等元素主要分布于伊什基里克地区，与裂谷型火山－沉积建造和金矿化有关；Cu、Pb、Zn、Fe、Mn、V、Ti 等元素主要分布于阿吾拉勒山一带，主要与中基性火山岩建造和铁铜多金属矿化有关，但沿阿吾拉勒山元素分布富集有一定差异，西段以富集 Cu、Pb、Zn、Au 等元素为特征，东段以集中分布 Cu、Fe、V、Ti、Pb、Zn 等元素为特征。

区内主要铁矿成矿类型为海相火山岩型铁矿，其次为岩浆热液型。矿产预测类型以海相火山岩型为主。初步统计，海相火山岩型铁矿产地达 35 处，占区内铁矿产地的

76.1%，探明铁矿资源储量均为该类型；岩浆热液型铁矿产地达 11 处，占区内铁矿产地的 23.9%，尚未查明资源储量。

二、区域成矿时空分布特征

该区铁矿成矿规律具有空间分带清晰，成矿时间集中，成矿类型关联紧密的特点。主要与早石炭世和晚石炭世火山活动形成的火山岩－火山碎屑岩有密切关系，特别明显受火山机构控制，并表现出火山活动越强，铁矿床规模越大、铁矿石品位越富的规律。其中，与早石炭世火山活动关系密切的主要有查岗诺尔、智博、备战、敦德等铁矿床；与晚石炭世火山活动关系密切的主要式可布台、松湖等铁矿床。各矿床主要分布在阿吾拉勒山脉的主脊，大致呈北西西－南东东线状分布，明显可分布为东段和西段两个矿化集中区。东段矿化集中区：由西向东依次分布有查岗诺尔、智博、敦德、备战 4 个大型铁矿床，以及查岗诺尔铁矿附近的胜利铜矿床、欠哈布代克萨拉铅锌多金属矿床。该矿群处于石炭纪海相火山岩带，赋矿地层为大哈拉军山组第二岩性段和第三岩性段。铁矿床明显受火山机构控制，主要矿体产出于火山机构外侧－内侧的喷溢－喷发相和火山颈相内，围岩蚀变主要为中基性火山岩在中高温火山气液作用下形成的石榴子石化、绿泥石化、绿帘石化、阳起石化等类矽卡岩化及钾长石化。成矿类型属海相火山喷发堆积－矿浆贯入－气液交代充填型铁矿床，备战铁矿局部表现出矽卡岩型铁矿的特点。西段矿化集中区：由西向东依次有铁克里克、式可布台、松湖、尼新塔格－阿克萨克、和统哈拉盖、萨海等铁矿床。该矿群成矿环境为火山－沉积盆地边缘近火山一侧（火山弧外侧斜坡）或火山喷溢－喷流（气）带，属浅海－半深海相，赋矿地层为伊什基里克组。矿床受火山机构外侧或火山喷流（气）口附近的沉积凹地控制。围岩蚀变有绿泥石化、绢云母化、硅化、黄铁矿化、碳酸盐化。成矿类型属于海相火山喷流沉积型铁矿床。

三、区域成矿模式总结

基于前述西天山阿吾拉勒铁矿带上的六个典型大中型铁矿床的研究，我们初步查明了区域上铁矿床的特征。铁矿床与区内火山活动或热液作用密切相关，主要的矿床成因类型有：矿浆和火山热液复合型，以矿浆成因为主（例如备战铁矿、智博铁矿和查岗诺尔铁矿），火山变质和火山热液复合型（例如敦德铁矿），火山热液型（例如松湖铁矿）。李凤鸣等（2011）曾总结过西天山石炭纪火山－沉积盆地的成矿规律，并绘制了该盆地成矿模式图（图 6－2－1），很好的刻画出成矿与火山活动的关系，即：距火山活动中心越近，铁矿成矿作用越强，矿床规模越大；距火山活动中心越远，铁矿成矿作用越弱，矿床规模也相对减小。在成矿类型上，也表现出规律性，由火山机构内带及火山通道的火山（喷发）堆积－矿浆贯入－气液交代充填成矿类型（查岗诺尔－智博－备战－阔拉萨依铁矿）→火山机构外带火山喷发沉积－气液交代成矿类型（松湖、尼新塔格铁矿）→远离火山机构以外火山喷流沉积作用形成的火山喷流成矿类型（式可布台、莫托萨拉下层铁矿层）→超远距离火山机构的化学沉积成矿类型演化。

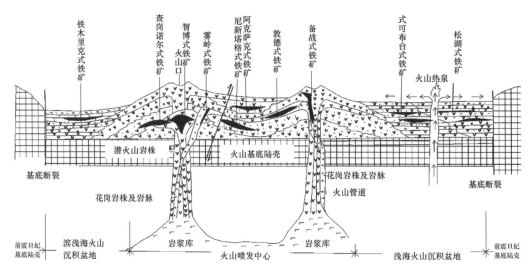

图 6 - 2 - 1　西天山阿吾拉勒铁矿带典型矿床成因模式图

(据李凤鸣等, 2011)

综上所述, 阿吾拉勒铁矿带铁矿床主要受三种成矿地质作用约束: 岩 (矿) 浆成矿作用、火山热液成矿作用或火山变质成矿作用, 所形成的矿床相应地主要有三种类型: 矿浆型、火山热液型或火山岩变质型, 但常常是两种或几种成因的叠加复合型。区域成矿过程处于早石炭世晚期俯冲带的岛弧火山岩环境。

第三节　成矿远景区划分及靶区优选

一、成矿远景区划分及特征

在Ⅳ级矿带内, 由一系列在时间上、空间上与成因上密切联系的矿床组合而构成的含矿地区, 即矿床、矿点矿化点及物化探异常的集中区, 称之为成矿远景区。

(一) 成矿远景区划分原则

成矿远景区命名原则为: 地理名称 + 矿种 + 成矿远景区。编号为 Ⅴ + 下角标序号 (如 $Ⅴ_1$), 由西向东排序。

本次成矿远景区划分主要遵循以下几条原则:

1) 成矿地质条件基本相近。

2) 已知矿床、矿点、矿化点密集分布, 集中产出的地区。

3) 重力、磁法和化探、遥感、重砂等综合信息相互套合且反映明显的地区。

4) 成矿远景区尽量不跨越Ⅳ级矿带。

5) 面积不宜过大。

（二）成矿远景区特征

依据研究区矿产赋存规律、分布特点及火山建造构造控制等特征，将区内划分了五个成矿远景区。各成矿远景区特征如下。

1. 铁木里克－式可布台 Fe、Cu 成矿远景区（V_1）

位于研究区西部。出露上石炭统伊什基里克组，为一套海相中性—中酸性火山岩、火山碎屑岩和火山碎屑沉积岩建造，局部夹碳酸盐，展布受喀什河断裂和巩乃斯断裂控制，总体呈近东西向展布。二叠纪中酸性侵入岩发育。区内断裂以北东向、近东西向、北西向断裂为主，并发育有多个以裂隙式喷发为主的古火山机构。处于重力梯度带上，存在 4 处剩余重力异常、12 处航磁异常，并有众多航磁异常点分布。区内矿化以铁矿为主，次为铜矿，共有矿床点 42 处，其中中型矿床 1 处（式可布台铁矿）、小型矿床 9 处，矿点 32 处；铁矿床点 35 处，铜矿点 7 处。矿床点具有分段集中的特点，集中分布于铁木里克、则可台萨依、吐尔拱、铁木尔塔斯一带，分布与古火山机构密切相关。铁矿主要以海相火山喷流－沉积型为主，少量为岩浆热液型，主要赋存于伊什基里克组一、二岩性段中；铜矿以岩浆热液型为主，规模较小，与二叠纪中酸性侵入活动有关。

2. 萨海－阿克萨依 Fe、Cu、Au 成矿远景区（V_2）

位于研究区的中西部北侧，出露下石炭统大哈拉军山组上部的一套层安山质火山碎屑岩，夹碳酸盐岩；北西向、北东向断裂构造发育，有二叠纪花岗岩和晚石炭世石英闪长岩侵入；萨海—松湖一带存在明显的 Fe_2O_3 异常，在低缓负磁背景场中存在与松湖、穹库尔、尼新塔格铁矿有关的尖峰状高磁异常。区内矿化以铁矿为主，次为铜矿，共有矿床点 8 处，其中中型矿床 2 处（松湖铁矿、尼新塔格铁矿）、小型矿床 2 处（萨海铁矿、穹库尔铁矿），矿点 4 处；铁矿床点 6 处，铜矿点 2 处。铁矿主要以海相火山－沉积型为主，少量为岩浆热液型；铜矿以岩浆热液型为主，与二叠纪中酸性侵入活动有关。

3. 坎苏－科库塔斯 Fe、Cu 成矿远景区（V_3）

位于研究区的中部南侧，出露下石炭统大哈拉军山组上部的安山质（层）、流纹质火山碎屑岩；发育二叠纪中酸性侵入岩及北西向断裂构造，褶皱作用强烈。处于重力梯度带上，存在 2 处剩余重力异常，有强磁异常点分布。区内矿化以铜矿为主，次为铁矿，共有矿床点 15 处，其中中型矿床 1 处（塔尔塔格铁矿）、小型矿床 1 处（巩乃斯铜银矿）、矿点 14 处；铁矿床点 5 处，铜矿点 10 处。矿床点主要以岩浆热液型为主，少量接触交代型；分布于岩体外接触带上，均与二叠纪中酸性侵入活动有关。

4. 查岗诺尔－智博 Fe、Cu、Pb、Zn、Ag 成矿远景区（V_4）

位于研究区中东部，出露下石炭统大哈拉军山组下中部的安山质火山碎屑岩建造，晚石炭世及二叠纪正长花岗岩、二长花岗岩分布广泛，北西向、北东向断裂构造及古火山机构发育。处于重力梯度带上，存在航磁异常及强磁异常点。区内矿产主要为铁、铜、铅锌，共有矿床点 12 处，其中大型矿床 2 处（查岗诺尔铁矿、智博铁矿）、小型矿床 2 处

（欠哈布代克铅锌矿、胜利Ⅰ号铁铜矿）、矿点14处；铁矿床点4处，铜矿点5处、铅锌矿点3处。主要矿产地大致呈环状分布于艾肯达坂破火山口的周边，铁矿床点主要以海相火山岩型为主，分布于艾肯达坂古火山机构及周边；铜矿床点主要以岩浆热液型为主，少量接触交代型，分布于岩体外接触带上，多产于北西向断裂构造旁侧，均与二叠纪中酸性侵入活动有关，多伴生有金、银、钼等矿产。

5. 敦德－备战 Fe、Cu、Pb、Zn、Au 成矿远景区（V_5）

位于研究区东部，出露下石炭统大哈拉军山组下中部的安山质火山碎屑岩建造，早石炭世中基性火山岩发育，晚石炭世闪长岩、花岗岩、二长花岗岩分布广泛，北西向断裂、褶皱构造及古火山机构发育。处于重力梯度带上，存在航磁异常及强磁异常点。区内矿产主要为铁、铜、铅锌、金等，共有矿床点8处，其中大型矿床2处（备战铁矿、敦德铁锌矿）、矿（化）点6处，均为铁矿。主要受敦德、备战古火山机构的控制，铁矿床点主要以海相火山岩型为主，分布于古火山机构内；少量岩浆热液型，分布于岩体外接触带上，均与晚石炭世中酸性侵入活动有关，多伴生有金、锌等矿产。

二、找矿靶区优选

研究区靶区优选主要采用新疆矿产资源潜力评价中应用的综合信息地质单元法和综合地质信息模式类比两种方法进行综合圈定。二者相互补充、互相验证。

综合信息地质体单元法，是由王世称等（1987）提出。地质体单元法的提出是基于：①矿体、矿床、矿田和矿床密集区是天然的有形的特殊地质体；②矿产资源体的形成受成矿、控矿地质条件的限制；③矿产资源体的存在可以以不同的方式反映出来；④成矿、控矿地质条件是可以认识的，其反映的标志也是可以认识的。以地质体为统计单元，按综合信息解译模型的地质特征客观地划分统计单元，确定统计单元的定义域和边界条件，并研究不同级别统计单元的特征。

综合地质信息模式类比法，主要是通过相似类比圈定靶区。圈定原则主要有以下几条。

1）判定成矿信息浓集的最小面积最大含矿率的空间范围。

2）采用模式类比法，圈定不同类别的找矿靶区。一般包括三种情况。

a）地质＋综合信息：在有利的含矿建造内，已发现有矿床（点）分布，并有明显航磁异常等异常显示（A类）。

b）综合信息地质＋矿床点：在有利的含矿建造内，仅有已知矿床（点）分布，但航磁异常、遥感蚀变等异常显示不明显（B类）。

c）地质＋X：在有利的含矿建造内，仅有航磁异常等单一信息显示（C类）。

3）空间位置的确定首先以地质构造精细分区划分找矿单元，以地、物、化、遥成矿信息综合标志确定靶区的界线。

通过上述方法的综合，在研究区五个成矿远景区内共圈出15个铁矿找矿靶区，其特征详见表6－3－1。

表 6-3-1　西天山阿吾拉勒铁矿带铁矿找矿靶区综合地质特征一览表

IV级矿带	成矿远景区及编号	预测区名称及编号	找矿靶区综合特征	靶区面积	类别	查明资源储量/万t
阿吾拉勒 Fe-Au-Cu-Pb-Zn矿带 (IV-10-①)	铁木里克-式可布台 Fe、Cu 成矿远景区 (V₁)	铁木里克 (ZB-1)	位于研究区西端，受巴依图马古火山机构控制。出露地层为上石炭统伊什基里克组二岩性段的一套安山质火山碎屑岩建造，近东西向和北东向断裂发育，晚石炭世辉绿玢岩沿北东向断裂分布；处于局部剩余重力高和航磁异常显明区内，有甲乙类航磁异常常点10处。分布有海相火山-沉积型小型铁矿床1处，矿点6处；热液型小型铁矿火山-沉积型海相。具有寻找海相火山-沉积型铁矿的潜力	87	A	62
		驹尔都拜 (ZB-2)	位于研究区西端，则可台碎依古火山机构北侧。出露地层为上石炭统伊什基里克组二岩性段一套安山质火山碎屑岩建造，有二叠纪花岗岩侵入，北西向断裂发育。处于局部剩余重力高和航磁异常区内，有乙类航磁异常常点2处。分布海相火山-沉积型小型铁矿床1处，矿点1处，热液型铁矿矿点1处，铜铁矿矿点2处。具有寻找海相火山-沉积型铁矿的潜力	39	A	17.02
		和绕哈拉盖 (ZB-3)	位于研究区西部，出露地层为上石炭统伊什基里克组二岩性段的一套安山质火山碎屑岩建造，北西向和北东向断裂发育，有乙类航磁异常常点5处。分布小型海相火山-沉积型铁矿床3处，矿点2处，铜矿点1处。寻找海相火山-沉积型铁矿的潜力较大	38	A	90.60
		式可布台 (ZB-4)	位于研究区西部，受铁木尔塔斯古火山机构控制。出露地层为上石炭统伊什基里克组一、二岩岩性段安山质火山岩建造，北西向和北东向断裂发育，有二叠纪花岗闪长岩分布。处于局部剩余重力高区内，航磁异常相对较弱，有乙类航磁异常常点7处，Fe、Mn累加异常明显。分布中型海相火山-沉积型铁矿床1处，小型4处，矿点3处，热液型铁矿点2处。寻找海相火山-沉积型铁矿的潜力较大	87	A	2958
		库尔德能 (ZB-7)	位于研究区中部，受近东西向断裂控制。出露地层为上石炭统伊什基里克组一、二岩性段层状安山质火山碎屑岩建造，近东西向断裂发育，有二叠纪花岗闪长岩分布。处于局部剩余重力高区段内，航磁异常相对较弱，局部剩余重力高区段内分布热液型铁矿点3处。具有寻找热液型铁矿的潜力	32	B	

IV级矿带	成矿远景区及编号	预测区名称及编号	找矿靶区综合特征	靶区面积	类别	查明资源储量/万t
阿吾拉勒 Fe-Au-Cu-Pb-Zn矿带 (IV-10-①)	萨海-阿克萨依 Fe、Cu、Au 成矿远景区 (V₂)	萨海 (ZB-5)	位于研究区西部北侧，出露地层为下石炭统大哈拉军山组四岩性段安山质火山碎屑岩建造，北西向断裂发育，分布有二叠纪花岗岩。处于重力、航磁梯度北侧，Fe、Mn 累加异常明显。分布海相火山岩型小型铁矿床1处。具有寻找海相火山岩型铁矿的潜力	30	A	261
		松湖 (ZB-6)	位于研究区西部北侧，出露地层为下石炭统大哈拉军山组四岩性段安山质火山碎屑岩建造，北西向近东西向断裂发育，分布有二叠纪花岗岩。处于重力高、Fe、Mn 累加异常重力高，航磁梯度北侧。分布海相火山岩型铁矿床1处、小型1处，热液型铁矿点1处，铜矿点1处。寻找海相火山岩型铁矿的潜力较大	101	A	6800
		尼新塔格 (ZB-8)	位于研究区中西部，出露地层为下石炭统大哈拉军山组四岩性段安山质火山碎屑岩建造，近东西向断裂发育，分布有二叠纪花岗岩类。处于局部剩余重力东侧，Fe、Mn 累加异常重力北侧，航磁异常高。分布海相火山岩型中型铁矿床2处。寻找海相火山岩型中型铁矿的潜力大	62	A	10641
		四棵树上游 (ZB-9)	位于研究区中部北侧，出露地层为下石炭统大哈拉军山组四岩性段安山质火山碎屑岩建造，分布有二叠纪花岗岩。存在弱航磁异常，有海相相火山岩型和热液型铁矿的潜力	57	B	
	坎苏-科库塔斯 Fe、Cu 成矿远景区 (V₃)	坎苏 (ZB-10)	位于研究区中部南侧，出露地层为下石炭统大哈拉军山组四火山岩岩建造、五岩性段安山岩，北西向近东西向断裂发育，有二叠纪花岗岩、闪长（玢）岩分布。处于局部剩余重力高区段内，有乙类航磁异常点7处，矿点3处。具有寻找矽卡岩型、Fe、Mn 累加航磁异常中型铁矿床1处，热液型铁矿的潜力	150	A	6470
	查岗诺尔-智博 Fe、Cu、Pb、Zn、Au 成矿远景区 (V₄)	古勒扎西 (ZB-11)	位于研究区东部南侧，出露地层为下石炭统大哈拉军山组四火山岩碎屑岩建造、五岩性段安山质流质火山岩碎屑岩建造，北西向近东西向断裂发育，处于局部剩余重力高区相对较弱，有乙类航磁异常点1处。铜矿点3处，金矿点2处。接触交代型铜矿点1处，具有寻找与岩浆热液有关的铁铜矿的潜力	87	B	

IV级矿带	成矿远景区及编号	预测区名称及编号	找矿靶区综合特征	靶区面积	类别	查明资源储量/万t
阿吾拉勒 Fe-Au-Cu-Pb-Zn矿带（IV-10-①）	查岗诺尔-智博 Fe、Cu、Pb、Zn、Au 成矿远景区（V₄）	查岗诺尔（ZB-12）	位于研究区东端，受艾肯达坂破火山口之查岗诺尔火山机构控制。出露下石炭统大哈拉军山组二岩性段安山质英安质花岗岩分布。有海相火山岩和小型铁铜矿，铅锌型小型铁矿1处，铜矿点各1处，铜矿点4处，铅锌矿点2处，寻找海相火山岩型铁矿和热液型铜铅锌矿的潜力很大	128	A	32633
		智博（ZB-13）	位于研究区东端，艾肯达坂破火山口北东。出露下石炭统大哈拉军山组二岩性段安山质火山岩建造，艾肯西向断裂构造发育，有二叠纪重力高。具有寻找海相火山岩型大型铁矿床1处。具有寻找海相火山岩型铁矿的潜力	100	A	33355
	备战 Fe、Cu、Zn、Pb、Au 成矿远景区（V₅）	敦德（ZB-14）	位于研究区东端，敦德破火山口中。出露下石炭统大哈拉军山组二岩性段安山质火山岩建造，近北西向，北东向断裂构造异常。有海相火山岩型大型铁矿床1处，存在明显的航磁异常。寻找海相火山岩型铁矿及古火山口分布的潜力很大	77	A	21800
		备战（ZB-15）	位于研究区东端，备战破火山口中。出露下石炭统大哈拉军山组二岩性段安山质火山碎屑岩建造，近北西向断裂构造发育，有晚石炭世花岗岩及古火山机构分布，存在弱航磁异常。有大型海相火山岩型铁矿床4处，寻找海相火山岩型铁矿的潜力很大	76	A	33100

参 考 文 献

阿丽娜, 弓小平, 徐谢军. 2012. 新疆和静县备战铁矿矿体特征及围岩蚀变 [J]. 西部探矿工程, (03): 171~172.

艾永富, 金玲年. 1981. 石榴石成分与矿化关系的初步研究 [J]. 北京大学学报 (自然科学版), (01): 83~90.

安芳, 朱永峰. 2008. 西北天山吐拉苏盆地火山岩 SHRIMP 年代学和微量元素地球化学研究 [J]. 岩石学报, 24 (12): 2741~2748.

白建科, 李智佩, 徐学义等. 2011. 新疆西天山吐拉苏——也里莫墩火山岩带年代学: 对加曼特金矿成矿时代的约束 [J]. 地球学报, 32 (3): 322~330.

常兆山, 冯钟燕, 陈廷礼. 2000. 河北涞源岩基中的超镁铁质岩研究 [J]. 地质与勘探, 36 (3): 35~39.

车自成, 刘良, 刘洪福等. 1996. 论伊犁古裂谷 [J]. 岩石学报, 12 (3): 478~490.

陈丹玲, 刘良, 车自成等. 2001. 中天山骆驼沟火山岩的地球化学特征及其构造环境 [J]. 岩石学报, 17 (3): 378~384.

陈光远, 孙岱生, 张立生. 1987. 黄铁矿成因形态学 [J]. 现代地质, (01): 60~76.

陈义贤, 陈文寄, 周新华等. 1997. 辽西及邻区中生代火山岩 - 年代学地球化学和构造背景 [M]. 北京: 地震出版社.

陈毓川, 王登红, 朱裕生等. 2007a. 中国成矿体系与区域成矿评价 (上、下册) [M]. 北京: 地质出版社.

陈毓川, 刘德权, 唐延龄等. 2007b. 中国新疆战略性固体矿产大型矿集区研究. 北京: 地质出版社.

陈毓川, 刘德权, 唐延龄等. 2008. 中国天山矿产及成矿体系. 北京: 地质出版社.

陈毓川, 王登红等. 2010a. 重要矿产预测类型划分方案. 北京: 地质出版社.

陈毓川, 王登红等. 2010b. 中国西部重要成矿区带矿产资源潜力评估. 北京: 地质出版社.

陈毓蔚, 朱炳泉. 1984. 矿石铅同位素组成特征与中国大陆地壳的演化 [J]. 中国科学 B 辑, 3: 269~277.

陈岳龙, 王中刚. 1993. 新疆东天山花岗岩类的地球化学特征 [J]. 地球化学, 3: 288~302.

陈正乐, 万景林, 刘健等. 2006. 西天山山脉多期次隆升 - 剥露的裂变径迹证据 [J]. 地球学报, 27 (2): 97~106.

单强, 曾乔松, 张兵等. 2009b. 新疆尼勒克县松湖铁矿床成因研究 [J]. 矿物学报 (增刊): 47~48.

单强, 张兵, 罗勇等. 2009. 新疆尼勒克县松湖铁矿床黄铁矿的特征和微量元素地球化学 [J]. 岩石学报, (06): 1456~1464.

丁振举, 刘丛强, 姚书振等. 2000. 海底热液系统高温流体的稀土元素组成及其控制因素 [J]. 地球科学进展, (03): 307~312.

董连慧, 冯京, 刘德权等. 2010. 新疆成矿单元划分方案研究. 新疆地质, 28 (1): 1~14.

董连慧, 李卫东, 张良臣. 2008. 新疆大地构造单元划分及其特征 [A]. 见: 第6届新疆天山地质矿产资源学术会议讨论会论文集 [C]. 乌鲁木齐: 新疆青少年出版社: 27~32.

冯金星, 石福品, 汪帮耀等. 2010. 西天山阿吾拉勒成矿带火山岩型铁矿 [M]. 北京: 地质出版社.

高俊, 何国琦, 李茂松. 1997. 西天山造山带的古生代造山过程 [J]. 地球科学, (01): 27~32.

耿新霞, 杨富生, 杨建民等. 2010. 新疆阿尔泰铁木尔特铅锌矿床稳定同位素组成特征 [J]. 矿床地质, (06): 1088~1100.

顾连兴, 胡受奚, 于春水等. 2001a. 论博格达俯冲撕裂型裂谷的形成与演化 [J]. 岩石学报, 17 (4): 585~597.

顾连兴, 胡受奚, 于春水等. 2001b. 博格达陆内碰撞造山带挤压 - 拉张构造转折期的侵入活动 [J]. 岩石学报, 17 (2): 187~198.

洪为. 2012. 新疆西天山查岗诺尔铁矿地质特征与矿床成因: [D]. 北京: 中国地质科学院.

洪为, 张作衡, 蒋宗胜等. 2012. 新疆西天山查岗诺尔铁矿床磁铁矿和石榴石微量元素特征及其对矿床成因的制约 [J]. 岩石学报, (07): 2089~2102.

黄清涛. 1984. 论罗河铁矿床地质特征及矿床成因 [J]. 矿床地质, (04): 9~19.

贾群子.1991. 从磁铁矿的标型特征论天湖铁矿的成因 [J]. 西北地质, (01): 19～25.

姜常义, 吴文奎, 谢广成等.1992. 阿吾拉勒山西段二叠纪火山岩组合与构造环境分析 [J]. 西安地质学院学报, 14 (4): 1～8.

姜常义, 吴文奎, 张学仁等.1995. 从岛弧向裂谷的变迁——来自阿吾拉勒地区火山岩的证据 [J]. 岩石矿物学杂志, 14 (4): 289～300.

姜常义, 吴文奎, 张学仁等.1996. 西天山阿吾拉勒地区岩浆活动与构造演化 [J]. 西安地质学院学报, 18 (2): 18～24.

蒋宗胜, 张作衡, 侯可军等.2012a. 西天山查岗诺尔和智博铁矿区火山岩地球化学特征、锆石 U - Pb 年龄及地质意义 [J]. 岩石学报, 28 (07): 2074～2088.

蒋宗胜, 张作衡, 王志华等.2012b. 新疆西天山智博铁矿床蚀变矿物学、矿物化学特征及矿床成因探讨 [J]. 矿床地质, 31 (5): 1051～1066.

解广轰, 王俊文, A. R. Basu 等.1988. 长白山地区新生代火山岩的岩石化学及 Sr、Nd、Pb 同位素地球化学研究 [J]. 岩石学报, (04): 1～13.

匡立春, 张越迁, 查明等.2013. 新疆北部石炭纪构造背景及演化 [J]. 地质学报, 87 (3): 311～320.

李大鹏.2012. 新疆西天山阿吾拉勒成矿带叠加成矿作用: [D]. 北京: 中国地质大学.

李大鹏, 杜杨松, 庞振山.2013. 西天山阿吾拉勒石炭纪火山岩年代学和地球化学研究 [J]. 地球学报, (02): 176～192.

李凤鸣, 彭湘萍, 石福品等.2011. 西天山石炭纪火山 - 沉积盆地铁锰矿成矿规律浅析 [J]. 新疆地质, (01): 55～60.

李华芹, 陈富文, 路远发等.2004. 东天山三岔口铜矿区矿化岩体 SHRIMP U - Pb 年代学及锶同位素地球化学特征研究 [J]. 地球学报, 25 (2): 191～195.

李楠, 杨立强, 张闯等.2012. 西秦岭阳山金矿带硫同位素特征: 成矿环境与物质来源约束 [J]. 岩石学报, (05): 1577～1587.

李永军, 辜平阳, 庞振甲等.2008. 西天山特克斯达坂库勒萨依序列埃达克岩的确立及钼找矿意义 [J]. 岩石学报, 24 (12): 2713～2719.

梁祥济.1994. 钙铝 - 钙铁系列石榴子石的特征及其交代机理 [J]. 岩石矿物学杂志, (04): 342～352.

梁祥济, 曲国林.1982. 福建马坑铁矿床形成温度和压力实验的初步研究 [J]. 中国地质科学院院报, 4: 83～94.

刘崇民, 李应桂, 胡树起.2000. 黄铁矿型铜多金属矿床地球化学元素组合及找矿评价标志 [J]. 物探与化探, (06): 412～417.

刘学良, 弓小平, 韩琼等.2013. 式可布台铁矿床稀土和微量元素地球化学特征 [J]. 新疆地质, 31 (3): 206～212.

刘友梅, 杨蔚华, 高计元.1994. 新疆特克斯县林场大哈拉军山组火山岩年代学研究 [J]. 地球化学, (01): 99～104.

龙灵利, 高俊, 钱青等.2008. 西天山伊犁地区石炭火山岩地球化学特征及构造环境 [J]. 岩石学报, (04): 699～710.

龙灵利, 高俊, 钱青等.2008. 西天山伊犁地区石炭纪火山岩地球化学特征及构造环境 [J]. 岩石学报, 24 (4): 699～710.

卢宗柳, 莫江平.2006. 新疆阿吾拉勒富铁矿地质特征和矿床成因 [J]. 地质与勘探, (05): 8～11.

卢作详等.1988. 成矿规律和成矿预测学 [M]. 武汉: 中国地质大学出版社.

罗勇, 牛贺才, 单强等.2010. 西天山艾肯达坂二叠纪钾质火山岩的地球化学特征及岩石成因 [J]. 岩石学报, (10): 2925～2934.

马旭, 陈斌, 牛晓露.2009. 冀东晚古生代东湾子岩体的岩石成因研究 [J]. 岩石学报, 25 (8): 1975～1988.

莫江平, 黄明扬, 覃龙芳等.1997. 新疆预须开普台铁铜矿床成因探讨 [J]. 地质与勘探, 33 (4): 7～12.

牟保磊, 邵济安, 边振辉.1999. 矾山碱性杂岩体中发现碳酸岩 [J]. 北京大学学报 (自然科学版), (02): 109～113.

牛贺才, 单强, 罗勇等.2010. 西天山玉希莫勒盖达坂石英闪长岩的微量元素地球化学及同位素年代学研究 [J]. 岩石学报, 26 (10): 2935～2945.

潘自力, 高占华, 佟黎明等.2009. 西天山特克斯达坂地区库勒萨依斑岩地球化学特征及构造意义 [J]. 地质科技情报, 28 (1): 45～50.

祁志明, 吴琦, 白玉麟, 1996. 新疆天山铁矿地质特征及找矿远景 [J]. 新疆地质, 3 (4) 29～42.

钱青, 高俊, 熊贤明等.2006. 西天山昭苏北部石炭纪火山岩的岩石地球化学特征、成因及形成环境 [J]. 岩石学报, 22 (5): 1307～1323.

秦克章, 王之田.1993. 内蒙古乌奴格吐山铜 - 钼矿床稀土元素的行为及意义 [J]. 地质学报, (04): 323～335.

邵济安, 韩庆军, 张履桥等.1999. 陆壳垂向增生的两种方式: 以大兴安岭为例 [J]. 岩石学报, (04): 600～606.

苏良赫 . 1984. 液相不共溶在岩石学及矿床学中的重要性 [J]. 地球科学，（01）：1~12.

田敬全，胡敬涛，易习正等 . 2009. 西天山查岗诺尔 – 备战一带铁矿成矿条件及找矿分析 [J]. 西部探矿工程，（08）：88~92.

汪帮耀，姜常义 . 2011a. 西天山查岗诺尔铁矿区石炭纪火山岩地球化学特征及岩石成因 [J]. 地质科技情报，30（6）：18~27.

汪帮耀，胡秀军，王江涛等 . 2011b. 西天山查岗诺尔铁矿矿床地质特征及矿床成因研究 [J]. 矿床地质，30（3）：386~402.

王碧香，李兆鼎，赵光赞等 . 1989. 新疆北天山东段花岗岩类地球化学特征 [J]. 地质学报，3：236~245.

王博，舒良树，CLUZEL D 等 . 2006. 新疆伊犁北部石炭纪火山岩地球化学特征及其地质意义 [J]. 中国地质，33（3）：498~508.

王春龙，王义天，董连慧等 . 2012. 新疆西天山松湖铁矿床成矿特征与成因探讨 [J]. 矿床地质，（S1）：131~132.

王殿惠 . 1987. 论双井子铁矿的成因 [J]. 地质找矿丛，2（2）：72~83.

王芳成，蔡晓菊 . 2010. 新疆博格达山晚古生代花岗岩地球化学特征及构造意义 [J]. 兰州大学学报（自然科学版），46（5）：1~6.

王军年，白新兰，岩龙等 . 2009. 新疆尼勒克县松湖铁矿地质特征 . 资源环境与工程，23（2）：104~107.

王可南，姚培慧 . 1992. 中国铁矿床综论 [M]. 北京：冶金工业出版社，46~269.

王立强，顾雪祥，程文斌等 . 2010. 西藏蒙亚啊铅锌矿床 S、Pb 同位素组成及对成矿物质来源的示踪 [J]. 现代地质，（01）：52~58.

王庆明，林卓斌，黄诚等 . 2000. 新疆西天山艾肯达坂火山机体与成矿 [J]. 新疆地质，18（3）：236~244.

王星，肖荣阁，杨立朋等 . 2008. 青海谢坑铜金矿床石榴石矽卡岩成因研究 [J]. 现代地质，22（5）：733~742.

王玉往，王京彬，王莉娟 . 2000. 内蒙古大乃林沟角闪石岩岩石学特征 [J]. 地质论评，46（3）：301~306.

王志华，张作衡，蒋宗胜等 . 2012. 西天山智博铁矿床磁铁矿成分特征及其矿床成因意义 [J]. 矿床地质，（05）：983~998.

魏春景，张颖慧 . 2008. 俯冲大洋岩石圈的相转变与俯冲带岩浆作用 [J]. 科学通报，（20）：2449~2459.

魏富有 . 1993. 西岔火山热泉型金矿的发现及其找矿意义 [J]. 地质与勘探，（09）：55~57.

吴昌志，张尊忠，Khin Z. 等 . 2006. 东天山觉罗塔格红云滩花岗岩年代学、地球化学及其构造意义 [J]. 岩石学报，22（5）：1121~1134.

吴明仁，楼法生，宋志瑞等 . 2006. 西天山塔尔得套地区乌郎组地球化学特征和构造环境 [J]. 华东理工学院学报，29（3）：217~224.

夏林圻，夏祖春，徐学义等 . 2007. 利用地球化学方法判别大陆玄武岩和岛弧玄武岩 [J]. 岩石矿物学杂志，26（1）：77~89.

夏林圻，夏祖春，徐学义等 . 2007. 碧口群火山岩岩石成因研究 [J]. 地学前缘，（03）：84~101.

夏林圻，张国伟，夏祖春等 . 2002. 天山古生代洋盆开启、闭合时限的岩石学约束——来自震旦纪、石炭纪火山岩的证据 [J]. 地质通报，21（2）：55~62.

肖荣阁，费红彩，王安建等 . 2012. 白云鄂博含矿碱性火山岩建造及其地球化学 [J]. 地质学报，（05）：735~752.

肖荣阁，刘敬党，费红彩等 . 2008. 岩石矿床地球化学 [M]. 北京：地震出版社 .

熊小林，赵振华，白正华 . 2001. 西天山阿吾拉勒埃达克质岩石成因：Nd 和 Sr 同位素组成的限制 [J]. 岩石学报，17（4），514~522.

徐国风，邵洁涟 . 1979. 磁铁矿的标型特征及其实际意义 [J]. 地质与勘探，3：30~37.

徐林刚，毛景文，杨富全等 . 2007. 新疆蒙库铁矿矽卡岩矿物学特征及其意义 [J]. 矿床地质，（04）：455~463.

徐林刚，杨富全，李建国等 . 2007a. 新疆富蕴县蒙库铁矿地质地球化学特征 [J]. 岩石学报，（10）：2653~2664.

徐义刚，梅厚钧，许继峰等 . 2003. 峨眉山大火成岩省中两类岩浆分异趋势及其成因 [J]. 科学通报，（04）：383~387.

薛云兴，朱永峰 . 2009. 西南天山哈拉拉达拉岩体的锆石 SHRIMP 年代学及地球化学研究 [J]. 岩石学报，（06）：1353~1363.

杨富全，毛景文，徐林刚等 . 2007. 新疆蒙库铁矿床稀土元素地球化学及对铁成矿作用的指示 [J]. 岩石学报，（10）：2443~2456.

杨俊泉，李永军，张素荣等．2009．西天山特克斯达坂一带晚古生代花岗岩类的地球化学特征及其构造意义［J］．地质通报，28（6）：746~752．

杨天南，李锦铁，孙桂华等．2006．中天山早泥盆世陆弧：来自花岗质糜棱岩地球化学及 SHRIMP U-Pb 定年的证据［J］．岩石学报，22（1）：41~48．

叶天竺，肖克炎，成秋明等．2010．矿产定量预测方法［M］．北京：地质出版社，1~191．

俞建长．1994．福建南平芹山透辉石矿床地质特征及成因探讨［J］．福州大学学报（自然科学版），22（1）：98~105．

袁家铮，张峰，殷纯嘏等．1997．梅山铁矿矿浆成因的系统探讨［J］．现代地质，（02）：41~47．

翟明国，Windley，Sills B F 等．1989．鞍本太古代条带状铁建造（BIF）的稀土及微量元素特征［J］．地球化学，3：241~250．

翟裕生，石准立，林新多等．1982．鄂东大冶式铁矿成因的若干问题［J］．地球科学——武汉地质学院学报，18（3）：239~251．

张江苏，李注苍．2006．西天山阿吾拉勒一带大哈拉军山组火山岩构造环境分析［J］．甘肃地质，（02）：10~14．

张良臣，刘德权，王友标等．2006．中国新疆优势金属矿产成矿规律［M］．北京：地质出版社．

张学奎，李注苍．2008．西天山大哈拉军山组火山岩地球化学特征及地质意义［J］．甘肃科技，24（3）：32~35．

张招崇，JohnJMahoney，王福生等．2006．峨眉山大火成岩省西部苦橄岩及其共生玄武岩的地球化学：地幔柱头部熔融的证据［J］．岩石学报，（06）：1538~1552．

张作衡，洪为，蒋宗胜等．2012．新疆西天山晚古生代铁矿床的地质特征、矿化类型及形成环境［J］．矿床地质，（05）：941~964．

张作衡，王志良，左国朝等．2008．西天山达巴特矿区火山岩的形成时代、构造背景及对斑岩型矿化的制约［J］．地质学报，（11）：1494~1503．

赵斌，Barton M D．1987．接触交代矽卡岩型矿床中石榴子石和辉石成分特点及其与矿化的关系［J］．矿物学报，7（1）：1~8．

赵斌，李统锦，李昭平．1982．我国一些矿区矽卡岩中石榴石的研究［J］．矿物学报，（04）：296~304．

赵劲松，邱学林，赵斌等．2007．大冶-武山矿化矽卡岩的稀土元素地球化学研究［J］．地球化学，36（4）：400~412．

赵一鸣，李大新，蒋崇俊．1990．云南个旧锡矿床的氟硼质交代岩及某些罕见交代矿物的发现［J］．中国地质科学院院报，（01）：70~72．

赵一鸣，张轶男，林文蔚．1997．我国矽卡岩矿床中的辉石和似辉石特征及其与金属矿化的关系［J］．矿床地质，16（4）：318~329．

真允庆，马丽华，李中生．1984．鞍山式铁矿与邯邢式铁矿的可能联系［J］．地球科学，（04）：71~80．

郑永飞，徐宝龙，周根陶．2000．矿物稳定同位素地球化学研究［J］．地学前缘，（02）：299~320．

钟宏，徐桂文，朱维光等．2009．峨眉山大火成岩省太和花岗岩的成因及构造意义［J］．矿物岩石地球化学通报，28（2）：99~110．

周振华，刘宏伟，常帼雄等．2011．内蒙古黄岗锡铁矿床夕卡岩矿物学特征及其成矿指示意义［J］．岩石矿物学杂志，（01）：97~112．

朱炳泉．1998．壳幔化学不均一性与块体地球化学边界研究［J］．地学前缘，（01）：73~83．

朱永峰，安芳．2010．热液成矿作用地球化学：以金矿为例［J］．地学前缘，（02）：45~52．

朱永峰，张立飞，古丽冰等．2005．西天山石炭纪火山岩 SHRIMP 年代学及其微量元素地球化学研究［J］．科学通报，50（18）：2004~2014

朱永峰，周晶，郭璇．2006．西天山石炭纪火山岩岩石学及 Sr-Nd 同位素地球化学研究［J］．岩石学报，22（5）：1341~1350．

朱元龙，吕士英．1966．河北省—混合岩化矽卡岩型铁矿床［J］．地质论评，24（3）：223~230．

Allen M B，Windley B F，Zhang C．1993．Palaeozoic collisional tectonics and magmatism of the Chinese Tien Shan，central Asia［J］．Tectonophysics，220（1-4）：89~115．

Bullen M E，Burbank D W，Garver J I et al．2001．Late Cenozoic tectonic evolution of the northwestern Tien Shan：New age estimates for initiation of mountain building [J]. Geology Society of America Bulletin, 113 (12): 1544~1559.

COLEMAN R G. 1989. Continental growth of northwest China [J]. Tectonics, 8 (3): 621~635.

Condie K C. 2005. High field strength element ratios in Archean basalts: A window to evolving sources of mantle plumes? [J]. Lithos, 79: 491–504.

Eby G N. 1990. The A–type granitoids: A review of their occurrence and chemical characteristics and speculations on their petrogenesis [J]. Lithos, 26: 115–134.

Frietsch R, Perdahl JA. 1995. Rare earth elements in apatite and magnetite in Kiruna–type iron ores and some other iron ore types [J]. Ore Geol Rev 9: 489–510.

Fu B H, Lin A M, Kano K I et al. 2003. Quaternary folding of the eastern Tian Shan, northwest China [J]. Tectonophysics, 369 (1–2): 79~101.

Gao J, Klemd R. 2003. Formation of HP–LT rocks and their tectonic implications in the western Tianshan Orogen, NW China: geochemical and age constraints [J]. Lithos, 66 (1–2): 1~22.

Gao J, Li M S, Xiao X C et al. 1998. Paleozoic tectonic evolution of the Tianshan Orogen, northwestern China [J]. Tectonophysics, 287 (1–4): 213~231.

Gao J, Long L L, Klemd R et al. 2009. Tectonic evolution of the South Tianshan orogen and adjacent regions, NW China: geochemical and age constraints of granitoid rocks [J]. International Journal of Earth Sciences, 98 (6): 1221~1238.

Hoskin P, Black L. 2000. Metamorphic zircon formation by solid–state recrystallization of protolith igneous zircon [J]. Journal of Metamorphic and Geology, 18 (4): 423–439.

Kerrich Robert, Polat Ali, Xie Qianli. 2008. Geochemical systematics of 2.7 Ga Kinojevis Group (Abitibi), and Manitouwadge and Winston Lake (Wawa) Fe–rich basalt–rhyolite associations: Backarc rift oceanic crust? [J]. Lithos, 101 (1–2): 1–23.

Ohmoto M, Yamamoto K, Nagano T, et al. 1997. Accumulation of multiple T–cell clonotypes in the liver of primary biliary cirrhosis [J]. Hepatology, 25 (1): 33–37.

Pearce J A, Harris N B W and Tindle A G. 1982. Trace element discrimination diagrams for the tectonic interpretation of granitic rocks. Jorunal of Petrology. 25: 956~983.

Pearce J A, Peate D W. 1995. Tectonic implications of the compositions of volcanic arc magmas. Annual Reviews in Earth and Planetary Sciences, 23: 252–285.

Sun S S, Mcdonough W F. 1989. Chemical and isotopic systematics of oceanic basalt: implications for mantle composition and processes. In: Saunders A D and Norry M J (eds), Magmatism in the Ocean Basins. Geological Society, London, Special Publications, 42: 313~345.

Windley B F, Allen M B, Zhang C et al. 1990. Paleozoic accretion and Cenozoic redeformation of the Chinese Tien Shan Range, central Asia [J]. Geology, 18 (2): 128~131.

Wood D A. 1980. The application of a Th–Hf/Ta diagram to problems of tectonomagmatic classification and to establishing the nature of crustal contamination of basaltic lavas of the British Tertiary volcanic province. Earth and Planetary Science Letters, 50 (1): 11–30.

Xia L Q, Xu X Y, Xia Z C et al. 2004. Petrogenesis of Carboniferous rift–related volcanic rocks in the Tianshan, Northwestern China [J]. Geological Society of America Bulletin, 116 (3): 419~433.

Xiao W J, Zhang L C, Qin K Z et al. 2004. Paleozoic accretionary and collisional tectonics of the eastern Tianshan (China): Implications for the continental growth of central Asia [J]. American Journal of Science, 304 (4): 370~395.

Zartman R E, Doe B R. 1981. Plumbotectonics–The model [J]. Tectonphysics, 75: 135–162.

内部资料

国家305项目办, 1996. 新疆阿吾拉勒西段–伊什基里克地区铜银金多金属矿化规律与找矿预测. 桂林地质研究所.

朱志新, 张建东, 李生虎. 2004. 新疆1:25万新源幅 (K44C001004) 区域地质调查成果报告. 新疆维吾尔自治区地质调查院.

祁世军, 曹建军, 倪新元等. 1989~1991. 新疆和静县艾肯达坂—阿尔善萨拉一带1:5万区域地质矿产调查报告. 新疆地质矿产勘查开发局第二区域地质调查大队.

倪新元, 何建喜, 胡志军等. 1996~1998. 新疆和静县扎克斯台河一带1:5万区域地质矿产调查报告. 新疆地质矿产勘查开发局第二区域地质调查大队.

新疆地质调查院. 2000~2005. 新疆博罗霍洛山东段金铜矿评价成果报告.

新疆地质矿产勘查开发局第六地质大队. 2003. 新疆新源县巴依图玛富钴黄铁矿普查报告.

张兆琪, 郝锦华, 周远等. 2003~2005. 新疆和静县夏尔萨拉一带1:5万区域地质矿产调查报告. 山西省地质矿产勘查开发局二一二地质队.

郭文杰, 栾新东, 张家勇等. 2003~2005. 新疆新源县托库孜·库马拉克一带1:5万区域地质矿产调查报告. 新疆地矿局第九地质大队.

吉林省通化地质矿产勘查开发院. 2003~2005. 新疆和静县玉希莫勒盖达坂一带1:5万区域地质矿产调查报告.

薛志忠, 杨国福, 胡成林等. 2003~2005. 新疆新源县阿克塔斯一带1:5万区域地质矿产调查报告. 新疆地质矿产勘查开发局第二区域地质调查大队.

刘伟, 张毅星, 杨长青等. 2005. 新疆和静县巩乃斯林场北一带1:5万区域地质矿产调查报告. 河南省地矿局区域地质调查大队.

王世称, 王於天, 成秋明. 1987. 综合信息矿产资源定量评价. 长春地质学院.

张建收, 张建奎等. 2006~2008. 新疆和静县备战铁矿详查报告. 新疆地质矿产勘查开发局第十一地质大队.

中国地质调查局国土资源航空物探遥感中心. 2007~2008. 新疆西天山地区新源县塔勒德–和静县乌拉斯台1:5万航磁勘查报告.

新疆地质矿产勘查开发局第一区域地质调查大队. 2006~2008. 新疆新源县玉希莫勒盖达坂—带铜多金属矿资源评价报告.

新疆维吾尔自治区地质矿产勘查开发局. 2008~2013. 新疆矿产资源潜力评价成果报告.

新疆地质矿产勘查开发局第一区域地质调查大队. 2008~2011. 新疆西天山阿吾拉勒东段铜铁矿调查评价报告.

任毅, 肖燕洪, 王磊等. 2010~2012. 新疆尼勒克县松湖铁矿深部及外围调查评价报告. 新疆地质矿产勘查开发局第七地质大队.

新疆地质矿产勘查开发局第二区域地质调查大队. 2010~2012. 新疆新源县—和静县玉希莫勒盖一带铜金铁多金属矿调查评价报告.

新疆地质矿产勘查开发局第三地质大队. 2013. 新疆和静县查岗诺尔铁矿深部外围普查报告.

新疆地质矿产勘查开发局物化探大队. 2009. 新疆西天山阿吾拉勒一带1:5万航磁异常查证报告.

新疆地质矿产勘查开发局第十一地质大队. 2013. 新疆和静县敦德–备战铁矿调查评价报告.